普通高等教育“动画与数字媒体专业”规划教材

Flash CS6 动画设计教程

刘玉宾 马宁 冯玉芬 编著

清华大学出版社
北京

内容简介

随着数字媒体技术的飞速发展，Flash CS6 已成为动画爱好者和动画设计人员必不可少的一款动画制作软件。本书共分 10 章，详细地介绍了 Flash CS6 的基础知识，Flash CS6 的基本工具和面板，Flash CS6 的文本工具，Flash CS6 中的元件、库和实例，素材的导入与编辑，Flash CS6 基础动画的实现，引导层动画和遮罩层动画，ActionScript 应用，Flash CS6 框架的主体设计及动画交互等内容。

本书结构安排从易到难，并在每个知识点中融合具体案例，内容着眼于专业性和实用性，符合学习者的认知规律，侧重于学习者的主观能动性与综合职业素质的培养，集"教、学、练"为一体。

本书适用于本科数字媒体专业、职业院校、培训机构作为教材使用，也可供从事动画设计、广告设计和片头制作工作的专业人员自学参考。

图书在版编目(CIP)数据

Flash CS6 动画设计教程/刘玉宾，马宁，冯玉芬编著. —北京：清华大学出版社，2021.3（2022.9 重印）
普通高等教育"动画与数字媒体专业"规划教材
ISBN 978-7-302-57634-1

Ⅰ.①F… Ⅱ.①刘… ②马… ③冯… Ⅲ.①动画制作软件—高等学校—教材 Ⅳ.①TP391.414

中国版本图书馆 CIP 数据核字(2021)第 037426 号

责任编辑：龙启铭　战晓雷
封面设计：常雪影
责任校对：郝美丽
责任印制：朱雨萌

出版发行：清华大学出版社
网　　址：http://www.tup.com.cn，http://www.wqbook.com
地　　址：北京清华大学学研大厦 A 座　　**邮　　编**：100084
社 总 机：010-83470000　　**邮　　购**：010-62786544
投稿与读者服务：010-62776969，c-service@tup.tsinghua.edu.cn
质量反馈：010-62772015，zhiliang@tup.tsinghua.edu.cn
课件下载：http://www.tup.com.cn，010-83470236
印 装 者：三河市龙大印装有限公司
经　　销：全国新华书店
开　　本：185mm×260mm　　**印　　张**：17.75　　**字　　数**：435 千字
版　　次：2021 年 5 月第 1 版　　**印　　次**：2022 年 9 月第 2 次印刷
定　　价：49.00 元

产品编号：079347-01

Foreword

前言

Flash CS6 是 Adobe 公司推出的一款专业的动画制作软件，是目前动画市场上的主流动画制作软件。它的应用领域非常广泛，利用它可以方便、快捷地制作矢量图、交互式动画、MTV 以及效果绚丽的整站程序。为了满足新媒体形势下的教育需求，更好地与当前社会相关行业接轨，我们组织了一批具有丰富教学经验的数字媒体专业的高校教师，共同策划并编写了本书，以便让从事相关专业学习的学生和动画制作人员能更好地掌握 Flash CS6 动画制作技术和设计技能。

本书从教学实际需求出发，合理安排知识结构，从零开始、由浅入深、循序渐进地讲解 Flash CS6 的基本知识和使用方法。本书分为 10 章，主要内容如下：

第 1 章介绍 Flash CS6 的基础知识。

第 2 章介绍 Flash CS6 的基本工具和面板的使用方法。

第 3 章介绍 Flash CS6 文本工具的基本使用方法，以及特效文本的制作方法。

第 4 章介绍 Flash CS6 中的元件、库和实例的使用方法。

第 5 章介绍 Flash CS6 中图像、音频和视频素材的导入与应用方法。

第 6 章介绍帧、时间轴以及 Flash CS6 基础动画（动作补间动画、形状补间动画和逐帧动画）的制作方法。

第 7 章介绍引导层动画和遮罩层动画的制作方法。

第 8 章介绍 ActionScript 2.0 的基本语法、数据类型、运算符、变量和 ActionScript 交互动画的制作方法。

第 9 章介绍 Flash CS6 框架的主体设计。

第 10 章介绍 Flash CS6 框架的动画交互的制作方法。

本书从学生和动画制作人员的主观能动性和职业综合素质培养的角度出发，采用知识点＋配套实例的学习形式，由浅入深、循序渐进地介绍 Flash CS6 的基本操作方法和设计技巧，读者只要按照本书的安排一边学习一边实践，就能轻松地掌握各种动画技巧，并且能达到举一反三的效果。

本书是2017—2018年度河北省高等教育教学改革研究与实践项目(2017GJJG295)的结题成果。

本书由刘玉宾、马宁、冯玉芬共同完成,其中,刘玉宾负责第1～5章,马宁负责第6～8章,冯玉芬负责第9、10章。限于作者水平,本书难免有不足之处,欢迎广大读者批评指正。

作　者

2020年10月1日

Contents

目录

第 1 章　Flash CS6 的基础知识 …… 1

1.1　Flash CS6 的文档操作 …… 1

1.1.1　创建文档 …… 1

1.1.2　文档属性设置 …… 2

1.1.3　导入素材 …… 2

1.1.4　对文档进行保存 …… 3

1.2　作品的导出 …… 4

1.2.1　作品的导出格式 …… 4

1.2.2　作品的导出过程 …… 4

第 2 章　Flash CS6 的基本工具和面板 …… 6

2.1　矢量形状工具 …… 6

2.1.1　线条工具 …… 6

2.1.2　矩形、椭圆和多角星形工具 …… 7

2.1.3　课堂案例：绘制松柏 …… 9

2.2　选择工具 …… 16

2.3　铅笔、刷子和钢笔工具 …… 17

2.3.1　铅笔工具 …… 17

2.3.2　刷子工具 …… 17

2.3.3　钢笔工具 …… 19

2.3.4　课堂案例：绘制艺术字 …… 20

2.4　颜色工具和“颜色”面板 …… 25

2.4.1　颜料桶、墨水瓶和滴管工具 …… 25

2.4.2　颜色选择器 …… 25

2.4.3　“颜色”面板 …… 25

2.4.4　课堂案例：绘制水晶按钮效果 …… 27

2.5　对象的变形 …… 32

2.5.1　任意变形工具 …… 32

2.5.2　利用菜单命令进行变形 …… 32

2.5.3　“变形”面板的使用 …… 32

2.6　对象位置的调整 …… 35

2.6.1 “对齐”面板的使用 …… 35
2.6.2 “信息”面板的使用 …… 36
2.6.3 调整对象层次 …… 37
2.6.4 课堂案例：绘制花朵阵列 …… 37

第3章 Flash CS6的文本工具 …… 45

3.1 文本工具的基本使用 …… 45
3.1.1 以标签方式输入文本 …… 45
3.1.2 以文本块方式输入文本 …… 45
3.2 文本“属性”面板 …… 46
3.2.1 位置和大小 …… 46
3.2.2 字符 …… 46
3.2.3 段落 …… 49
3.2.4 文本引擎、文本类型和文本方向 …… 49
3.2.5 课堂案例：制作毛刺字效果 …… 50
3.2.6 选项 …… 52
3.2.7 滤镜 …… 53
3.2.8 课堂案例：制作旋转立体字效果 …… 54
3.3 静态文本、动态文本和输入文本 …… 66
3.3.1 静态文本 …… 66
3.3.2 动态文本 …… 66
3.3.3 输入文本 …… 67

第4章 Flash CS6中的元件、库和实例 …… 68

4.1 元件 …… 68
4.1.1 元件的定义与分类 …… 68
4.1.2 创建图形元件 …… 68
4.1.3 课堂案例：制作水晶图形元件 …… 69
4.1.4 创建按钮元件 …… 74
4.1.5 课堂案例：简单按钮元件 …… 75
4.1.6 课堂案例：复杂按钮元件 …… 77
4.1.7 创建影片剪辑元件 …… 81
4.1.8 课堂案例：影片剪辑的妙用 …… 81
4.1.9 影片剪辑元件与图形元件的区别 …… 89
4.2 “库”面板的使用 …… 92
4.2.1 库的定义与分类 …… 92
4.2.2 “库”面板的基本属性 …… 94
4.3 实例 …… 96
4.3.1 创建和编辑实例 …… 96

4.3.2 更改实例的属性 …… 96
4.3.3 转换实例类型和替换实例引用的元件 …… 98
4.3.4 课堂案例：制作水晶按钮实例 …… 99

第5章 素材的导入与编辑 …… 104

5.1 图像素材的导入与应用 …… 104
5.1.1 导入图像素材 …… 104
5.1.2 位图矢量化转换 …… 106
5.1.3 位图的属性编辑 …… 107
5.1.4 课堂案例：制作园艺博览会招贴 …… 109
5.2 声音的导入与应用 …… 114
5.2.1 声音的添加 …… 114
5.2.2 声音的属性编辑 …… 116
5.2.3 声音的编辑 …… 116
5.2.4 课堂案例：制作园艺博览会招贴声音按钮 …… 120
5.3 视频的导入与应用 …… 137
5.3.1 常用视频文件及使用条件 …… 137
5.3.2 导入视频文件 …… 137
5.3.3 课堂案例：制作园艺博览会招贴视频广告 …… 141

第6章 Flash CS6 基础动画的实现 …… 146

6.1 帧与时间轴 …… 146
6.1.1 时间轴的基本操作 …… 146
6.1.2 帧的类型和操作 …… 148
6.1.3 帧标签、注释和锚记 …… 149
6.1.4 洋葱皮 …… 150
6.2 动作补间动画 …… 151
6.2.1 动作补间动画的创建 …… 152
6.2.2 课堂案例：简单运动效果 …… 152
6.2.3 课堂案例：课件封面制作 …… 156
6.3 形状补间动画 …… 162
6.3.1 形状补间动画的创建 …… 162
6.3.2 课堂案例：线条的变换 …… 163
6.3.3 课堂案例：形状的变换 …… 167
6.4 逐帧动画 …… 169
6.4.1 课堂案例：简单逐帧动画 …… 170
6.4.2 课堂案例：复杂逐帧动画 …… 173

第7章　引导层动画和遮罩层动画 …… **174**

7.1　图层的管理与编辑 …… 174
7.1.1　图层的编辑 …… 174
7.1.2　图层的状态 …… 175
7.2　引导层动画 …… 176
7.2.1　创建引导层 …… 177
7.2.2　课堂案例：制作九宫格引导动画 …… 178
7.3　遮罩层动画 …… 184
7.3.1　课堂案例：遮罩层动画之探照灯 …… 184
7.3.2　课堂案例：遮罩层动画之万花筒 …… 185
7.3.3　课堂案例：遮罩层动画之百叶窗 …… 190
7.4　综合案例：遮罩层和引导层的结合 …… 195

第8章　ActionScript 应用 …… **205**

8.1　“动作”面板和“行为”面板 …… 205
8.1.1　“动作”面板的使用 …… 205
8.1.2　“行为”面板的使用 …… 208
8.2　ActionScript 2.0 的基本语法 …… 208
8.2.1　点语法 …… 208
8.2.2　小括号 …… 212
8.2.3　大括号 …… 212
8.2.4　分号 …… 213
8.2.5　注释 …… 213
8.2.6　字母大小写 …… 213
8.2.7　关键字 …… 214
8.3　数据类型 …… 214
8.3.1　字符串 …… 214
8.3.2　数字 …… 214
8.3.3　布尔值 …… 214
8.3.4　对象 …… 214
8.3.5　影片剪辑 …… 215
8.4　运算符 …… 215
8.5　变量 …… 216
8.6　ActionScript 交互动画 …… 217
8.6.1　课堂案例：使用 ActionScript 实现简单交互 …… 217
8.6.2　课堂案例：使用 ActionScript 制作特效 …… 226
8.7　综合案例：使用 ActionScript 制作简单导航 …… 230

第 9 章　Flash 动画框架设计 …… 236

9.1　制作导航 …… 236
9.2　制作动画背景音乐控制按钮 …… 244
9.3　添加动画效果和交互代码 …… 247

第 10 章　Flash 动画框架元素的后期处理 …… 255

10.1　框架中的内容动画设计 …… 255
10.2　框架中的交互设计 …… 258
10.3　框架中的场景设置 …… 261

Chapter 1 第1章

Flash CS6 的基础知识

要学习和掌握 Flash CS6 软件，必须首先了解相关的基本概念和基本操作方法，并弄清 Flash CS6 软件制作动画的基本流程。本章主要介绍 Flash 文档的创建、文档属性的设置、素材的导入、文档的保存和导出 Flash 影片等基础知识。通过本章的学习，读者可以对 Flash CS6 制作动画的流程有总体了解，并对其基本界面和基本操作方法有初步认识。

1.1 Flash CS6 的文档操作

Flash CS6 采用文档作为基本单位，下面介绍在创建 Flash 动画过程中关于文档的基本操作。

1.1.1 创建文档

当第一次启动 Flash CS6 软件之后，在开始页面中，选择下拉菜单中的“文件”→“新建”命令，在弹出的“新建文档”对话框中，选择“常规”面板中的 ActionScript 3.0 或者 ActionScript 2.0，可以创建一个新的文档，如图 1.1 所示。此外，还可以通过单击开始页面中的 ActionScript 3.0 或者 ActionScript 2.0 直接创建新文档。

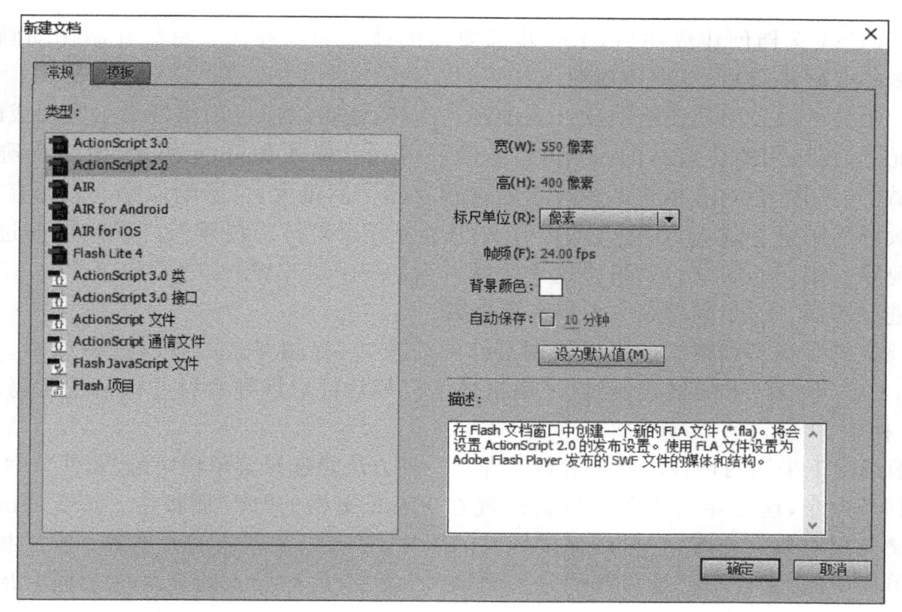

图 1.1 “新建文档”对话框

本书采用 ActionScript 2.0 文档格式,用 ActionScript 2.0 进行编程。

1.1.2 文档属性设置

文档创建成功之后,Flash CS6 采用的布局和以前使用的老版本模式不一样,可以通过主界面右上方的 基本功能 按钮切换到传统模式。

文档建好之后,默认文档尺寸为 550 像素×400 像素。在一些特殊情况下,需要对 Flash 文档的尺寸和播放速度(帧频)进行设置,可以右击文档,在出现的快捷菜单中选择"文档属性"命令,弹出图 1.2 所示的"文档设置"对话框,对尺寸和帧频进行设置。

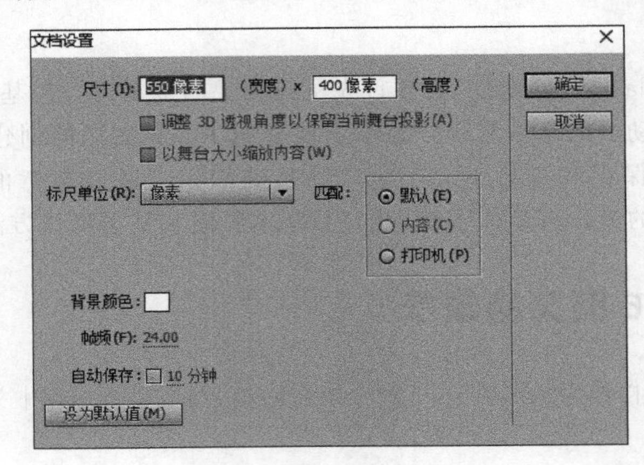

图 1.2 "文档设置"对话框

知识点:帧频单位为 fps(frames per second,每秒帧数)。60fps 表示 60 个关键帧为 1s。帧频越大,播放速度越快;反之越慢。

1.1.3 导入素材

Flash CS6 文档创建成功后,下一步需要做的就是导入外部素材。在制作动画过程中用得最多的素材是图片、音频和视频。

图片素材可以借助其他绘图软件来绘制。当然,也可以通过网络搜集一些现成的图片。一般情况下,在选用图片素材的过程中,尽量采用 png 格式和 jpeg 格式,而尽量避免选用 bmp 格式,这是因为 bmp 格式的图片素材占用存储空间很大,会影响最终动画的容量。

一般可从网络下载 MP3 格式的声音文件作为音频素材。在导入声音文件的过程中经常会出现导入错误的问题。要解决这个问题,可以采用 GoldWave 之类的软件对 MP3 的音频格式进行转换。这个问题在 5.2 节将会介绍。

视频素材有很多种格式。可以根据自己的需求,对视频格式的素材进行编辑。如果遇到 Flash CS6 不能导入的格式,可以采用格式工厂等软件对视频素材进行格式转码,再导入 Flash 文档中。

一般情况下采用两种方法导入素材文件。一种方法是选择菜单栏中的"文件"→"导入"→"导入到库"命令,这样导入的文件就会出现在 Flash 文档的"库"面板中。库是 Flash 软件用来存储公用对象的仓库,它可以存放导入的图片、声音以及创建的元件等。另一种方法是选择菜单栏中的"文件"→"导入"→"导入到舞台"命令,这样导入的文件就会同时出现在库中和舞台上。

1.1.4 对文档进行保存

当对编辑好的文档进行保存时，一般选择菜单栏中的“文件”→“保存”命令或者“文件”→“另存为”命令，会弹出图1.3所示的“另存为”对话框，默认以Flash CS6格式进行存储，这种格式的文档用低版本的Flash CS软件不能正确打开。在选择菜单栏中的“文件”→“另存为”命令时，可以将保存类型设置为Flash CS5文档格式，如图1.4所示，这样就可以用Flash CS5对文档进行编辑了。

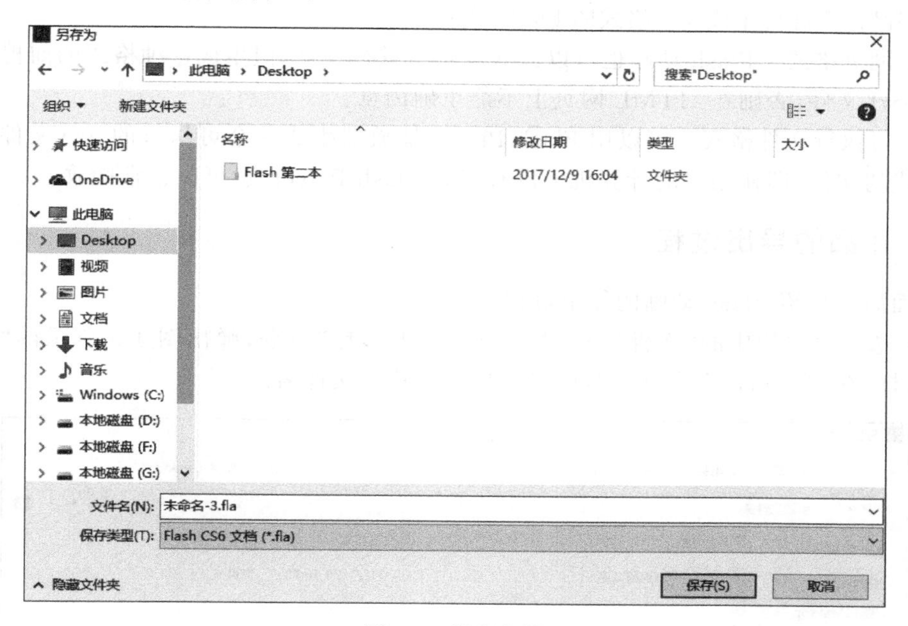

图1.3 保存文档

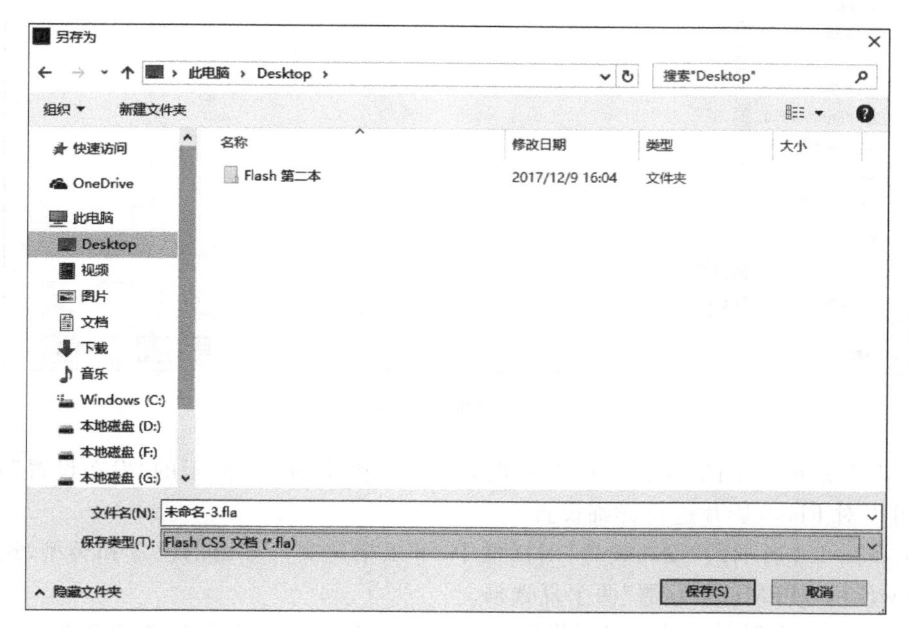

图1.4 保存为Flash CS5文档格式

1.2 作品的导出

1.2.1 作品的导出格式

用 Flash 制作的动画一般有以下 3 种形式:

(1) swf 格式。这是 Flash 动画最常用的格式。直接选择菜单栏中的“文件”→“导出”→“导出影片”命令即可生成 swf 格式的 Flash 影片。

(2) 网页格式。Flash 动画也可以嵌入网页中进行预览,但生成这种格式的前提是必须先生成 swf 文件,否则在 HTML 网页上不能正确浏览。

(3) 可执行文件格式。可以用 Flash Player 播放器生成一个可执行的 exe 文件。对于这种格式的文件,即使用户的计算机上没有安装 Flash Player,也可以正常播放。

1.2.2 作品的导出过程

下面简要介绍 Flash 动画的导出过程。

(1) 选择菜单栏中的“文件”→“导出”→“导出影片”命令,弹出图 1.5 所示的“导出影片”对话框,在“文件名”文本框中可以指定导出影片的文件名。

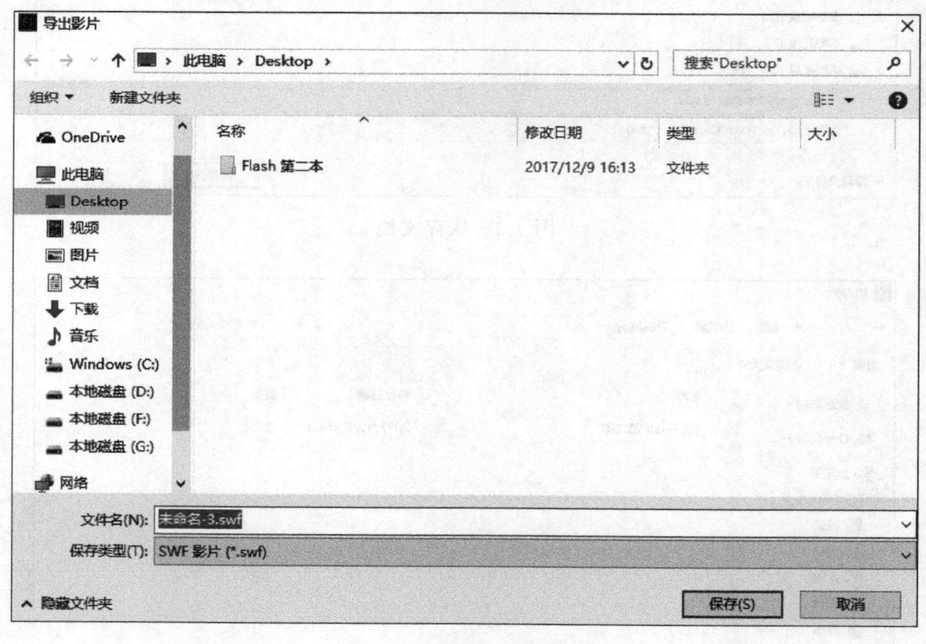

图 1.5 “导出影片”对话框

(2) 选择菜单栏中的“文件”→“发布设置”命令,弹出图 1.6 所示的“发布设置”对话框,在其中可以对 Flash 影片进行详细设置。

(3) 在图 1.6 所示的“发布设置”对话框中,可以指定文件导出的位置和类型,这里选择 Flash(.swf)和“HTML 包装器”两个复选框。

(4) 单击“发布”按钮,就可以在指定位置导出 swf 和 html 两种格式的文件。

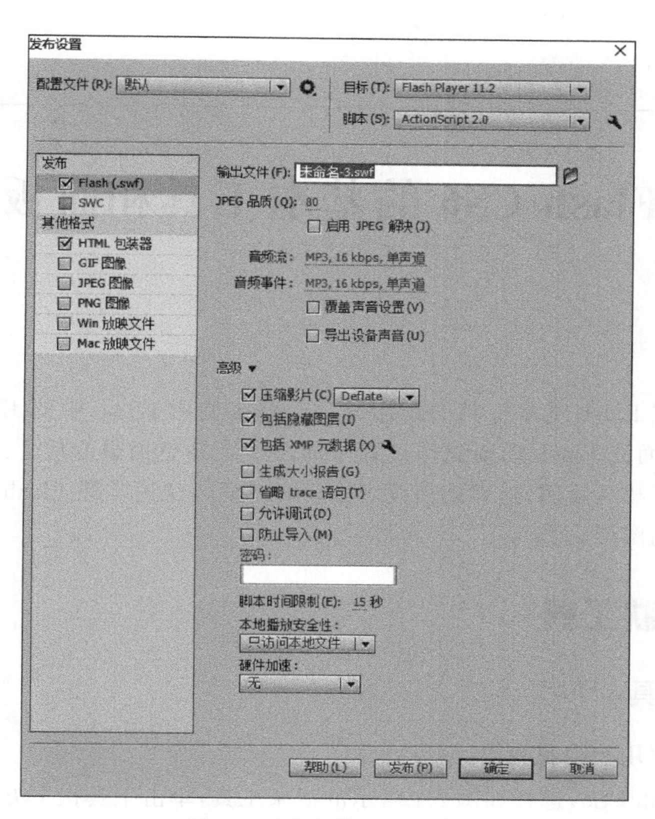

图 1.6 “发布设置”对话框

(5) 如果要生成可执行文件,可以选中图 1.6 中的“Win 放映文件”或“Mac 放映文件”复选框,然后单击“发布”按钮。前者是 Windows 系统中 exe 格式的可执行文件,后者是在苹果系统中执行的 hqx 文件。

第 2 章

Chapter 2

Flash CS6 的基本工具和面板

本章主要介绍 Flash 基本工具的使用方法。熟练使用 Flash 中的工具，可以很方便地绘制基本图形，从而使 Flash 动画制作过程中的图形绘制更加得心应手。本章在介绍基础知识的同时给出了相关示例，这样能使读者在较短时间内快速掌握 Flash 工具的使用方法，绘制出丰富多彩的图形。

2.1 矢量形状工具

2.1.1 线条工具

线条工具主要用于绘制线段。

(1) 启动 Flash CS6，选择如图 2.1 所示的线条工具，单击工具栏下方的(笔触颜色)按钮，在弹出的"颜色"面板中选取颜色，如图 2.2 所示。

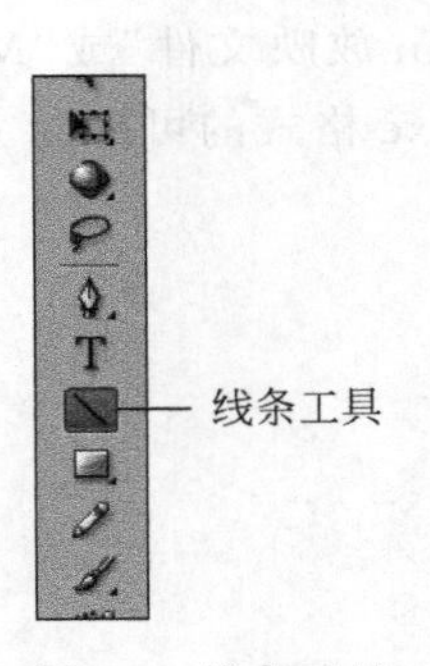

图 2.1 线条工具

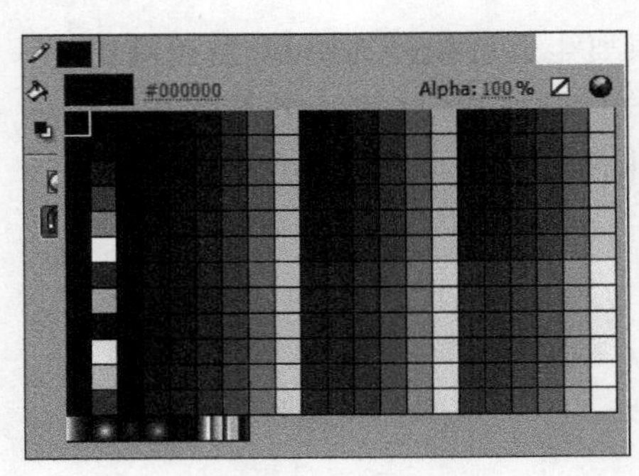

图 2.2 "颜色"面板

(2) 在文档中按下鼠标左键拖出一条直线。在绘制线条的过程中，如果同时按下 Shift 键，可以绘制水平、竖直或者 45°的直线。

(3) 选择线条工具后，工具栏的下方会出现对象绘制工具和贴紧至对象工具，如图 2.3(左)所示。下面介绍这两个工具的功能。

对象绘制工具的作用是把图形绘制成一个单独的对象，可以有层叠效果。单独绘制的对象不仅会和其他图形产生同色组合、异色修剪的作用，而且可以直接改变绘制对象的颜色和形状，不像元件那样需要进入其中才能编辑。

贴紧至对象工具具有吸附功能，利用此工具可以更加方便地绘制封闭图形。其最大的特点是可以保证点与点之间无缝结合，如图 2.3(右)所示。

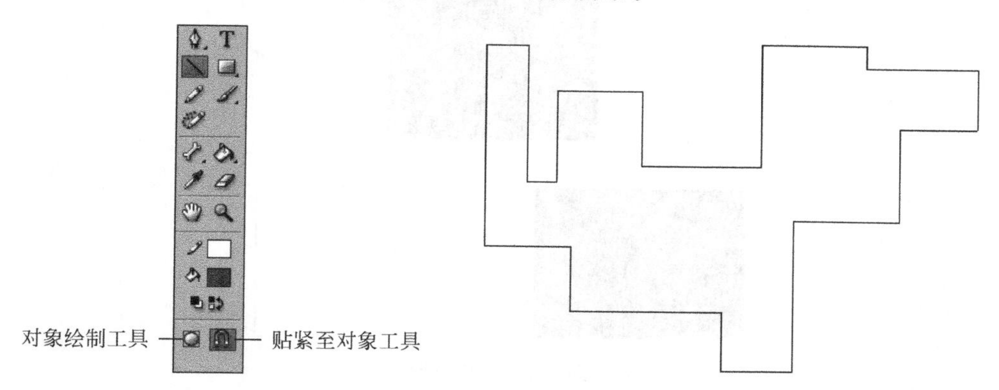

图 2.3　对象绘制工具和贴紧至对象工具以及使用贴紧至对象工具绘制的封闭图形

(4) 用鼠标双击线条，可选定整个封闭图形(在以后的动画制作中会频繁应用双击选定的方法来选定连续的线条)，同时会弹出图 2.4 所示的“属性”面板，可以在该面板中对线条样式、粗细和颜色进行设置。设置完成后得到的图形样式如图 2.5 所示。

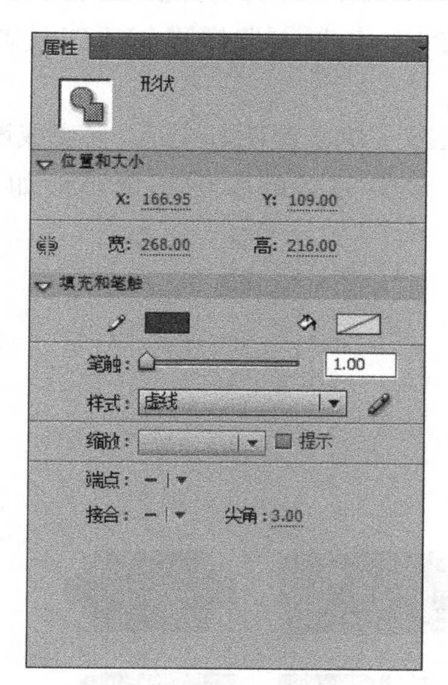

图 2.4　线条的“属性”面板

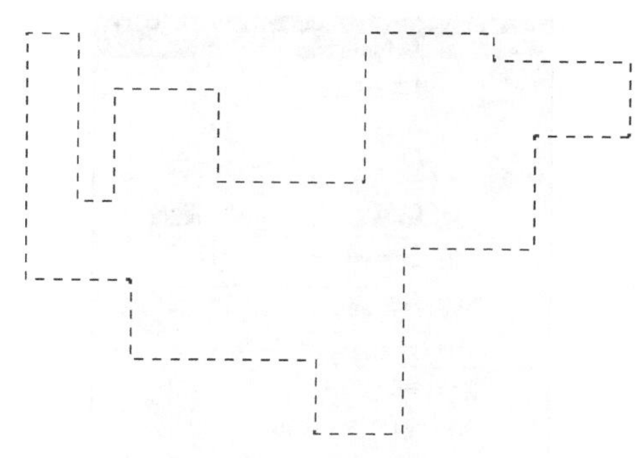

图 2.5　虚线图形

2.1.2　矩形、椭圆和多角星形工具

启动 Flash CS6，选择工具栏上的矩形工具，选择工具栏上的填充颜色(也可以称为油漆桶)工具为矩形填充实体颜色(在后续的章节简称填充色)，再选择笔触颜色工具为矩形设置边框颜色(在后续的章节简称边框色)，绘制图 2.6 所示的矩形。矩形由两大部分组成：由填充色绘制的色块和由边框色绘制的轮廓线，分别可以通过填充颜色工具和笔触颜色工具来设定。

图 2.6 绘制矩形

上面绘制的是常规矩形。除此之外，Flash CS6 还提供了基本矩形工具。单击矩形工具右下角的三角图标，在出现的列表中，可以选择基本矩形工具来绘制一些特殊矩形。单击基本矩形工具后，会弹出基本矩形工具的“属性”面板，如图 2.7 所示。与矩形工具的“属性”面板不同的是，在基本矩形工具的“属性”面板中多了一个“矩形选项”功能。通过此选项的设置，可以很方便地绘制圆角矩形，从而省去了像以前 Flash 版本那样进行手工绘制的操作，这给 Flash 动画制作者带来了很大的方便。

默认情况下，“属性”面板中的索链环图标为连接状态。单击此图标之后，它变成断开状态，这样就可以对矩形的各个角分别进行圆角设置。设置完毕的各种圆角矩形如图 2.8 所示。

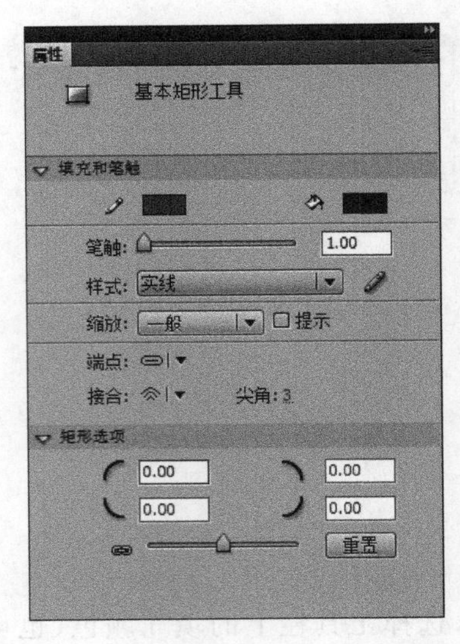

图 2.7 基本矩形工具的“属性”面板

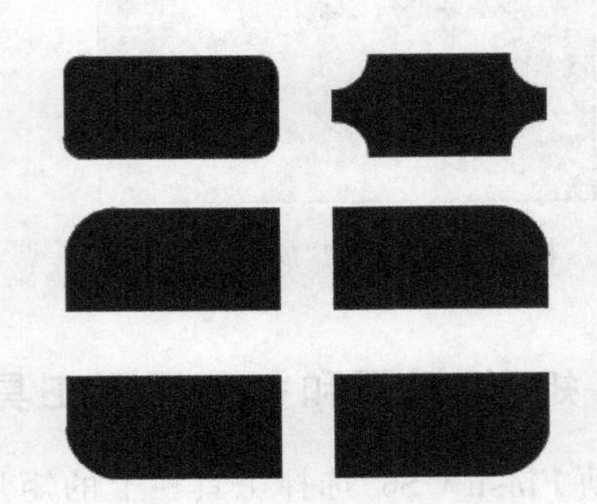

图 2.8 各种圆角矩形

选择工具栏上的椭圆工具，可以绘制椭圆。与基本矩形工具一样，Flash CS6 也同样提供了基本椭圆工具，它的“属性”面板如图 2.9 所示。按住 Shift 键可以绘制正圆，如图 2.10 所示(注意，如果同时按住 Alt 和 Shift 键，可以以拖曳鼠标时的起点为圆心绘制正圆)。

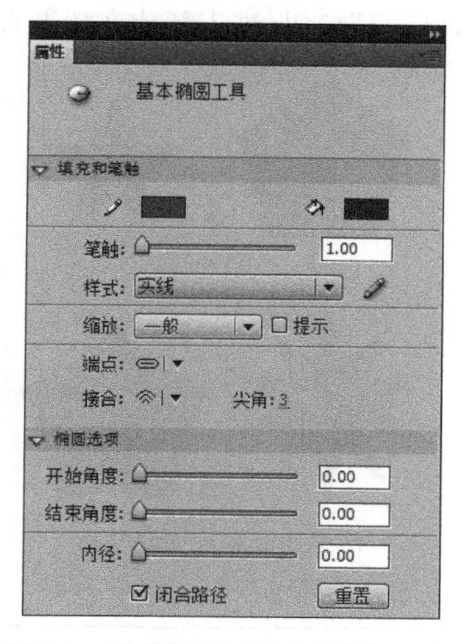

图 2.9 基本椭圆工具的“属性”面板

图 2.10 绘制正圆

单击基本椭圆工具，会弹出基本椭圆工具的“属性”面板。与椭圆工具的“属性”面板相比，基本椭圆工具的“属性”面板多了一项“椭圆选项”功能。默认情况下，“闭合路径”复选框为选定状态。通过不同的参数设置，可以绘制图 2.11 所示的各种椭圆图形。

Flash CS6 还提供了多角星形工具。选择此工具后，会弹出多角星形工具的“属性”面板，如图 2.12 所示。

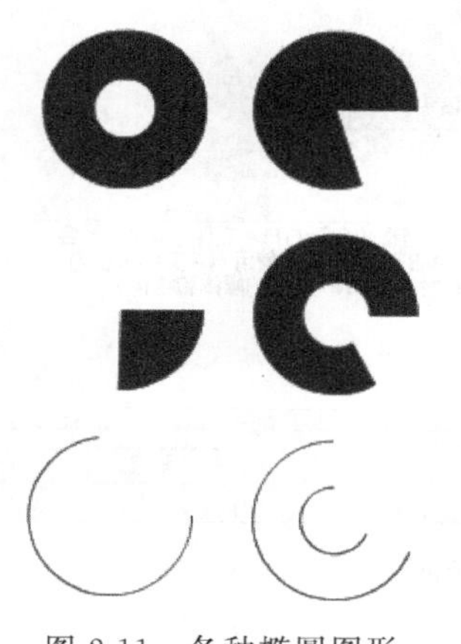

图 2.11 各种椭圆图形

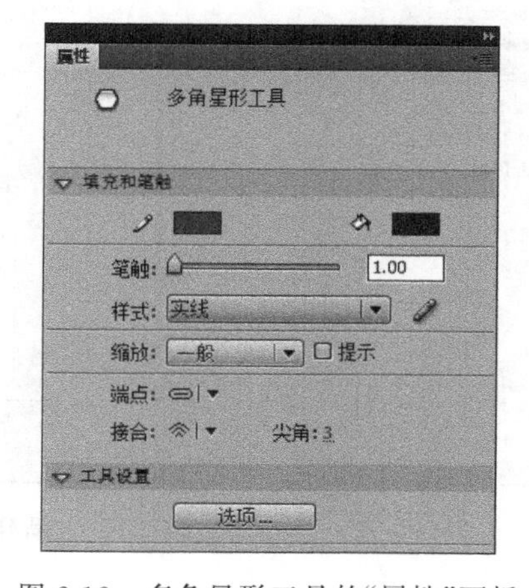

图 2.12 多角星形工具的“属性”面板

单击多角星形工具的“属性”面板中的“选项”按钮，出现“工具设置”对话框，如图 2.13 所示。通过设置“样式”“边数”和“星形顶点大小”选项，可以绘制图 2.14 所示的各种多角星形。

2.1.3 课堂案例：绘制松柏

1. 绘制绿色草地背景

(1) 选择菜单栏中的“文件”→“新建”命令，弹出“新建文档”对话框，将“背景颜色”设置为深蓝色(值为 000099),如图 2.15 所示。单击“确定”按钮,进入新建文档舞台窗口。

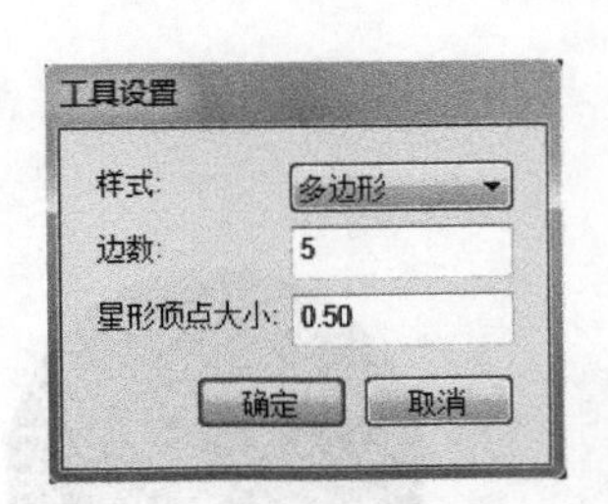

图 2.13 “工具设置”对话框

图 2.14 各种多角星形

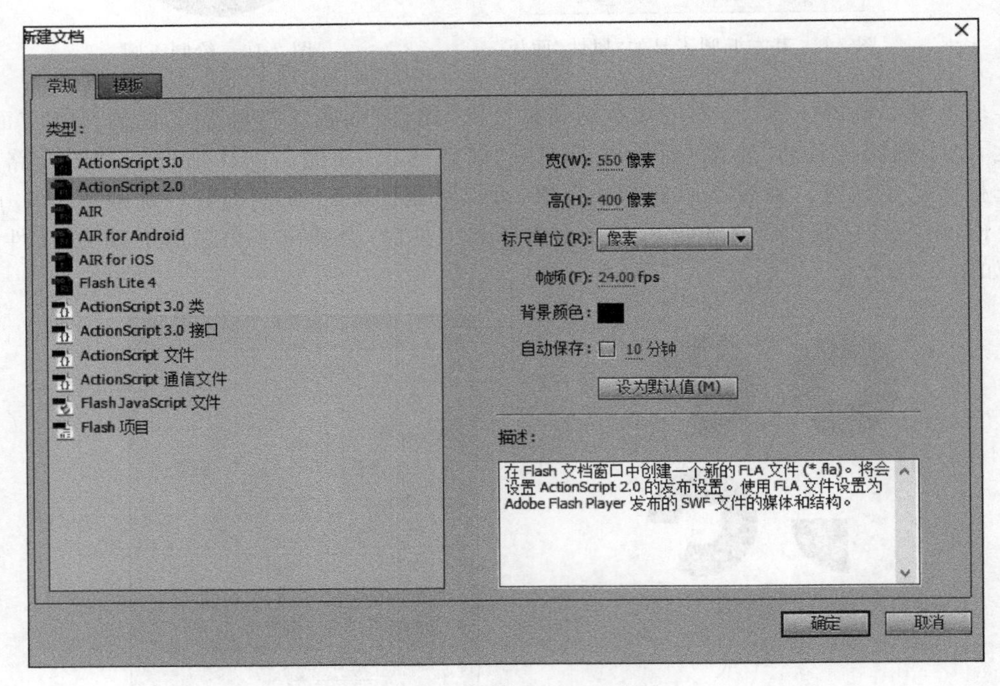

图 2.15 “新建文档”对话框

(2) 双击“图层 1”,将“图层 1”重命名为“草地”。选择铅笔工具,单击工具栏下方的“平滑”按钮。打开铅笔工具的“属性”面板,将笔触颜色设置为白色,如图 2.16 所示。

(3) 在舞台的中下方位置绘制一条平滑的曲线。在按住 Shift 键的同时,在舞台的右边界、下边界和左边界分别绘制 3 条直线,使曲线和 3 条直线形成闭合区域,如图 2.17 所示。

(4) 选择菜单栏中的“窗口”→“颜色”命令,在弹出的“颜色”面板中,设置颜色类型为“线性渐变”,设置左侧颜色块的值为 000099,右侧颜色块的值为 00FF00,如图 2.18 所示。选择工具栏中的颜料桶工具,在封闭区域内单击,形成图 2.19 所示的渐变背景。

(5) 双击封闭区域,选定之后按 Delete 键删除该封闭区域。

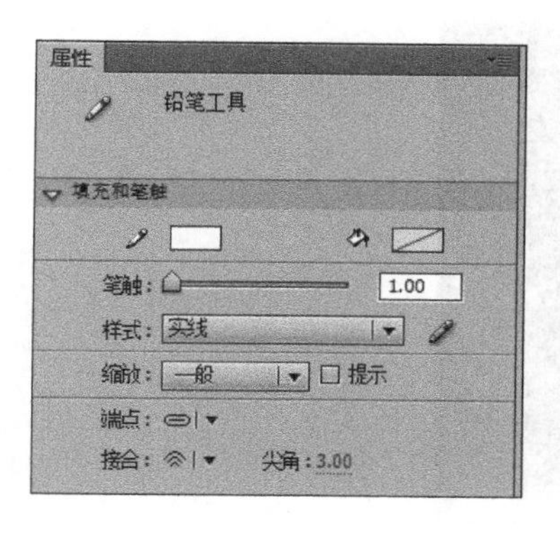

图 2.16 铅笔工具的"属性"面板

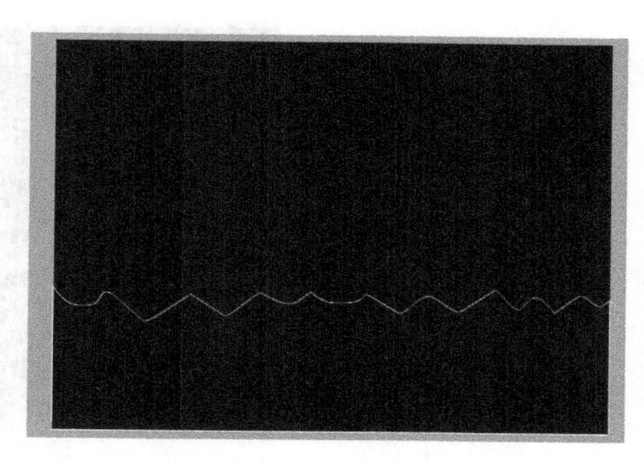

图 2.17 绘制 4 条线形成闭合区域

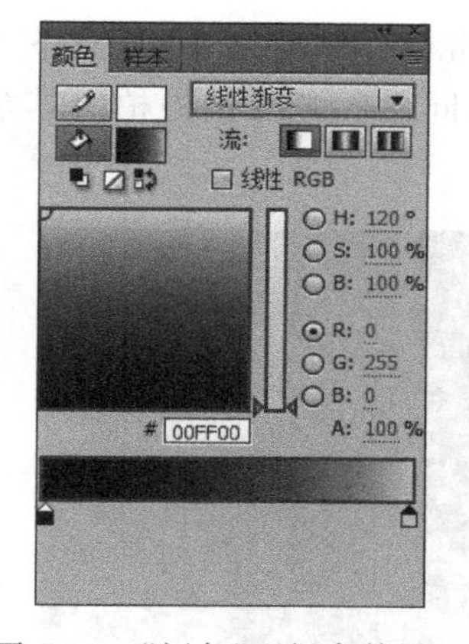

图 2.18 "颜色"面板参数设置

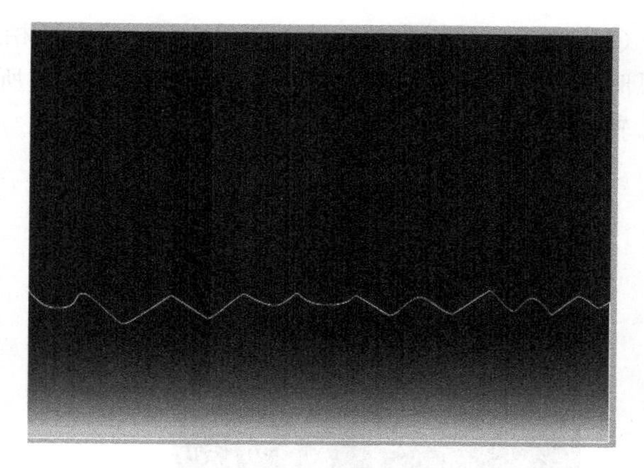

图 2.19 渐变背景

2. 绘制松柏

(1) 在"草地"图层中单击锁状的锁定或解除锁定所有图层按钮(以下简称锁定按钮)下方的小圆点,对"草地"图层进行锁定(这样做的目的是使锁定的图层不可编辑,以免被误删)。单击"时间轴"面板下方的新建图层按钮,创建新图层并将其命名为"松柏",如图 2.20 所示。

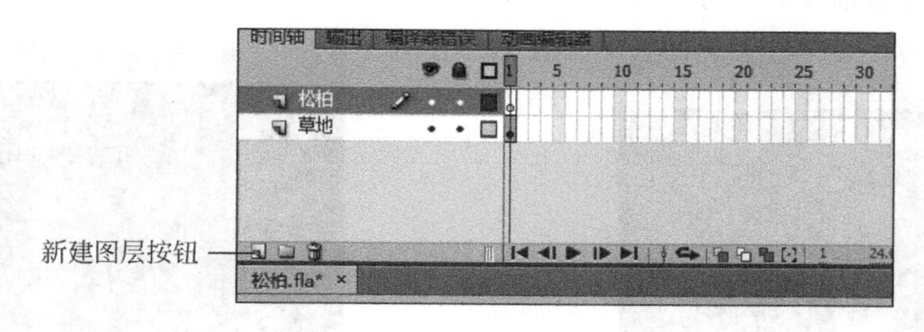

图 2.20 新建"松柏"图层

(2) 选择线条工具,在其"颜色"面板中将笔触颜色设置为绿色(值为 33CC66),在场景中绘制松柏的轮廓线,如图 2.21 所示。

图 2.21 绘制松柏的轮廓线

(3) 选择工具栏中的选择工具，将光标放在松柏左上方轮廓线的中间，当光标下方出现圆弧时，按下鼠标左键拖动出弧线效果，如图 2.22 所示。用同样的方法把松柏的其余轮廓线都转换为弧线，如图 2.23 所示。

图 2.22 将松柏左上方轮廓线转换为弧线

图 2.23 将松柏其他轮廓线转换为弧线

(4) 选择菜单栏中的“视图”→“标尺”命令，从左侧拖曳一条参考线，位置如图 2.24 所示。按照参考线的位置，选择工具栏中的“选择”工具，拖动松柏轮廓线的各个顶点，使松柏的形状以参考线为轴左右对称，如图 2.25 所示。

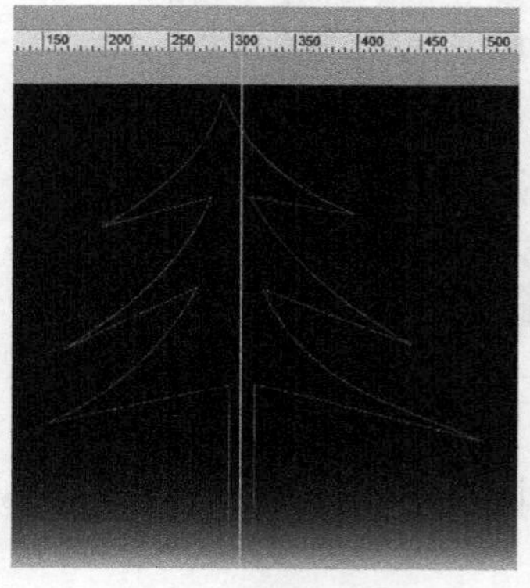

图 2.24 参考线

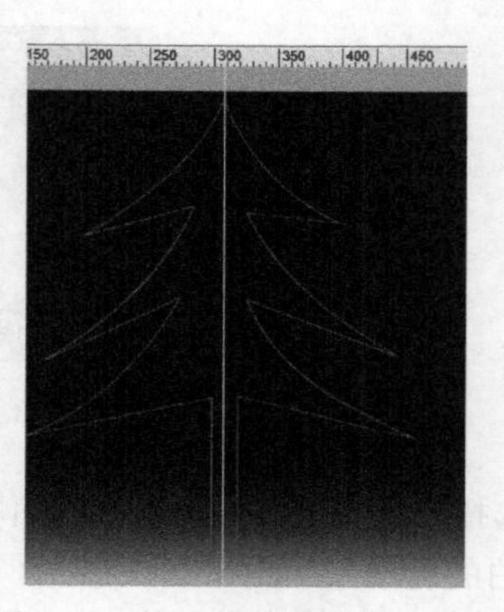

图 2.25 使松柏轮廓线左右对称

（5）将光标放在参考线上，按下鼠标左键将其拖动到左侧标尺外，取消参考线。选择线条工具，将其笔触颜色设置为白色，在原来的参考线的位置绘制一条白色直线，如图 2.26 所示。选择工具栏中的选择工具，分别选择松柏轮廓线上方和下方多余的线段，按 Delete 键删除多余线段，此时的松柏图形如图 2.27 所示。

图 2.26　绘制白色线条

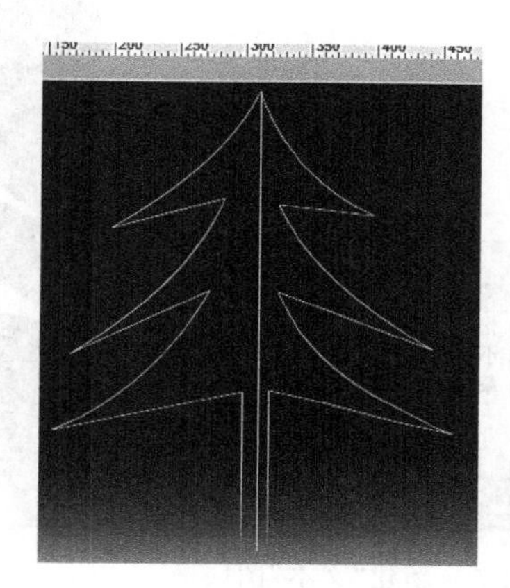

图 2.27　删除多余线段后的松柏图形

（6）选择颜料桶工具，设置填充色为绿色（值为 009933），单击松柏右侧区域。接下来，设置填充色为白色，再单击松柏左侧区域。最后的松柏图形如图 2.28 所示。

（7）单击"松柏"图层，将图形拖动到舞台左侧。新建"图层 3"，将其重命名为"小松柏"，将其拖动到"松柏"图层下方。选择"松柏"图层中的松柏，按 Ctrl＋C 和 Ctrl＋V 组合键，将复制的松柏图形粘贴到"小松柏"图层，使用工具栏中的任意变形工具将其缩放为原来的 40％，然后调整其位置，如图 2.29 所示。

图 2.28　填充颜色后的松柏图形

图 2.29　绘制小松柏

3. 添加文本样式

（1）新建"图层 4"，将其重命名为"文本"，如图 2.30 所示。选择工具栏中的文本工具，在其"属性"面板中设置字体"系列"为"隶书"，设置文本大小为 78 点，字体颜色为白色，在舞台中输入文本"松"，如图 2.31 所示。

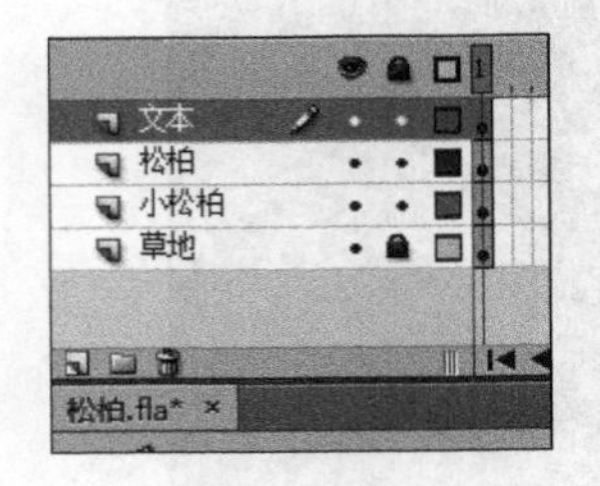

图 2.30　新建“文本”图层

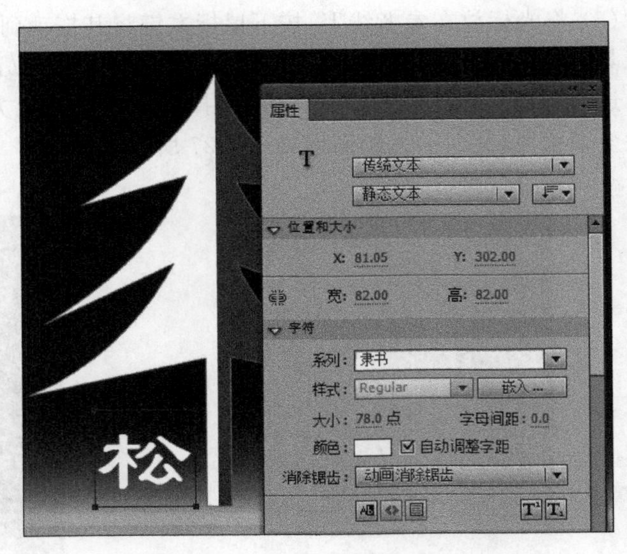

图 2.31　输入文本“松”

(2) 再次选择工具栏中的文本工具,设置字体颜色为白色,在舞台中输入文本“柏”。选择文本“松”,按 Ctrl+B 组合键将其打散。选择工具栏中的“墨水瓶”工具,设置工具栏中的“笔触颜色”值为 006633,分别单击“松”字的边界,为其添加边框效果,如图 2.32 所示。按下 Delete 键,将白色点状文本删除,最后效果如图 2.33 所示。

图 2.32　描边效果

图 2.33　删除点状文本

(3) 单击“文本”图层,选定文本“松柏”,按 Ctrl+C 和 Ctrl+V 组合键,将复制的文本“松柏”粘贴到舞台中,使用工具栏中的任意变形工具将其缩放为原来的 30%,然后调整其位置,图形效果如图 2.34 所示。

4. 添加文本样式

(1) 在“文本”图层上方新建“图层 5”,并将其重命名为“月亮”。选择工具栏中的椭圆工具,设置填充颜色值为 EBF9FC,按住 Shift 键,在舞台左上角绘制如图 2.35 所示的正圆。

(2) 设置填充颜色为黑色,按住 Shift 键,在舞台左上角绘制和步骤(1)中绘制的白色正圆相交的黑色正圆,如图 2.36 所示。按 Delete 键,将黑色区域删除,如图 2.37 所示。

图 2.34　调整文本位置

图 2.35　在“月亮”图层绘制正圆

图 2.36　绘制黑色正圆

图 2.37　删除黑色区域

（3）单击“月亮”图层，按 F8 键，将其转换为名称为“元件 1”的影片剪辑，在“属性”面板的“滤镜”中添加“发光”效果，参数设置如图 2.38 所示。最后完成的影片效果如图 2.39 所示。按 Ctrl＋Enter 组合键即可观看影片效果。

属性	值
▼ 发光	
模糊 X	15 像素
模糊 Y	15 像素
强度	100 %
品质	高
颜色	
挖空	
内发光	

图 2.38　“发光”效果参数设置

图 2.39　影片效果

2.2 选择工具

在动画制作过程中，对象的选择极为重要。利用工具栏上的选择工具可以对绘制的对象进行移动和修改，它也是动画制作过程中最基础的选定工具。下面介绍几种常用的选择方法。

单击工具栏上的选择工具之后，用鼠标单击或者按住鼠标框选都可以选择对象。如果对象是分散的图形，对象会显示点状结构(像素点)，如图 2.40 所示；如果对象是组合类型或者图形元件，对象周围会出现图 2.41 所示的蓝色矩形边框。注意，按住 Shift 键，依次单击对象，可以同时选择多个对象。

图 2.40 选取分散对象

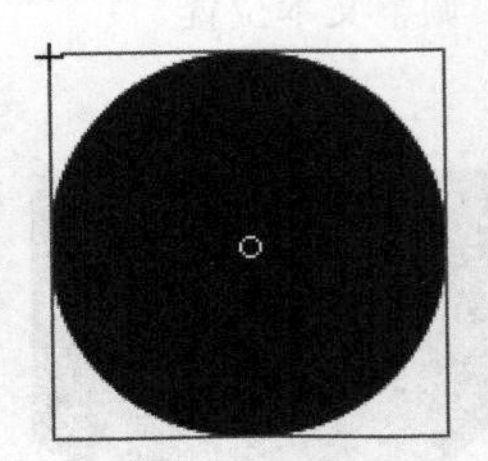

图 2.41 选取组合对象或图形元件

用鼠标双击分散的对象，只要与被单击对象连续的区域均会被同时选定。

用鼠标框选分散对象的部分区域，会选中部分区域，接下来可以按 Delete 键删除该区域，得到一些特殊图形。图 2.42 就是利用上述方法得到的扇形。

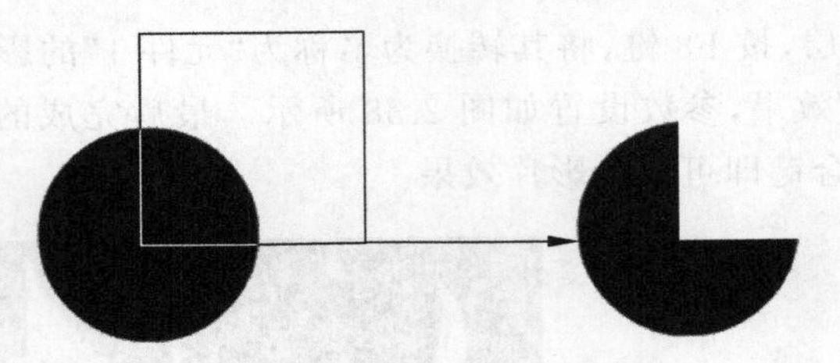

图 2.42 删除分散对象的部分区域

使用选择工具，还可以对形状进行修改。如果将鼠标指针放到边框处拖动，可以将直线变成圆滑曲线，如果按住 Ctrl 键拖动鼠标，可以在边框处拖出尖状角点。

下面通过例子演示选择工具的用法。

(1) 选择文本工具，在舞台中央输入文本“中”，在“属性”面板中选择“黑体”，按 Ctrl+B 组合键或者选择菜单栏中的“修改”→“分离”命令对字体进行打散操作，如图 2.43 所示。设置线条颜色为绿色，选择墨水瓶工具，用鼠标依次单击文字边框，注意不要漏掉中间的空白边框部分，这样就给文本加上了绿色边框。在按住 Shift 键的同时依次单击文本的绿色边框，使边框为选定状态，如图 2.44 所示。

(2) 描边完毕后，用鼠标拖动“中”字的下边框，则会出现图 2.45 所示的圆角文本效果；用鼠标拖动“中”字下边框的左右角点，则会得到图 2.46 所示的裙摆文本效果；将显示比例放大到400%,按住Ctrl键拖动“中”字下边框的中点,则会得到图2.47所示的尖角文本效果。

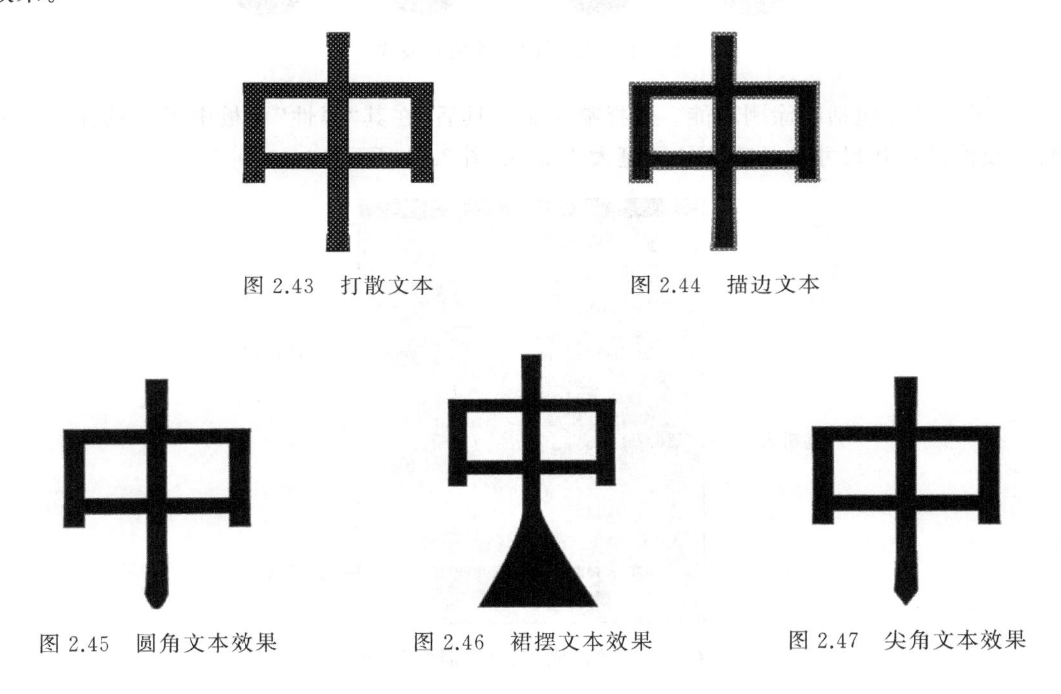

图2.43 打散文本

图2.44 描边文本

图2.45 圆角文本效果

图2.46 裙摆文本效果

图2.47 尖角文本效果

2.3 铅笔、刷子和钢笔工具

2.3.1 铅笔工具

使用铅笔工具不仅可以绘制直线,还可以自由地绘制其他形状的线条。在使用铅笔工具时,可以在工具栏下方进行模式选择,从而绘制不同类型的线条。

- 当选择列表中的“直线化”模式时,绘制的是直线。
- 当选择列表中的“曲线”模式时,绘制的是平滑曲线。
- 当选择列表中的“水墨”模式时,绘制的是水墨风格的曲线。

上述3种线条如图2.48所示。

图2.48 铅笔工具绘制的3种线条

2.3.2 刷子工具

使用刷子工具可以绘制圆、椭圆、正方形或者斜条状线条。选择工具栏下方的“刷子模式”“刷子大小”和“刷子形状”,可以分别设置刷子的填充模式、刷子的大小和刷子的形状。刷子的各种填充模式如图2.49所示。

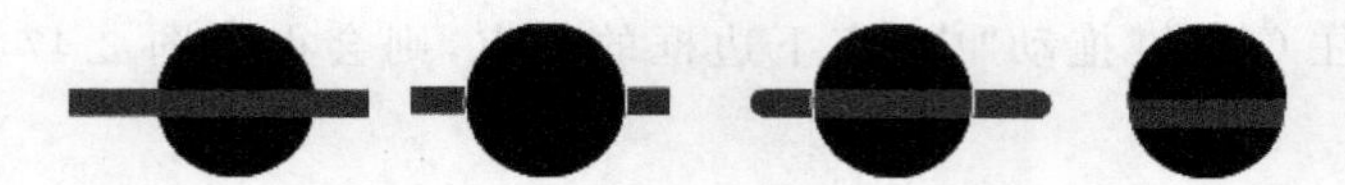

图 2.49 刷子的各种填充模式

刷子工具还包括喷涂刷功能。选择喷涂刷工具后，在其“属性”面板中可以选择喷涂的颜色、喷涂的点状尺寸以及喷涂的画笔大小等，如图 2.50 所示。

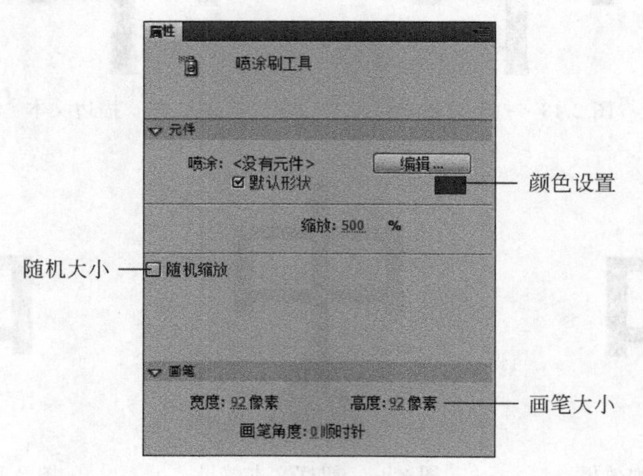

图 2.50 喷涂刷工具的“属性”面板

除此之外，Flash CS6 还提供了喷涂元件功能。单击“属性”面板中的“编辑”按钮，可以使用库中的元件作为样本进行喷涂。下面通过示例来进行具体讲解。

(1) 打开“蝴蝶.fla”文件。

(2) 选择菜单栏中的“窗口”→“菜单”→“库”命令，会出现“库”面板，如图 2.51 所示。选择库中的蝴蝶影片剪辑(文件名为“蝴蝶 副本 123”)。

(3) 选择工具栏上的喷涂刷工具，在其“属性”面板中单击“编辑”按钮，选择蝴蝶影片剪辑作为样本，并且在“属性”面板中设置相关参数，如图 2.52 所示。

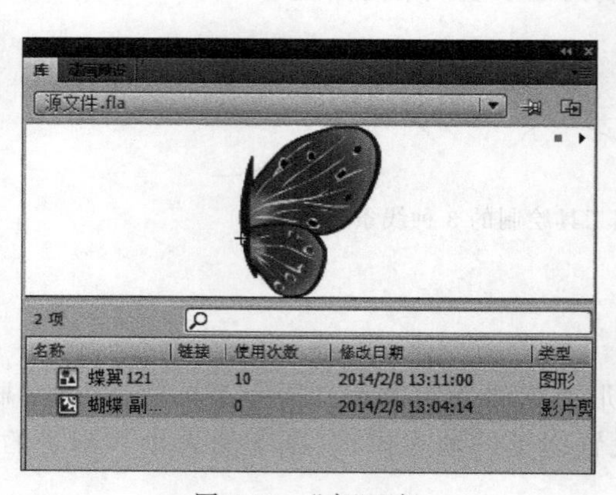

图 2.51 “库”面板

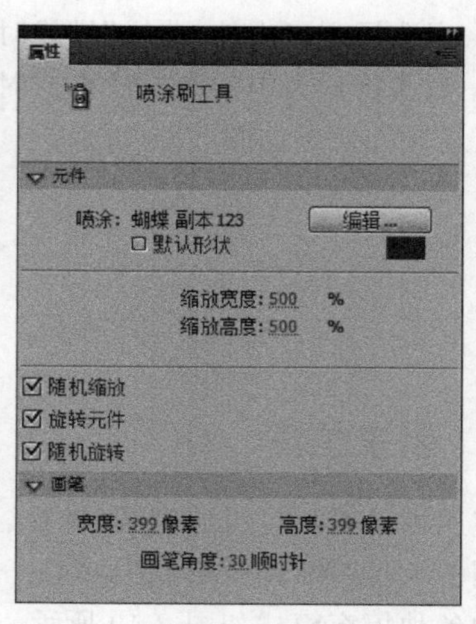

图 2.52 喷涂刷工具的“属性”面板

(4) 参数设置完毕后,可以利用鼠标左键在舞台中央任意喷涂(注意,在喷涂过程中,要使用鼠标单击的方式进行喷涂,切忌按住鼠标随意拖动),最后的效果如图 2.53 所示。

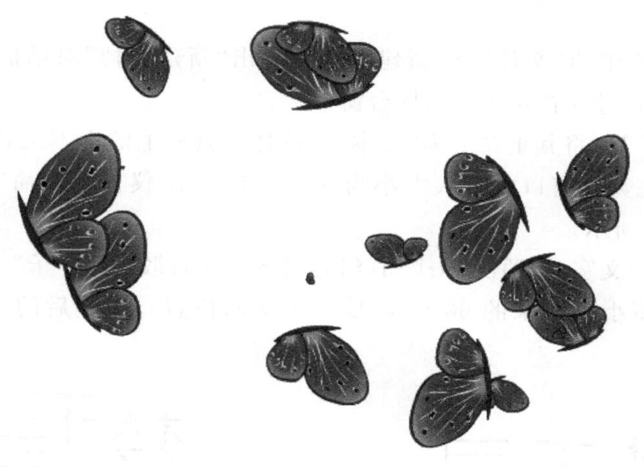

图 2.53　喷涂刷的效果

(5) 按 Ctrl+Enter 组合键或者选择菜单栏中的“控制”→“测试影片”命令播放影片,则会出现蝴蝶飞舞的动画效果。

2.3.3　钢笔工具

会使用 Photoshop 的读者应该对钢笔工具不陌生。在 Flash 中,钢笔工具有很重要的地位,可以用来绘制路径,还可以更加准确地表现对象。钢笔工具在 Flash CS6 中绘制曲线尤为方便。

(1) 选择工具栏中的钢笔工具,按住鼠标左键,先确定第一点(起始点)。在确定第二点的过程中,如果用鼠标直接单击,钢笔工具绘制的是直线;如果在确定第二点的过程中同时按住鼠标左键,则会出现如图 2.54 所示的曲线。

图 2.54　用钢笔工具绘制曲线

(2) 用这种方法,就可以很方便地绘制出边界圆滑的曲线了。在绘制曲线的过程中,可以使用添加锚点和删除锚点工具为曲线添加和删除锚点,只要在线条的相关位置单击,即可进行添加和删除锚点操作。

(3) 使用钢笔工具确定曲线的基本形状后,还需要对曲线进行精细调整。Flash CS6 在钢笔工具的下拉列表里提供了“转换锚点”选项,使用它调整控制柄,可对曲线形状进行相应调整,调整前后的曲线形状分别如图 2.55 和图 2.56 所示。

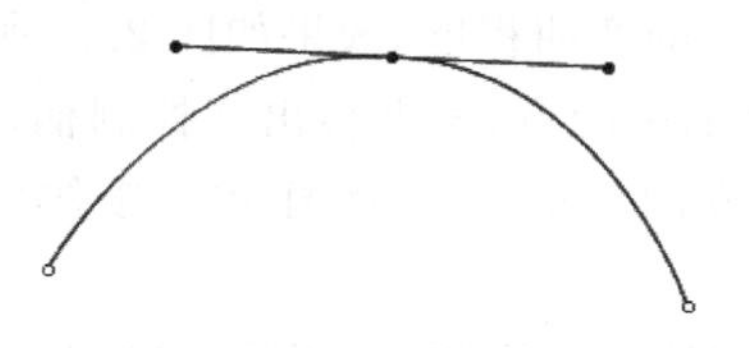

图 2.55　调整前的曲线形状

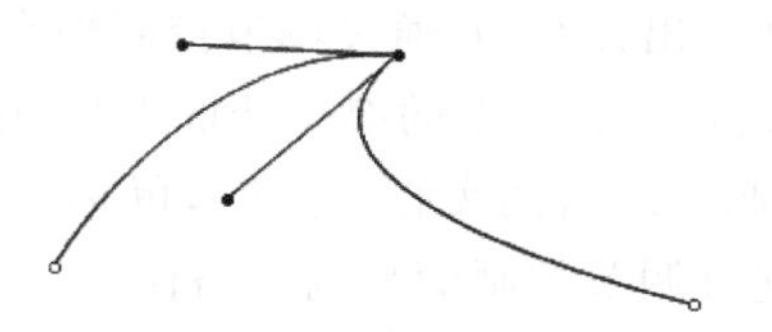

图 2.56　调整后的曲线形状

2.3.4 课堂案例：绘制艺术字

1. 绘制艺术字

(1) 选择菜单栏中的“文件”→“新建”命令，弹出“新建文档”对话框，参数选择默认设置，单击“确定”按钮，进入新建文档的舞台窗口。

(2) 双击“图层 1”，将其重命名为“文本”。选择工具栏上的文本工具，在文本的“属性”面板中进行设置，在舞台窗口中输入大小为 60、字体为“汉仪良品线简”的黑色文本“梦千寻”，效果如图 2.57 所示。

(3) 选中这 3 个文字，按两次 Ctrl＋B 组合键将文字打散，框选“千”字，使用任意变形工具，将“千”字高度缩小到原来的 60%，调整 3 个字的位置。调整后的文字效果如图 2.58 所示。

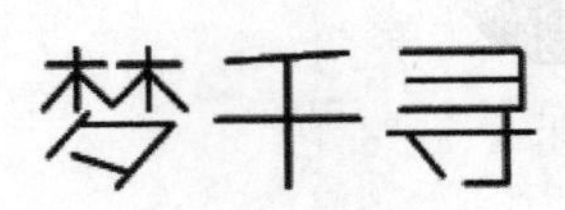

图 2.57 输入文本

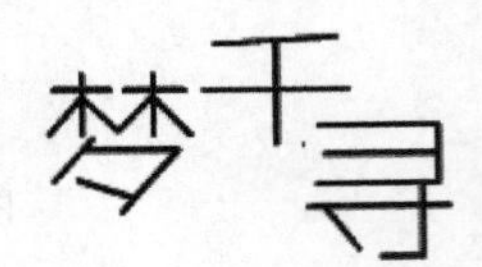

图 2.58 调整文字位置

(4) 在“文本”图层的上方新建“图层 2”，并将其重命名为“线条”。在“文本”图层中单击锁定按钮下方的小圆点，对“文本”图层进行锁定，如图 2.59 所示。

(5) 选择工具栏中的钢笔工具，在其“属性”面板中将笔触颜色设置为黑色，在“笔触”选项右侧的数值框中输入 2，如图 2.60 所示。

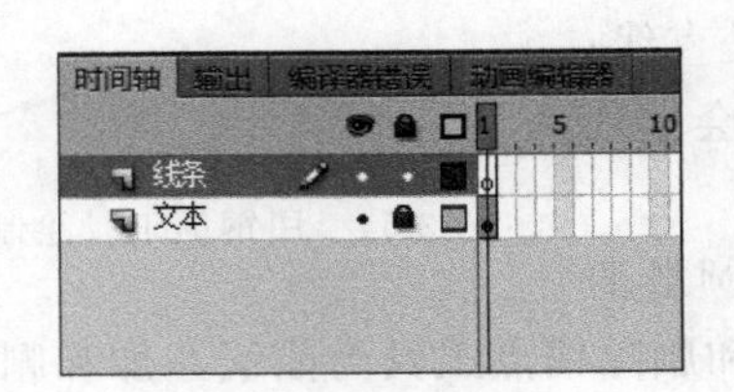

图 2.59 锁定“文本”图层

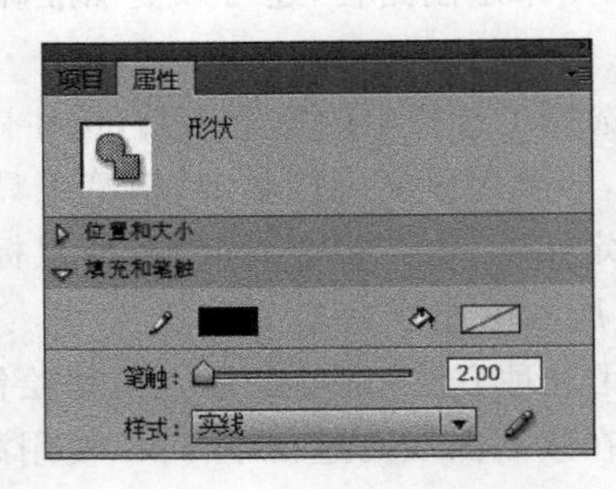

图 2.60 钢笔工具的“属性”面板

(6) 单击“线条”图层，单击 100% （舞台比例）按钮，在下拉列表中选择数值 200%。单击“梦”字的撇的末端，设置起始点，在字下方的空白处单击，确定第二点的位置。按住鼠标不放，拖曳出控制柄，通过调节控制柄来改变路径的弯曲程度，效果如图 2.61 所示。

(7) 选择工具栏上的部分选取工具，单击路径的中间点，该点会出现控制柄。当鼠标指针指向控制柄的右侧实心圆点时，鼠标指针会变成图 2.62 所示的样式。按住鼠标左键不放，可以通过调节控制柄来调整路径。

(8) 选择工具栏中的选择工具，框选“梦”字右侧的捺，如图 2.63 所示，按 Delete 键删除捺。接着采用步骤(6)的方法，使用钢笔工具在“梦”字的捺的位置上单击，绘制路径，如图 2.63 所示。

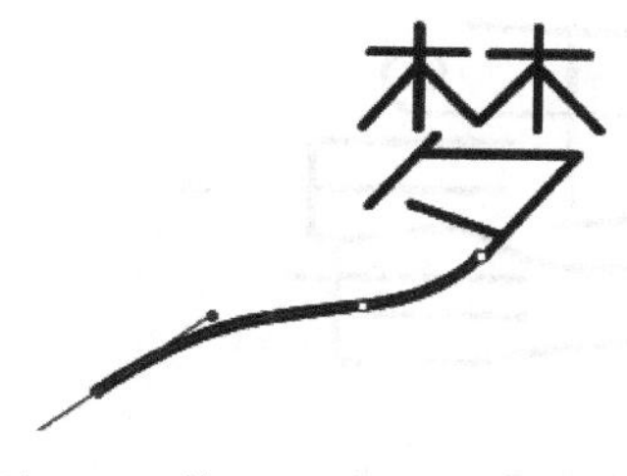

图 2.61 使用钢笔工具绘制路径

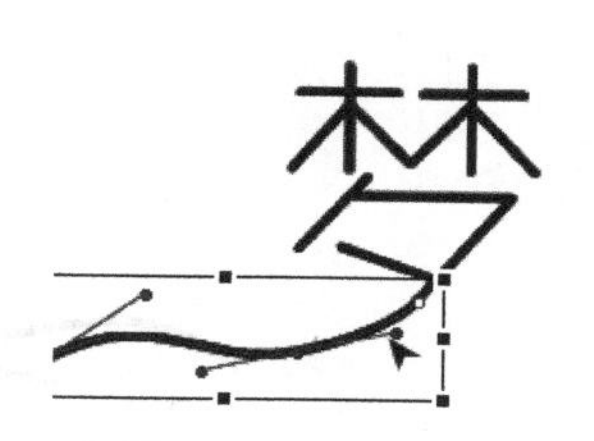

图 2.62 调节控制柄

图 2.63 框选"梦"字右侧的捺

图 2.64 绘制"梦"字捺的路径

(9) 选择工具栏中的选择工具,框选"寻"字中间的横,按 Delete 键删除横,再用同样的方法删除"寻"字的点,删除横和点后的效果如图 2.65 所示。接着采用步骤(6)的方法,使用钢笔工具在"寻"字的相关位置单击,绘制中间的横和底端的钩的路径,如图 2.66 所示。

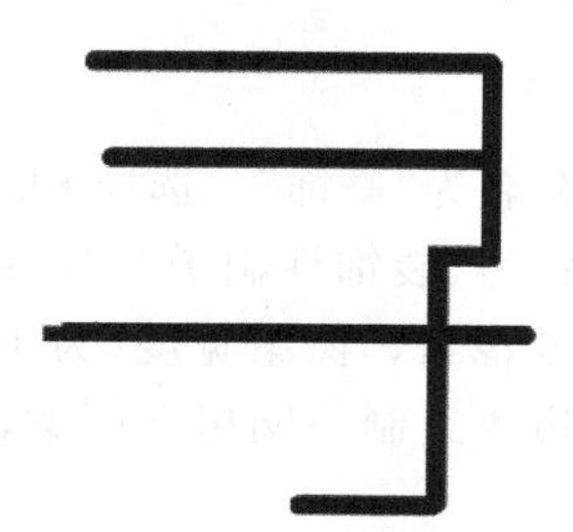

图 2.65 删除"寻"字中间的横和点后的效果

图 2.66 绘制"寻"字横和钩的路径

(10) 选择工具栏中的矩形工具,在其"属性"面板中设置填充颜色为黑色,笔触高度为 2.0,在"寻"字的下部绘制矩形(即"寸"字中间的一点的变形),如图 2.67 所示。

图 2.67 绘制"寻"字下部的矩形

(11) 选择工具栏中的铅笔工具,在其"属性"面板中设置笔触颜色为黑色,笔触高度为 1.5,在"千"字的横右端绘制一条螺旋线,效果如图 2.68 所示。

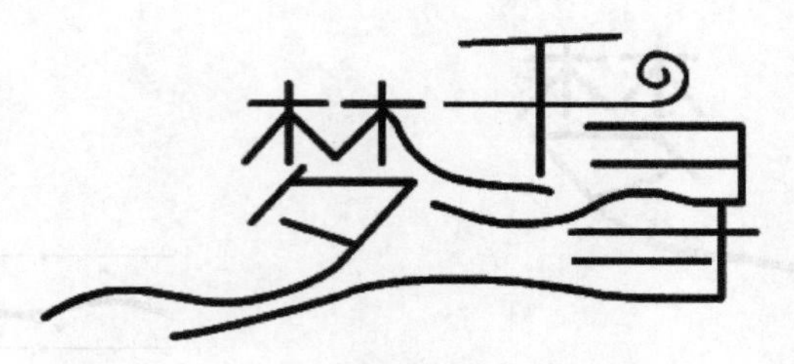

图 2.68　在“千”字的横右端绘制螺旋线

2. 绘制椭圆图形

(1) 在“文本”图层的下方新建“图层 3”,并且将其重命名为“椭圆”。选择工具栏中的椭圆工具,在其“属性”面板中设置笔触颜色为“无”,填充色值为 FB1F8D,在“椭圆”图层中绘制粉色椭圆,效果如图 2.69 所示。

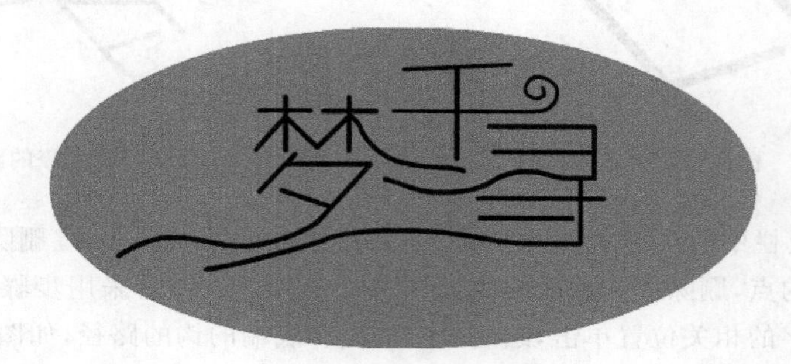

图 2.69　绘制粉色椭圆

(2) 在“线条”图层的上方新建“图层 4”,并且将其重命名为“修饰”。选择 Flash CS6 新增的 Deco(装饰)工具,在其“属性”面板中设置“绘制效果”为“装饰性刷子”,“高级选项”为“茂密的树叶”,“图案颜色”值为 00FF66,“图案大小”为 15 像素,“图案宽度”为 10 像素,设置参数如图 2.70 所示。按住鼠标左键不放,沿着椭圆的边界绘制一圈树叶图案,最后效果如图 2.71 所示。

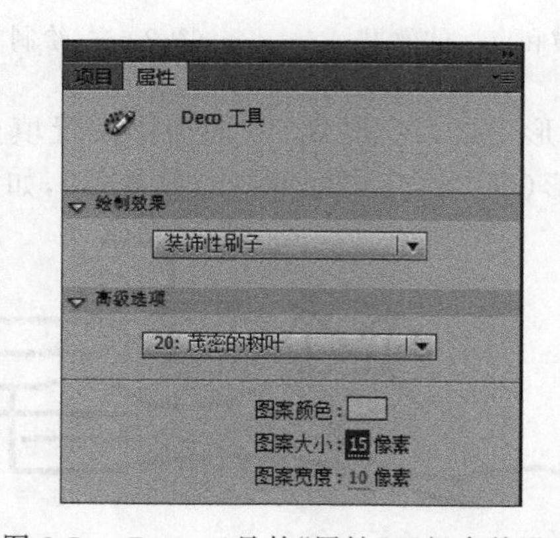

图 2.70　Deco 工具的“属性”面板参数设置

(3) 锁定“修饰”图层和“椭圆”图层,框选“梦千寻”3 个字,在“属性”面板中设置笔触颜色和填充颜色均为白色,效果如图 2.72 所示。

图 2.71　沿椭圆边界绘制树叶图案

图 2.72　设置文字颜色为白色

（4）在“椭圆”图层的下方新建“图层 5”，并将其重命名为“背景”。选择工具栏中的矩形工具，在其“属性”面板中设置笔触颜色为黑色，笔触高度值为 1，填充色为“无”，“矩形选项”下的值均为 30，如图 2.73 所示。

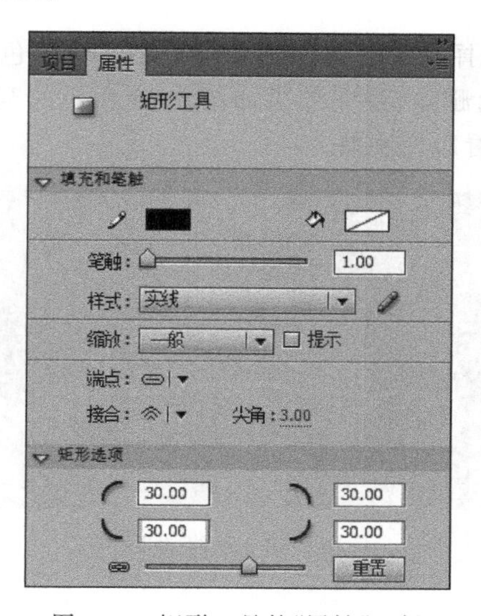

图 2.73　矩形工具的“属性”面板

（5）在“背景”图层中绘制圆角矩形。选择工具栏中的线条工具，在按住 Shift 键的同时，在圆角矩形中由上而下绘制多条等间距的垂直线段，效果如图 2.74 所示。

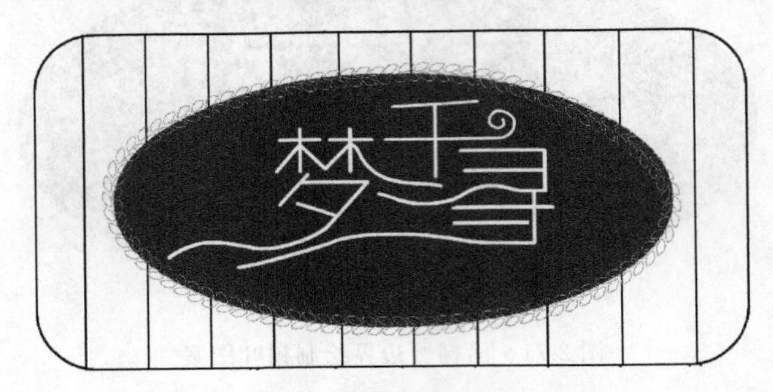

图 2.74　绘制多条等间距的垂直线段

（6）选择工具栏中的颜料桶工具，在其“颜色”面板中将填充色值设置为 33CC33，单击矩形框中的区域，每隔一条填充为绿色；再在其“颜色”面板中将填充色值设置为 ACEAAC，将剩余的条填充为淡绿色。填充效果如图 2.75 所示。

图 2.75　填充效果

（7）选择工具栏中的选择工具，在舞台中双击任意一条黑色线段，所有的黑色线段都会被选中，按 Delete 键将它们删除，最终效果如图 2.76 所示。至此，文本效果制作完成，按 Ctrl＋Enter 组合键即可查看影片效果。

图 2.76　最终效果

2.4 颜色工具和“颜色”面板

2.4.1 颜料桶、墨水瓶和滴管工具

工具栏上的颜料桶和墨水瓶工具可以分别设置图形的填充色和边框色。在设计动画的过程中,经常会使用这两个工具对图形进行填充色和边框色的设置。

吸管工具用于选取笔触或填充色。使用吸管工具可以从“颜色样板”或图像中获取纯色、渐变色以及填充位图。如果想沿用以前用过的颜色参数,又不想重新设置颜色参数,可以用吸管工具对颜色进行吸取,这样就可以得到同样的颜色参数。

2.4.2 颜色选择器

在制作动画的过程中,颜色是必不可少的要素。颜色搭配得合理与否直接决定动画的质量。封闭对象包括两种颜色:填充色和边框色。无论是对哪种颜色进行设置,都必然会用到颜色选择器。下面讲解颜色选择器的使用方法。

颜色选择器如图 2.77 所示。

十六进制颜色值 000000 表示黑色,FFFFFF 表示白色。不透明度 0~100 表示完全透明到完全不透明。单击颜色按钮,将弹出“颜色”对话框,如图 2.78 所示。可以在该对话框中进行颜色、色调、饱和度、亮度以及 RGB 颜色值的设置。RGB 代表自然界的三原色,其中,R 表示红色,G 表示绿色,B 表示蓝色,这 3 个参数的取值均为 0~255。

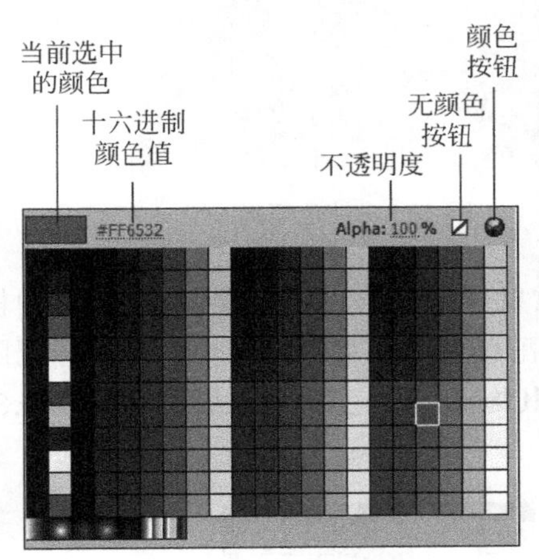

图 2.77 颜色选择器

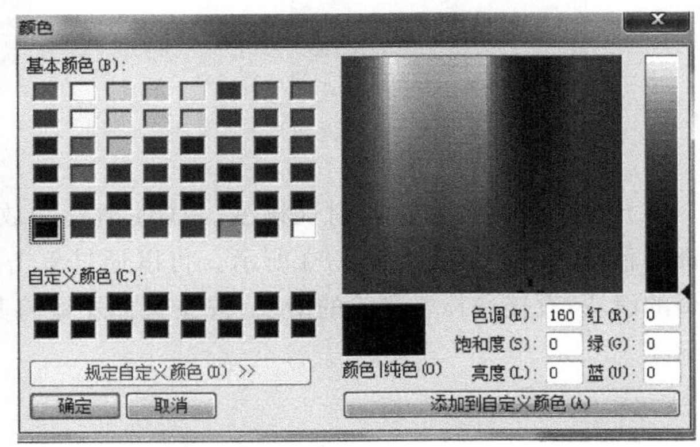

图 2.78 “颜色”对话框

2.4.3 “颜色”面板

要设置自定义颜色,可以使用“颜色”面板。选择菜单栏中的“窗口”→“颜色”命令,或者单击面板工具栏上的“颜色”面板图标,如图 2.79 所示,就可以弹出图 2.80 所示的“颜色”面板。

图 2.79 "颜色"面板图标

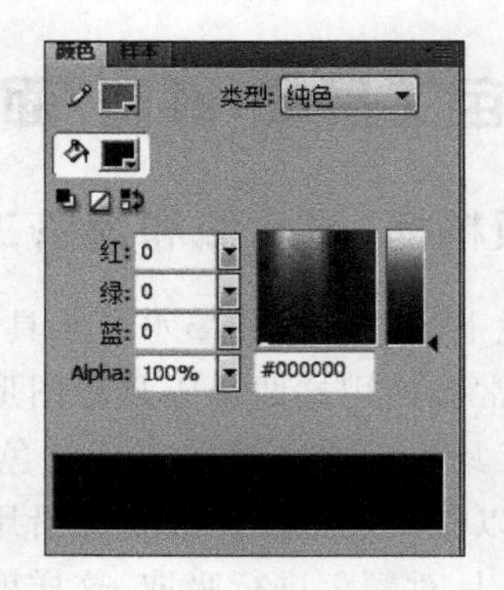

图 2.80 "颜色"面板

下面以矩形为例,简要介绍"颜色"面板的使用方法。

(1) 设置纯色。使用矩形工具在舞台中央绘制一个无边框的矩形,在图 2.81 所示的"颜色"面板中设置"类型"为"纯色",并且设置相关颜色参数,得到的纯色矩形如图 2.82 所示。

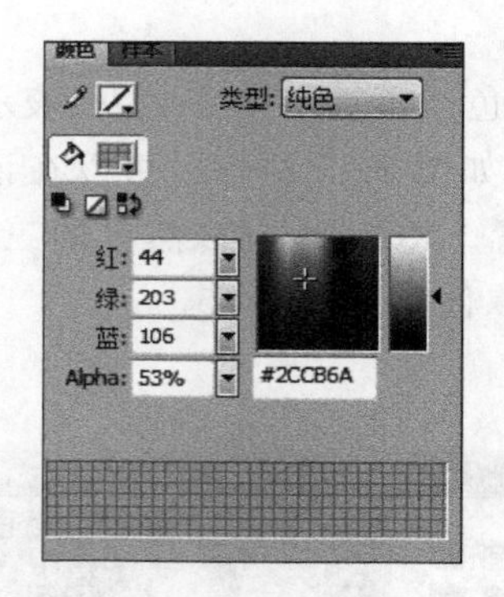

图 2.81 "类型"参数设置

图 2.82 纯色矩形

(2) 设置线性渐变和放射性渐变。线性渐变和放射性渐变的设置流程差不多,两种模式都要使用渐变滑块,如图 2.83 所示。可以通过单击配色条添加更多的滑块。如果想删除多余的滑块,直接选择要删除的滑块,按住鼠标左键将其拖动到配色条的外边即可,如图 2.84 所示。

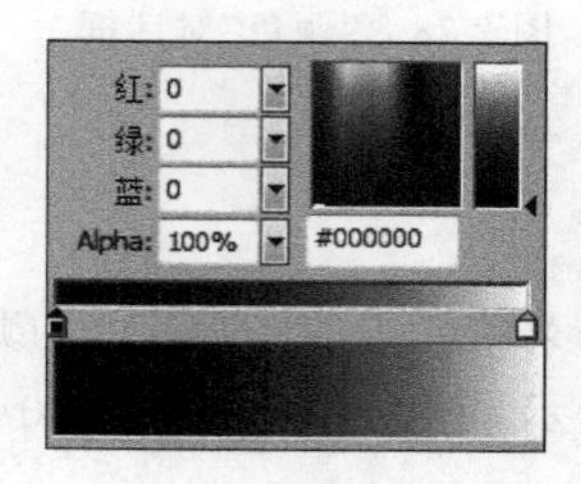

图 2.83 渐变滑块

图 2.84 添加和删除滑块

(3) 导入位图。在“类型”下拉列表框中选择“位图”，单击“导入”按钮，如图 2.85 所示，选择一张位图后，导入的位图缩略图就可以出现在面板下部的缩略图列表框中。这样，选择工具栏上的矩形工具，就可以在舞台中绘制带有位图的矩形，如图 2.86 所示。

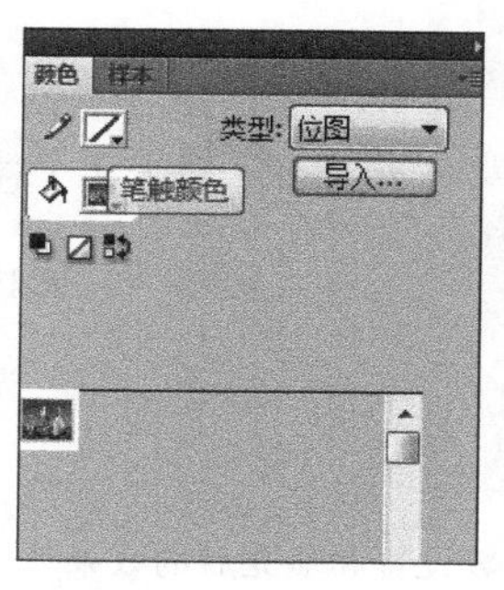

图 2.85 导入位图

图 2.86 带有位图的矩形

2.4.4 课堂案例：绘制水晶按钮效果

1. 绘制按钮元件

(1) 选择菜单栏中的“文件”→“新建”命令，弹出“新建文档”对话框，参数保持默认设置，单击“确定”按钮，进入新建文档的舞台窗口。

(2) 选择工具栏中的椭圆工具，在其“颜色”面板中将笔触颜色设置为“无”，将填充色值设置为 009966。按住 Shift 键，在舞台窗口中绘制正圆。选中圆形，在形状的“属性”面板中将图形的“宽”和“高”均设置为 50，如图 2.87 所示。

(3) 选择菜单栏中的“窗口”→“颜色”命令，弹出“颜色”面板。在颜色类型下拉列表框中选择“径向渐变”。选中色带左侧的滑块，将其设置为白色，在 Alpha 选项中将其不透明度设为 0%。选中色带右侧的滑块，将其设为紫色(值为 009966)。参数设置如图 2.88 所示。

图 2.87 形状的“属性”面板参数设置

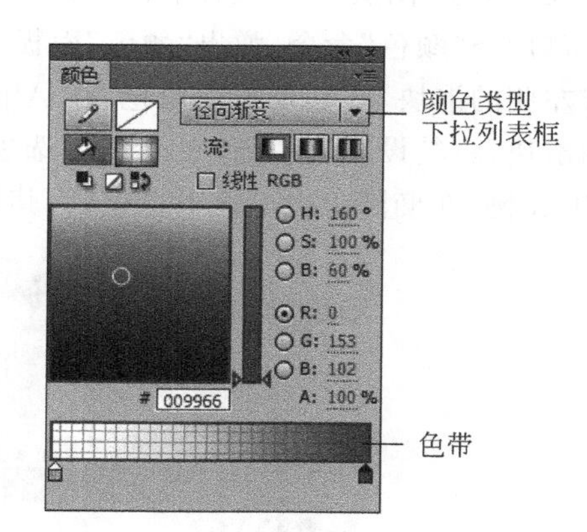

图 2.88 “颜色”面板参数设置

(4) 选择颜料桶工具，在圆形的下方单击鼠标，将渐变色填充到图形中，效果如图 2.89 所示。选中圆形，按 Ctrl+C 和 Ctrl+V 组合键，将复制的圆形副本粘贴在舞台中。选中圆形副本，在形状的“属性”面板中设置填充颜色值为 B7F2DC，如图 2.90 所示。

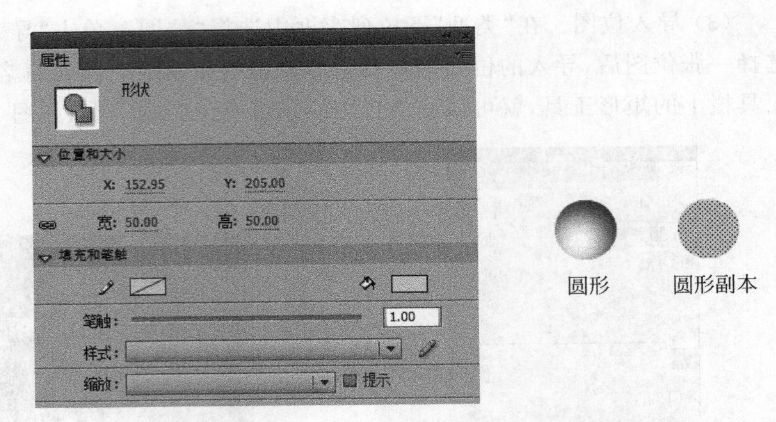

图 2.89　渐变填充　　　图 2.90　形状的“属性”面板参数设置和填充后的效果

（5）选中圆形副本，选择菜单栏中的“修改”→“形状”→“柔化填充边缘”命令，在弹出的“柔化填充边缘”对话框中，设置“距离”为 30 像素，“步长数”为 30，如图 2.91 所示。单击“确定”按钮，对圆形副本进行柔化。然后，将渐变圆形移动到柔化后的圆形副本上方，如图 2.92 所示。

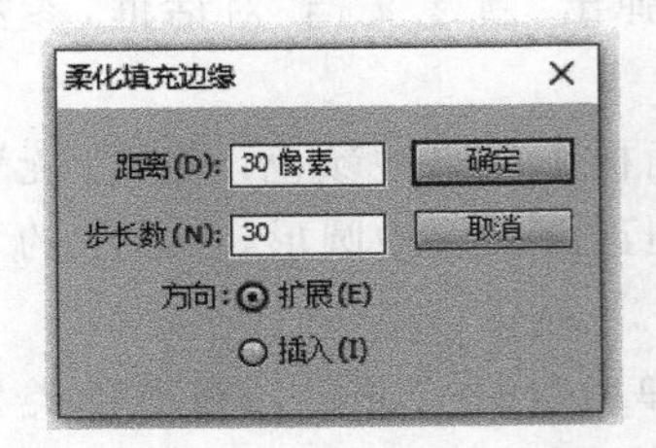

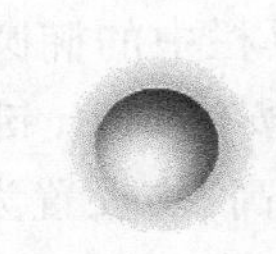

图 2.91　“柔化填充边缘”对话框　　　图 2.92　叠加后的效果

（6）新建“图层 2”。选择椭圆工具，在“图层 2”中绘制一个白色的椭圆。选择菜单栏中的“窗口”→“颜色”命令，弹出“颜色”面板，在颜色类型下拉列表框中选择“线性渐变”。选中色带左侧的滑块，将其设置为白色，在 Alpha 选项中将其不透明度设为 60%。选中色带右侧的滑块，将其设置为白色，在 Alpha 选项中将其不透明度设为 0%。选择颜料桶工具，按住 Shift 键，在椭圆中由上而下拖曳，为其填充渐变色，如图 2.93 所示。

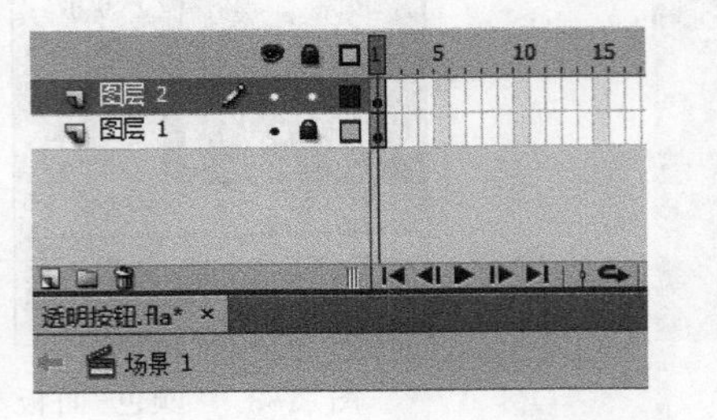

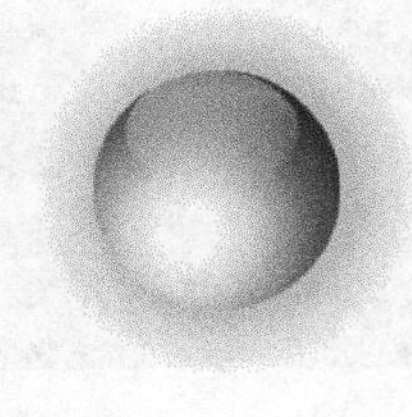

图 2.93　绘制高光部分

（7）在“图层 1”的上方新建“图层 3”。选择工具栏中的文本工具，在文本工具的“属性”面板中设置“系列”为 Arial，“样式”为 Bold，“颜色”为黑色，在舞台中输入文本 F，如图 2.94 所示。

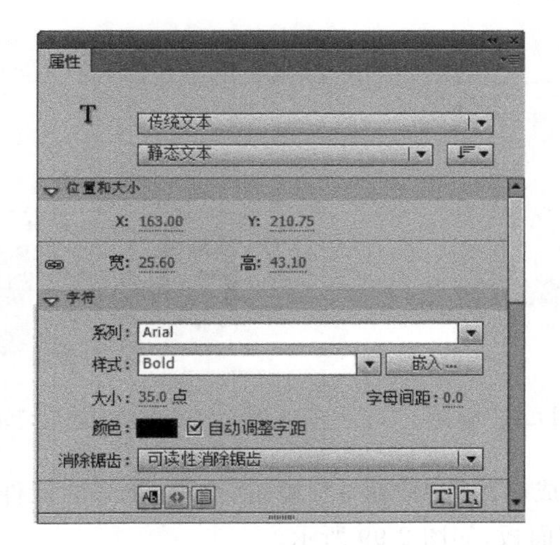

图 2.94　文本工具的“属性”面板参数设置和输入的文本

2. 制作其他按钮元件

(1) 单击“图层 2”，按 F8 键，将选中的椭圆转换为名称为“透明椭圆”的图形元件，如图 2.95 所示。

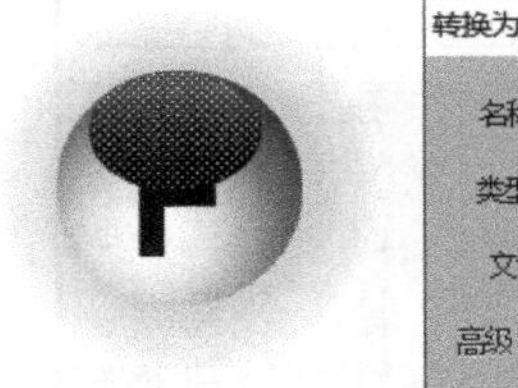

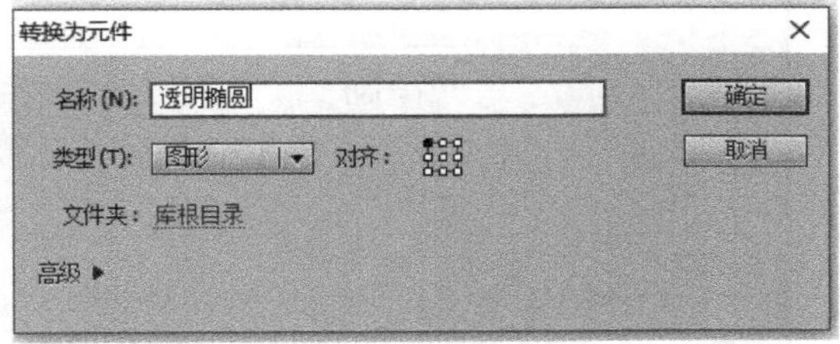

图 2.95　将椭圆转换为元件

(2) 框选舞台中的所有图形，按 F8 键，将选中的图形转换为名称为“按钮 1”的图形元件，如图 2.96 所示。

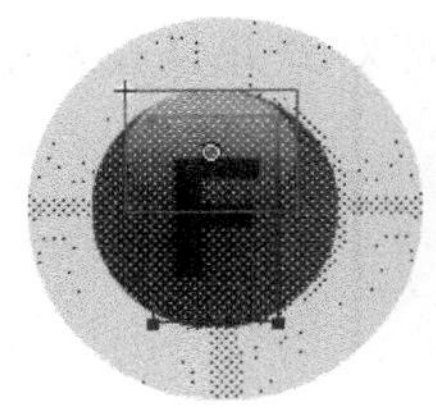

图 2.96　将所有图形转换为元件

(3) 右击“按钮 1”元件，在出现的快捷菜单中选择“直接复制元件”命令，如图 2.97 所示，生成名称为“按钮 2”的新元件，如图 2.98 所示。

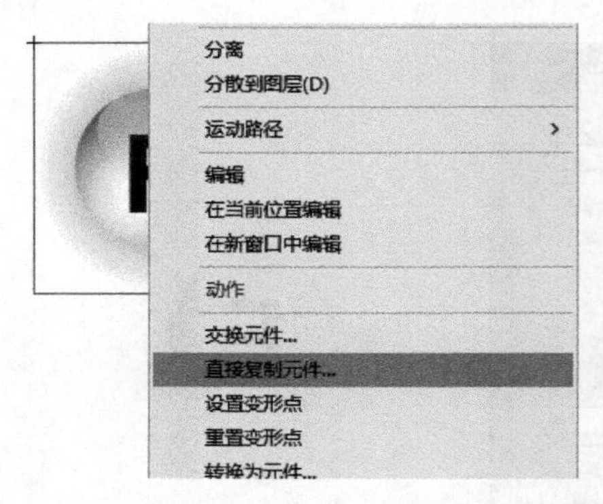

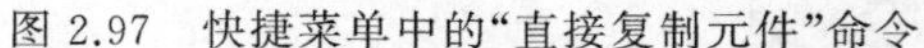

图 2.97　快捷菜单中的“直接复制元件”命令

图 2.98　生成“按钮 2”元件

(4) 按照步骤(3)的方法分别生成名称为“按钮 3”“按钮 4”“按钮 5”的元件。选择菜单栏中的“窗口”→“库”命令，弹出“库”面板，如图 2.99 所示。

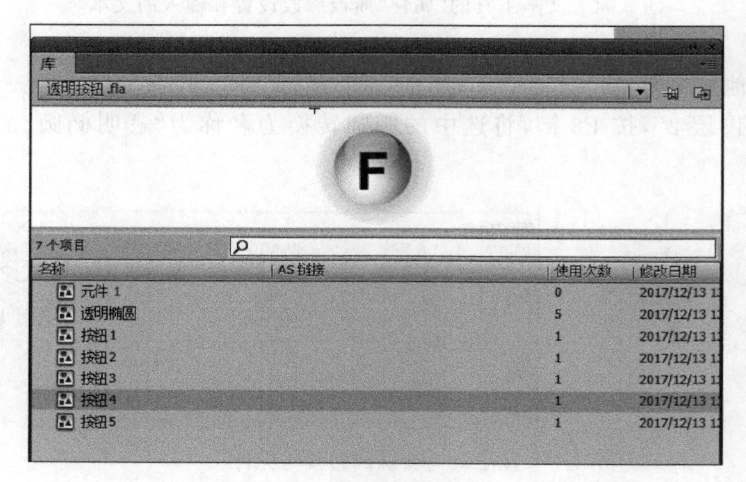

图 2.99　“库”面板

(5) 删除“图层 2”和“图层 3”，将“库”面板中的“按钮 2”“按钮 3”“按钮 4”“按钮 5”这 4 个元件拖动到“图层 1”中。框选所有按钮，选择菜单栏中的“窗口”→“对齐”命令，在弹出的“对齐”面板中，单击底对齐和水平平均间隔图标，使按钮底部对齐并且在水平方向均匀分布，如图 2.100 所示。

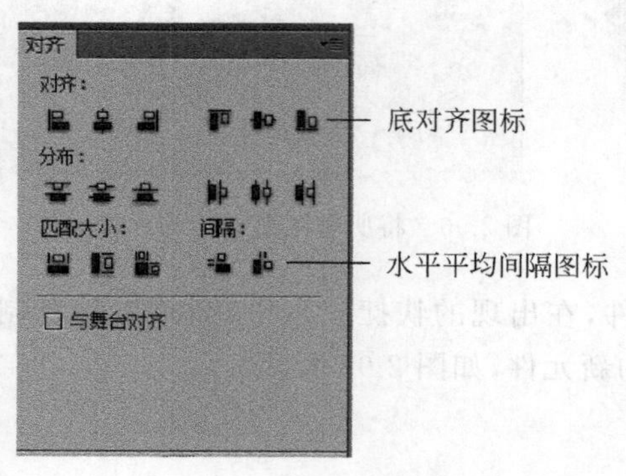

图 2.100　“对齐”面板

(6) 双击“按钮 2”,进入其编辑模式,将“按钮 2”中的文本改为 L。用同样的方法将“按钮 3”“按钮 4”和“按钮 5”中的文本分别改为 A、S 和 H。双击“场景 1”,返回主场景。按钮效果如图 2.101 所示。

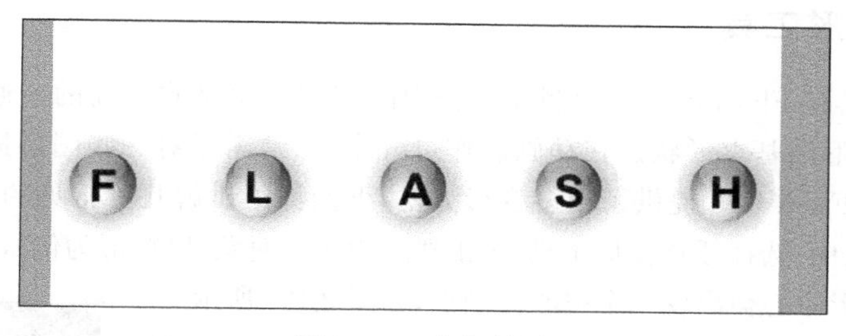

图 2.101 按钮效果

(7) 选择工具栏中的线条工具,在其“属性”面板中,设置笔触颜色值为 FF6600,笔触高度为 2,在“线条”图层中,按住 Shift 键绘制橙色直线,如图 2.102 所示。

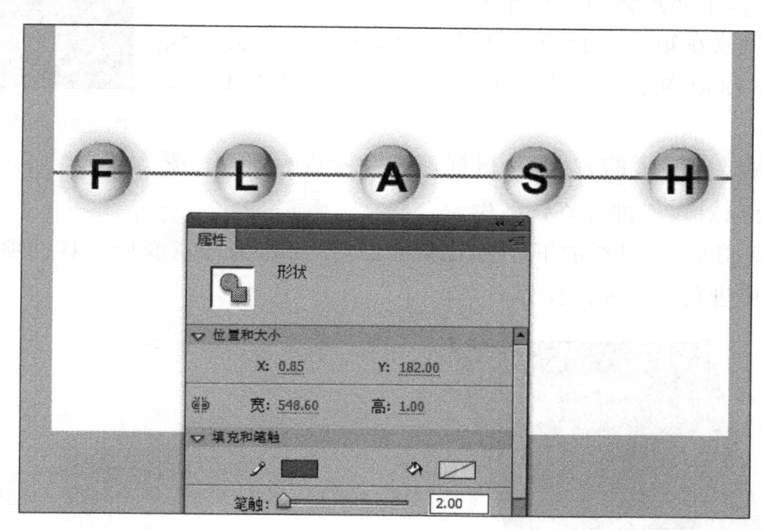

图 2.102 绘制橙色直线

(8) 选择工具栏中的椭圆工具,设置其填充颜色为“无”,在橙色直线上绘制 4 个小的正圆,并且删除圆形和直线的相交部分,最后的图形效果如图 2.103 所示。至此,水晶按钮绘制完成,按 Ctrl+Enter 组合键即可查看影片效果。

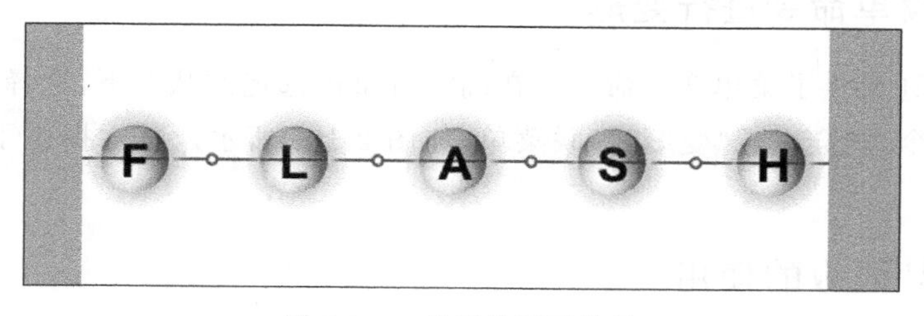

图 2.103 最后的图形效果

2.5 对象的变形

2.5.1 任意变形工具

任意变形工具在 Flash CS6 动画制作过程中的使用频率是非常高的。通过使用任意变形工具,可以改变图形的基本形状。在动画制作过程中,经常需要对一些图形进行缩放、倾斜、旋转、翻转等处理。Flash CS6 提供了很多变形方法,下面详细讲解几种常见的变形方法。

(1) 在工具栏中,选择任意变形工具,单击舞台中央的对象(以矩形为例),矩形周围会出现 8 个黑色控制点,矩形中心会出现一个空心控制点,如图 2.104 所示。

图 2.104 矩形的控制点

(2) 用鼠标拖动黑色控制点,可以任意改变矩形的尺寸。按住 Shift 键拖动矩形的 4 个顶点中的任何一个,可以使矩形等比例缩放;按住 Shift+Alt 组合键拖动矩形的 4 个顶点中的任何一个,可以使矩形以中心点为固定点等比例缩放。

(3) 把鼠标放在矩形的任意一条边线上,鼠标箭头会变成⇌形状,用鼠标拖动边线可以对矩形进行斜切变形操作,如图 2.105 所示。

(4) 把鼠标放在矩形的右上角,鼠标箭头会变成↻形状,按住鼠标左键,可以对矩形进行旋转操作。

(5) 选择矩形后,工具栏的下方会出现图 2.106 所示的任意变形工具选项,利用这些选项也可以对矩形进行各种变形操作。

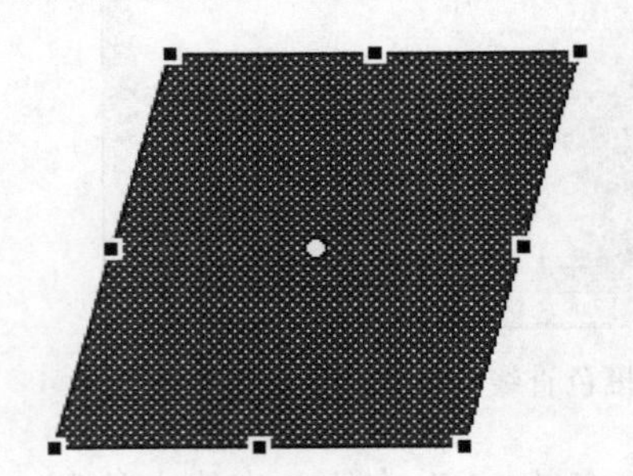

图 2.105 对矩形进行斜切变形操作

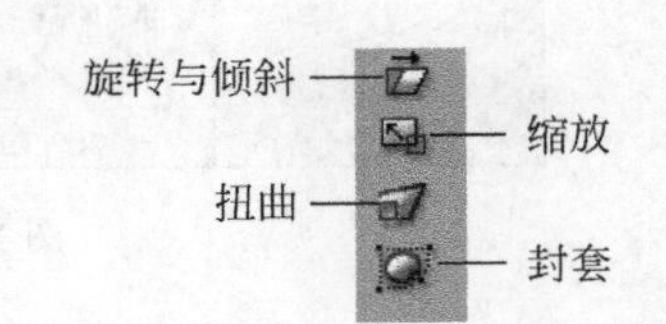

图 2.106 任意变形工具选项

2.5.2 利用菜单命令进行变形

Flash CS6 还提供了菜单变形命令。在确定对象被选定的状态下,选择菜单栏中的“修改”→“变形”命令,则会出现“变形”级联菜单,如图 2.107 所示。其中提供了“扭曲”“封套”等诸多命令。

2.5.3 “变形”面板的使用

虽然任意变形工具可以方便快捷地操作对象,但是前面所述都是依照个人感觉进行粗略的图形绘制。在对图形绘制要求比较高的情况下,必须使用更为精确的变形方法。考虑

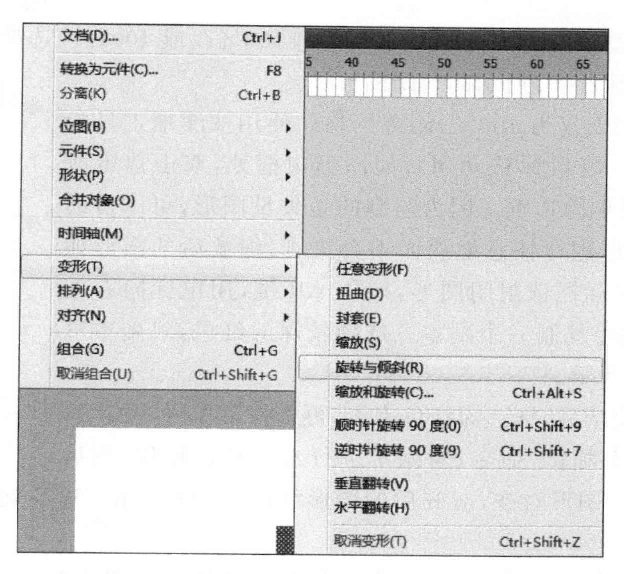

图 2.107 “变形”级联菜单

到这一点,Flash CS6 提供了“变形”面板,可以通过它对图形变形更加精确、详细地设置参数,如图 2.108 所示。

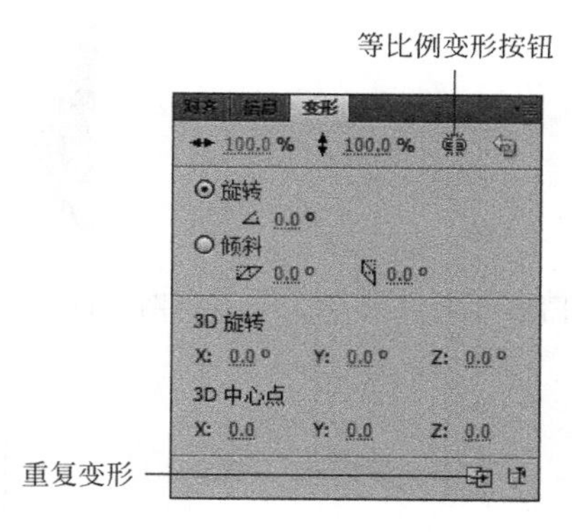

图 2.108 “变形”面板

下面以立体红五星为例,详细介绍“变形”面板的功能。

(1) 新建 Flash 文档。选择菜单栏中的“视图”→“网格”→“显示网格”命令,文档画布会变成图 2.109 所示的样式。

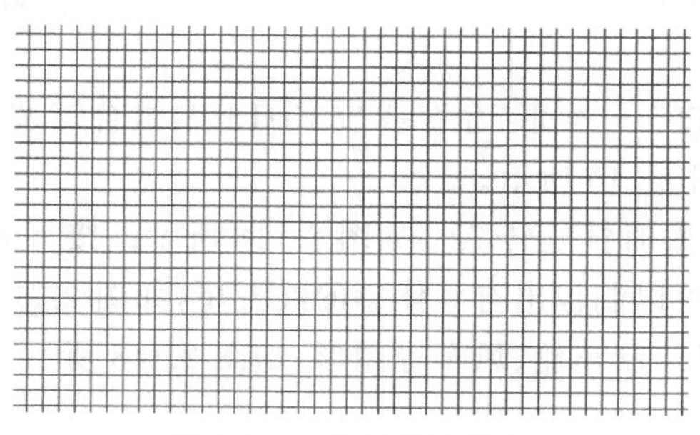

图 2.109 文档显示网格

(2) 单击舞台比例按钮,将舞台显示比例由100%改成400%。选择工具栏上的钢笔工具,参照网格,绘制图2.110所示的封闭图形。

(3) 将视口比例恢复为100%,隐藏网格。使用油漆桶工具为封闭图形填充红色。将鼠标移动到封闭图形边框处,双击选定所有边框,按Delete键删除边框。因为绘制的是矢量图形,可以借助自由变形工具对图形进行任意缩放而不会失真,缩放后的图形如图2.111所示。用鼠标框选封闭图形,按住Alt键,用鼠标向右拖动封闭图形,可以快速复制一个副本。选择较深的红色,对副本进行填充,如图2.112所示。

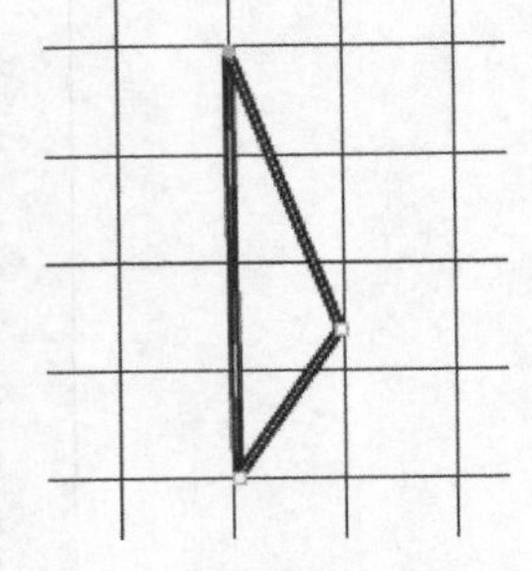

图2.110 绘制封闭图形

(4) 副本填充完毕后,框选深红色副本,再选择菜单栏中的"修改"→"变形"→"水平翻转"命令,对副本进行水平翻转操作,然后使用移动工具将两个图形对齐,对齐后的图形如图2.113所示。这样就得到了一个有明暗对比的梭状图形。

(5) 用选择工具框选梭状图形,单击工具栏上的任意变形工具,图形周围会出现控制点,将图形中心的空心圆形控制点(以后简称中心控制点)拖动到下端的梭形顶点处,如图2.114所示。

图2.111 填充封闭图形

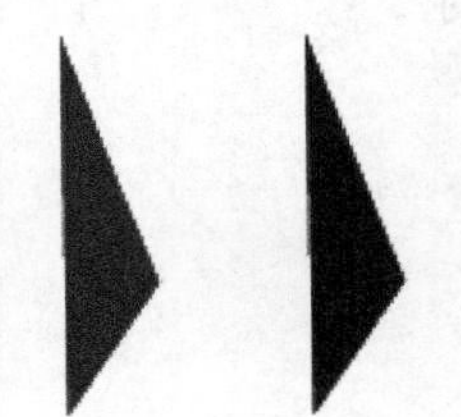

图2.112 复制并填充副本

图2.113 水平翻转副本并对齐两个图形

图2.114 把中心控制点拖动到下端的梭形顶点处

选择菜单栏中的"窗口"→"变形"命令或按Ctrl+T组合键调出"变形"面板,在其中将旋转角度调整为72°,如图2.115所示。

(6) 舞台中的对象会顺时针旋转72°,如图2.116所示。接下来只要单击"变形"面板中的重复变形按钮4次,就可以制作出有立体感的红五星,如图2.117所示。

用同样的方法还可以绘制车轮、风车等图形,如图2.118所示。

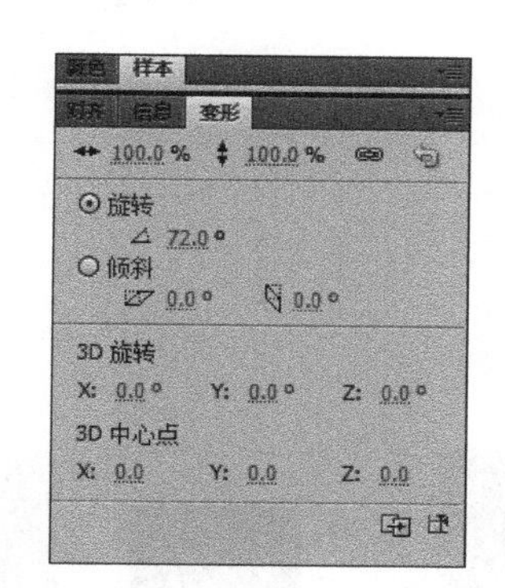

图 2.115 使用“变形”面板设置旋转角度

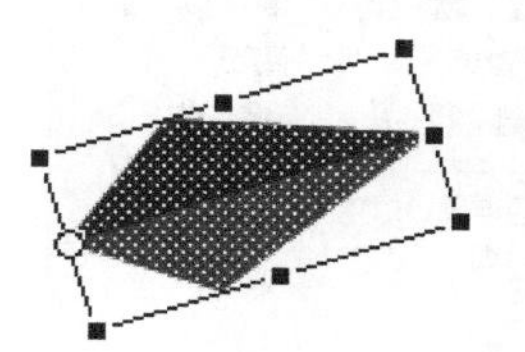

图 2.116 旋转 72°

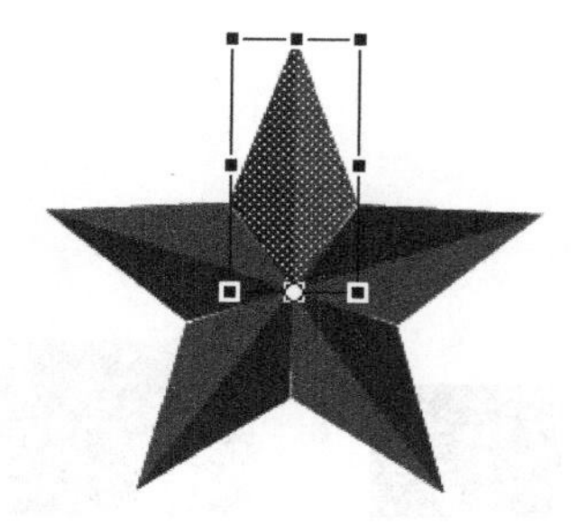

图 2.117 重复变形 4 次

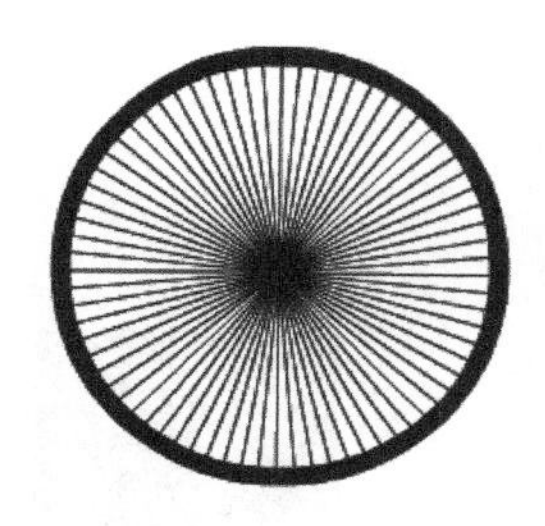

图 2.118 车轮和风车

2.6 对象位置的调整

动画中对象位置的调整非常重要。调整对象的位置有很多种方法，下面进行详细讲解。

2.6.1 “对齐”面板的使用

(1) 舞台上有 3 个对象，要对这 3 个对象进行对齐操作，可以选择菜单栏中的“窗口”→“对齐”命令，弹出“对齐”面板，如图 2.119 所示。

(2) 这 3 个对象对齐前如图 2.120 所示。单击图 2.121 所示的底对齐按钮，对齐后的对象如图 2.122 所示。

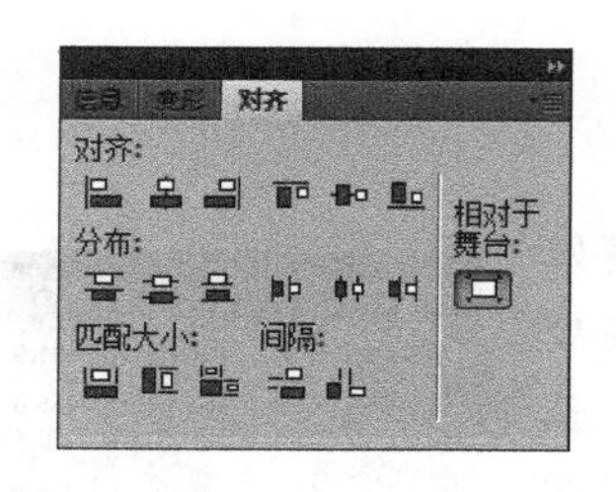

图 2.119 “对齐”面板

图 2.120 对齐前的 3 个对象

(3) 单击图 2.123 所示的水平平均间隔按钮，可以使对象之间的水平间距相等，最后结果如图 2.124 所示。

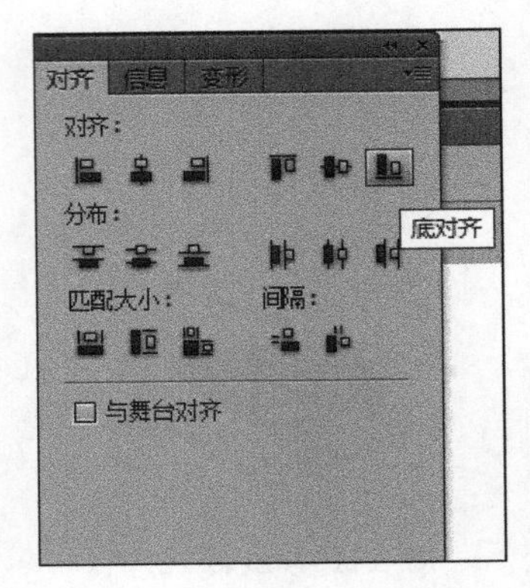

图 2.121　底对齐按钮

图 2.122　对齐后的 3 个对象

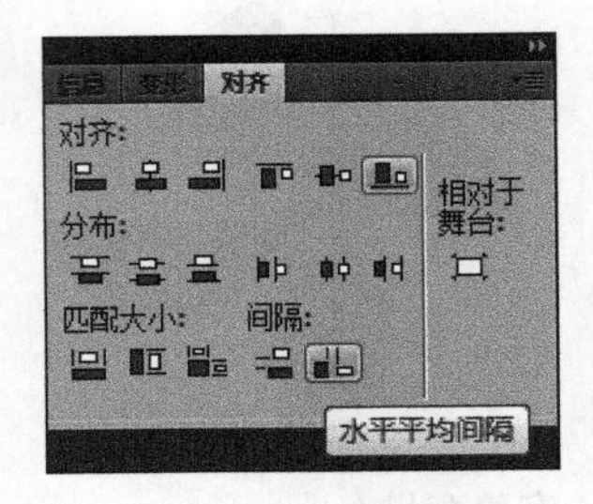

图 2.123　水平平均间隔按钮

图 2.124　水平平均间隔操作后的 3 个对象

(4) 单击图 2.125 所示的匹配宽和高按钮,可以使对象变为同样尺寸(以尺寸最大的图形为标准),如图 2.126 所示。

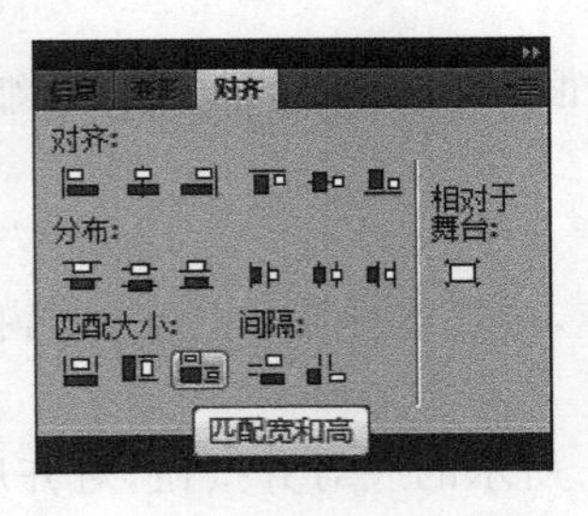

图 2.125　匹配宽和高按钮

图 2.126　匹配宽和高操作后的 3 个对象

2.6.2 “信息”面板的使用

除了可以使用“对齐”面板对对象进行对齐操作,在一些特殊情况下,还可以使用“信息”面板对对象进行对齐操作,尤其在要使用坐标精确定位对象的位置时,会频繁地使用“信息”面板。选择菜单栏中的“窗口”→“信息”命令,可以打开“信息”面板,对图形的各项参数进行详细设置。通常,图形位置的调整是通过坐标(X、Y)值实现的。“信息”面板如图 2.127 所示。

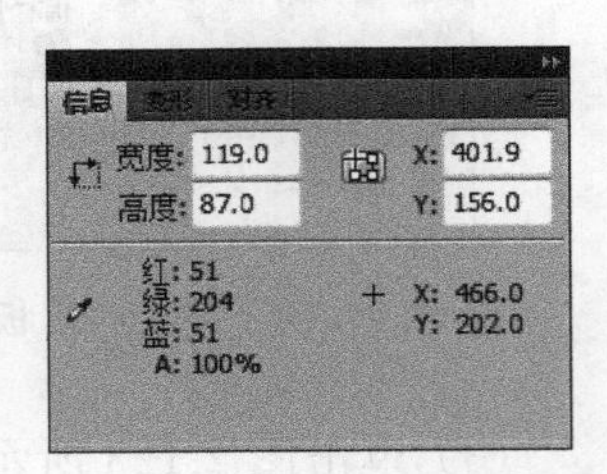

图 2.127　“信息”面板

2.6.3　调整对象层次

舞台中的对象可以相互遮盖，往往上面的对象会遮盖下面的对象。对象的层次关系可以通过菜单栏中的"修改"→"排列"命令进行调整，"排列"级联菜单如图 2.128 所示。也可以右击选定的对象，在弹出的快捷菜单中选择"排列"命令，如图 2.129 所示。

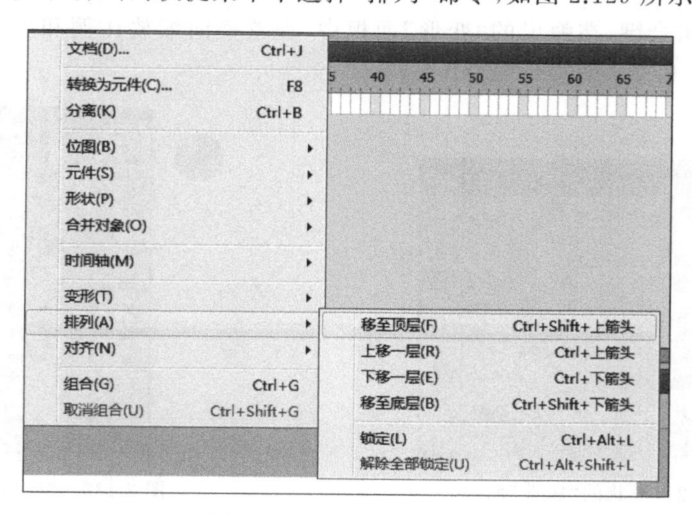

图 2.128　"排列"级联菜单

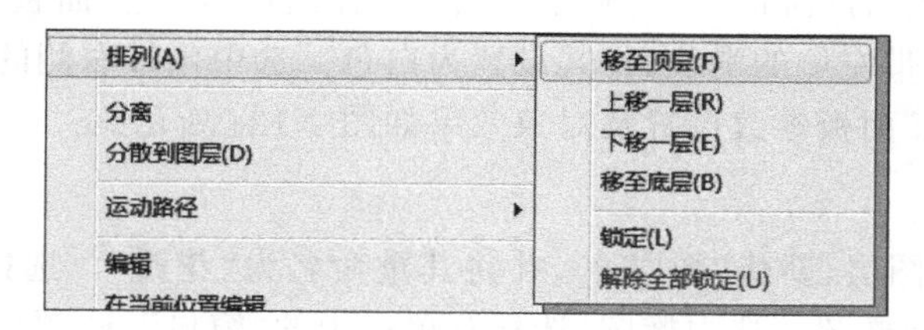

图 2.129　"排列"快捷菜单

排列前的对象如图 2.130 所示。选择"排列"级联菜单中的"上移一层""下移一层""移至顶层""移至底层"命令可以改变对象的层次关系，如图 2.131 所示。

图 2.130　排列前对象的层次关系

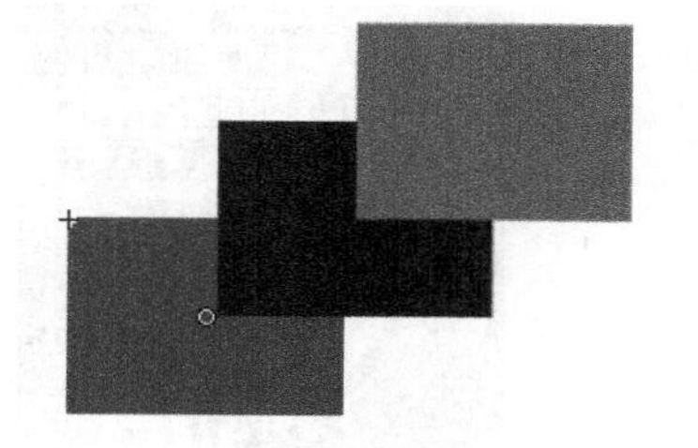

图 2.131　排列后对象的层次关系

2.6.4　课堂案例：绘制花朵阵列

1. 绘制花朵

(1) 选择菜单栏中的"文件"→"新建"命令，弹出"新建文档"对话框，参数保持默认设置，单击“确定”按钮，进入新建文档的舞台窗口。

(2) 双击“图层 1”，将其重命名为“花朵”。选择工具栏中的椭圆工具，在其“颜色”面板中将笔触颜色设置为“无”，将填充色设置为粉红色(值为 FF0066)。按住 Shift 键，在舞台窗口中绘制正圆。选中圆形，在形状的“属性”面板中将图形的“宽”和“高”均设置为 20.00，如图 2.132 所示。

(3) 选中图形，按 Ctrl＋C 和 Ctrl＋Shift＋V 组合键，复制一个位置和大小均相同的圆形。按 Ctrl＋T 组合键，在弹出的“变形”面板中，设置横向缩放比例和纵向缩放比例均为 70％，如图 2.133 所示。

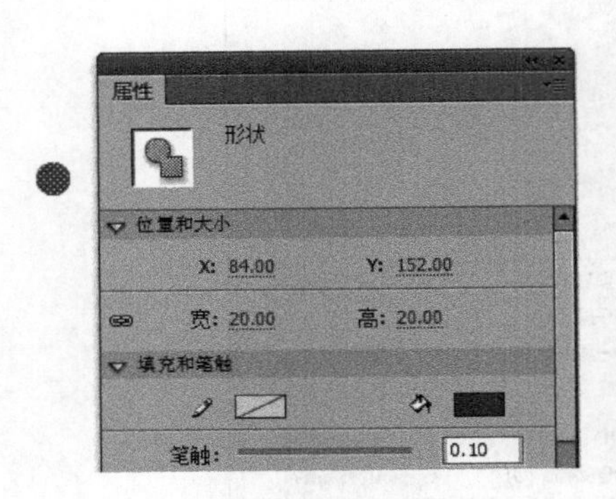

图 2.132 形状的“属性”面板

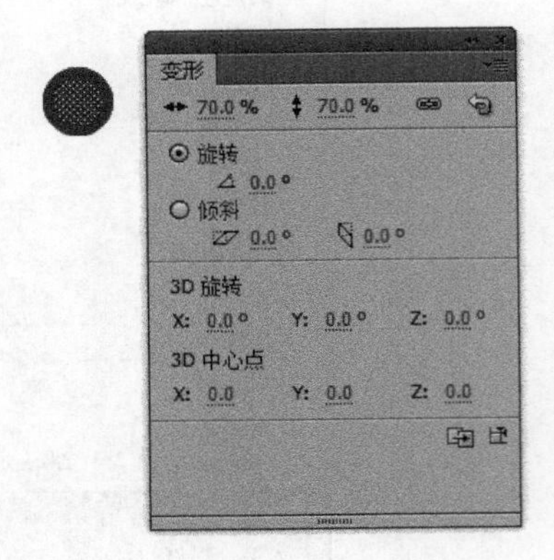

图 2.133 “变形”面板

(4) 选择菜单栏中的“窗口”→“颜色”命令，在弹出的“颜色”面板中，设置填充样式为“径向渐变”。选中色带左侧的滑块，将其设置为白色。选中色带右侧的滑块，将其颜色值设置为 FF9900。“颜色”面板参数设置及对象效果如图 2.134 所示。

2. 绘制花瓣

(1) 锁定“花朵”图层，新建“图层 2”，并将其重命名为“花瓣”。选择工具栏中的椭圆工具，在舞台窗口中绘制椭圆。选中椭圆，选择菜单栏中的“窗口”→“颜色”命令，在弹出的“颜色”面板中，设置填充样式为“线性渐变”。选中色带左侧的滑块，将其颜色值设置为 FFFFAA。选中色带右侧的滑块，将其颜色值设置为 FF0000。“颜色”面板参数设置及对象效果如图 2.135 所示。

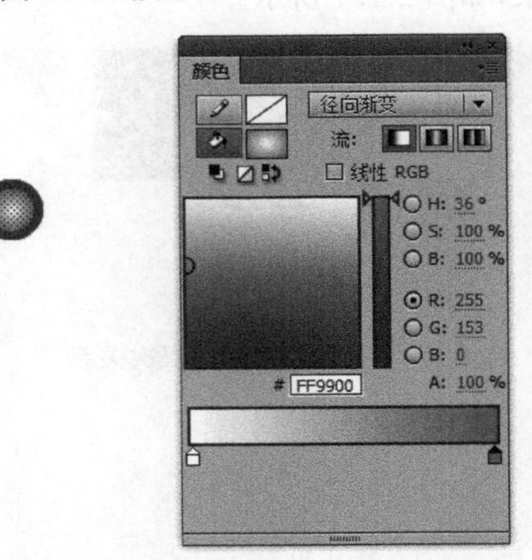

图 2.134 “颜色”面板参数设置及对象效果

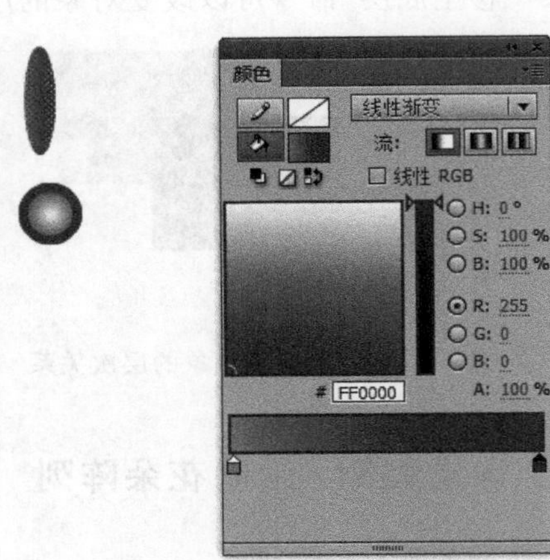

图 2.135 “颜色”面板参数设置及对象效果

(2) 选择颜料桶工具，按住 Shift 键，在椭圆中由上而下拖曳，为其填充渐变色，并将椭圆底端移动到圆形的中心位置，如图 2.136 所示。选择任意变形工具，椭圆上出现控制点，将中心控制点拖曳到控制框下边的中间，如图 2.137 所示。

图 2.136　填充椭圆

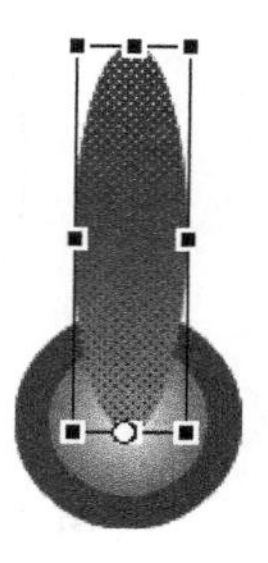

图 2.137　用任意变形工具移动中心控制点

(3) 按 Ctrl+T 组合键，在"变形"面板中设置"旋转"选项为 30°，多次单击重复变形按钮，复制出多个椭圆，如图 2.138 所示。

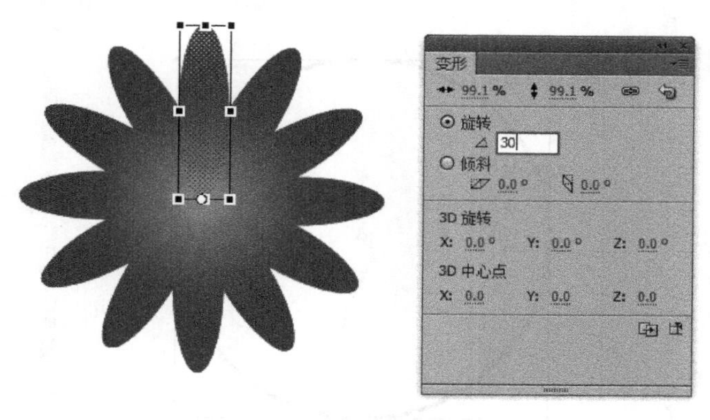

图 2.138　复制多个椭圆

(4) 将"花瓣"图层拖动到"花朵"图层下方，对"花朵"图层进行解锁操作。框选舞台中的所有图形，按 F8 键，转换为名称为"花朵 1"的图形元件，如图 2.139 所示。双击"花瓣"图层，将其重命名为"线条"，如图 2.140 所示。

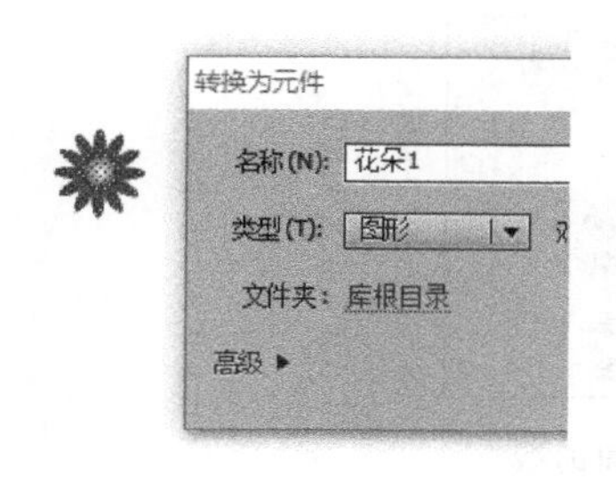

图 2.139　"转换为元件"对话框

图 2.140　将"花瓣"图层重命名为"线条"图层

(5) 设置笔触颜色为黑色，填充色为"无"，选择工具栏中的椭圆工具，按住 Shift 键，在

“线条”图层中绘制无填充色的黑色正圆，如图 2.141 所示。

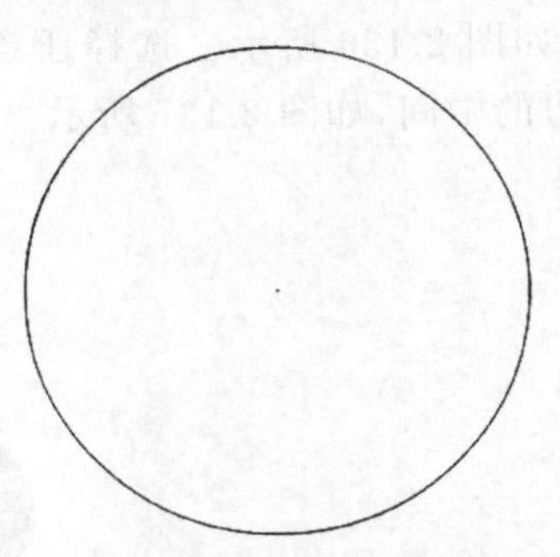

图 2.141　绘制无填充色的黑色正圆

(6) 选择正圆，选择工具栏中的任意变形工具，使正圆出现中心控制点。选择菜单栏中的“视图”→“标尺”命令，从左标尺和上标尺分别拖出两条辅助线，位置如图 2.142 所示。

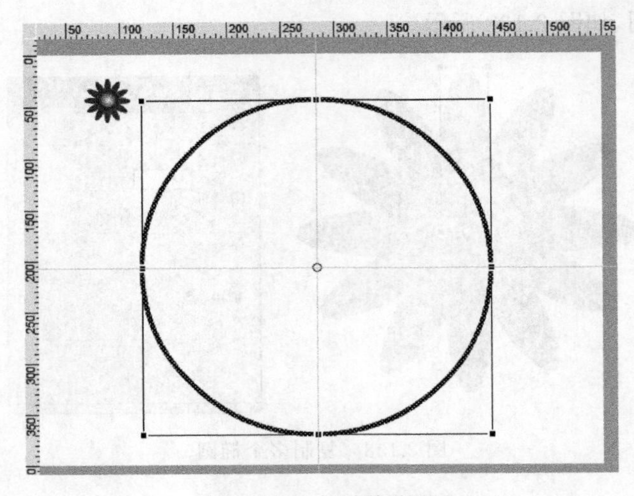

图 2.142　辅助线位置

(7) 选择工具栏中的线条工具，以圆心为起点向右绘制直线。右击舞台空白处，在出现的图 2.143 所示的快捷菜单中取消选择“标尺”命令和“辅助线”→“显示辅助线”命令。图形效果如图 2.144 所示。

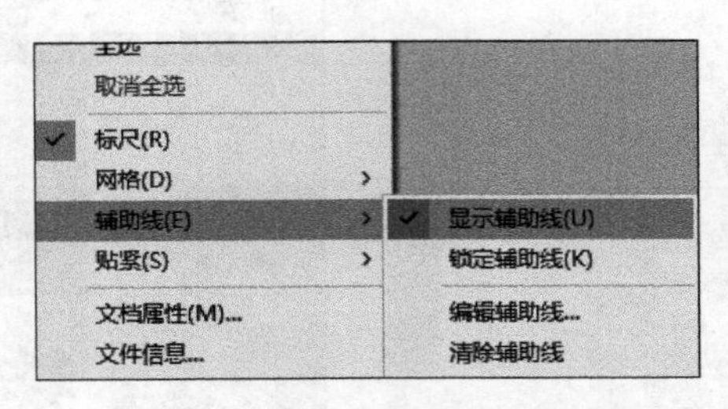

图 2.143　取消显示标尺和辅助线

(8) 选择绘制的水平线，选择工具栏中的任意变形工具，将线的中心控制点拖动到正圆的圆心处，如图 2.145 所示。

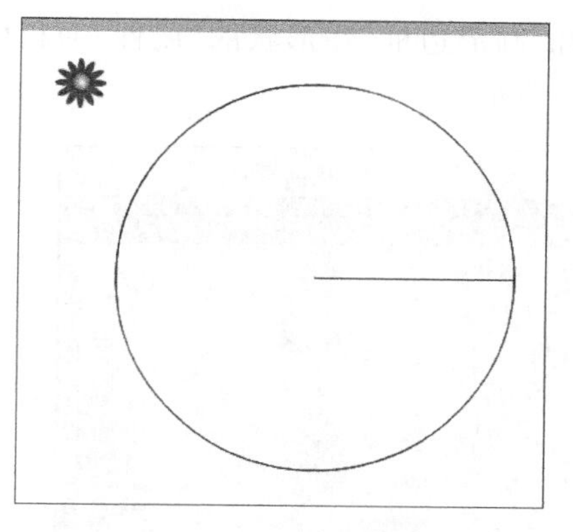

图 2.144　图形效果

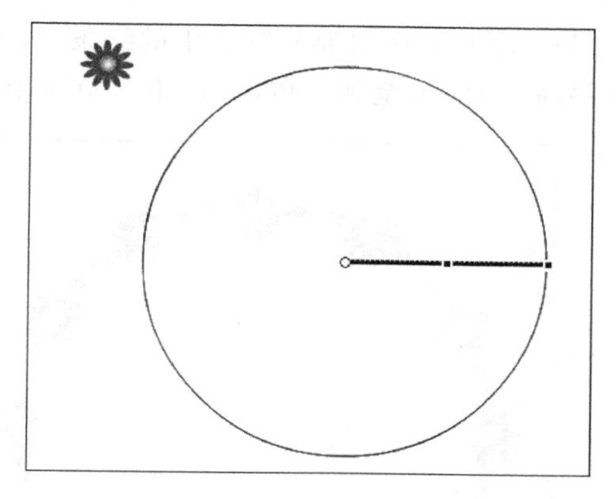

图 2.145　移动线的中心控制点

(9) 按 Ctrl+T 组合键，在“变形”面板中设置“旋转”选项为 30°。多次单击重复变形按钮，复制出多条线，如图 2.146 所示。

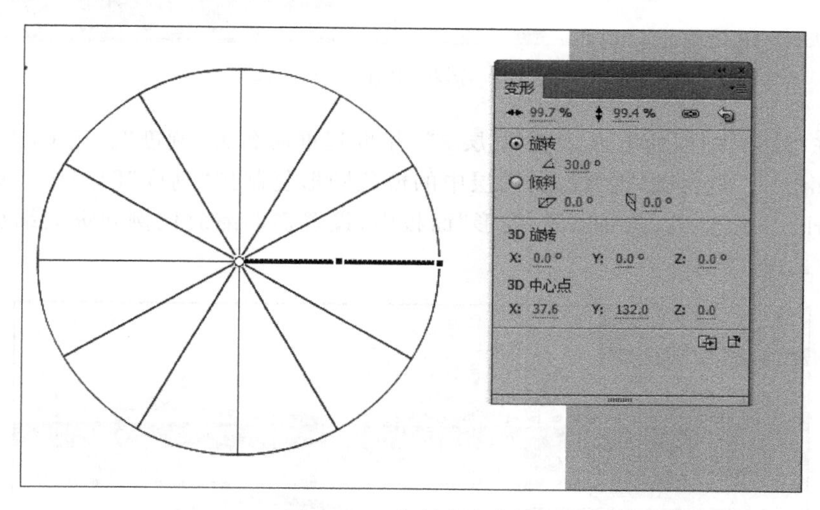

图 2.146　复制出多条线

(10) 选择工具栏中的选择工具，将“花朵”图层中的花朵图形元件拖动到正圆的上方，按住 Alt 键，拖曳鼠标复制其他花朵，如图 2.147 所示。

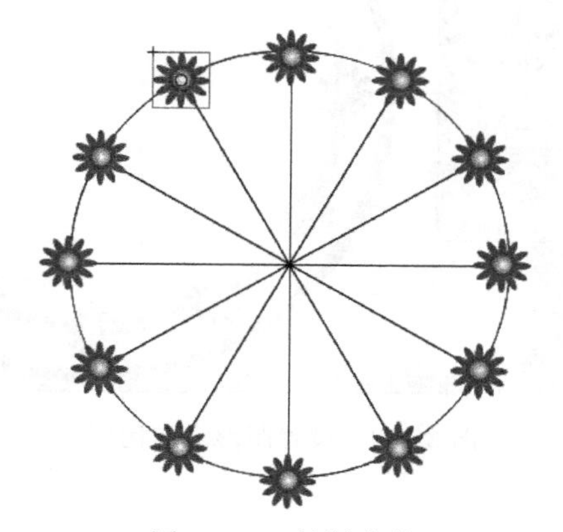

图 2.147　复制花朵

(11) 按 Delete 键删除圆形中的线条,双击正圆的圆形边框,在形状的"属性"面板中设置笔触高度为 10,笔触颜色值为 FF9900,如图 2.148 所示。

图 2.148 形状的"属性"对话框

(12) 在"线条"图层的上方新建"图层 3",并将其重命名为"刻度"。按 Ctrl+C 组合键和 Ctrl+Shift+V 组合键,将"线条"图层中的橙色圆形复制到"刻度"图层中。选择"线条"图层,按 Ctrl+T 组合键,在弹出的"变形"面板中,设置横向缩放比例和纵向缩放比例均为 120%,如图 2.149 所示。

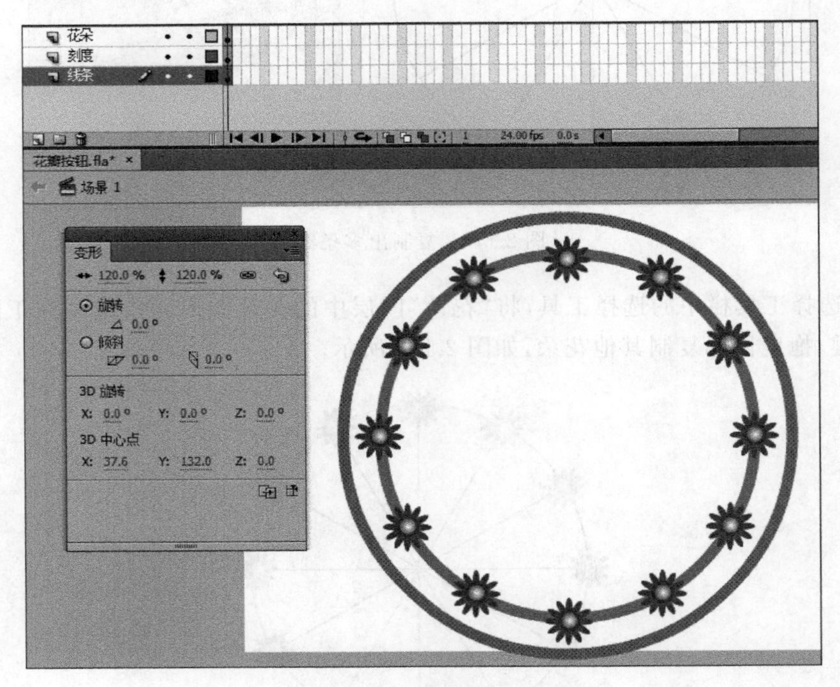

图 2.149 设置图形缩放比例

（13）选择“刻度”图层中的橙色圆形，按照步骤（12）的方法打开“变形”面板，设置横向缩放比例和纵向缩放比例均为116%，在形状的“属性”面板中设置笔触颜色为黑色，笔触高度为10，“样式”为“斑马线”，如图2.150所示。

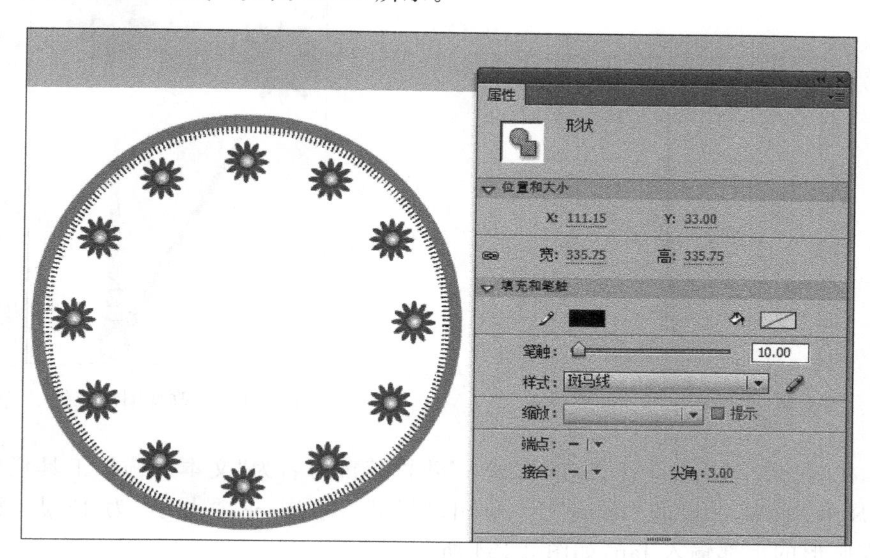

图 2.150 形状的“属性”面板参数设置

（14）选择工具栏中的椭圆工具，在形状的“属性”面板中设置笔触颜色值为FF9900，笔触高度为2，“样式”为“实线”。按住Shift键，在圆心绘制橙色正圆，如图2.151所示。

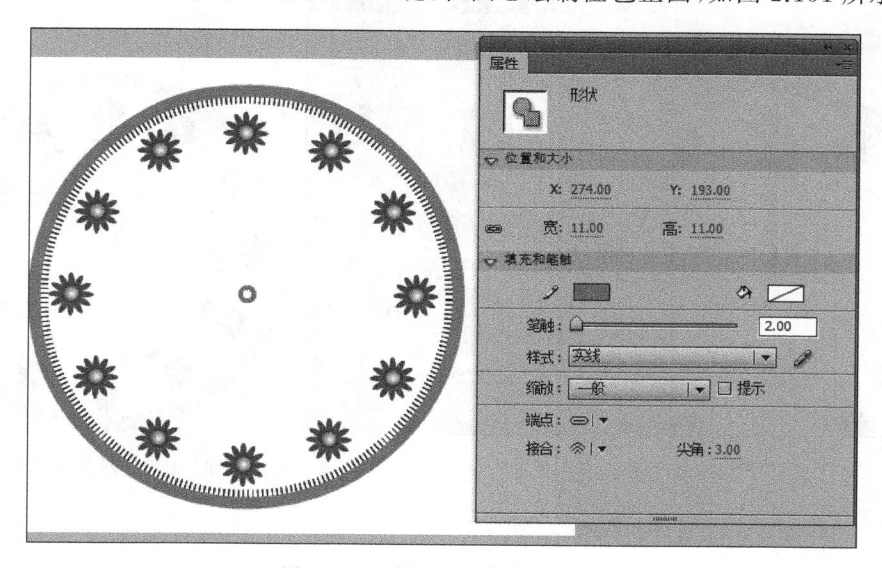

图 2.151 在圆心绘制橙色正圆

（15）单击工具栏下方的“交换颜色”按钮。选择工具栏中的矩形工具，在圆心上方绘制橙色矩形。使用选择工具，拖动矩形的各个角点，最后的图形样式如图2.152所示。

（16）选择橙色矩形，使用Ctrl+C组合键和Ctrl+Shift+V组合键复制图形，并按照步骤(15)的方法拖曳新复制的图形的角点，改变其形状，然后使用任意变形工具改变图形位置。最后的图形样式如图 2.153 所示。

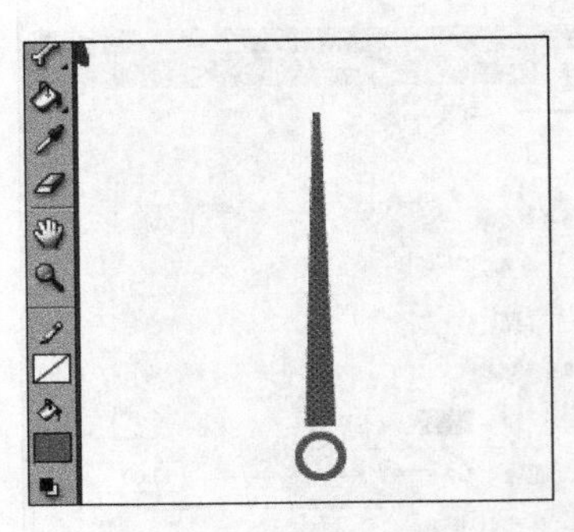

图 2.152 绘制矩形并调整样式

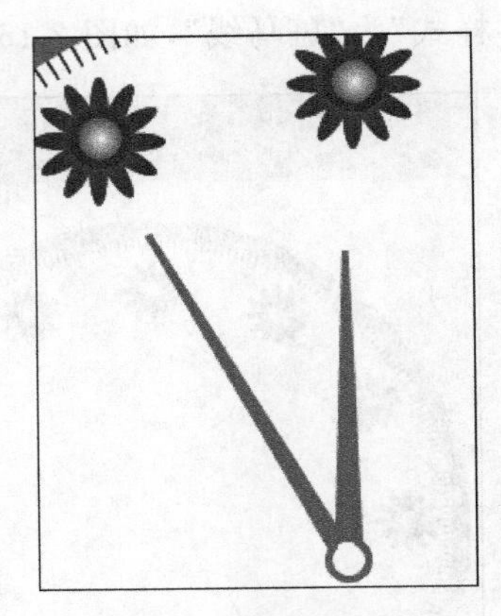

图 2.153 改变图形位置

(17) 在“花朵”图层的上方新建“图层 4”并将其重命名为“文本”，选择工具栏中的文本工具，在“属性”面板中设置“系列”为 Arial，“样式”为 Black，“大小”为 15 点，颜色值为 666666，在圆形的上部输入 Jan，如图 2.154 所示。

(18) 按照步骤(17)的操作方法，在舞台中输入其他文本，并且使用任意变形工具改变文本位置，使文本沿圆周均匀分布，如图 2.155 所示。至此，本例制作完毕。

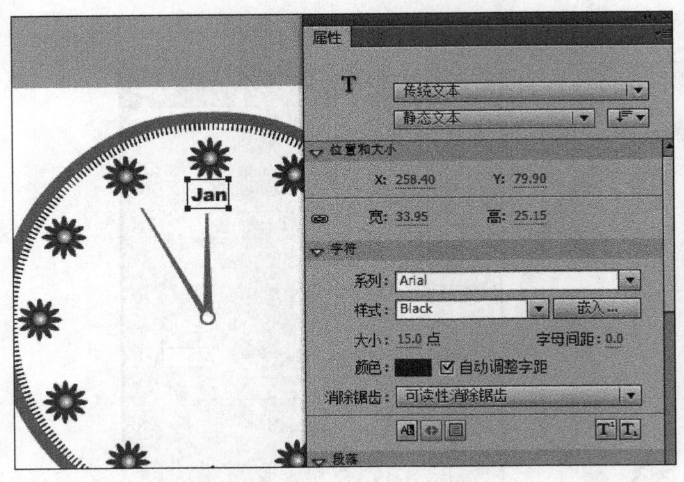

图 2.154 输入 Jan 文本

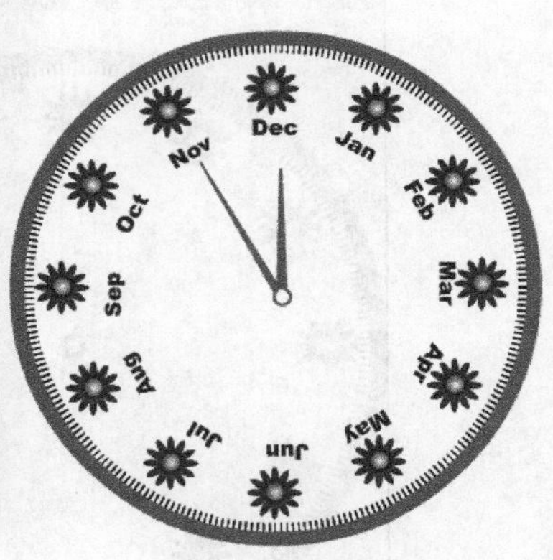

图 2.155 调整文本位置

Chapter 3

第 3 章

Flash CS6 的文本工具

本章主要介绍 Flash 文本工具的使用方法。文字也是 Flash 动画制作中很重要的组成部分，利用文本工具可以在 Flash 动画中添加各种文字特效。因此，熟练、合理地使用文本工具，可以增强 Flash 影片的整体美感，使动画显得更加绚丽多彩。Flash CS6 拥有的强大文字功能，可以创作出许多漂亮的特效文字，以前只有在 Photoshop 等专业制图软件中才能做出来的文字特效，现在利用 Flash CS6 制作也轻而易举。

3.1 文本工具的基本使用

使用文本工具的基本操作步骤如下：选择工具栏中的文本工具，此时，鼠标光标将变成字母 T，并且左上方还有一个十字。在 Flash CS6 中，文本工具的作用是输入和编辑文本。

3.1.1 以标签方式输入文本

将鼠标指针放在场景中，单击鼠标，出现标签和文本输入光标，如图 3.1 所示。在光标处直接输入文本即可，如图 3.2 所示。

使用标签输入文本时，当文本输入完成后，文本框的右上角出现圆形控制点。用鼠标拖动此圆形控制点，可以改变文本框的宽度，同时圆形控制点转变为方形控制点，如图 3.3 所示。

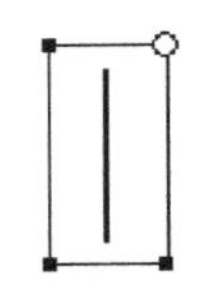

图 3.1 标签和文本输入光标

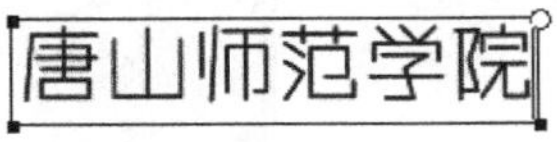

唐山师范学院

图 3.2 文本输入效果

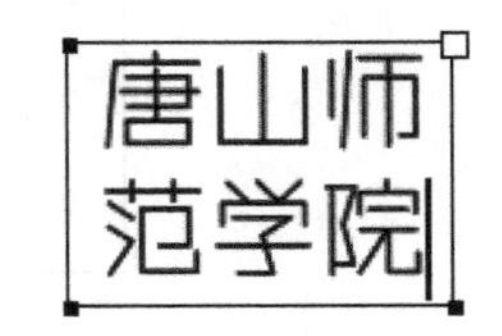

图 3.3 改变文本框宽度

3.1.2 以文本块方式输入文本

选中工具栏中的文本工具，按下鼠标左键并横向拖动鼠标，当输入区域的宽度满足要求后，松开鼠标左键，会出现如图 3.4 所示的文本块。采用此方式，文本框右上角会出现方形控制点。文本块方式的输入区域是固定的，不能自动延伸，但是文本框会随着输入文字的个数增加而自动换行，如图 3.5 所示。双击文本框右上角的方形控制点，文本块将转换为标签，文本将以单行显示，如图 3.6 所示。

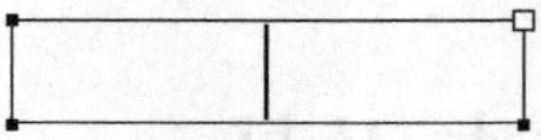

图 3.4　文本块 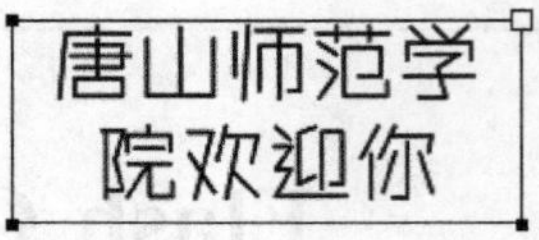　　　　图 3.5　文本块自动换行

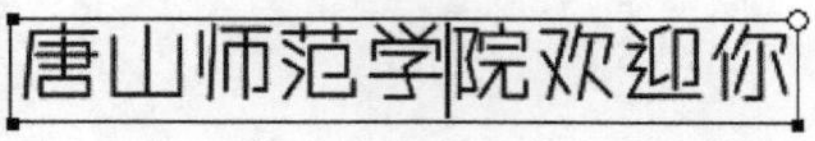

唐山师范学院欢迎你

图 3.6　文本块转换为标签

3.2 文本“属性”面板

3.2.1 位置和大小

文本“属性”面板“位置和大小”选项如下：

- X 和 Y 选项：对选定字符或者文本的坐标进行设置。
- “宽”选项：对选定字符或者文本进行文本框宽度设置。

示例如下：

(1) 选择舞台中图 3.2 所示的“唐山师范学院”文本，选择菜单栏中的“窗口”→“属性”命令，则会弹出文本“属性”面板，如图 3.7 所示。通过设置 X 和 Y 的坐标值可以改变文本框在舞台中的显示位置。注意，当 X 和 Y 均为 0 时，文本框的显示位置在舞台的左上角，如图 3.8 所示。

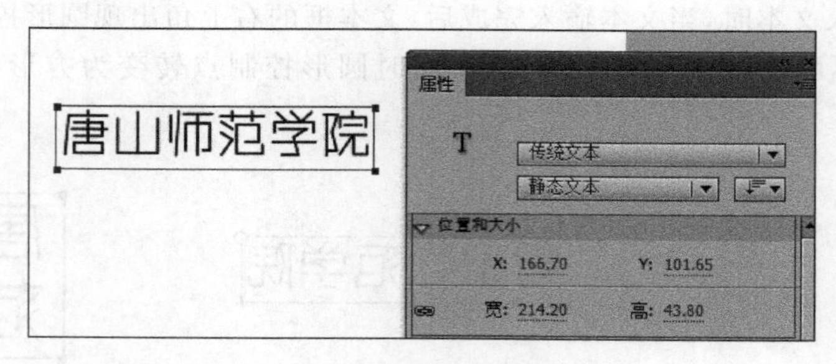

图 3.7　“位置和大小”选项

(2) 在文本“属性”面板中，默认情况下“位置和大小”中的链环图标呈锁定状态，“高”后面的数值文本呈灰色显示状态。在此状态下，只能改变“宽”的值，对文本框的宽度进行横向扩展，而文本框的高度不会发生变化，如图 3.9 所示。

3.2.2 字符

文本“属性”面板“字符”选项如下：

- “系列”选项：对选定字符或者文本进行文字字体设置。

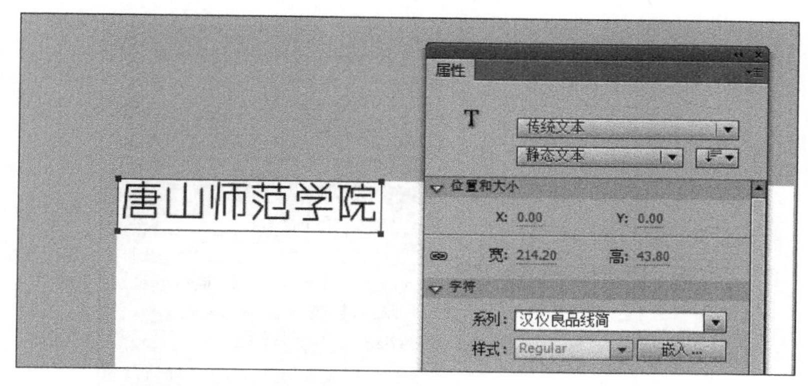

图 3.8 X 和 Y 为 0 时文本框的显示位置

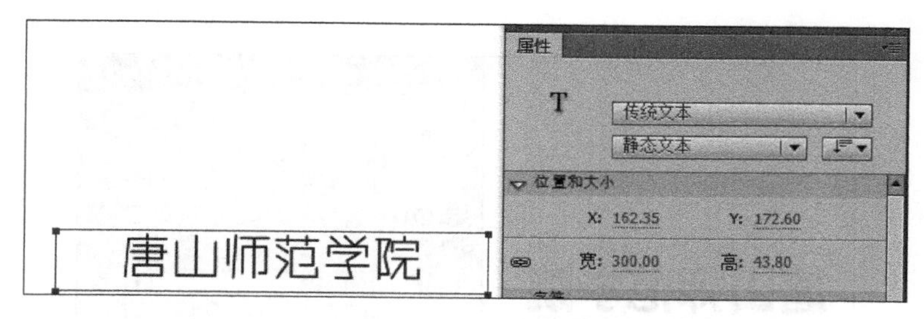

图 3.9 改变文本框的宽度

- “样式”选项：对选定字符或者文本进行加粗、倾斜等文字样式设置。
- “大小”选项：对选定字符或者文本进行文字大小设置。该选项值越大，文字越大。可以在数值框中直接输入数值，也可以用鼠标在数值框中拖动进行设置。
- “字母间距”选项：对选定字符或者文本进行字符间距调整。
- “颜色”选项：为选定字符或者文本设定颜色。
- “消除锯齿”选项：为选定字符或者文本消除锯齿，提高其平滑度。
- 上标按钮：可将水平文本放在基线之上或将垂直文本放在基线的右边。
- 下标按钮：可将水平文本放在基线之下或将垂直文本放在基线的左边。

示例如下：

(1) 在“属性”面板中，可以通过设置“字符”选项相关参数，对文本的字体、样式、大小和颜色等进行设置，如图 3.10 所示。

(2) 选定舞台中的文本“唐山师范学院”，会发现“样式”下拉列表框呈灰色禁用状态（注意，很多的中文字体不能对“样式”参数进行设置，只有英文字体和某些中文字体可以调整该参数）。选择“系列”下拉列表框中的“微软雅黑”，会发现“样式”下拉列表框由禁用状态转换为启用状态。在“样式”下拉列表框中选择 Bold，文本的加粗显示效果如图 3.11 所示。

(3) Flash CS6 有 5 种消除锯齿的方法，如图 3.12 所示。

- “使用设备字体”：此选项使用用户计算机上自带的字体来呈现文本，最后生成的 swf 文件较小。
- “位图文本[无消除锯齿]”：此选项生成的文本没有锯齿，效果比较明显，最后生成

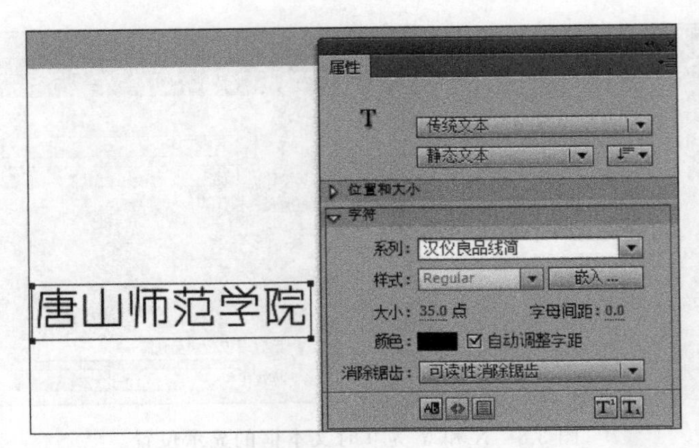

图 3.10　文本“属性”面板“字符”选项参数设置

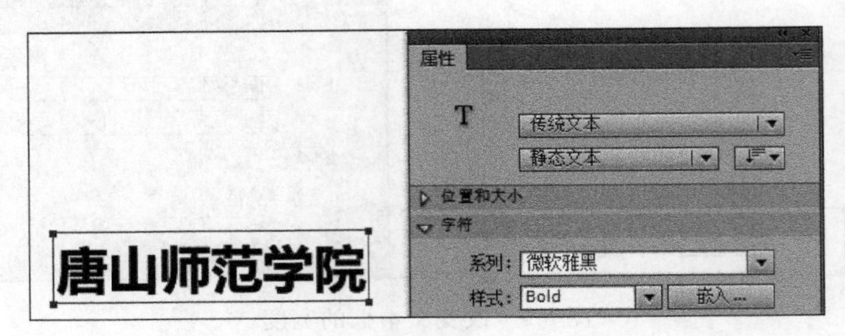

图 3.11　“系列”和“样式”参数调整

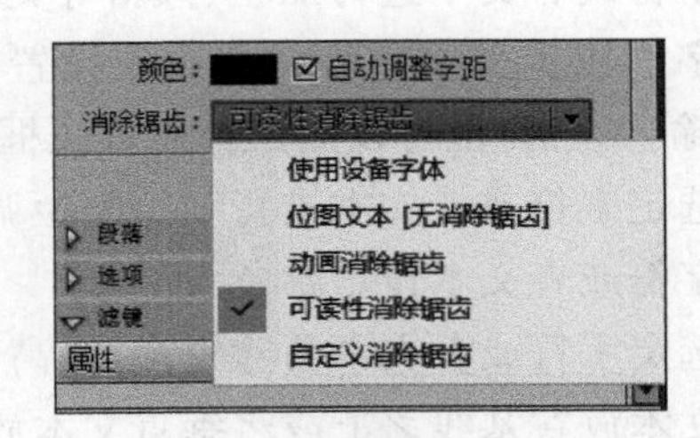

图 3.12　“消除锯齿”下拉列表框

的 swf 文件较大。

- “动画消除锯齿”：此选项可以在播放动画中消除锯齿文本。由于在动画播放过程中无须消除锯齿，动画可以比较流畅地播放。生成的 swf 文件中包含字体轮廓，因此 swf 文件较大。
- “可读性消除锯齿”：此选项提供了品质最高的文本消除锯齿引擎，其特点是文本易读，失真度最小，是在制作文本动画过程中的首选方法。
- “自定义消除锯齿”：此选项与“可读性消除锯齿”选项功能基本一致，但是此选项可以根据需求自定义消除锯齿参数，在新字体或不常见字体外观调整方面应用得比较多。

(4) 在舞台中输入文本 X2。选择文本 2，在“属性”面板中单击上标按钮，文本效果如图 3.13 所示；单击下标按钮，文本效果如图 3.14 所示。

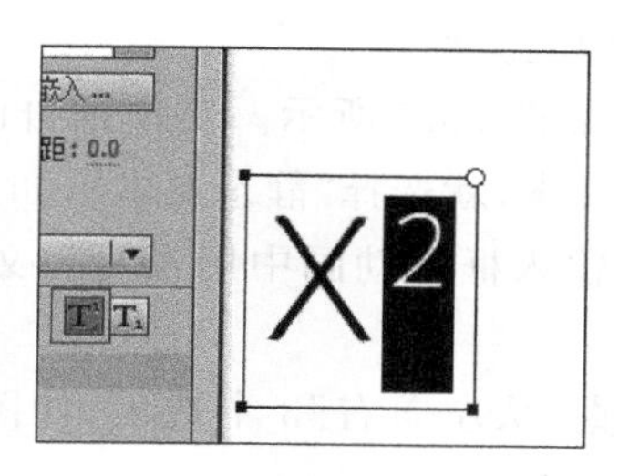

图 3.13　文本上标效果

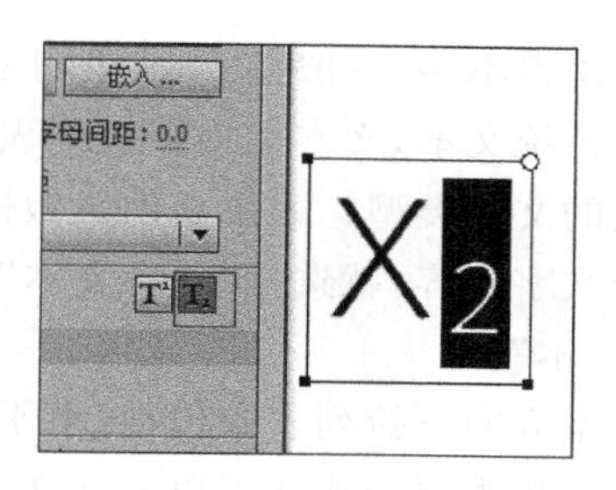

图 3.14　文本下标效果

3.2.3　段落

单击“属性”面板中“段落”左侧的三角按钮，弹出相应的选项，可对文本段落的格式进行设置。

- “格式”选项：对段落文本以左对齐、居中对齐、右对齐、两端对齐 4 种形式对齐。
- “间距”选项：对段落文本进行首行缩进和行距调整。
- “边距”选项：对段落文本进行左边距和右边距调整。
- “行为”选项：对段落文本的行类型进行设置。注意，静态文本不能设置行类型，只有动态文本和输入文本才能进行参数设置。

在舞台中输入文本“那一眼陌路……”。选择文本，选择菜单栏中的“窗口”→“属性”命令，在打开的“属性”面板中设置相关参数，如图 3.15 所示。

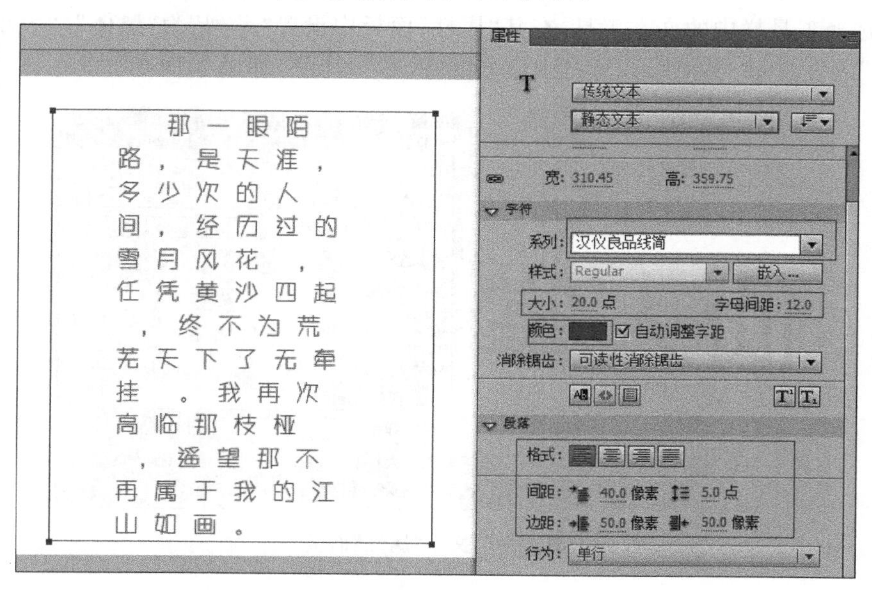

图 3.15　“属性”面板参数设置

3.2.4　文本引擎、文本类型和文本方向

在文本引擎下拉列表中包括“传统文本”与“TLF 文本”两个选项，如图 3.16 所示。传统文本引擎是 Flash 里最常用的文本引擎，可以用来制作动态和静态以及输入文件；TLF 文

本引擎使用得不多，一般在 Flex 里用来增强文本布局功能。

对于传统文本，文本类型下拉列表中有 3 个选项，如图 3.17 所示。要根据自己的需要选择相应的文本类型。如果是用来做标签说明之类的文本，就选择“静态文本”；如果要使用脚本改变文字内容，就选择“动态文本”；如果作为文字输入框在动画中用来输入文字，就选择“输入文本”。

在文本方向下拉列表中包括“水平”“垂直”和“垂直，从左向右”3 个选项，如图 3.18 所示。通过选择需要的选项可以改变文本的排列方向。

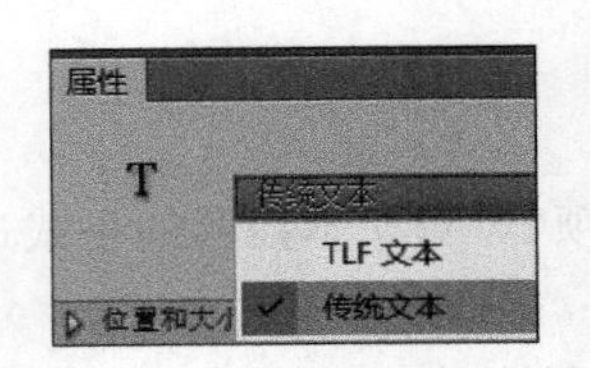

图 3.16　文本引擎下拉列表

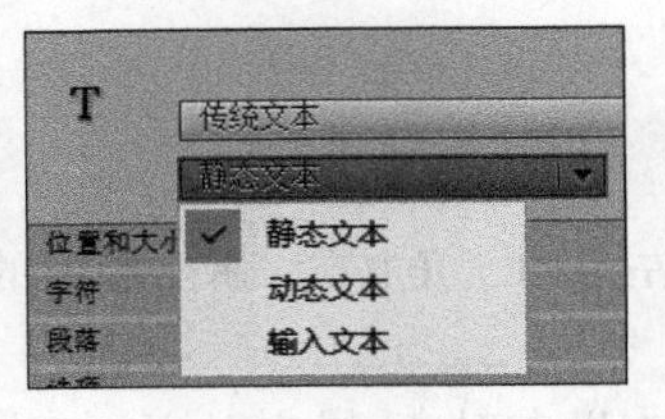

图 3.17　文本类型下拉列表

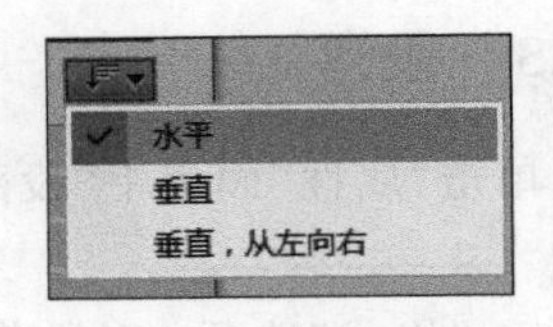

图 3.18　文本方向下拉列表

3.2.5　课堂案例：制作毛刺字效果

1. 制作毛刺效果

(1) 选择菜单栏中的“文件”→“新建”命令，弹出“新建文档”对话框，参数保持默认设置，单击“确定”按钮，进入新建文档的舞台窗口。

(2) 选择工具栏中的文本工具，在其“属性”面板中设置“系列”为“黑体”，“大小”为 180 点，“颜色”值为 006633，然后在舞台中输入“仙人掌”3 个字，如图 3.19 所示。

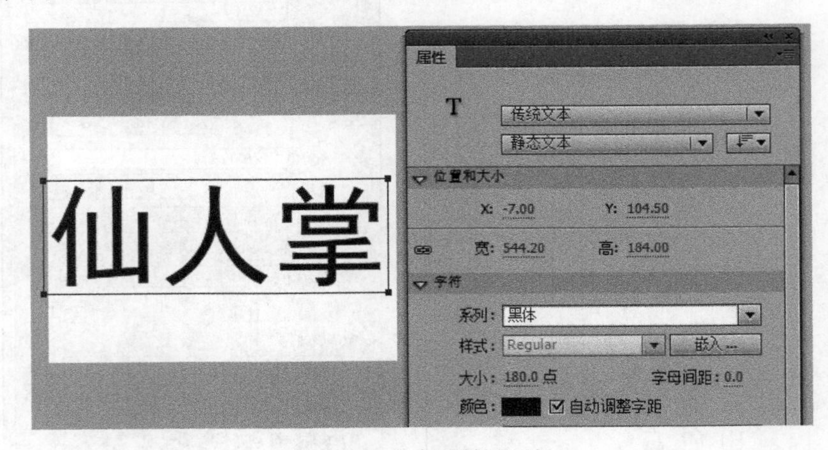

图 3.19　文本“属性”面板

(3) 选择工具栏中的选择工具，按 Ctrl+B 组合键两次，将文本打散，如图 3.20 所示。选择工具栏中的墨水瓶工具，在其“属性”面板中设置笔触颜色值为 00FF66，笔触高度为 8，笔触样式为“斑马线”，如图 3.21 所示。

(4) 使用墨水瓶工具沿着文本边界依次单击，形成文字毛刺效果，如图 3.22 所示。

图 3.20 打散文本

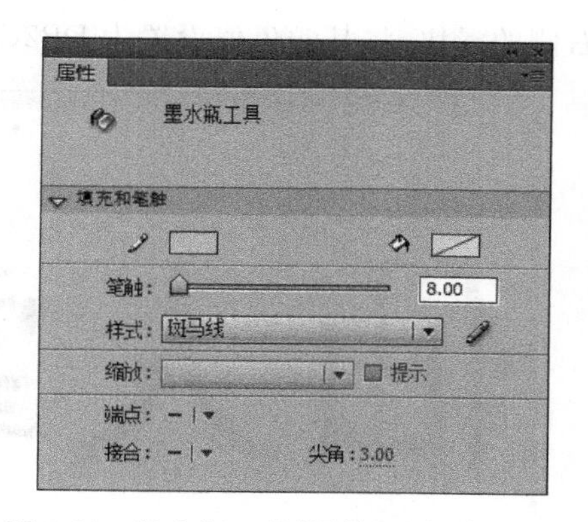

图 3.21 墨水瓶工具"属性"面板参数设置

图 3.22 文字毛刺效果

2. 文字和背景修饰

(1) 按住 Shift 键，依次单击毛刺，让所有毛刺呈选定状态。在"图层 1"的上方新建"图层 2"，按 Ctrl+X 和 Ctrl+Shift+V 组合键，剪切毛刺并将其粘贴到"图层 2"中，如图 3.23 所示。

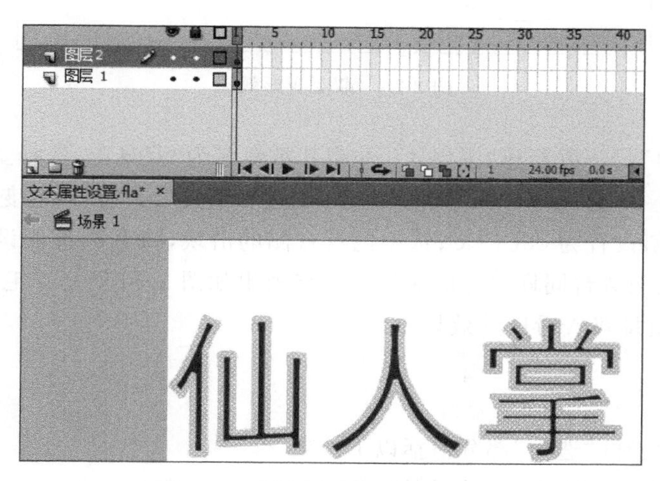

图 3.23 将毛刺粘贴到"图层 2"中

(2) 取消毛刺的选定状态。选择工具栏中的颜料桶工具，然后选择菜单栏中的"窗口"→"颜色"命令，设置颜色类型为"径向渐变"。用鼠标在色带中央单击，增加滑块。选中色带左侧的滑块，将其颜色值设置为 FF0000；选中色带中央的滑块，将其颜色值设置为 5A2801；选中色带右侧的滑块，将其颜色值设置为 DB2C64。文本填充效果如图 3.24 所示。

图 3.24　文本填充效果

(3) 选择工具栏中的渐变变形工具，用鼠标单击文本后，出现圆环状控制柄，利用它对文本的填充颜色进行调整。渐变变形效果如图 3.25 所示。

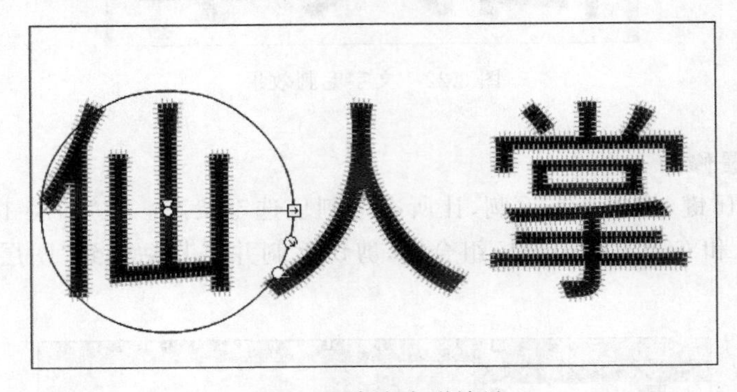

图 3.25　渐变变形效果

(4) 在"图层 1"的下方新建"图层 4"，并将其重命名为"背景"。选择工具栏中的矩形工具，然后选择菜单栏中的"窗口"→"颜色"命令，设置颜色类型为"径向渐变"。选中色带左侧的滑块，将其颜色值设置为 00CCCC；选中色带右侧的滑块，将其颜色值设置为 005100。在"背景"图层中绘制与舞台同样尺寸的矩形。最终效果如图 3.26 所示。毛刺字绘制完成，按 Ctrl+Enter 组合键即可查看影片效果。

3.2.6　选项

文本"属性"面板的"选项"部分包括以下选项：

- "链接"选项：可以在其中直接输入网址，使文本变成超链接。
- "目标"选项：可以设置超链接的打开方式。

  _blank：页面在新浏览器中打开。

  _parent：页面在父类框架位置打开。

  _self：页面在当前框架位置打开。

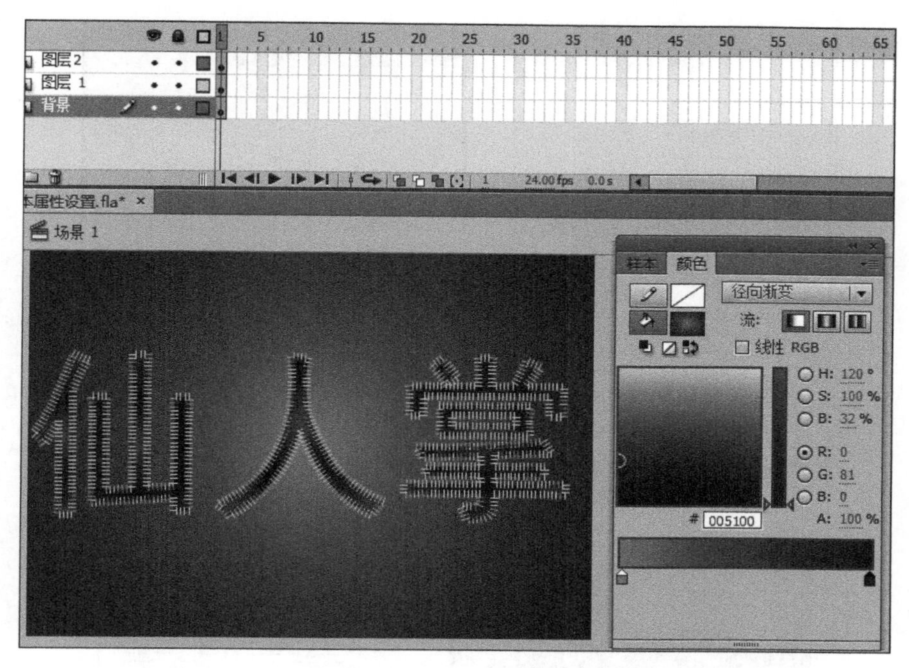

图 3.26 最终效果

_top：页面在默认的顶部框架位置打开。

单击“属性”面板中“选项”左侧的三角按钮，弹出相应的选项，可以对文本设置超链接，如图 3.27 所示。当按下 Ctrl+Enter 组合键后，在影片中单击文本“唐山师范学院”，即可跳转到唐山师范学院的官网。

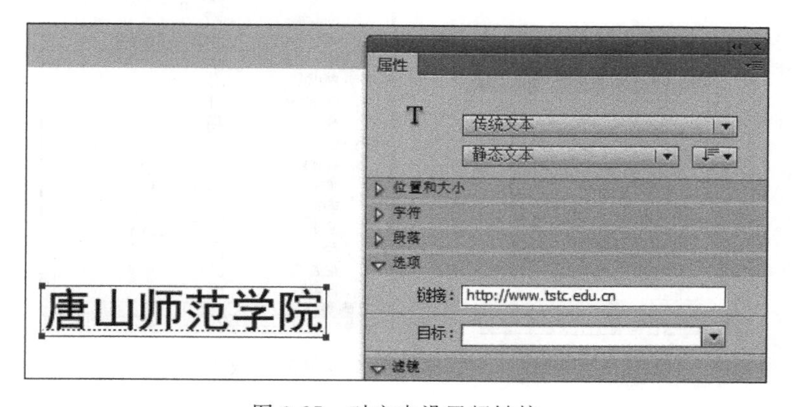

图 3.27 对文本设置超链接

3.2.7 滤镜

单击“属性”面板中“滤镜”左侧的三角按钮，单击面板下方的添加滤镜按钮，在出现的菜单中选择相应命令，即可为文本添加滤镜效果，如图 3.28 所示。文本最后的效果如图 3.29 所示。

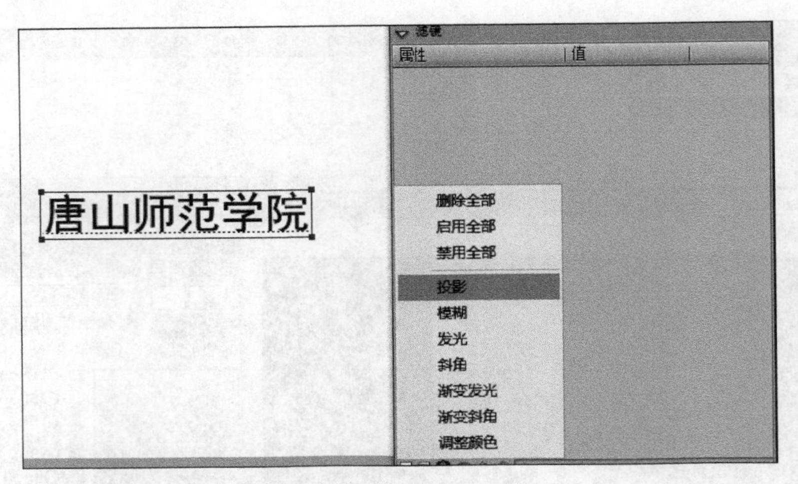

图 3.28 为文本添加滤镜效果

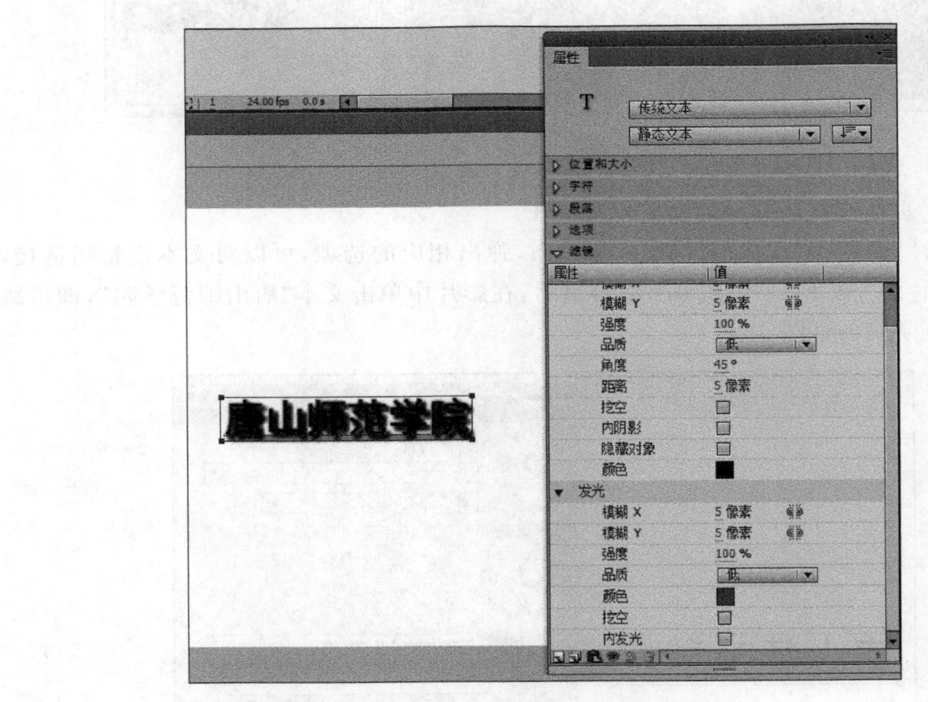

图 3.29 添加滤镜后文本最后的效果

3.2.8 课堂案例：制作旋转立体字效果

1. 制作环形文本

(1) 选择菜单栏中的“文件”→“新建”命令，弹出“新建文档”对话框。在对话框的“常规”选项卡中选择 ActionScript 2.0 选项，其他参数保持默认设置，如图 3.30 所示，单击“确定”按钮，进入新建文档的舞台窗口。

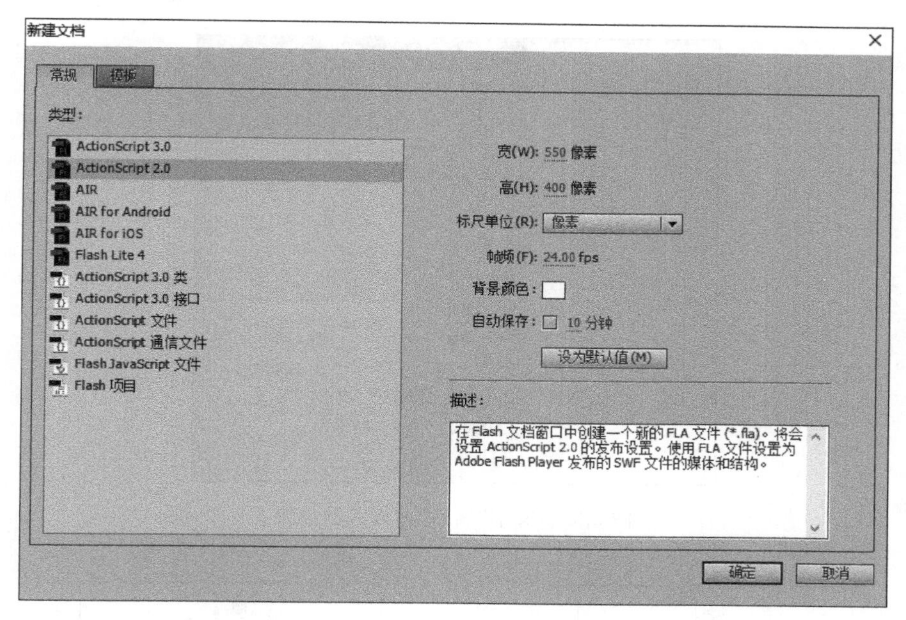

图 3.30 “新建文档”对话框

(2) 选择工具栏中的椭圆工具,在工具栏的下方设置笔触颜色为黑色,填充颜色为“无”,在舞台中央绘制黑色无填充圆形。选择菜单栏中的“视图”→“标尺”命令,在舞台中显示标尺。单击圆形,选择工具栏中的任意变形工具,按住鼠标左键从左标尺和上标尺分别拖出一条经过圆心的辅助线,如图 3.31 所示。

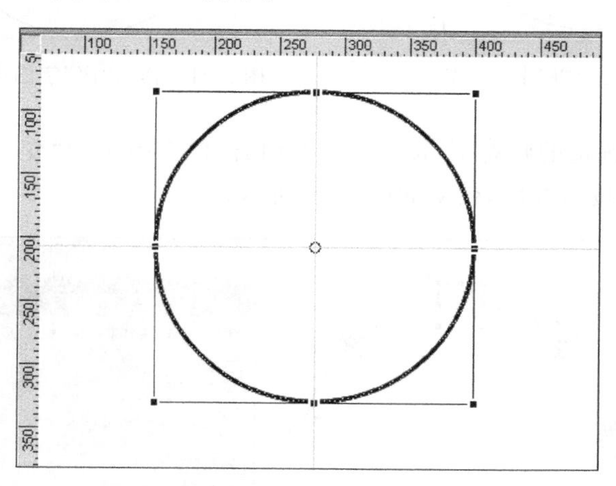

图 3.31 添加辅助线

(3) 选择工具栏中的文本工具,在“图层 1”中输入文本“唐”。单击文本,选择菜单栏中的“窗口”→“属性”命令,在“属性”面板中设置“系列”为“黑体”,“大小”为 30 点,“颜色”值为 006699,如图 3.32 所示。

(4) 选择文本“唐”,将其拖动到圆形的上方,如图 3.33 所示。在“唐”字被选定的状态下,选择工具栏中的任意变形工具,将“唐”字的中心控制点移到圆形的圆心处,如图 3.34 所示。

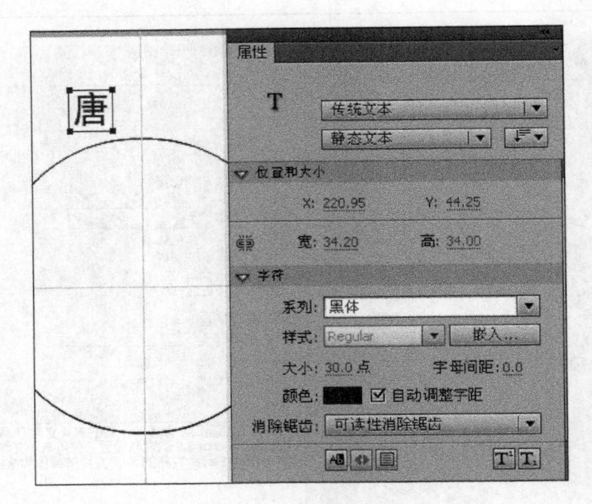

图 3.32　文本“属性”面板参数设置

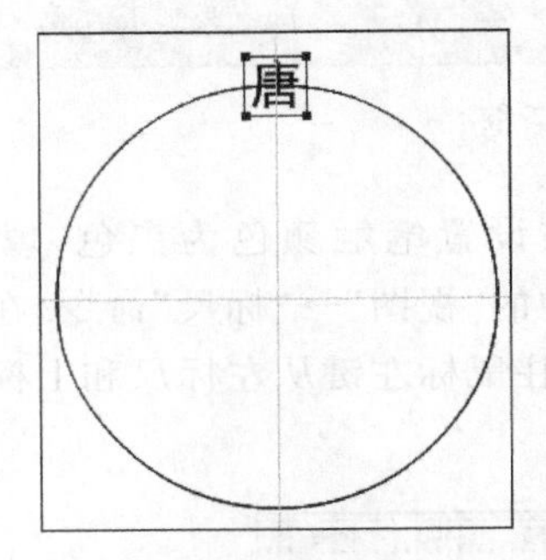

图 3.33　移动“唐”字的位置

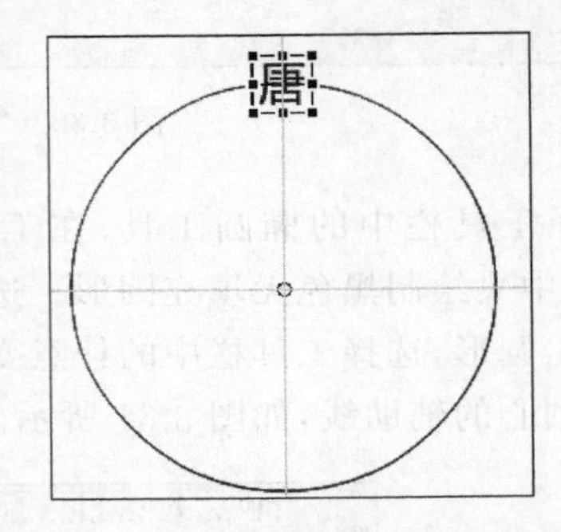

图 3.34　移动“唐”字的中心控制点

(5) 在“唐”字被选定的状态下，按 Ctrl+T 组合键，在弹出的“变形”面板中设置“旋转”为 40°，单击重复变形按钮 8 次，效果如图 3.35 所示。

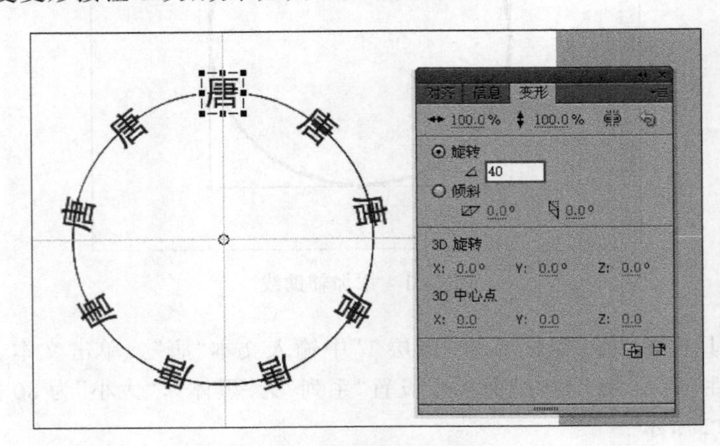

图 3.35　重复变形操作

(6) 分别双击除了圆最顶端的“唐”字以外的其他“唐”字，将其改为如图 3.36 所示的文字。右击舞台的空白区域，在出现的快捷菜单中取消选择“标尺”和“辅助线”→“显示辅助线”选项。双击圆形，按 Delete 键删除圆形。

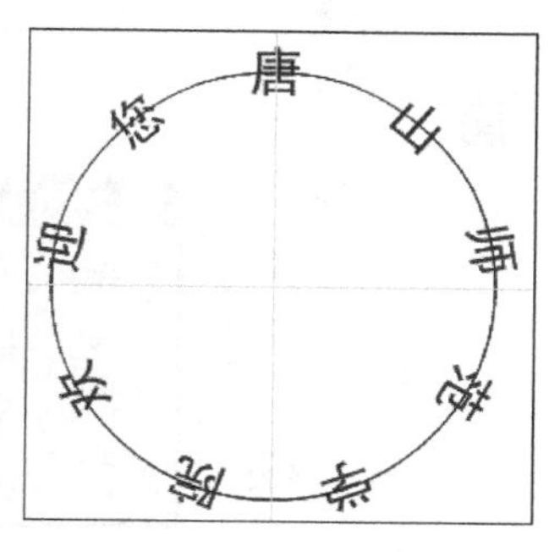

图 3.36　改变文字

(7) 框选舞台中的所有文本，按 F8 键，在弹出的“转换为元件”对话框中将其转换为名称为“圆环”的图形元件，如图 3.37 所示。

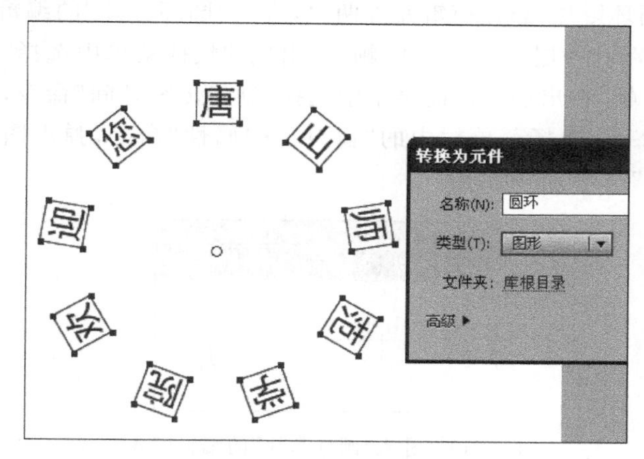

图 3.37　将文本转换为元件

(8) 选定新建立的“圆环”图形元件，按 F8 键，在弹出的“转换为元件”对话框中将其转换为名称为“圆环影片”的影片剪辑元件，如图 3.38 所示。

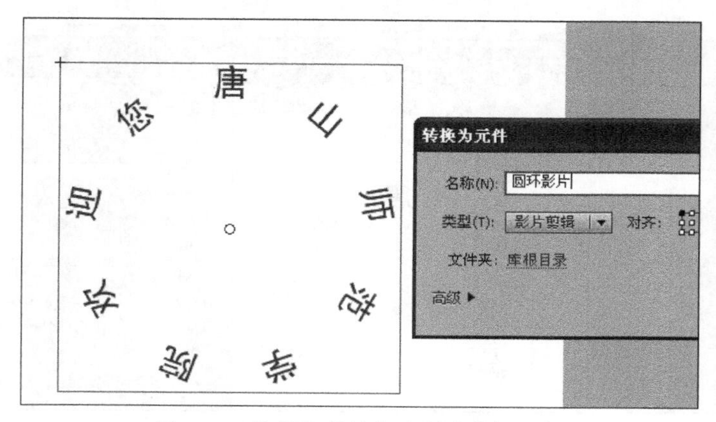

图 3.38　将“圆环”转换为影片剪辑元件

(9) 选定新建立的“圆环影片”影片剪辑元件，按 F8 键，在弹出的“转换为元件”对话框中将其转换为名称为“双圆环影片”的影片剪辑元件，如图 3.39 所示。

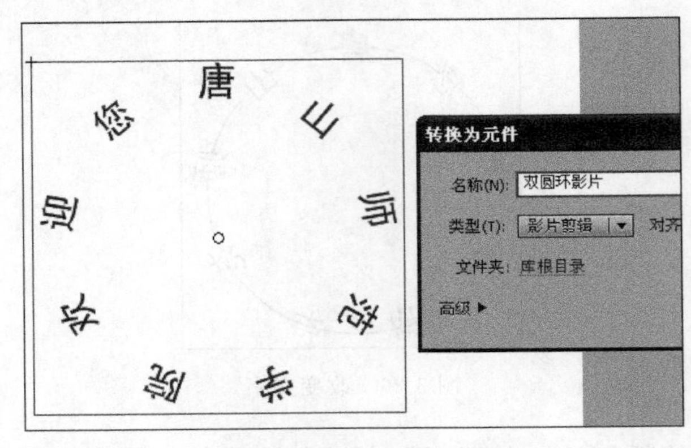

图 3.39 将“圆环影片”转换为影片剪辑元件

(10) 双击“双圆环影片”影片剪辑元件两次，进入“圆环影片”的编辑模式，如图 3.40 所示。右击“圆环影片”的“图层 1”的第 100 帧，在出现的快捷菜单中选择“插入关键帧”命令。右击“图层 1”的第 1 帧，在出现的快捷菜单中选择“创建传统补间”命令，创建补间动画。在第 1 帧被选定的状态下，选择菜单栏中的“窗口”→“属性”命令，弹出图 3.41 所示的帧“属性”面板，设置“旋转”选项为“顺时针”。

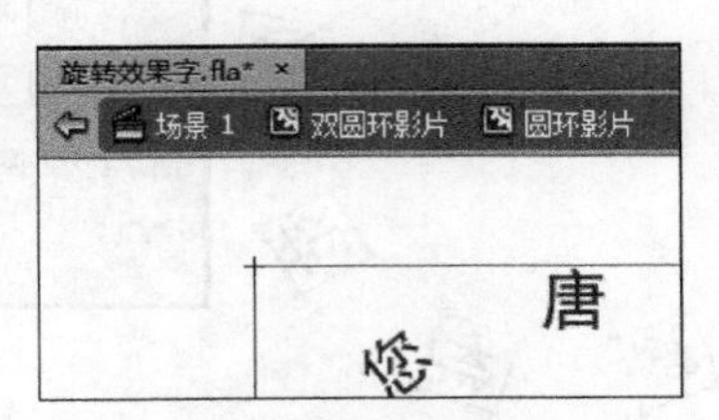

图 3.40 进入“圆环影片”的编辑模式

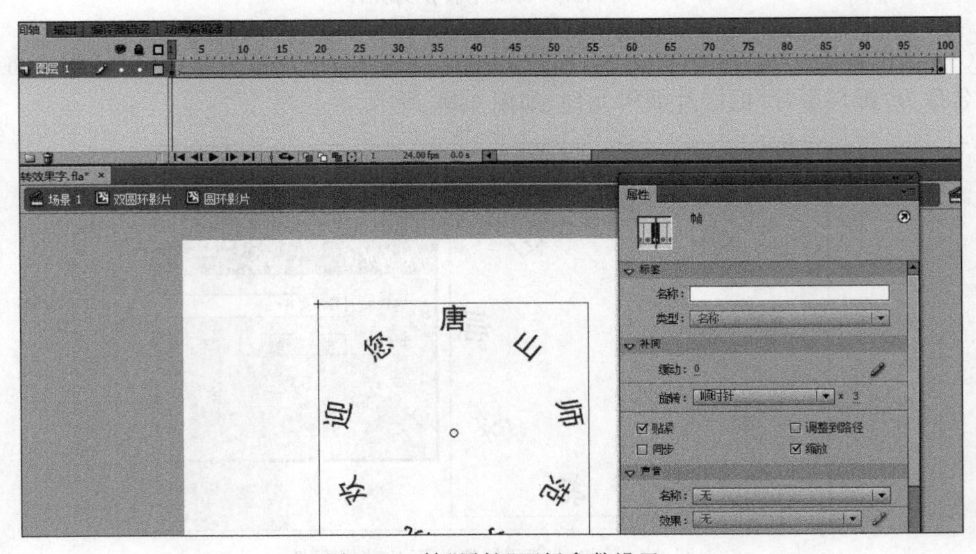

图 3.41 帧“属性”面板参数设置

(11) 单击“双圆环影片”,进入“双圆环影片”的编辑模式。在“图层 1”的上方新建“图层 2”,右击“图层 1”的第 1 帧,在出现的快捷菜单中选择“复制帧”命令;再右击“图层 2”,在出现的快捷菜单中选择“粘贴帧”命令,效果如图 3.42 所示。

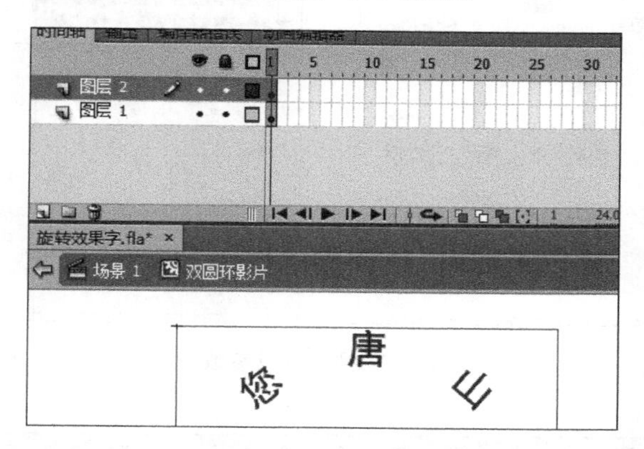

图 3.42 将“图层 1”的第 1 帧复制到“图层 2”中

2. 添加滤镜动画效果

(1) 单击“图层 2”的第 30 帧,按住 Shift 键,再单击“图层 1”的第 30 帧,如图 3.43 所示。在蓝色色块上右击,在出现的快捷菜单中选择“插入关键帧”命令。按照同样的方法在“图层 1”和“图层 2”的第 60 帧插入关键帧,如图 3.44 所示。

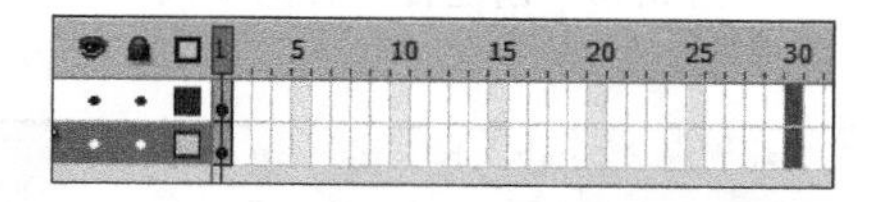

图 3.43 选定关键帧

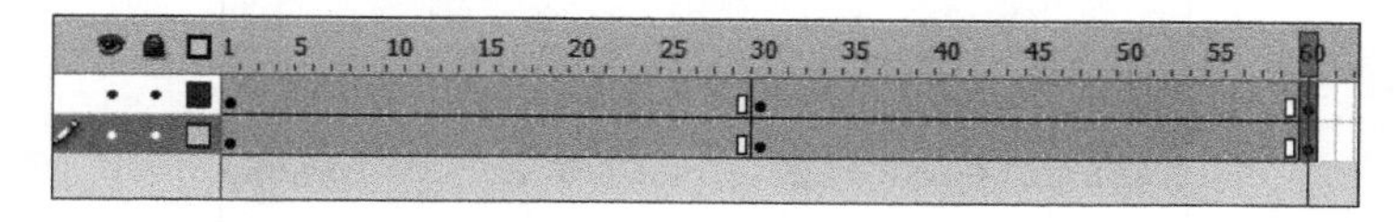

图 3.44 插入关键帧

(2) 单击“图层 2”第 60 帧的“圆环影片”影片剪辑元件,按 Ctrl+T 组合键,在弹出的“变形”面板中单击约束按钮,并将纵向缩放比例设置为 50%,如图 3.45 所示。按照同样的方法,将“图层 1”第 60 帧的“圆环影片”影片剪辑元件的纵向缩放比例也设置为 50%。

(3) 按住 Shift 键,同时选定“图层 1”和“图层 2”的第 30 帧,右击,在出现的快捷菜单中选择“创建传统补间”命令,如图 3.46 所示。

(4) 按住 Shift 键,选择“图层 1”和“图层 2”的第 100 帧,右击,在出现的快捷菜单中选择“创建关键帧”命令;再选择“图层 1”和“图层 2”的第 130 帧,右击,在出现的快捷菜单中选择“创建关键帧”命令。单击“图层 2”的第 130 帧,将“圆环影片”影片剪辑元件向上移动一定距离;单击“图层 1”的第 130 帧,将“圆环影片”影片剪辑元件向下移动一定距离。以上操作结果如图 3.47 所示。

(5) 单击“图层 1”中第 130 帧的“圆环影片”影片剪辑元件,选择菜单栏中的“窗口”→

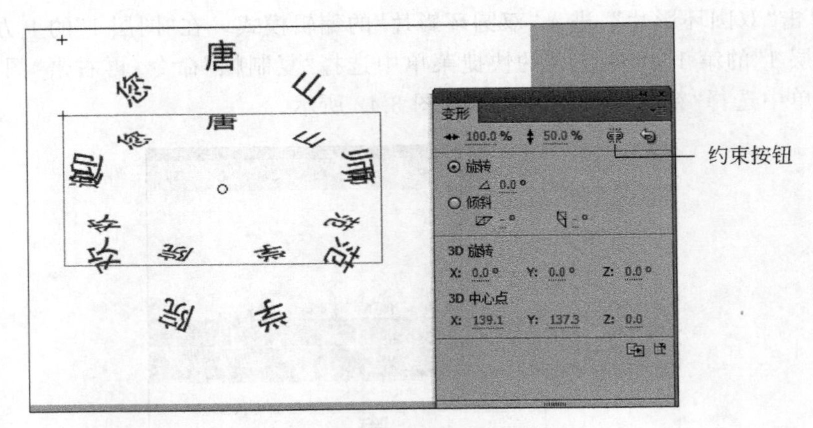

图 3.45 “变形”面板参数设置

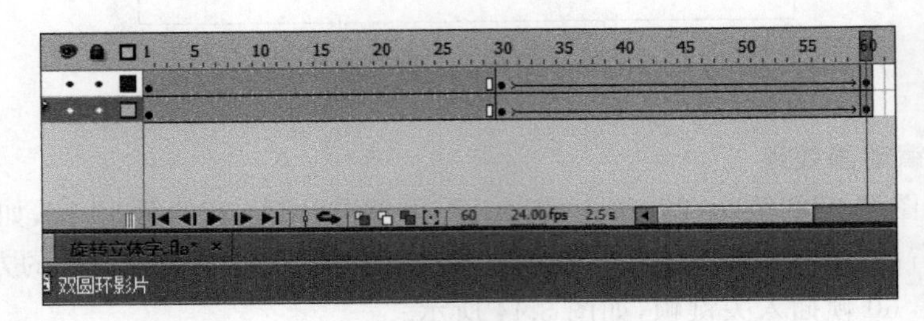

图 3.46 创建传统补间动画

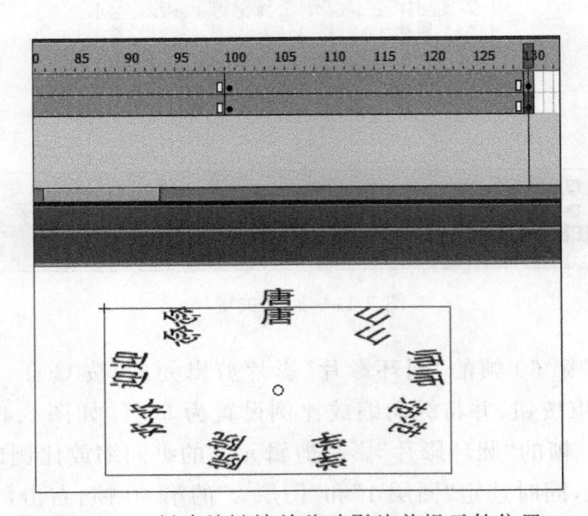

图 3.47 创建关键帧并移动影片剪辑元件位置

“属性”命令，在影片剪辑“属性”面板中，单击下方的添加滤镜按钮，在出现的菜单中分别选择“模糊”和“发光”滤镜，如图 3.48 所示。

(6) 在影片剪辑“属性”面板中，按图 3.49 所示设置参数。单击“场景 1”，返回“场景 1”的编辑模式。在“图层 1”的下方新建“图层 2”，并将其重命名为“背景”。

(7) 选择工具栏中的矩形工具，选择菜单栏中的“窗口”→“颜色”命令，设置颜色类型为

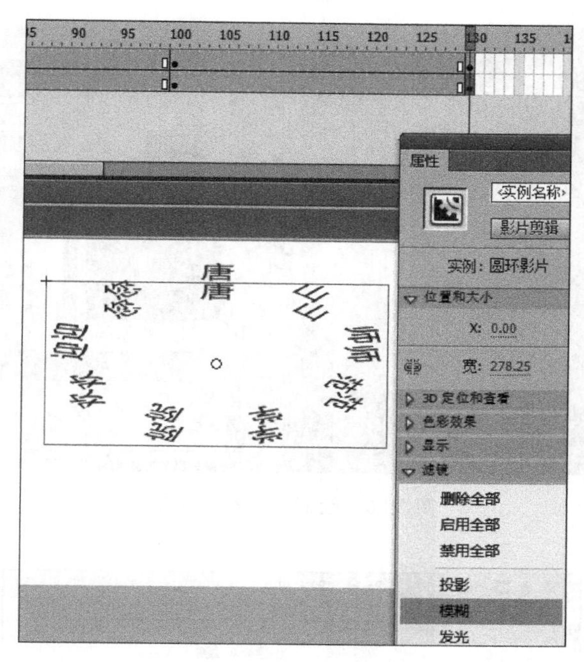

图 3.48 添加“模糊”和“发光”滤镜

属性	值
▼ 模糊	
模糊 X	5 像素
模糊 Y	5 像素
品质	低
▼ 发光	
模糊 X	5 像素
模糊 Y	41 像素
强度	666 %
品质	低
颜色	
挖空	
内发光	

图 3.49 影片剪辑“属性”面板参数设置

“径向渐变”。选中色带左侧的滑块，将其颜色值设置为 ACDEFF；选中色带右侧的滑块，将其颜色值设置为 0064A6。在“背景”图层中绘制与舞台同样尺寸的矩形，最终效果如图 3.50 所示。

(8) 双击“图层 1”中的“双圆环影片”影片剪辑元件，再进入其编辑模式。按住 Shift 键，选择“图层 1”和“图层 2”的第 100 帧，右击，在出现的快捷菜单中选择“创建传统补间”命令，如图 3.51 所示。

(9) 按住 Shift 键，选择“图层 1”和“图层 2”的第 160 帧，右击，在出现的快捷菜单中选择“插入关键帧”命令；按照同样的方法在“图层 1”和“图层 2”的第 210 帧插入关键帧。以上操作结果如图 3.52 所示。

(10) 选择“图层 2”第 210 帧的影片剪辑元件，选择菜单栏中的“窗口”→“属性”命令，在影片剪辑“属性”面板中，单击下方的添加滤镜按钮，在出现的菜单中选择“投影”滤镜，按

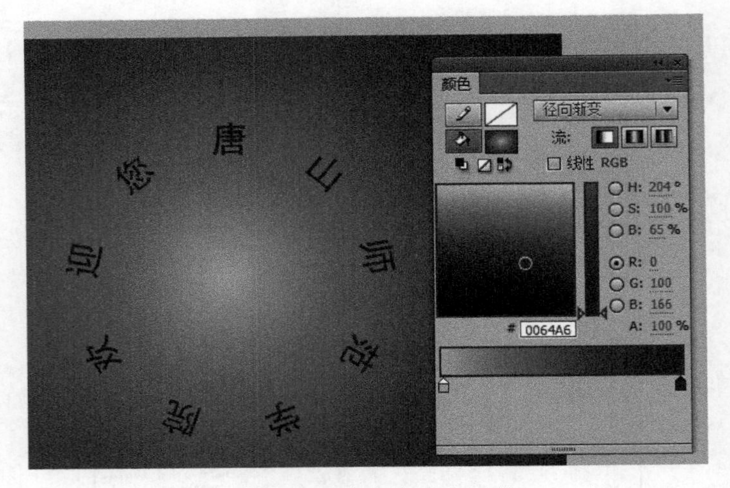

图 3.50 绘制径向渐变矩形

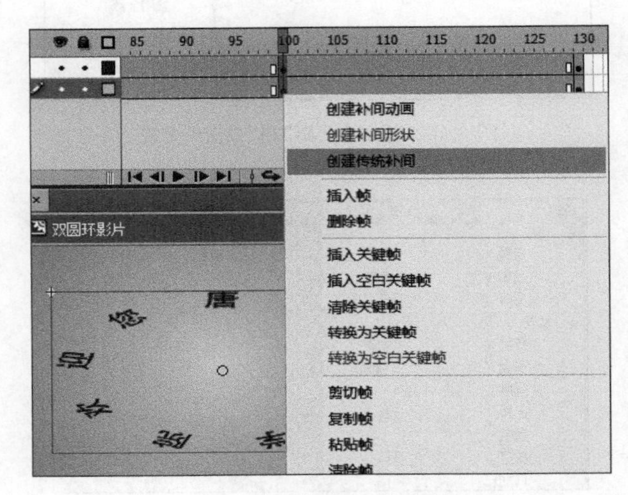

图 3.51 创建传统补间动画

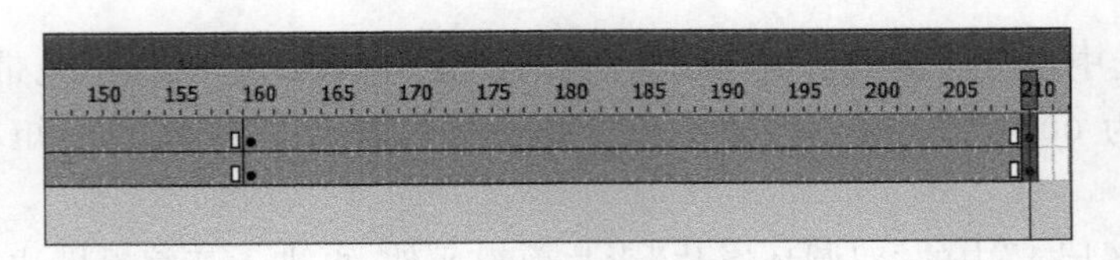

图 3.52 插入关键帧

图 3.53 所示设置参数。

(11) 选择“图层 1”第 210 帧的影片剪辑元件,选择菜单栏中的“窗口”→“属性”命令,在影片剪辑“属性”面板中,将颜色值改为 DDF589,如图 3.54 所示。

(12) 在“图层 1”第 210 帧的影片剪辑被选定的状态下,按 Ctrl+T 组合键,在弹出的“变形”面板中单击约束按钮,使其重新变为锁定状态,并将纵向缩放比例设置为 70%,如图 3.55 所示。

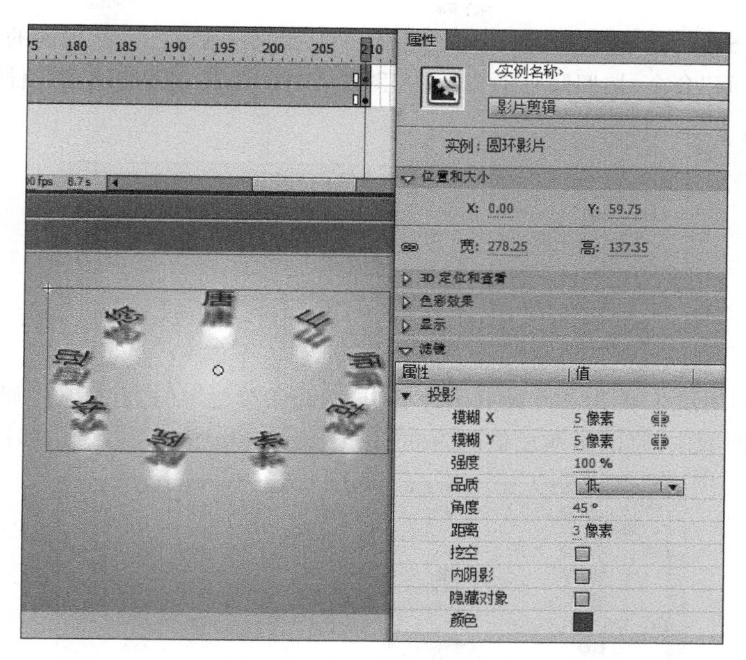

图 3.53 投影滤镜属性设置

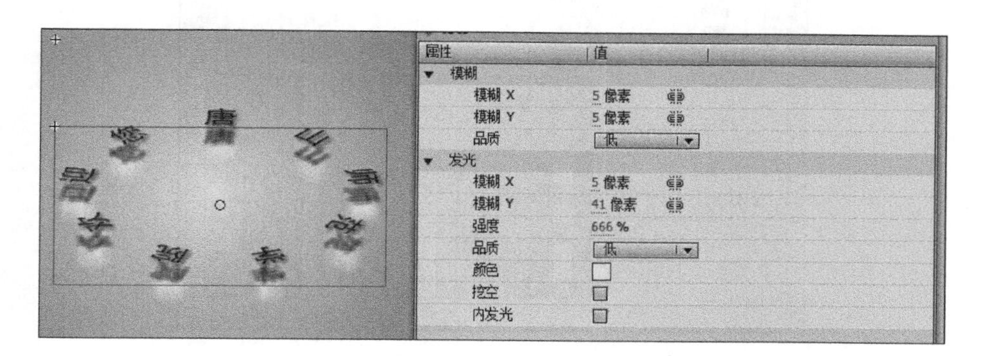

图 3.54 “发光”选项参数设置

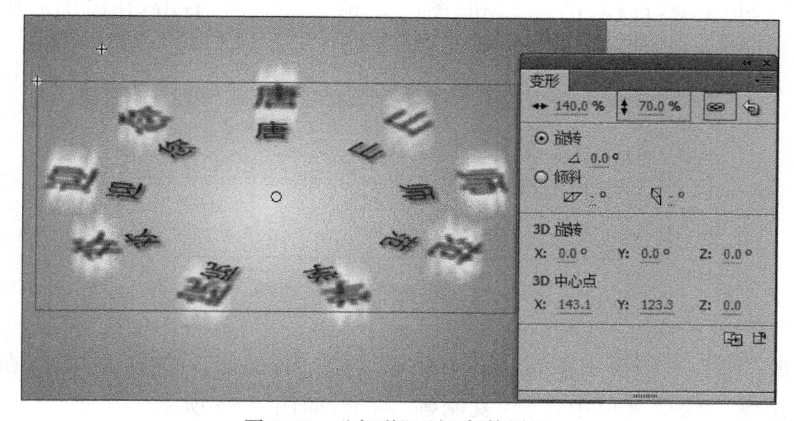

图 3.55 “变形”面板参数设置

(13) 按住 Shift 键，选择“图层 1”和“图层 2”的第 160 帧，右击，在出现的快捷菜单中选择“创建传统补间”命令；按照同样的方法在“图层 1”和“图层 2”的第 260 帧插入关键帧，如图 3.56 所示。

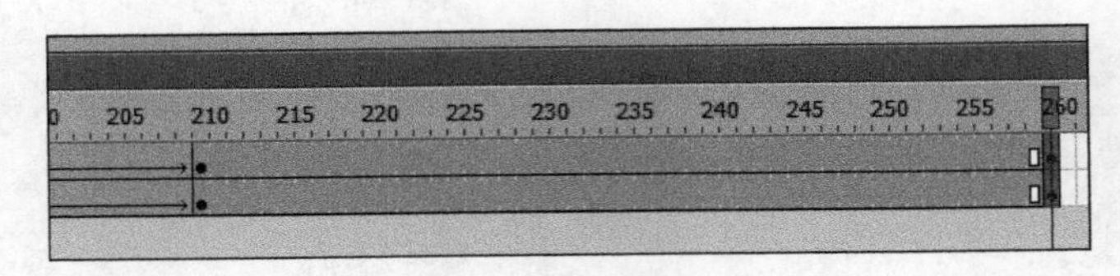

图 3.56　插入关键帧

(14) 选择“图层 1”的第 260 帧的影片剪辑，选择菜单栏中的“窗口”→“属性”命令，在影片剪辑“属性”面板中，将阴影颜色值改为 6633FF，将 Alpha 值改为 42%，如图 3.57 所示。

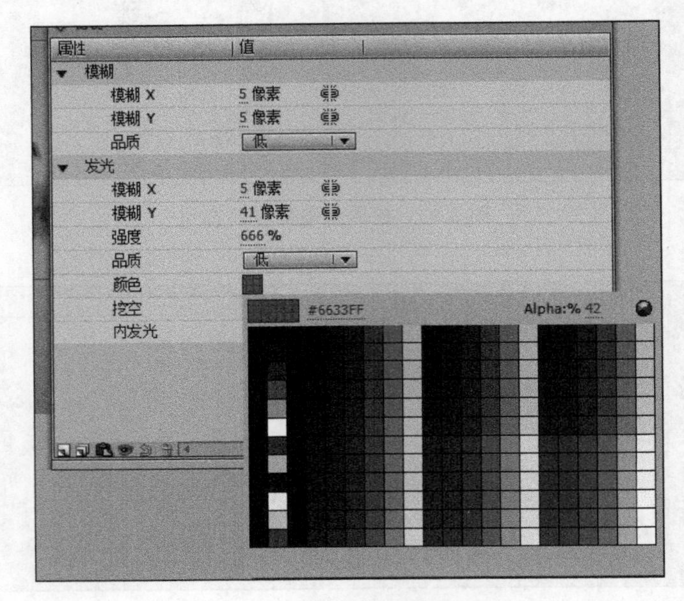

图 3.57　“发光”选项参数设置

(15) 按住 Shift 键，选择“图层 1”和“图层 2”的第 210 帧，右击，在出现的快捷菜单中选择“创建传统补间”命令，如图 3.58 所示。

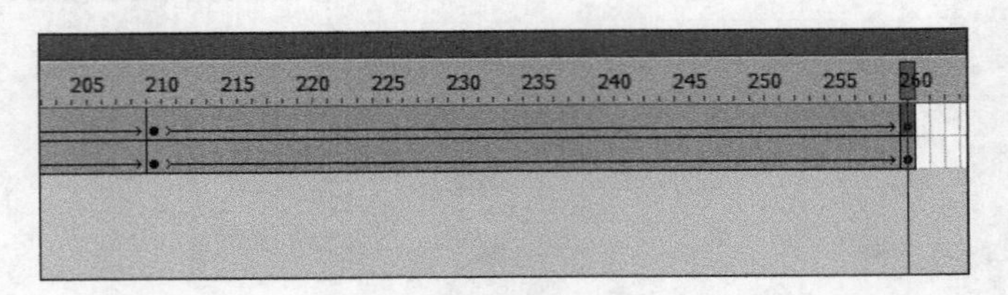

图 3.58　创建传统补间动画

(16) 单击“图层 2”的第 1 帧，按住 Shift 键，再单击“图层 1”的第 260 帧，在选定的蓝色区域右击，在出现的快捷菜单中选择“复制帧”命令，如图 3.59 所示。

(17) 按住 Shift 键，选择“图层 1”和“图层 2”的第 261 帧，右击，在出现的快捷菜单中选

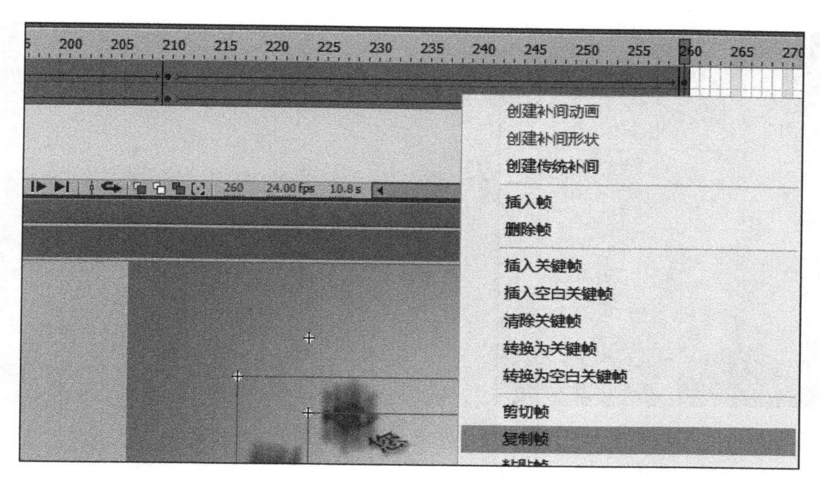

图 3.59 “复制帧”命令

择“粘贴帧”命令。单击“图层 2”的第 261 帧，按住 Shift 键，再单击“图层 1”的第 520 帧，在选定的蓝色区域右击，在出现的快捷菜单中选择“翻转帧”命令，如图 3.60 所示。

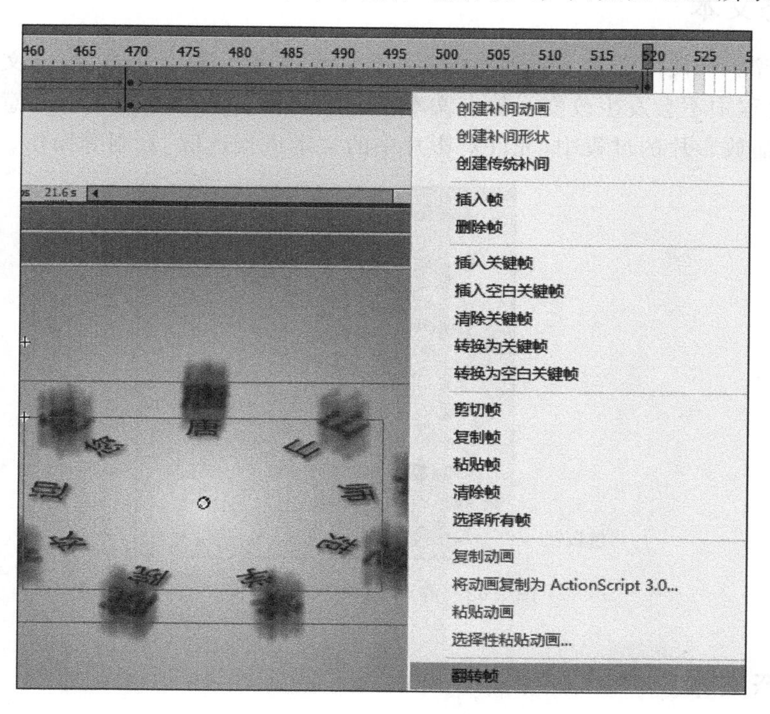

图 3.60 “翻转帧”命令

(18) 单击“场景 1”，返回“场景 1”的编辑模式。选择舞台中的影片剪辑，选择菜单栏中的“窗口”→“属性”命令，在影片剪辑“属性”面板中，单击下方的添加滤镜按钮，在出现的菜单中选择“发光”滤镜，设置“模糊 X”和“模糊 Y”均为 5 像素，“颜色”为白色，如图 3.61 所示。至此立体旋转效果字绘制完成，按 Ctrl+Enter 组合键即可观看影片效果。

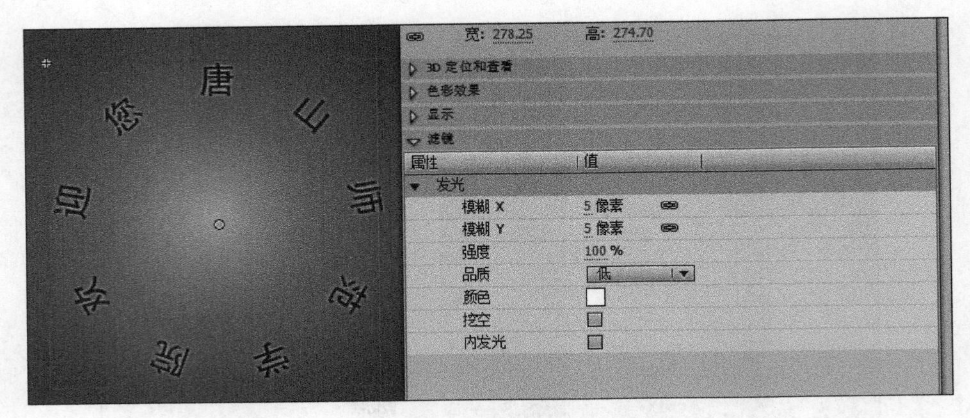

图 3.61 发光滤镜参数设置

3.3 静态文本、动态文本和输入文本

3.3.1 静态文本

在默认情况下，使用文本工具创建的文本框中的文本为静态文本，静态文本没有边框，在影片播放过程中不会发生改变。静态文本"属性"面板如图 3.62 所示。注意，当可选按钮被选中时，在播放影片的过程中，允许对影片中的文本进行选取、复制等操作。

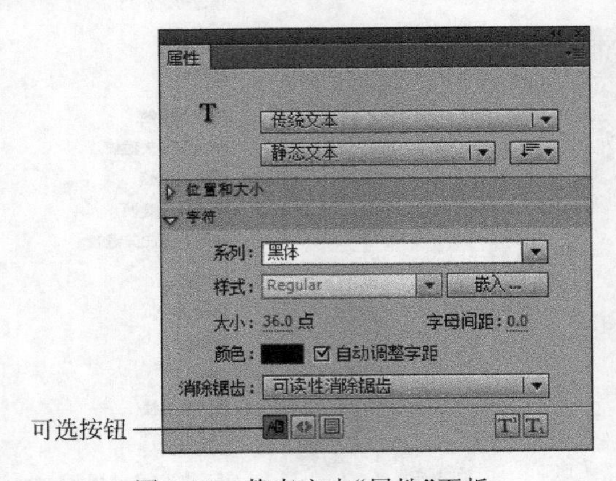

图 3.62 静态文本"属性"面板

3.3.2 动态文本

当文本"属性"面板中的文本类型为"动态文本"时，"属性"面板如图 3.63 所示。

"<实例名称>"选项用来设置动态文本的实例名称，以供在脚本控制时使用。

"段落"选项组中的"行为"选项包括"单行""多行"和"多行不换行"3 种样式。

在使用脚本控制时，可以利用"选项"选项组中的"变量"选项设置变量，但要注意，在 ActionScript 3.0 中不支持在此添加变量来控制文本，而是直接使用文本的实例名的 text 属性来代替，只在 ActionScript 2.0 中变量名才可用，如图 3.64 所示。

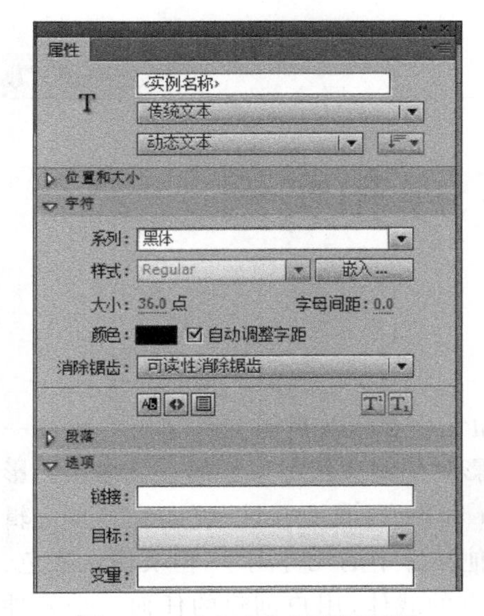

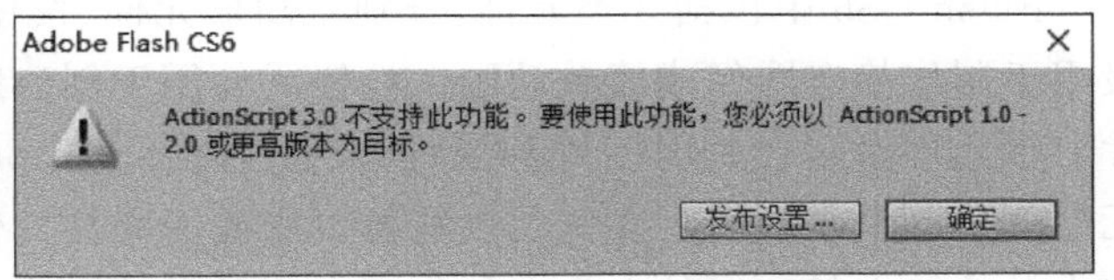

图 3.63　动态文本“属性”面板　　　图 3.64　ActionScript 3.0 不支持通过变量控制文本

3.3.3　输入文本

当文本“属性”面板中的文本类型为“输入文本”时，“属性”面板如图 3.65 所示。

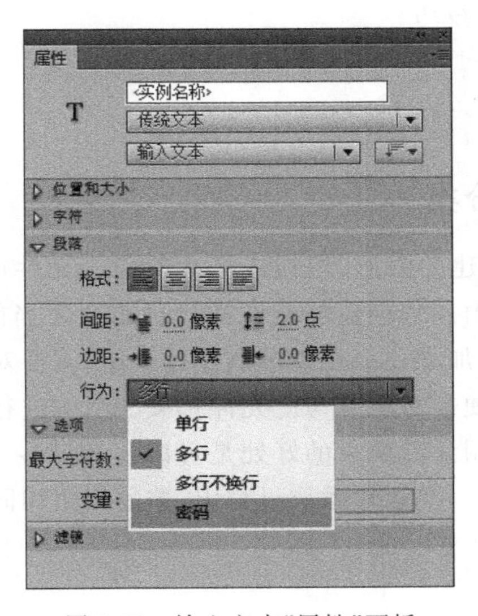

图 3.65　输入文本“属性”面板

“段落”选项组中的“行为”下拉列表中增加了“密码”选项。当播放影片时，文本框中的文字显示为星号（*）。

“段落”选项组中的“最大字符数”用于限制播放影片时文本显示的最大数目。

Chapter 4

Flash CS6 中的元件、库和实例

Flash CS6 中包括 3 类元件,分别是图形元件、按钮元件和影片剪辑元件。图形元件一般用于制作静态图像或简单动画。按钮元件用于创建影片中响应鼠标事件的交互按钮。影片剪辑元件有自己的时间轴和属性,支持 ActionScript 和声音,有交互性,可以说影片剪辑元件就是一个小影片。实例是放在舞台中或嵌套在其他元件中的元件副本,但实例在颜色、大小及功能上却和元件有很大的不同。库是元件和实例的载体,用户创建的任何一个元件都会自动添加到库中。从"库"面板中拖动一个元件到舞台中,则创建了一个新元件的实例。

动画制作过程中离不开元件、库和实例的使用。元件、库和实例的合理使用有助于提高动画的制作效率,在动画的运行质量、所占容量和后期维护方面都能起到积极的作用。本章主要介绍元件、库和实例的使用方法以及它们之间的区别和联系。本章的学习目的是熟练掌握动画制作中的元件交互技巧。

4.1 元件

4.1.1 元件的定义与分类

元件是指在 Flash 中创建的图形、按钮或影片剪辑。元件可以始终在影片中或嵌套在其他元件中重复使用,任何由用户创建的元件都会自动变为当前文档库中的一部分。元件的使用可以使影片的编辑更加方便。在动画制作过程中,需要对许多重复的元素进行修改,这时只要对元件进行修改,便会对所有与此元件相关的实例进行统一更新。

在动画制作过程中,使用元件最大的好处是可以显著减少文件的容量。多次利用元件还可以加快影片的播放速度。在影片播放过程中,重复使用相同元件只需要加载一次,这样就节省了动画加载时间。

4.1.2 创建图形元件

图形元件有两种基本创建方法:一是通过选定舞台中的对象来直接创建元件;二是先创建一个空元件,然后在元件编辑模式下制作和导入内容。下面介绍这两种创建图形元件的方法。

1. 直接创建元件

(1) 选取舞台上的图形并选择菜单栏中的"修改"→"转换为元件"命令或按 F8 键(注意,在以后章节全部采用按 F8 键的方法)。

(2) 在弹出的“转换为元件”对话框中输入元件的名称,并在“类型”下拉列表中选择“图形”,如图4.1所示(注意,在“转换为元件”面板中,通过单击“对齐”选项中的方形控制点,可以改变元件的中心控制点的位置)。然后,单击“确定”按钮,被选择的图形就被成功转换为图形元件,并且被复制到库中。

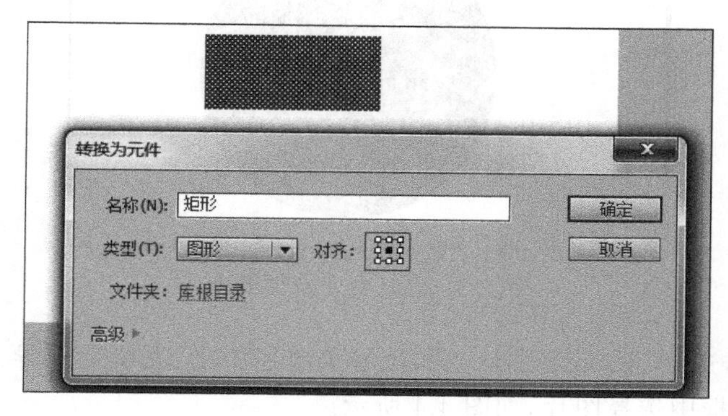

图4.1 “转换为元件”对话框

2. 使用“插入”→“新建元件”命令创建元件

(1) 选取舞台上的图形并选择菜单栏中的“插入”→“新建元件”命令或按Ctrl+F8组合键。

(2) 在弹出的“创建新元件”对话框中输入元件的名称,并在“类型”下拉列表中选择“图形”,如图4.2所示(注意,采用此方法创建元件时,对话框中少了“对齐”选项)。

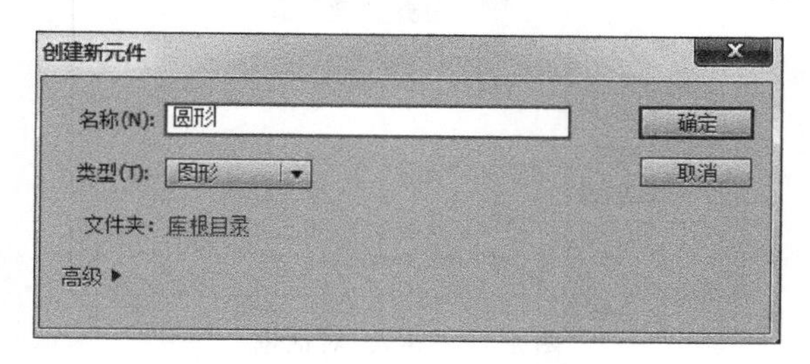

图4.2 “创建新元件”对话框

(3) 单击“确定”按钮后,进入图形元件编辑模式。以创建“圆形”元件为例,选择工具栏中的椭圆工具,在舞台中绘制正圆,如图4.3所示。完成元件制作后,从菜单栏中选择“编辑”→“编辑文档”命令,或者单击舞台左上角的“场景1”(注意,在以后章节全部采用单击“场景1”的方法),退出图形元件编辑模式。这样,被选择的图形就被成功转换为图形元件,并且被复制到库中。

4.1.3 课堂案例:制作水晶图形元件

图形元件是动画制作过程中使用最为频繁的元件。一般情况下,图形元件创建为静态图片或者静态文本;但在一些特殊情况下,图形元件也可以创建为重复的动画片段。图形元件与影片剪辑元件的不同点在于前者的播放过程是与时间轴同步的。需要特别注意的是,如果在图形元件中放入交互式元件或者声音,都不会起作用。

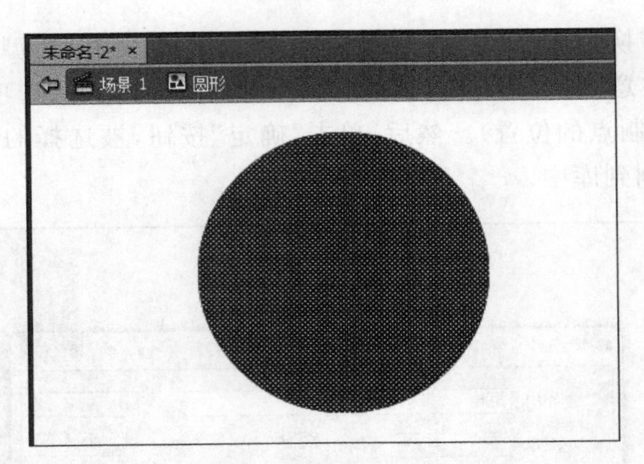

图 4.3　在舞台中绘制正圆

(1) 新建文档,选择 ActionScript 2.0,选择菜单栏中的"文件"→"导入到舞台"命令,在弹出的"导入"对话框中选择图片,如图 4.4 所示。

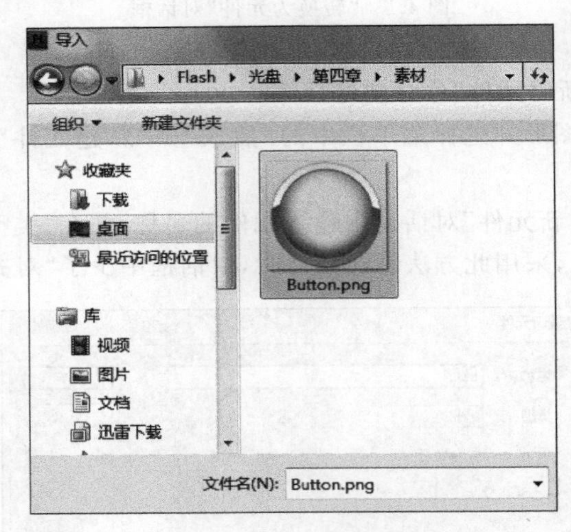

图 4.4　"导入"对话框

(2) 将图片导入舞台后,使用选择工具选择图片,选择菜单栏中的"修改"→"转换为元件"命令,或者直接按 F8 键,将图片转换为名称为 Button1 的图形元件,如图 4.5 和图 4.6 所示。

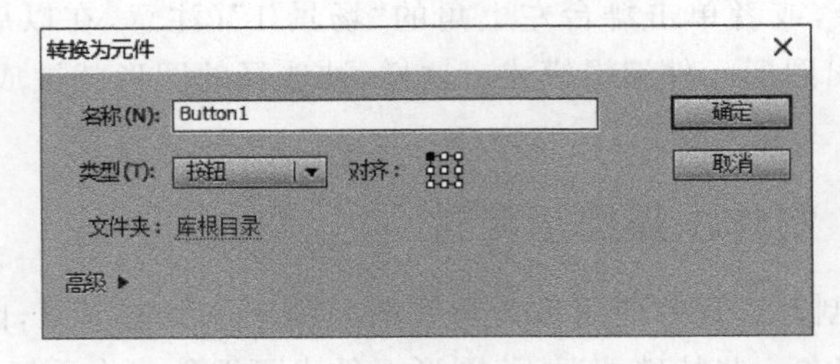

图 4.5　在"转换为元件"对话框中设置元件名称和类型

(3) 元件转换成功后,双击元件,进入 Button1 元件的编辑状态,对其进行进一步编辑。

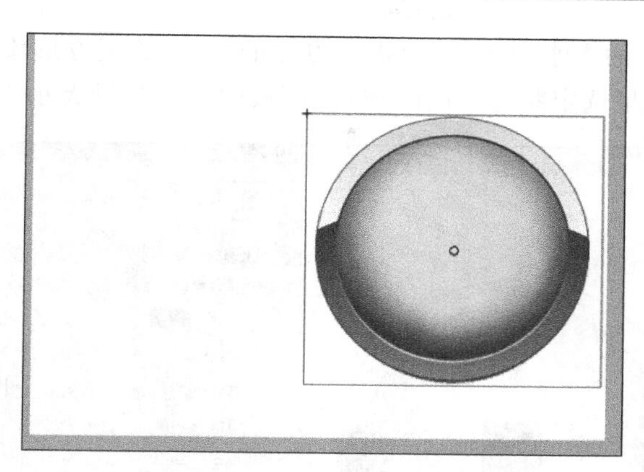

图 4.6　按钮样式展示

新建“图层 2”，使用矩形工具在“图层 2”中绘制无边框的黑色正方形，如图 4.7 所示。

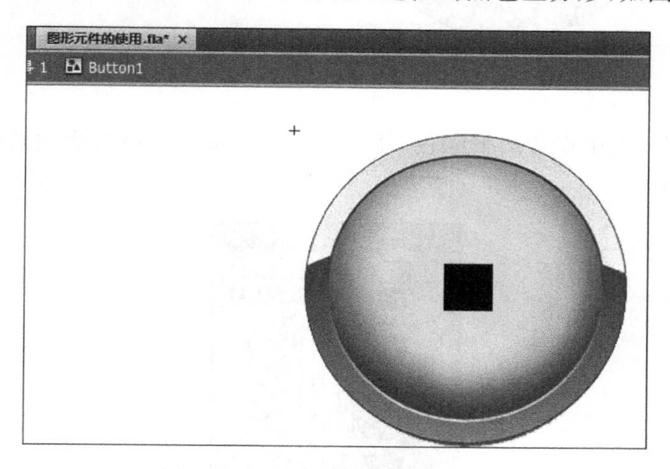

图 4.7　绘制无边框的黑色正方形

(4) 选择菜单栏中的“窗口”→“颜色”命令，在弹出的“颜色”面板中，选择颜色类型为“线性渐变”，设置深蓝到浅蓝的渐变。注意，在填充过程中，选择油漆桶工具，按住 Shift 键不放，对正方形进行从上到下的线性渐变填充，如图 4.8 和图 4.9 所示。

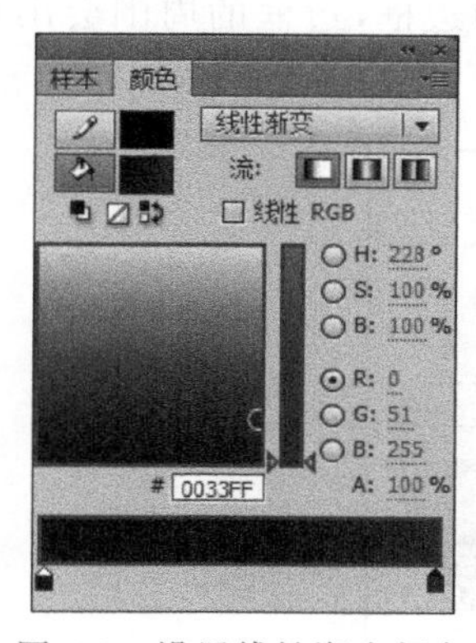

图 4.8　设置线性渐变颜色

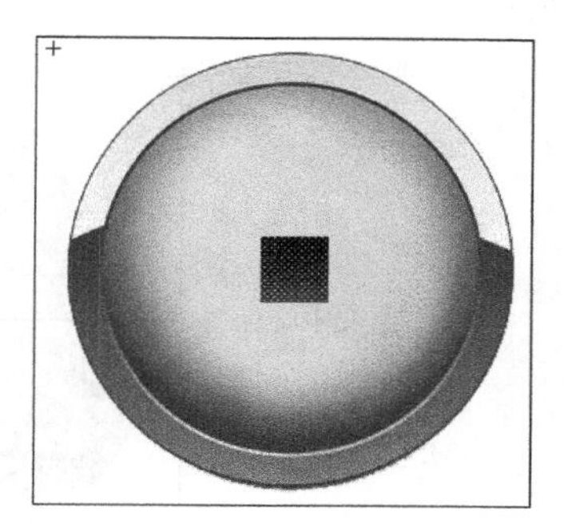

图 4.9　线性渐变填充

(5) 选择工具栏上的墨水瓶工具，单击正方形的边框，给正方形添加边框颜色。用选择工具双击边框，使边框呈选定状态，并在“属性”面板中设置笔触大小为 4，如图 4.10 所示。

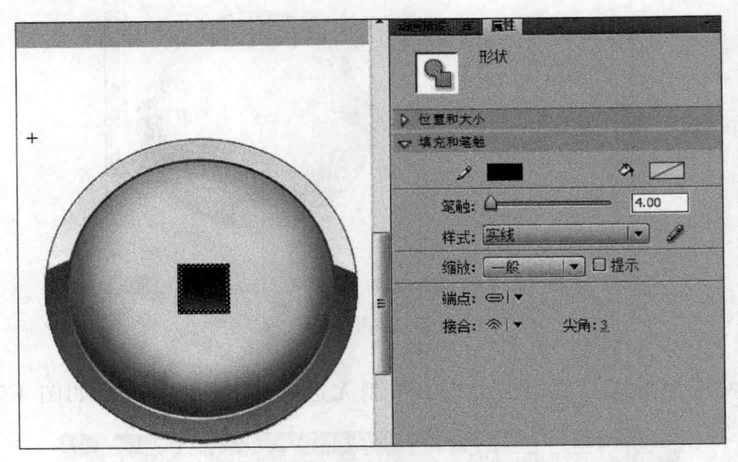

图 4.10 添加边框颜色

(6) 在“颜色”面板中设置边框颜色，使边框呈现深灰到灰色的线性渐变填充效果，参数设置如图 4.11 所示。

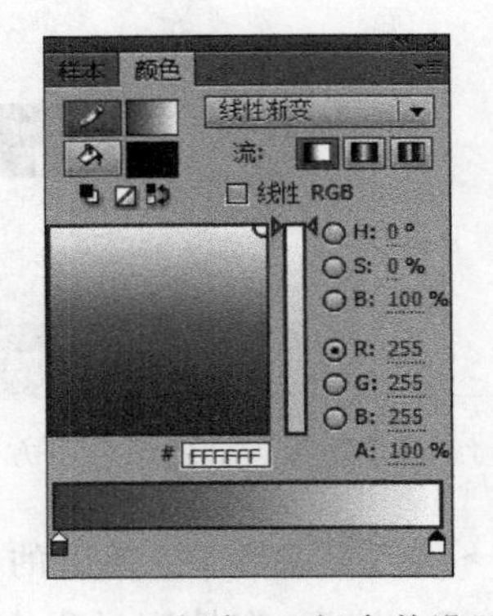

图 4.11 “颜色”面板参数设置

(7) 选择工具栏上的渐变变形工具，单击正方形的边框，边框的周围会出现如图 4.12 所示的控制点。

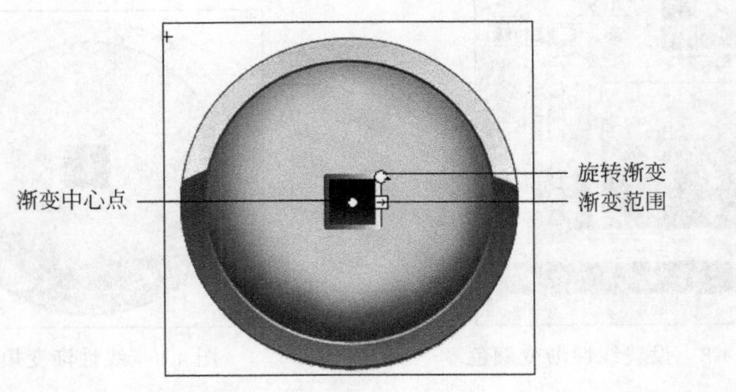

图 4.12 渐变变形工具

(8) 将鼠标移动到旋转渐变控制点，按下鼠标左键对渐变颜色进行旋转，如图 4.13 所示。

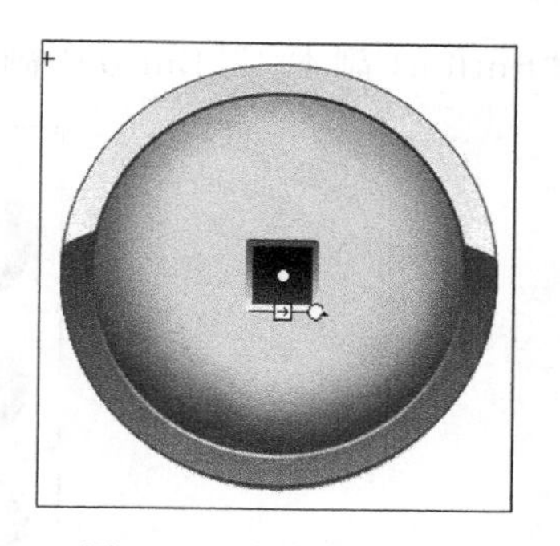

图 4.13　旋转渐变颜色

(9) 单击“场景 1”，返回主场景，按住 Alt 键拖动图形元件，可以快速复制并生成新的元件副本(以后章节称这种方法为使用 Alt 键快速复制)。

如果改变其中一个元件的状态，其他元件也会随之发生变化，因为这些元件都是由同一元件复制而来的。但是，有时候希望对新元件的编辑不会影响原有元件的状态，此时可以在右键快捷菜单中选择“直接复制元件”命令，在弹出的“直接复制元件”对话框中生成名称为“Button1 副本”的元件，如图 4.14 和图 4.15 所示。

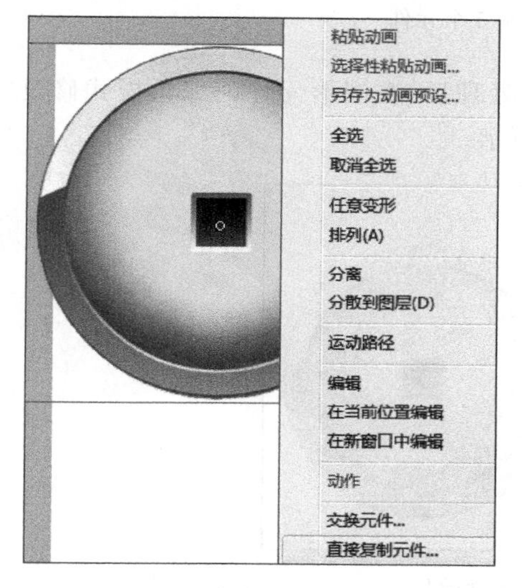

图 4.14　“直接复制元件”命令

图 4.15　“直接复制元件”对话框

(10) 按 Ctrl+T 组合键，弹出“变形”面板，在其中将“Button1 副本”元件缩放到 30%。双击“Button1 副本”，进入编辑模式，删除“图层 2”中的矩形，重新绘制渐变圆形，方法参照步骤(3)～(8)，如图 4.16 和图 4.17 所示。

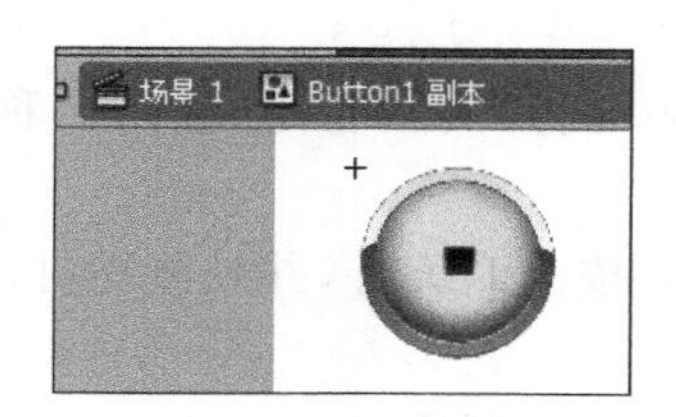

图 4.16　元件编辑模式

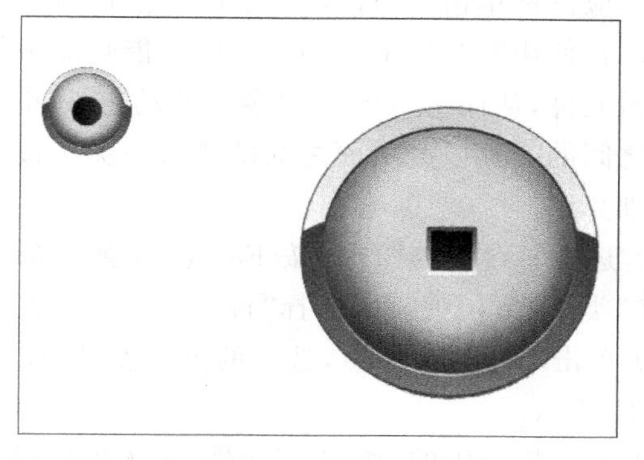

图 4.17　编辑“Button1 副本”元件样式

(11) 使用 Alt 键快速复制 5 个相同的元件，分别为“Button1 副本 2”“Button1 副本 3”

“Button1 副本 4”“Button1 副本 5”和“Button1 副本 6”，如图 4.18 所示。

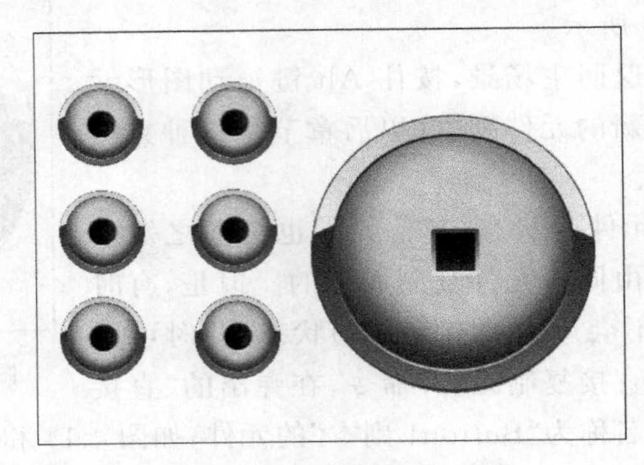

图 4.18　快速复制 5 个元件

(12) 使用“直接复制元件”命令对元件进行处理后，在图形元件的编辑模式修改“图层 2”的图形样式，最后的按钮元件效果如图 4.19 所示。

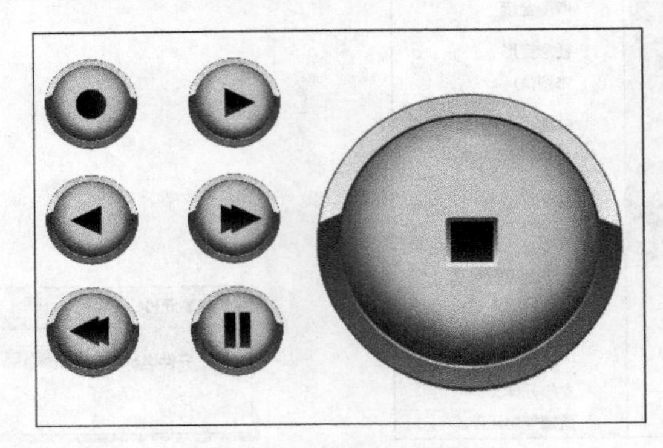

图 4.19　按钮元件效果

4.1.4 创建按钮元件

按钮元件是 Flash 动画中创建互动功能的重要组成部分。使用按钮元件可以在 Flash 动画中响应鼠标单击、滑过或其他动作，然后将响应的事件结果传递给互动程序进行处理。按钮元件在使用时必须配合动作代码才能响应事件的结果。用户还可以在按钮元件中嵌入影片剪辑元件，从而编辑出变幻多端的动态按钮。按钮元件结合 ActionScript 脚本可以实现对象之间的交互以及页面之间的跳转。关于按钮与动作代码的进一步应用，在以后的章节会详细介绍。

(1) 选择舞台上的图形，按 F8 键，在弹出的“转换为元件”对话框中，输入名称“按钮 1”，并在“类型”下拉列表中选择“按钮”，如图 4.20 所示。

(2) 单击“确定”按钮后，选定的图形就被成功转换为“按钮 1”元件，并且被复制到库中，如图 4.21 所示。

(3) 双击舞台中的“按钮 1”元件，进入编辑模式，如图 4.22 所示。

按钮元件其实是一个 4 帧的影片剪辑元件，其 4 个帧的状态如下：

• “弹起”帧：表示鼠标指针不在按钮上时的状态。

图 4.20 “转换为元件”对话框

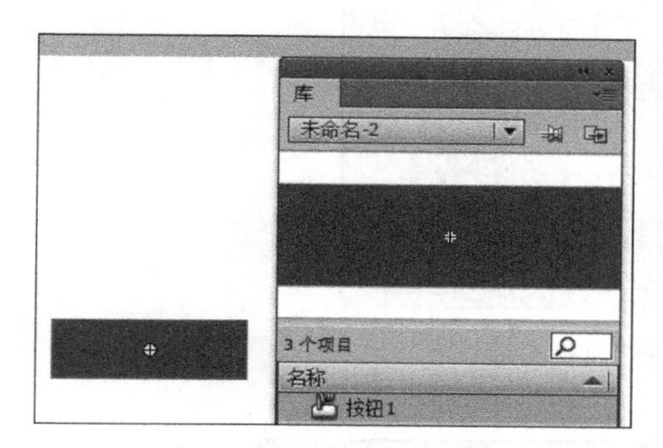

图 4.21 创建的按钮元件被复制到库中

图 4.22 “按钮 1”的编辑模式

- “指针经过”帧：表示鼠标指针经过按钮时的状态。
- “按下”帧：表示鼠标单击按钮时的状态。
- “点击”帧：定义按钮对鼠标单击的反应区域，这个反应区域在影片中是不可见的。

按钮的时间轴是不能播放的，它只是根据鼠标指针的动作作出简单的响应。为提高按钮的交互性，可以将按钮元件的一个实例放在舞台上，然后通过 ActionScript 脚本为实例指定动作。

4.1.5 课堂案例：简单按钮元件

（1）新建文档，选择 ActionScript 2.0，使用基本矩形工具在舞台中央绘制一个蓝色无边框圆角矩形，添加文本“播放”，在“属性”面板中设置相关参数，如图 4.23 和图 4.24 所示。

图 4.23 绘制蓝色无边圆角矩形并添加文本“播放”

（2）使用选择工具框选舞台中的蓝色矩形和文本，选择菜单栏中的“修改”→“转换为元件”命令或者直接按 F8 键，将选定的对象转换为按钮元件，如图 4.25 所示。

（3）转换成功后，双击“播放”按钮元件，进入编辑状态，如图 4.26 所示。

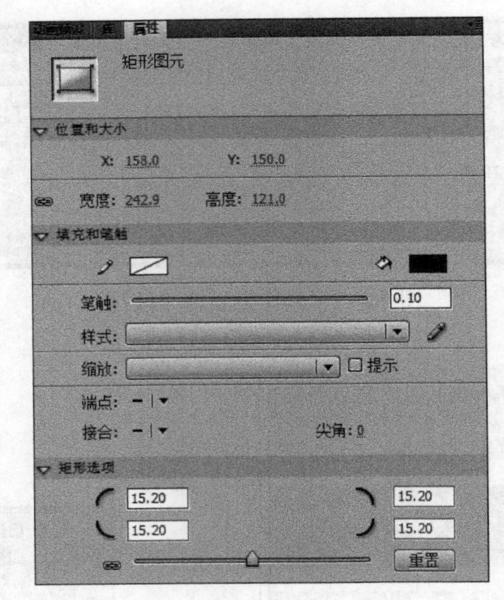

图 4.24 “属性”面板参数设置

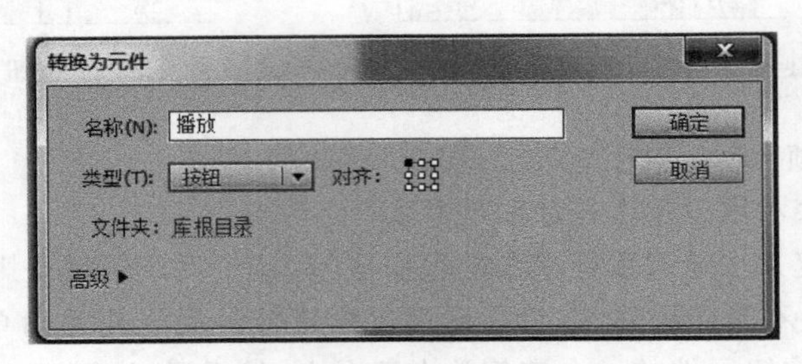

图 4.25 将蓝色矩形和文本转换为元件

(4) 在“图层 1”中用右键快捷菜单在 4 个状态分别插入关键帧，如图 4.27 所示。

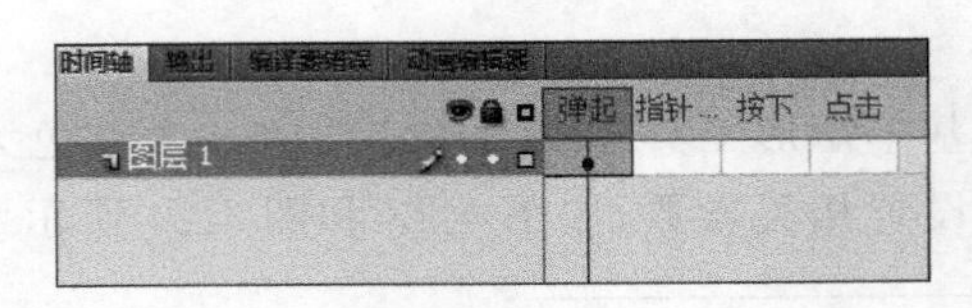

图 4.26 “播放”按钮元件的编辑状态

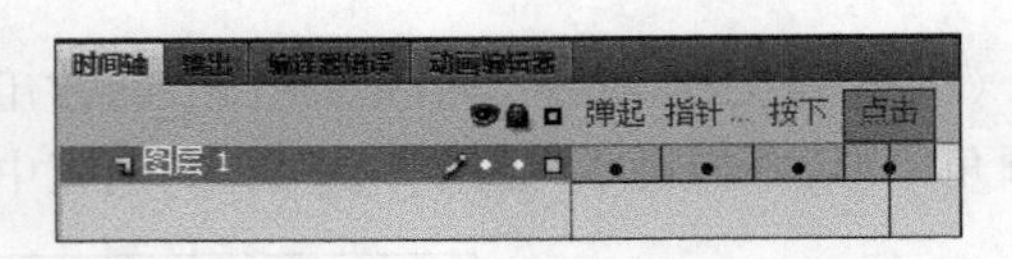

图 4.27 在 4 个状态分别插入关键帧

(5) 选择“指针经过”状态的关键帧，使用变形工具将文本“播放”缩小，并且改变其颜色为橙色，如图 4.28 所示。在实际操作中，可以根据自己的喜好改变图层样式。

图 4.28 设置“指针经过”状态

(6) 选择“按下”状态的关键帧，按照步骤(5)的方法改变文本“播放”的字体、颜色和大小，如图 4.29 所示。

图 4.29　设置“按下”状态

(7) 设置完毕后，单击“场景 1”，返回主场景，按 Ctrl+Enter 组合键测试影片。

4.1.6　课堂案例：复杂按钮元件

为了增强按钮的生动感，有时可以在按钮中加入声音，这样就会使动画效果更加富于趣味。

(1) 打开“使用.fla”源文件，删除 6 个小按钮。用选择工具单击最大的按钮，按 Ctrl+B 组合键将元件打散，如图 4.30 所示。

(2) 打散元件之后，会发现按钮中央的蓝色矢量图标不见了。原因如下：元件被打散之后，矢量图元件都会自动被位图文件所覆盖。用鼠标向右拖动按钮，可以看到蓝色矢量图标在按钮的下一层，如图 4.31 所示。

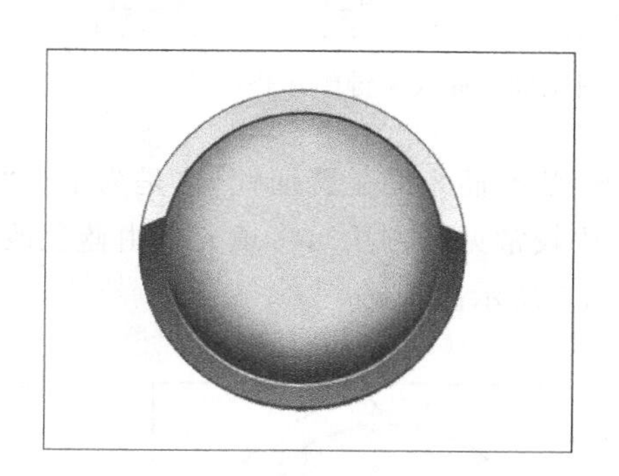

图 4.30　打散元件

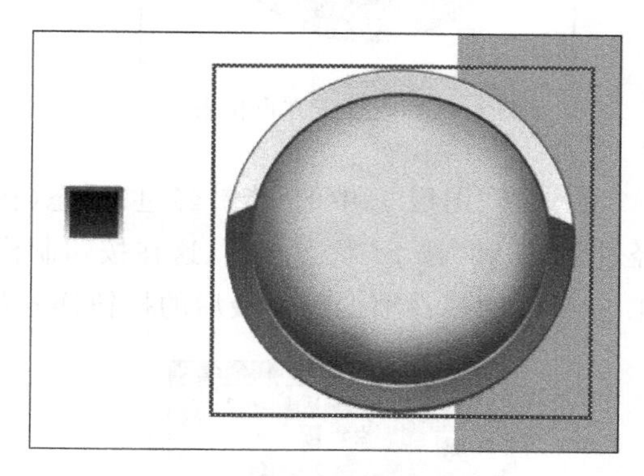

图 4.31　移动按钮位置

(3) 用鼠标框选舞台中的两个对象，按 F8 键，在“转换为元件”对话框中将对象转换为“大按钮”元件，如图 4.32 所示。

(4) 进入“大按钮”元件的编辑状态，单击新建图层按钮，将选中的蓝色正方形剪切并复制到“图层 2”的第 1 帧，如图 4.33 所示。在剪切和复制过程中，可以运用组合键 Ctrl+X 和 Ctrl+Shift+V，以保证图形在移动过程中位置和大小不会发生改变。

(5) 调整蓝色正方形的位置，并在“图层 1”和“图层 2”中插入相应的关键帧和普通帧，如图 4.34 和图 4.35 所示。

图 4.32 将两个对象转换为"大按钮"元件

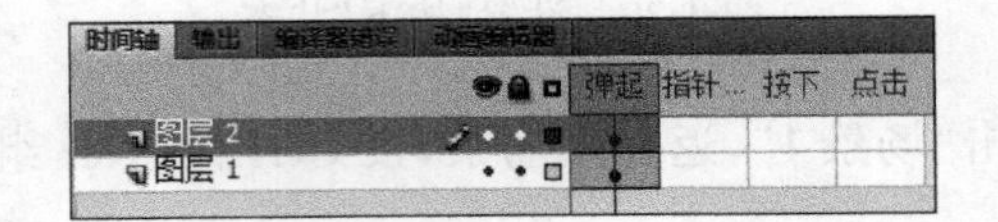

图 4.33 新建图层并复制蓝色正方形

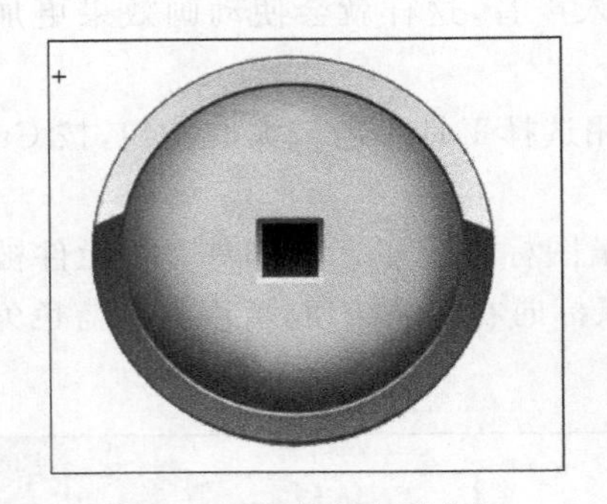

图 4.34 调整正方形位置

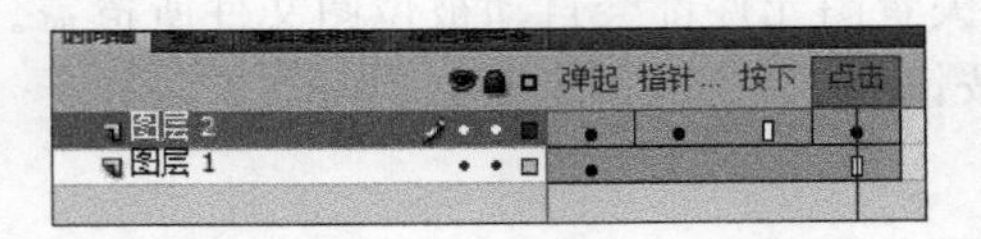

图 4.35 插入关键帧和普通帧

(6) 选择"图层 2"中的"指针经过"状态(在"按下"状态插入的是普通帧,这是为了让"指针经过"状态和"按下"状态相同,这在按钮制作中是比较常见的方法),将填充色由蓝色改成图 4.36 所示的线性渐变色。最后的按钮样式如图 4.37 所示。

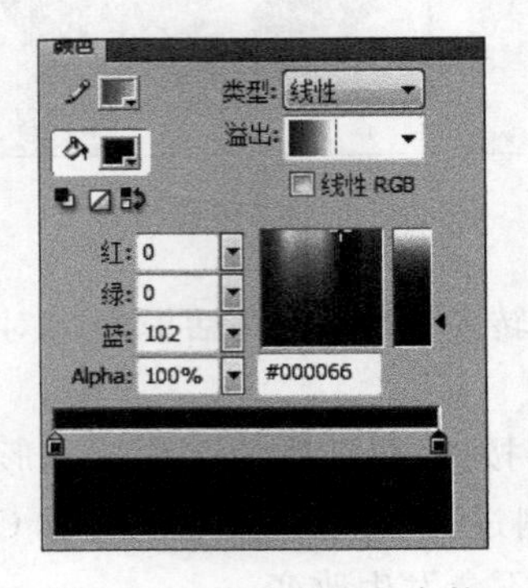

图 4.36 线性渐变色参数

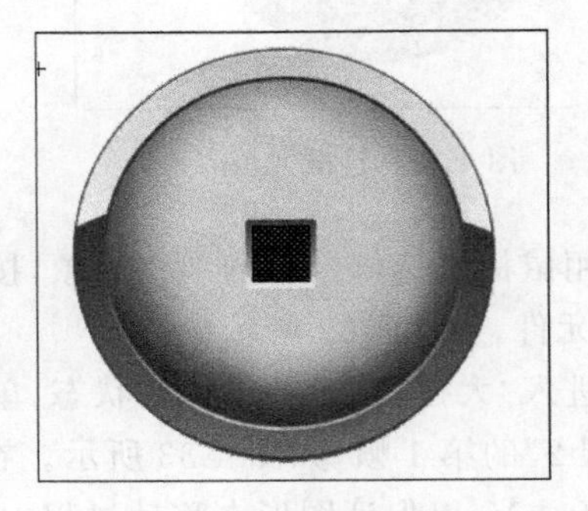

图 4.37 最后的按钮样式

(7) 选择菜单栏中的"文件"→"导入到库"命令或者"文件"→"导入到舞台"命令,导入"轮船汽笛.mp3"到库中(无论选用上述菜单中的哪个命令,声音文件都会正确出现在"库"

面板中)，如图 4.38 和图 4.39 所示。

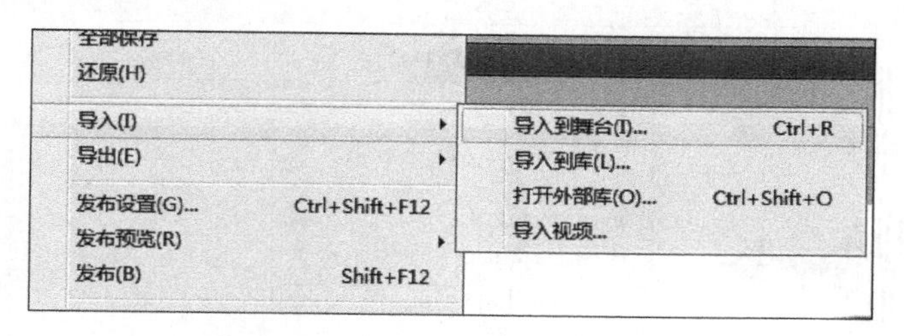

图 4.38 导入声音文件

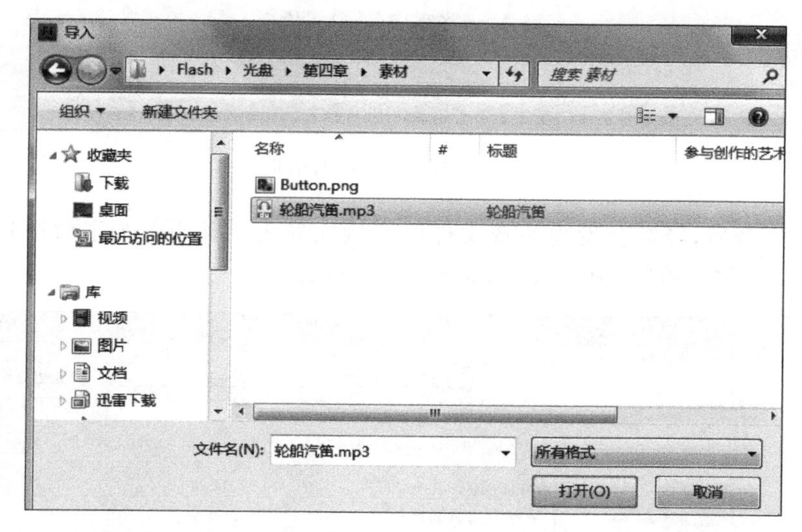

图 4.39 “导入”对话框

(8) 打开“库”面板，右击导入的声音文件，在出现的快捷菜单中选择“属性”命令，如图 4.40 所示，弹出“声音属性”对话框，如图 4.41 所示。

图 4.40 对声音文件执行“属性”命令

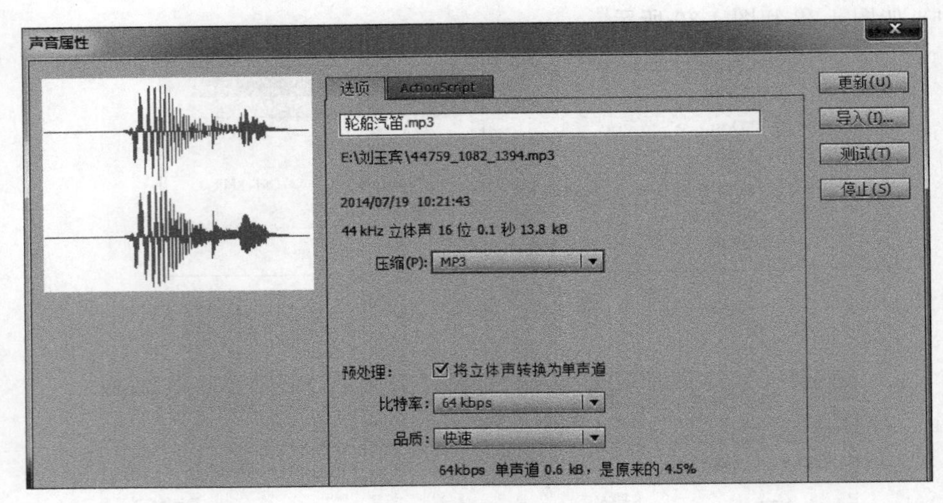

图 4.41 “声音属性”对话框

(9) 导入声音后，经常会发现声音文件的音量比导入之前小。为了解决这个问题，在“压缩”列表中设置“压缩”选项为 Raw，如图 4.42 所示。

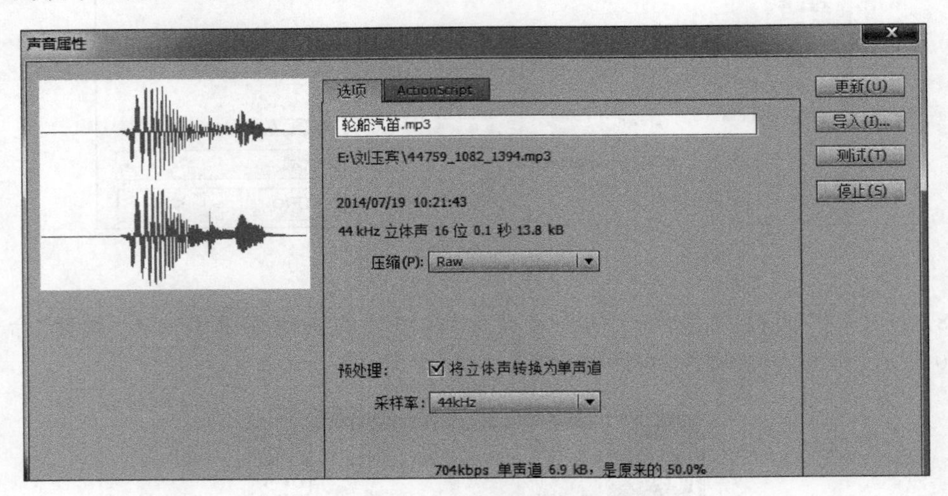

图 4.42 设置“压缩”选项为 Raw

(10) 在导入声音文件过程中，也经常会出现文件不能正确导入的情况，如图 4.43 所示，原因是导入的声音文件格式和 Flash 软件不兼容。为了解决这个问题，可以使用 GoldWave 等软件对格式进行转换。

图 4.43 文件导入错误消息框

(11) 从网上下载并安装 GoldWave 汉化版。运行软件之后,选择菜单栏中的"文件"→"打开"命令,导入声音文件。再选择菜单栏中的"文件"→"另存为"命令,弹出"另存音频为"对话框,在对话框中设置"保存类型"和"属性"等参数,如图 4.44 所示(一般情况下设置频率为"44100Hz,128kbps,mono")。

图 4.44 "另存音频为"对话框

(12) 选择库中的声音文件,将其拖动到"图层 2"的"指针经过"状态处,声音设置成功,如图 4.45 所示。

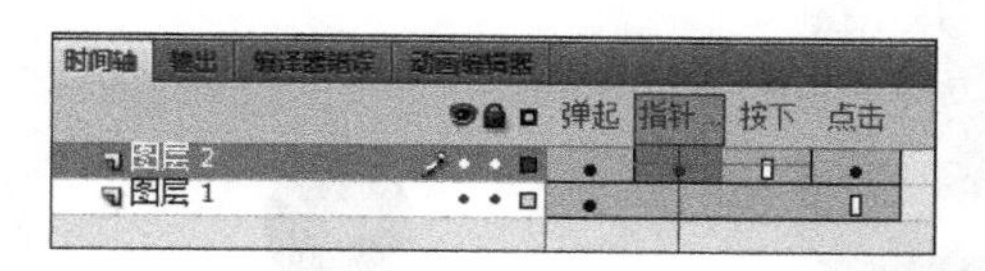

图 4.45 拖动声音文件到"指针经过"状态处

(13) 单击"场景 1",返回主场景,按 Ctrl+Enter 组合键测试影片。

4.1.7 创建影片剪辑元件

影片剪辑元件一般用来存放可重复使用的动画。影片剪辑元件的播放不受时间轴的影响,可以说,影片剪辑元件和时间轴是相互独立的。在影片剪辑元件中,可以包含交互式按钮、声音以及嵌套别的影片剪辑元件。它是 Flash 影片中应用最多、最灵活的一种元件。

(1) 选取舞台上的图形,按 F8 键,在弹出的"转换为元件"对话框中输入元件名称"影片 1",并在"类型"下拉列表中选择"影片剪辑",如图 4.46 所示。

(2) 单击"确定"按钮后,选定的图形就被成功转换为影片剪辑元件,并且被复制到库中。

4.1.8 课堂案例:影片剪辑的妙用

(1) 新建文档,选择 ActionScript 2.0。在舞台中央绘制一个无边框的正圆。选择菜单

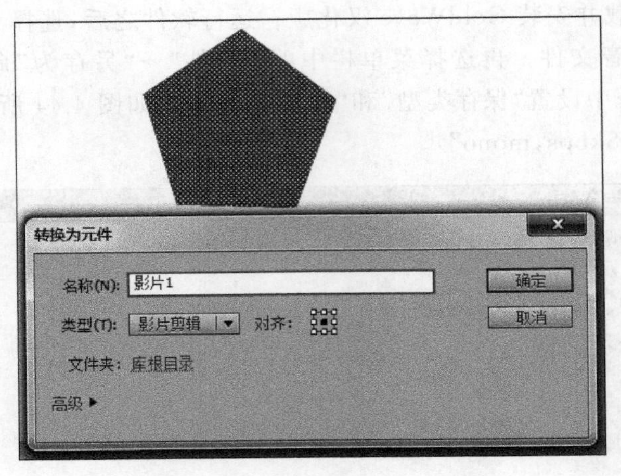

图 4.46 “转换为元件”对话框

栏中的“窗口”→“颜色”命令，在弹出的“颜色”面板中，设置颜色类型为“径向渐变”，参数设置如图 4.47 所示。

(2) 选择油漆桶工具，在舞台中的圆形上单击，便可以改变圆形的高光点，随着单击点的不同，得到的渐变样式也会不同。设置高光点前后的圆形如图 4.48 所示。

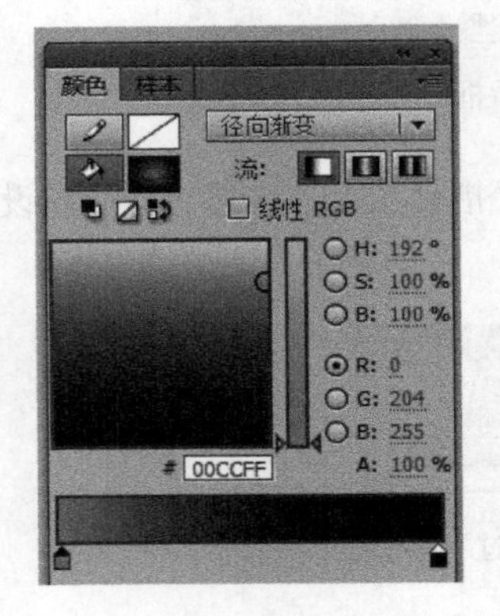

图 4.47 设置渐变参数

图 4.48 设置高光点前后的圆形

(3) 选择填充后的圆形，按 F8 键，在弹出的“元件属性”对话框中选择“类型”为“影片剪辑”，并将元件命名为“球”，如图 4.49 所示。

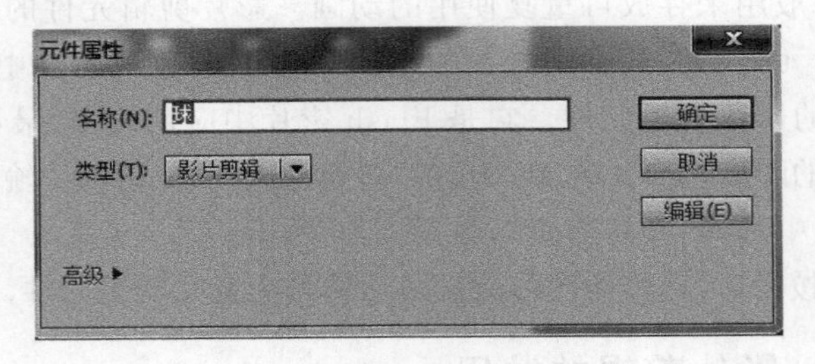

图 4.49 转换为影片剪辑

(4) 进入影片剪辑的编辑状态，选择球形，按 F8 键，再将选定的蓝色球形转换为名称为“蓝色按钮”的按钮元件，如图 4.50 和图 4.51 所示。

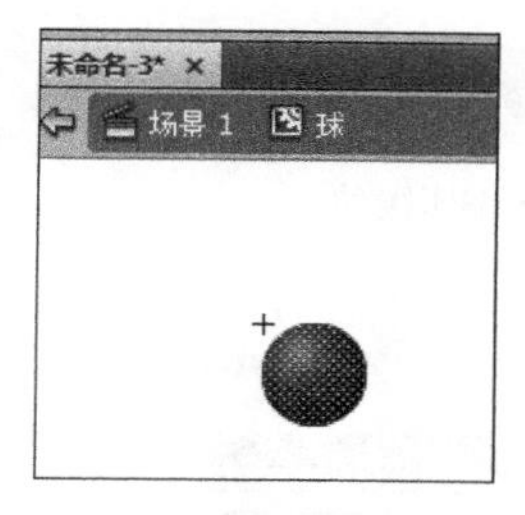

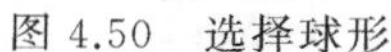

图 4.50　选择球形

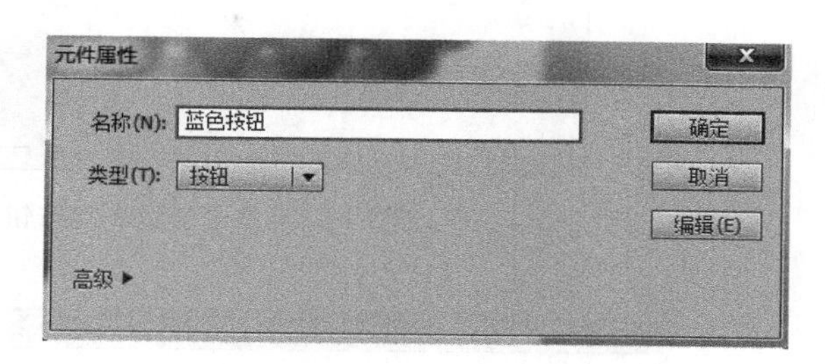

图 4.51　“转换为元件”对话框

(5) 在“图层 1”中的第 2 帧右击，在弹出的快捷菜单中选择“插入关键帧”命令，并使用任意变形工具将按钮元件的中心控制点拖动到元件的下边界，如图 4.52 所示。

图 4.52　改变中心控制点位置

(6) 在“图层 1”的时间轴上，采用右键快捷菜单的方法在第 1 帧、第 2 帧、第 10 帧、第 20 帧、第 21 帧、第 48 帧和第 74 帧插入关键帧，如图 4.53 所示。

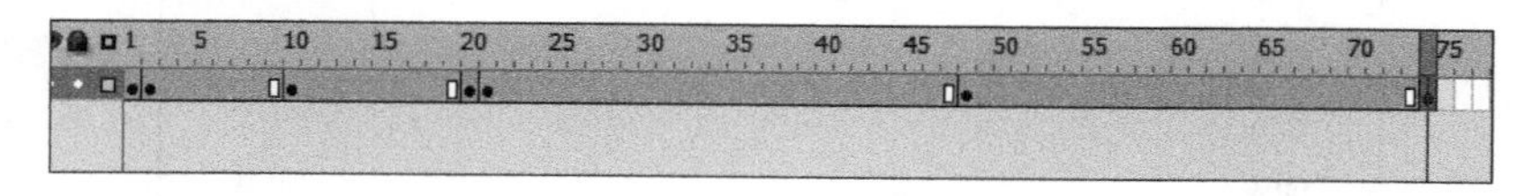

图 4.53　插入关键帧

(7) 在时间轴上创建图 4.54 所示的传统补间动画。

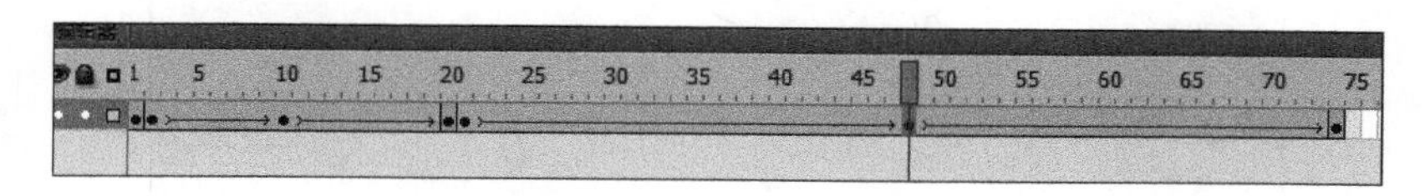

图 4.54　创建传统补间动画

(8) 选择“图层 1”中的第 2 帧，在帧“属性”面板中单击编辑缓动按钮，如图 4.55 所示。

(9) 在弹出的“自定义缓入/缓出”对话框中，设置第 2 帧缓动形状，如图 4.56 所示。上凸的形状表示动画由快到慢，下凹的形状代表动画由慢到快。

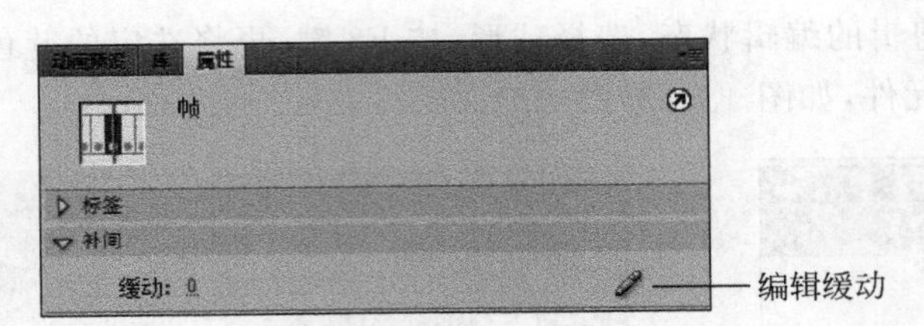

图 4.55 单击编辑缓动按钮

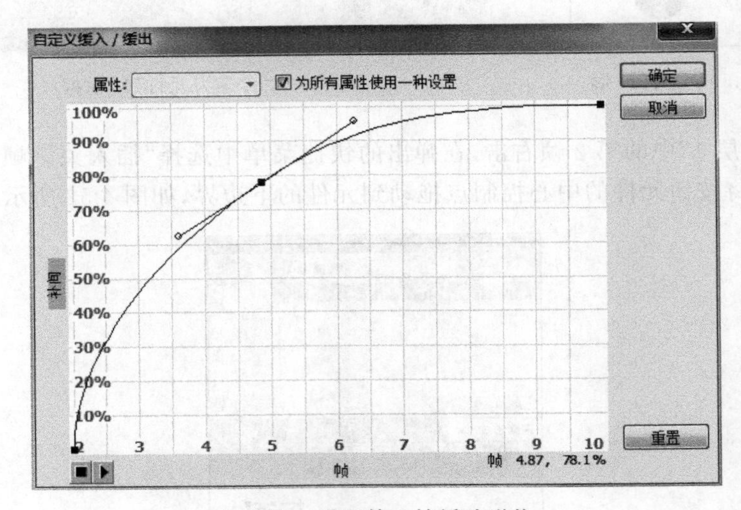

图 4.56 设置第 2 帧缓动形状

(10) 用同样的方法设置第 10 帧缓动形状，如图 4.57 所示。

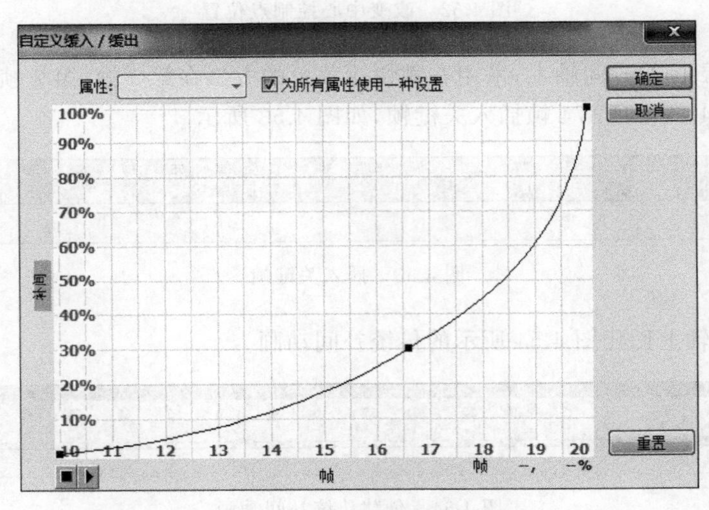

图 4.57 设置第 10 帧缓动形状

(11) 用同样的方法设置第 21 帧缓动形状，如图 4.58 所示。

(12) 本例的难点在于第 48 帧的设置，因为球在首次落地后要反复回弹和下落，所以在“自定义缓入/缓出”对话框中要进行相应的设置，设置如图 4.59 所示。

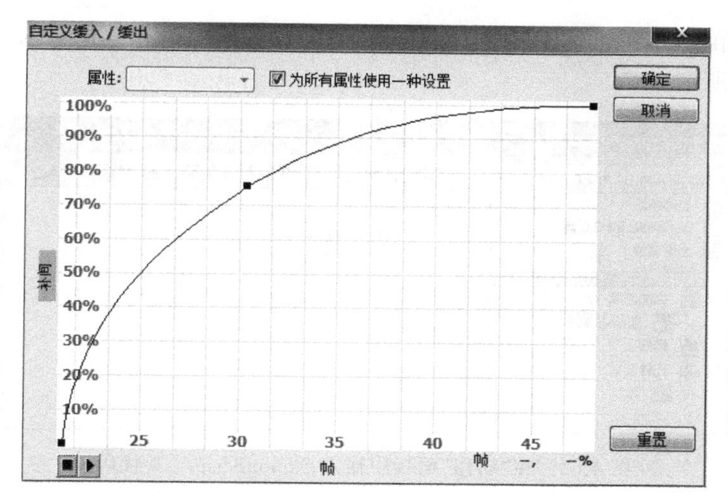

图 4.58 设置第 21 帧缓动形状

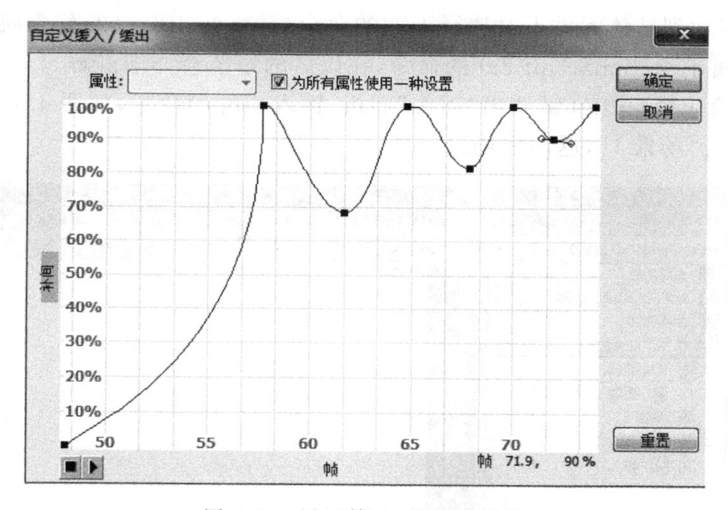

图 4.59 设置第 48 帧缓动形状

(13) 关键帧缓动形状设置完毕后,选定第 10 帧的球体,对球体进行纵向压缩,压缩前后的球体如图 4.60 所示。

(14) 选定第 48 帧,将球体元件沿竖直方向向上移动,移动前后的球体位置如图 4.61 所示。

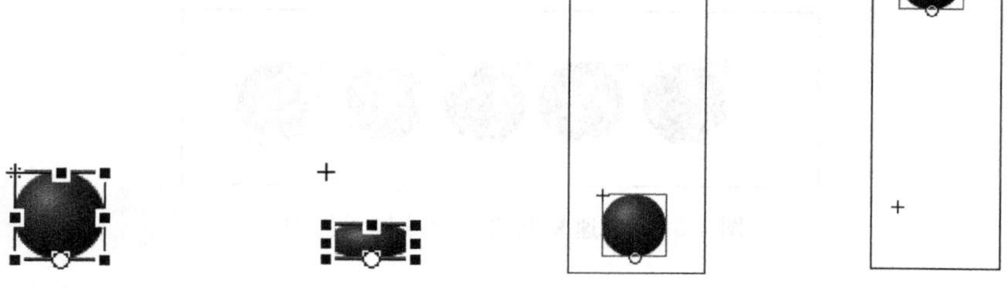

图 4.60 压缩前后的球体

图 4.61 移动前后的球体位置

（15）选择第1帧，单击球体元件，按F9键调出“动作”面板，在其中输入ActionScript 2.0代码，如图4.62所示。

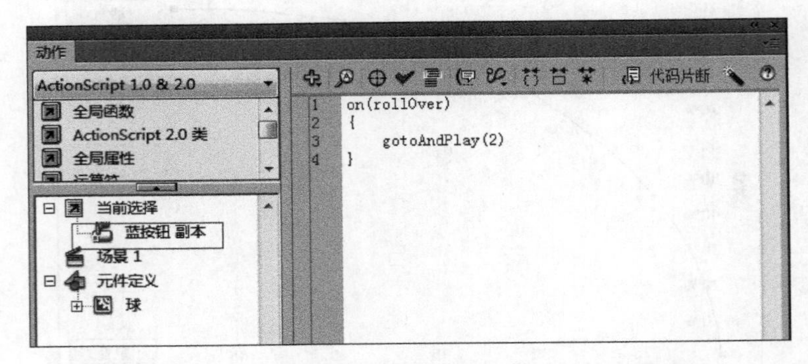

图4.62　在“动作”面板中输入ActionScript 2.0代码

在操作过程中，一定要保证球体元件被选定，否则不能正确添加命令。on(rollOver)代表当鼠标指针移动到球体元件上时执行下面的命令，gotoAndPlay(2)代表跳转并且播放第2帧，这些命令属于ActionScript 2.0的命令，在以后的章节会详细讲解。

（16）选择第1帧，按F9键调出“动作”面板，输入stop()命令，如图4.63所示。命令添加完毕之后，单击“场景1”，返回主场景。

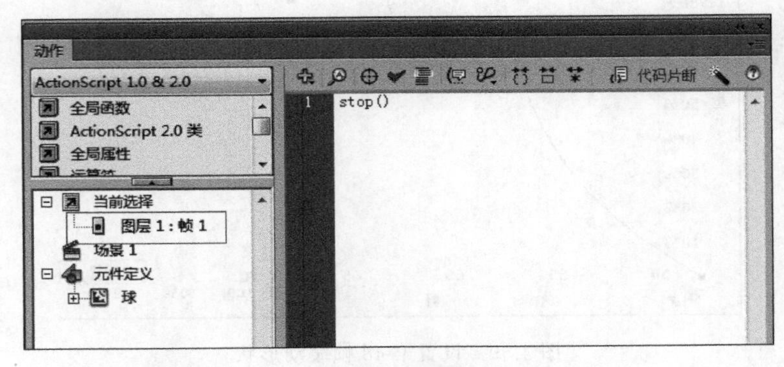

图4.63　给第1帧添加命令

注意，图4.62和图4.63中的两组命令的区别如下：前者是给按钮添加命令，后者是给帧添加命令。在第1帧添加stop()命令时，要单击第1帧，因为停止命令要加在时间轴上；而单击按钮跳转帧是通过按钮触发来实现的，所以要选定按钮。

（17）在主场景中使用Alt键快速复制出4个球体元件副本，如图4.64所示。

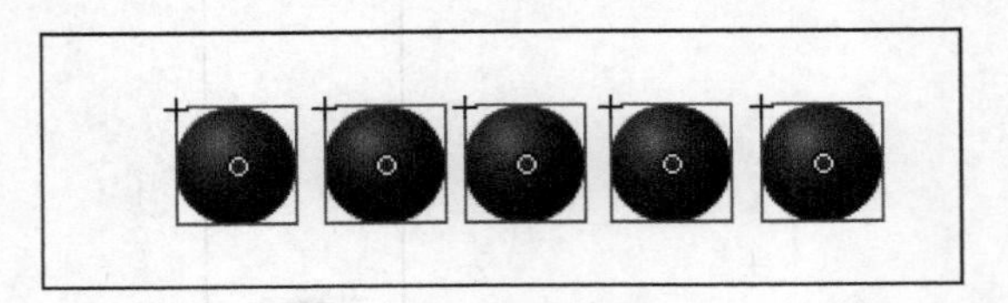

图4.64　快速复制出4个球体元件副本

（18）选择第2个球体元件，在“属性”面板中设置样式为“色调”，并且调整下方的滑块，如图 4.65 所示。

图 4.65　“属性”面板参数设置

(19) 按照上述方法，在“属性”面板中对其他的球体元件进行颜色调整，调整后的效果如图 4.66 所示。

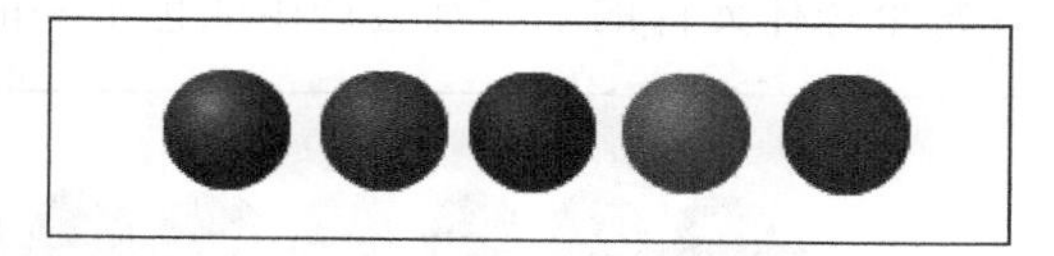

图 4.66　4 个球体元件副本调整后的效果

(20) 使用 Alt 键快速复制的方法，将球体元件排列成阵列，可以根据自己的喜好任意排列，如图 4.67 所示。

图 4.67　球体元件阵列

(21) 双击场景中的任意一个球体元件，进入球体元件的编辑状态，单击新建图层按钮，新建“图层 2”，如图 4.68 所示。将新图层“图层 2”拖到“图层 1”的下方。

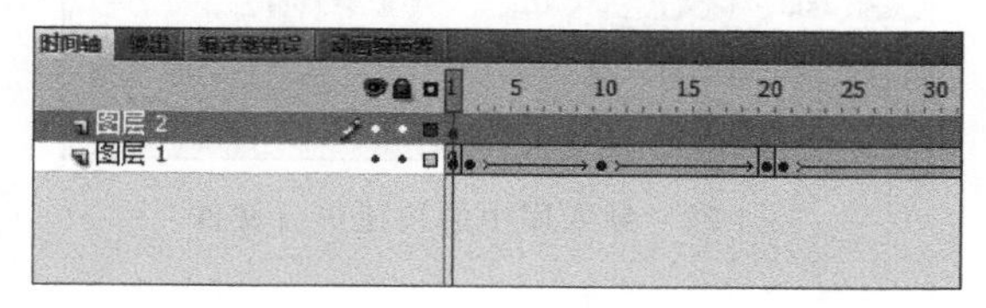

图 4.68　新建“图层 2”

（22）选择椭圆工具，在“图层 2”中绘制无边框的椭圆，椭圆“颜色”面板参数设置如图 4.69 所示。为了不影响图形绘制，可以单击“图层 1”眼睛图标下边的白色圆形，使其变为红叉，对“图层 1”进行隐藏，如图 4.70 所示。

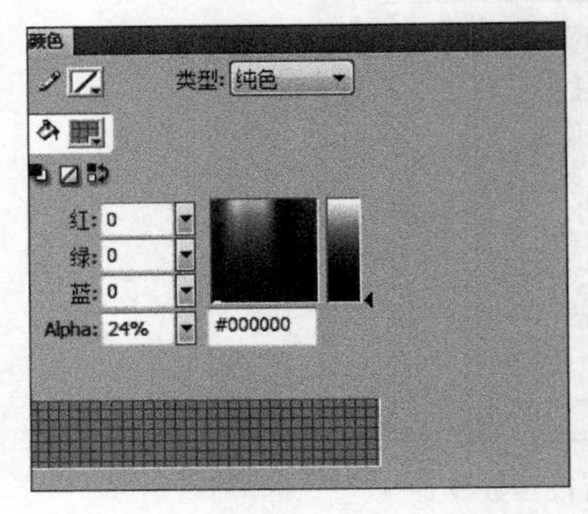

图 4.69 椭圆“颜色”面板参数设置

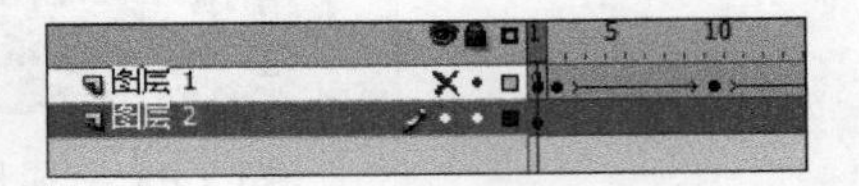

图 4.70 隐藏“图层 1”

（23）椭圆绘制完毕后，在球体的下方出现球体的阴影。因为所有的球体元件都是由一个元件复制而来的，所以在每个球体元件的下方都会产生颜色不一的阴影，如图 4.71 所示。

图 4.71 绘制球体阴影

（24）为了使动画的表现力更加丰富，还可以利用以前学过的方法给按钮加上声音。声音文件可以从网络上下载，再导入库中，如图 4.72 所示。

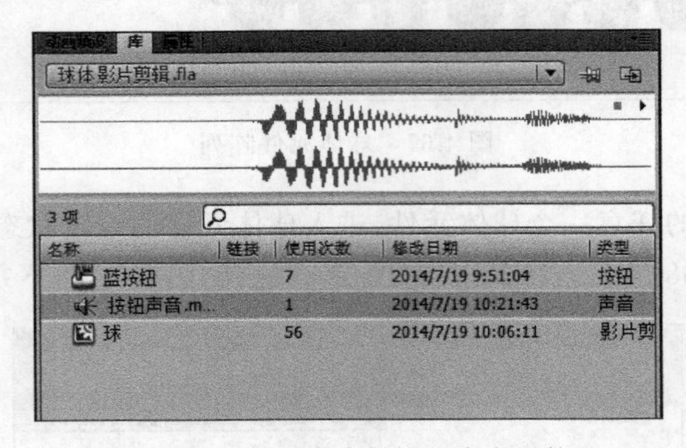

图 4.72 导入库中的按钮声音文件

(25) 选择场景中的任何一个球体元件，双击该元件，进入其编辑模式，如图 4.73 所示。

(26) 选择“图层 1”，用右键快捷菜单的方法插入关键帧，将“库”面板中的“按钮声音.mp3”文件拖动到“指针经过”状态处，如图 4.74 所示。

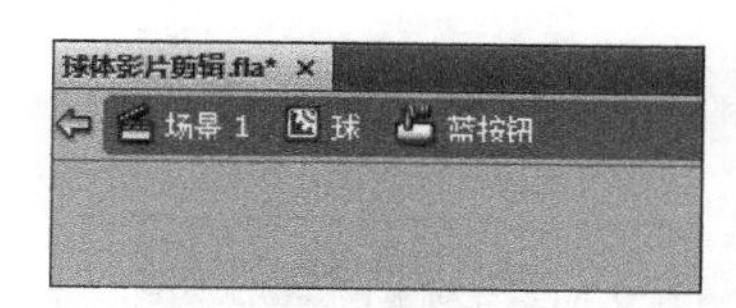

图 4.73　球体元件的编辑状态

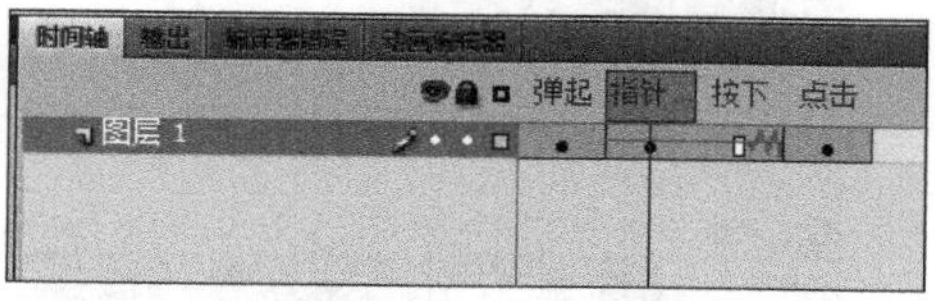

图 4.74　给“指针经过”状态添加声音

(27) 单击“场景 1”，返回主场景，按 Ctrl+Enter 组合键测试影片。

(28) 经过测试发现，当移动到按钮元件上方时，会播放两次声音。重新选择球体元件阵列中的任意一个球体元件，双击进入其编辑状态，选定“图层 1”的第 1 帧，右击选定的球体元件，在出现的快捷菜单中选择“直接复制元件”命令，生成新元件“蓝按钮副本”，如图 4.75 所示。

(29) 双击第 2 帧的球体元件，进入编辑模式，删除刚才导入的声音文件。方法如下：选择“指针经过”状态，在帧“属性”面板中，在“名称”下拉列表里选择“无”，即可删除声音文件，操作过程如图 4.76 和图 4.77 所示。

(30) 经过上述步骤的调整，重新测试影片，声音重复问题得到解决。

图 4.75　“直接复制元件”对话框

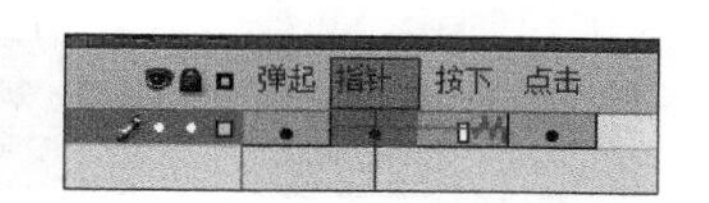

图 4.76　选择“指针经过”状态

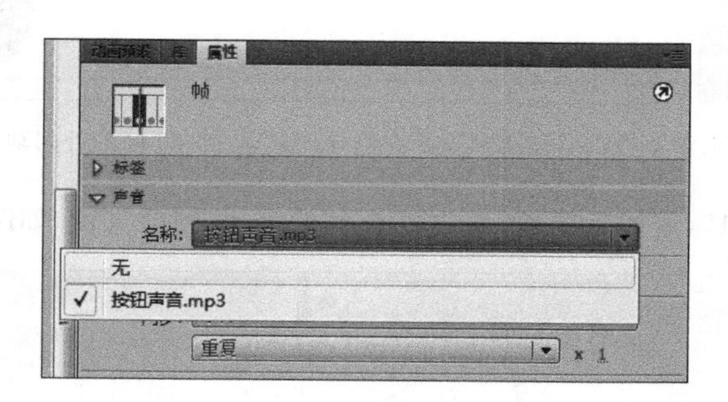

图 4.77　删除声音文件

4.1.9　影片剪辑元件与图形元件的区别

影片剪辑元件是独立的时间动画，而图形元件在与主场景同步播放时才可以显示其内部的动画。图形元件和影片剪辑元件都能实现元件的嵌套。下面通过示例演示两者的区别。

(1) 新建文档，选择 ActionScript 2.0，在“图层 1”中绘制蓝色线条和无边框红色正圆。

选择红色正圆，按 F8 键，将其转换为名称为“圆形”的图形元件，如图 4.78 所示。双击该图形元件，进入其编辑状态。

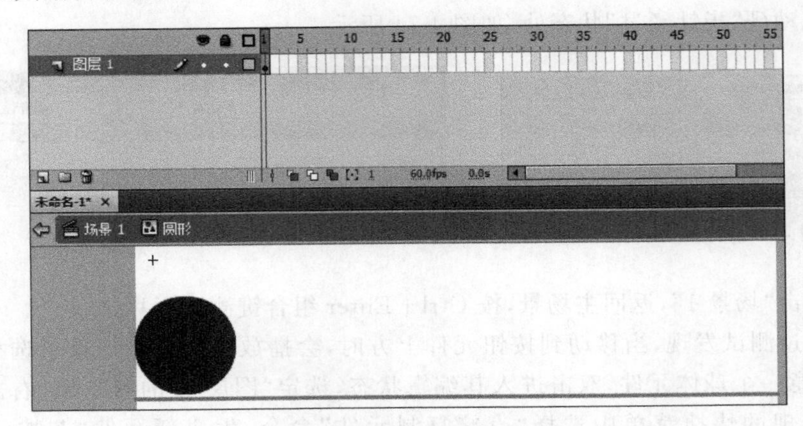

图 4.78　将红色正圆转换为图形元件

（2）选择红色正圆，按 F8 键，将其转换为名称为“圆形 1”的图形元件。在“图层 1”的第 30 帧插入关键帧，并将其移动到屏幕的右侧，创建第 1～30 帧的补间动画，如图 4.79 所示。

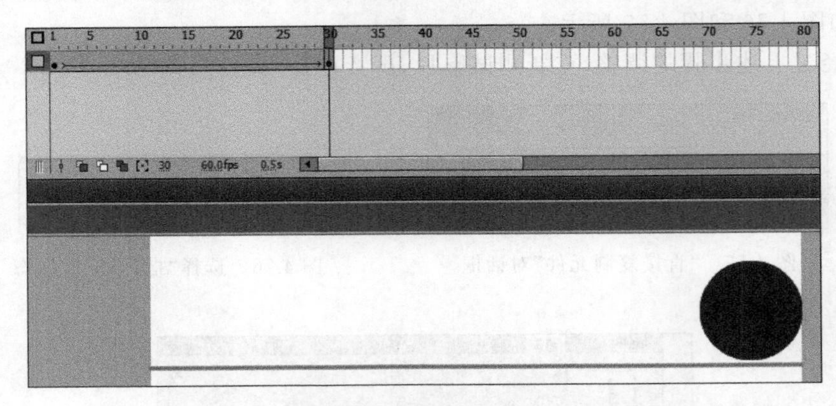

图 4.79　将圆形移动到屏幕右侧并创建第 1～30 帧的补间动画

（3）单击“场景 1”，返回主场景。在“图层 1”的第 45 帧插入帧，如图 4.80 所示。

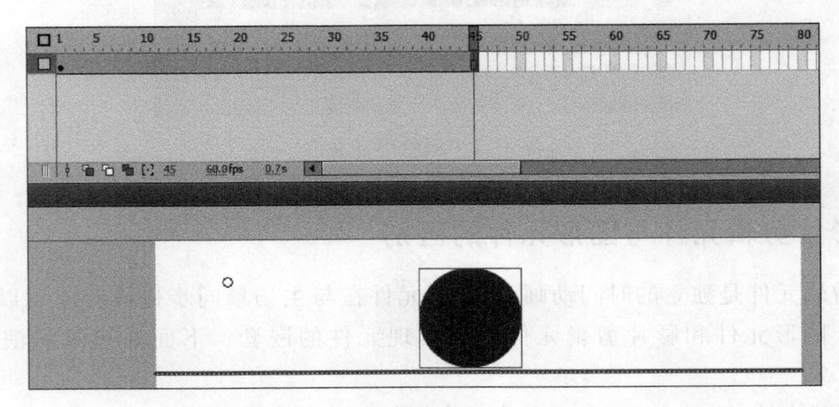

图 4.80　在“图层 1”第 45 帧插入帧

(4) 通过以上的示例不难发现,图形元件中创建的动画在播放时依赖于时间轴,当拖动红色滑标到第 45 帧处,可发现圆形图形元件运行了 1.5 倍的路程。如果想让它只运行 1 倍的路程,可以选择圆形图形元件,在其“属性”面板中设置“循环”的“选项”为“播放一次”,如图 4.81 所示。

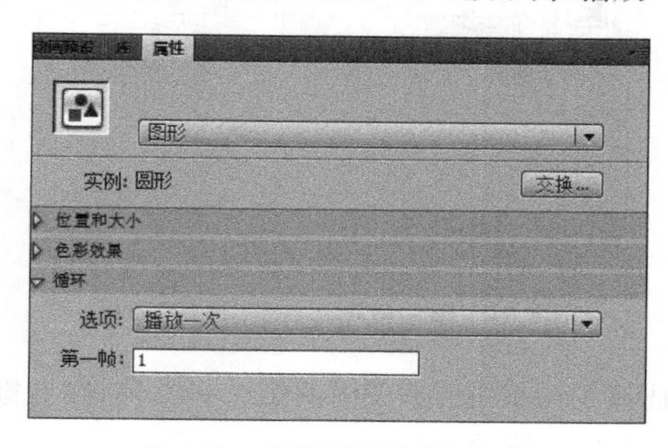

图 4.81 设置“循环”的“选项”

(5) 在“循环”的“选项”中有 3 个可供选择的选项:“循环”“播放一次”和“单帧”,默认选项是“循环”,这种模式会根据图形元件中的动画长度和主场景时间轴上的动画长度来决定播放次数。例如,在本例中,圆形图形元件的动画长度是 30 帧,主场景时间轴上的动画长度是 45 帧,所以在默认的“循环”模式下,圆形图形元件会运行 1.5 遍。在“播放一次”模式下,无论时间轴上的动画长度有多长,动画都只播放一遍。在“单帧”模式下,选择“第一帧”为 25 帧,那么无论时间轴上的动画长度有多长,动画始终会停止在圆形图形元件第 25 帧处,如图 4.82 所示。

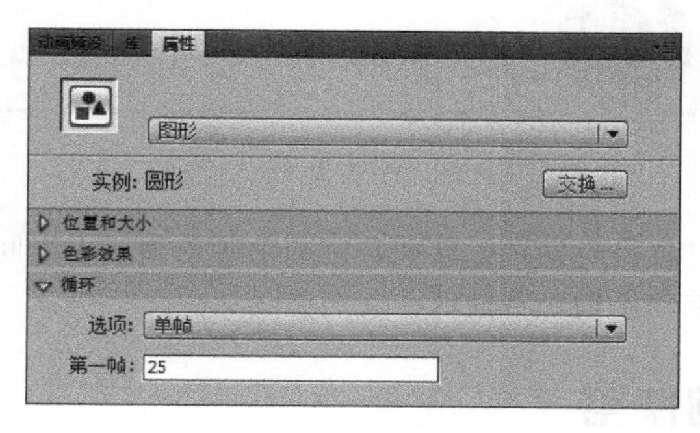

图 4.82 设置“单帧”模式

(6) 在主场景中,选择图形元件,在其“属性”面板中,将元件类型设置为“影片剪辑”,如图 4.83 所示。

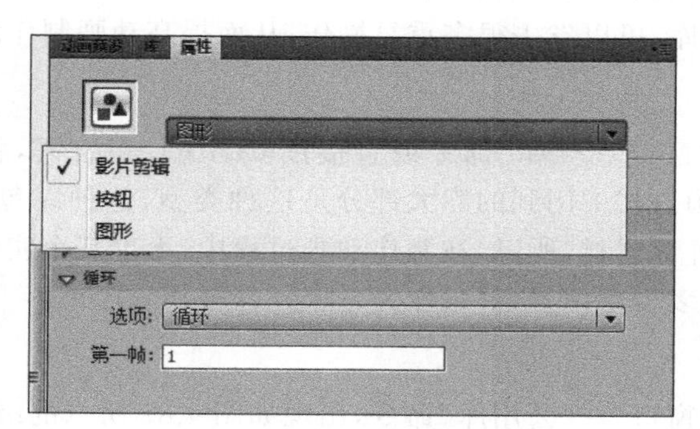

图 4.83 设置元件类型为“影片剪辑”

(7) 转换完毕后,影片剪辑元件的“属性”面板如图 4.84 所示。

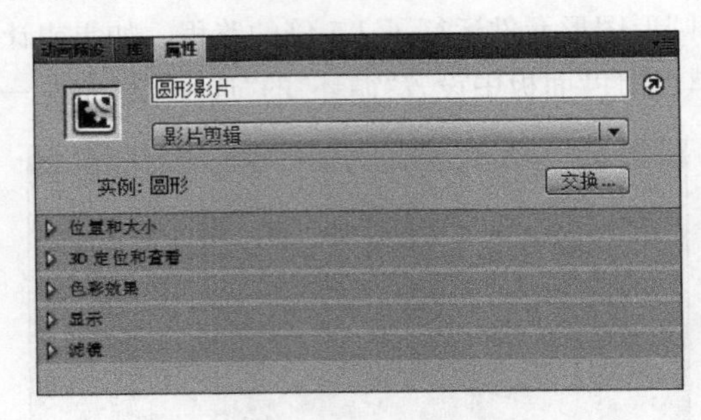

图 4.84 影片剪辑元件的“属性”面板

(8) 按住 Shift 键,选择主场景“图层 1”中的第 2～45 帧,在右键快捷菜单中选择“删除帧”命令,删除这些帧,如图 4.85 所示。

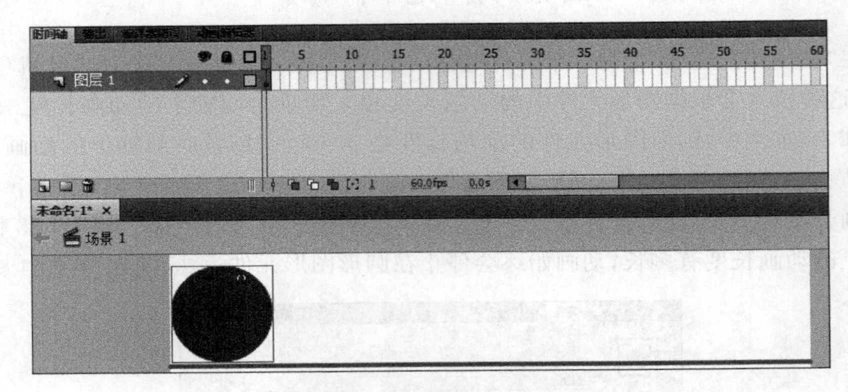

图 4.85 删除第 2～45 帧

在测试影片的过程中,不难发现影片剪辑中的动画是独立于时间轴的,虽然时间轴上只有一帧,但是并不会影响动画的正常播放。

4.2 “库”面板的使用

4.2.1 库的定义与分类

Flash CS6 的库分为两种,即当前文档的库和 Flash CS6 自带的公用库,库是元件和实例的载体,有效地使用库,可以省去很多重复操作,从而提高动画制作的工作效率。

1. 当前文档的库

选择菜单栏中的“窗口”→“库”命令或直接按 Ctrl+L 组合键,将弹出图 4.86 所示的“库”面板。在制作动画过程中用到的库大部分是这种类型,这种库包含了当前文档中的所有元件、声音、导入的外部素材,所以,在制作动画过程中,无论某个实例出现了多少次,变换了多少种样式,移动了多少个位置,都只作为一个元件被放入库中。

2. 公用库

选择菜单栏中的“窗口”→“公用库”命令,出现如图 4.87 所示的级联菜单。

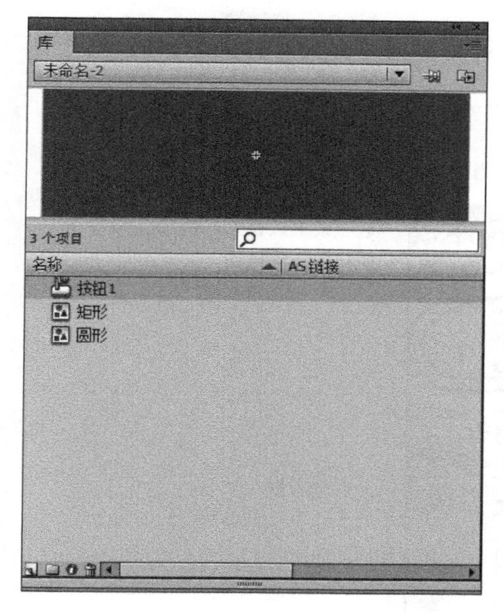

图 4.86　“库”面板

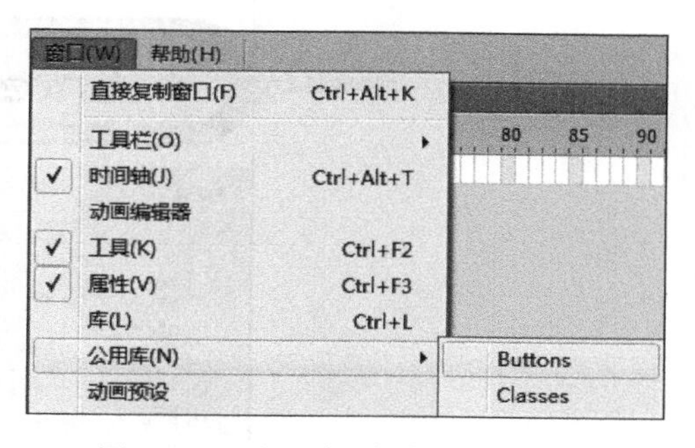

图 4.87　“公用库”命令的级联菜单

1）Buttons 库

选择级联菜单中的 Buttons 命令，将弹出“外部库”面板。单击该面板中某个文件夹下的按钮，会在该面板的预览窗口出现按钮的样式，如图 4.88 所示。可以用鼠标将按钮拖动到舞台中。

2）Classes 库

选择级联菜单中的 Classes 命令，将弹出“外部库”面板，显示 Classes 库的内容，如图 4.89 所示。

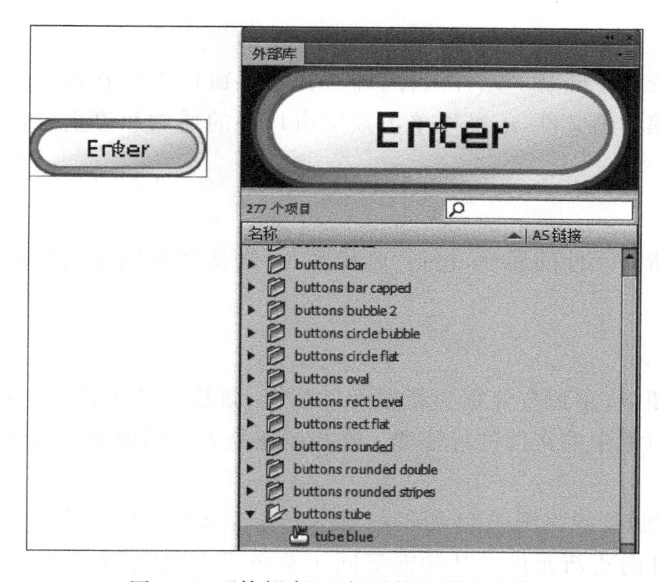

图 4.88　“外部库”面板及按钮样式预览

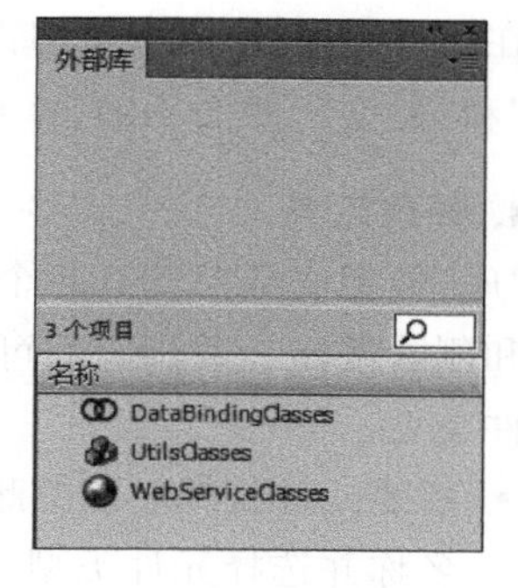

图 4.89　“外部库”面板中的 Classes 库

4.2.2 “库”面板的基本属性

典型的“库”面板结构如图 4.90 所示。

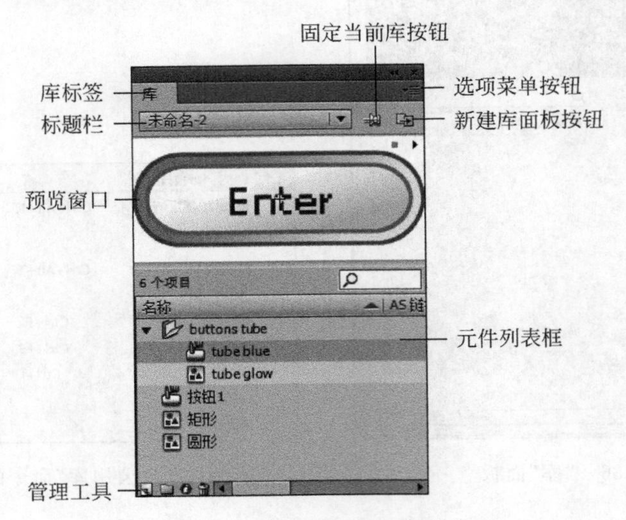

图 4.90 典型的“库”面板结构

1. 标题栏

标题栏显示了当前文件的文件名。在标题栏的右侧有选项菜单按钮，单击此按钮，可在弹出的菜单中选择并执行相关命令。此外，当“库”面板中有多个库的时候，可以通过拖动库标签改变库的排列顺序。“库”面板中的固定当前库按钮可以固定当前库面板，使其不能移动。新建库面板按钮可以新建一个库面板，以方便动画制作者进行元件编辑。

2. 预览窗口

单击“库”面板下部的元件列表框中的某个元件名称，即可在预览窗口中查看此元件的预览效果。如果选定的元件是多帧动画文件，还可以单击预览窗口中的播放和停止按钮观看播放效果。

3. 元件列表框

在元件列表框中列出了库中所有元件的属性，包括“名称”“AS 链接”“使用次数”“修改日期”和“类型”，如图 4.91 所示。

4. 管理工具

“库”面板底部左侧有 4 个按钮，从左到右分别为新建元件按钮、新建文件夹按钮、属性按钮和删除按钮。通过它们可以对库中的文件进行管理。这些按钮是否可用取决于具体的库文件类型。

- 新建元件按钮：单击此按钮，将弹出图 4.92 所示的对话框。在该对话框中输入元件名称并选择元件类型，即可创建新元件。其功能等同于菜单栏中的“插入”→“新建元件”命令。
- 新建文件夹按钮：在一些复杂影片中，为了使库中的文件管理更方便，经常需要对

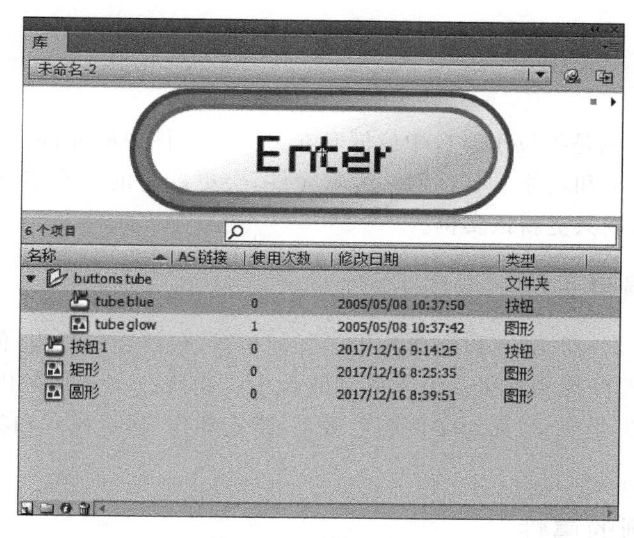

图 4.91　元件列表框

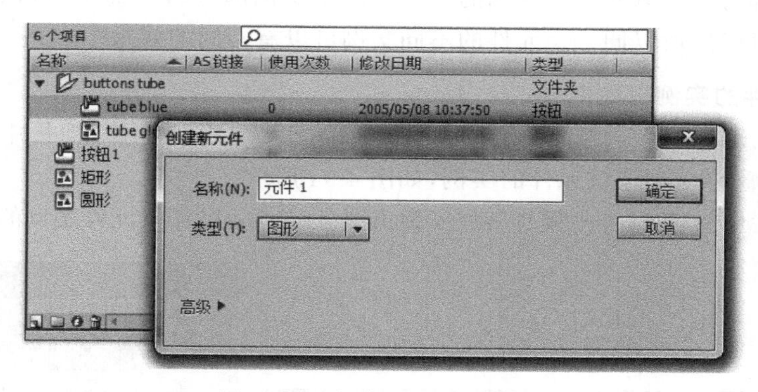

图 4.92　“创建新元件”对话框

同类文件进行归类整理。单击此按钮可以创建文件夹，以分类保存库中的元件，这样就使以后元件的管理、编辑和调用更加方便。

- 属性按钮：此按钮用来查看和修改库中元件的“属性”。选择库中的任何一个元件，然后单击属性按钮，会弹出“元件属性”对话框。
- 删除按钮：用来删除库中的元件和文件夹。

单击元件列表框中的“名称”“AS 链接”“使用次数”“修改日期”和“类型”右侧的下三角图标，可以对列表中的文件排序，如图 4.93 所示。

3 个项目

名称	AS 链接	使用次数	修改日期
圆环影片		32	2017/12/15
圆环		2	2017/12/15
双圆环影片		1	2017/12/15

图 4.93　按“名称”排序

4.3 实例

Flash CS6 的实例是指位于舞台中或嵌套在另一个元件内的元件副本。实例可以与对应的元件在颜色、大小和功能上有差别。编辑元件,会更新它的所有实例;但对元件的一个实例应用某个效果,则只更新该实例。

4.3.1 创建和编辑实例

在创建了一个元件后,就可以在影片中的任何位置(包括在元件内)创建该元件的实例。创建实例的方法就是从库中拖曳一个元件到舞台中。当修改了元件的内容后,所有与此元件相关的实例都会发生变化;而对实例颜色效果、指定动作、显示模式和类型进行更改,不会影响元件的属性。

4.3.2 更改实例的属性

每个实例都有与原有元件相区别的属性。使用实例的“属性”面板,可以改变实例的色调、透明度或亮度等,所以同一个元件的不同实例可以有不同的效果。

1. 图形元件的实例属性

打开“水晶.fla”文件,选择菜单栏中的“窗口”→“库”命令,将“库”面板中的“水晶按钮”图形元件拖到舞台中,创建该元件的实例,如图 4.94 所示。

选择菜单栏中的“窗口”→“属性”命令,弹出图 4.95 所示的图形元件实例的“属性”面板。

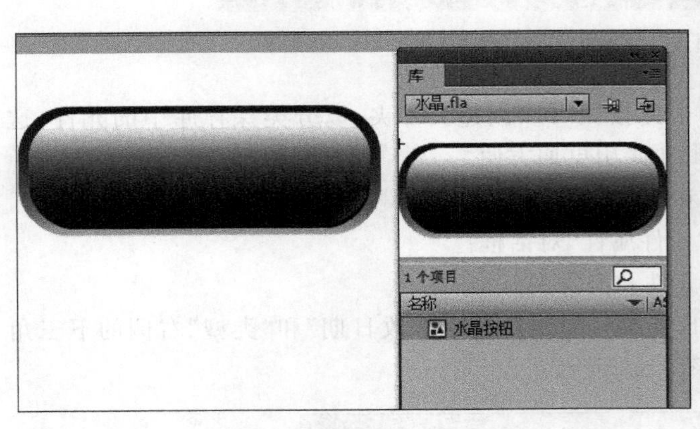

图 4.94 创建图形元件实例

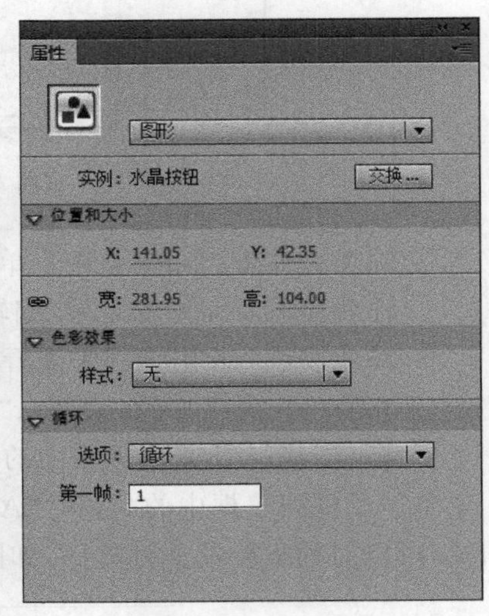

图 4.95 图形元件实例的“属性”面板

- “交换”按钮:用于交换元件。
- “位置和大小”选项组:用于设置实例在舞台中的位置和大小。
- “色彩效果”选项组:“样式”下拉列表中包含“亮度”“色调”“高级”和 Alpha 4 个选项。
- “循环”选项组中“选项”下拉列表中包含以下选项:

“循环”：会按照当前实例所设置的帧数循环播放实例内的所有动画序列。

“播放一次”：从指定帧播放到动画结束，只播放一次。

“单帧”：只显示动画序列的第一帧。

“第一帧”：设定动画序列从哪一帧开始播放。

2. 按钮元件实例的属性

打开“水晶.fla”文件，选择菜单栏中的“窗口”→“库”命令，将“库”面板中的“蓝按钮”元件拖动到舞台中，创建该元件的实例。选择“窗口”→“属性”面板，弹出图 4.96 所示的按钮元件实例“属性”面板。

和图形元件实例相比，按钮元件实例的“属性”面板中多了“显示”选项组、“音轨”选项组和“滤镜”选项组。

- “显示”选项组。

“可见”复选框可以设置按钮元件实例在舞台中可见与否。

“混合”下拉列表：通过选择下拉列表中的选项，可以设置按钮元件实例与舞台中其他图层的混合叠加效果。

- “音轨”选项组。

“音轨作为按钮”：当按钮元件实例被按下时，其他对象不再响应鼠标操作。

“音轨作为菜单项”：当按钮元件实例被按下时，其他对象还会响应鼠标操作。

- “滤镜”选项组。

单击“滤镜”选项组下方的 4 个按钮，可以为按钮元件实例添加、删除、启用和禁用滤镜效果。

3. 影片剪辑元件实例的属性

打开“水晶.fla”文件，选择菜单栏中的“窗口”→“库”命令，将“库”面板中的“秋”影片剪辑元件拖动到舞台中，创建该元件的实例。选择“窗口”→“属性”面板，弹出图 4.97 所示的影片剪辑元件实例“属性”面板。该“属性”面板中的选项与按钮元件实例“属性”面板中的选项作用相同。

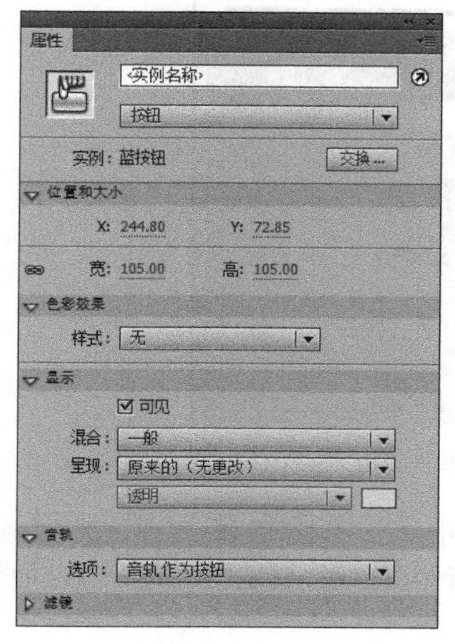

图 4.96 按钮元件实例“属性”面板

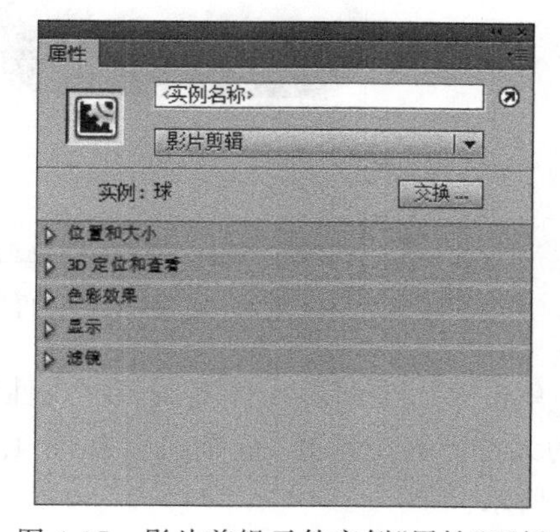

图 4.97 影片剪辑元件实例“属性”面板

4.3.3 转换实例类型和替换实例引用的元件

1. 转换实例类型

每个实例最初的类型都是其对应元件的类型，可以对实例的类型进行转换。

打开“水晶.fla”文件，选择菜单栏中的“窗口”→“库”命令，将“库”面板中的“水晶按钮”图形元件拖动到舞台中，创建该元件的实例。选择“窗口”→“属性”面板，弹出图 4.98 所示的图形元件实例“属性”面板，选择实例类型下拉列表中的选项，可以改变元件实例的类型。

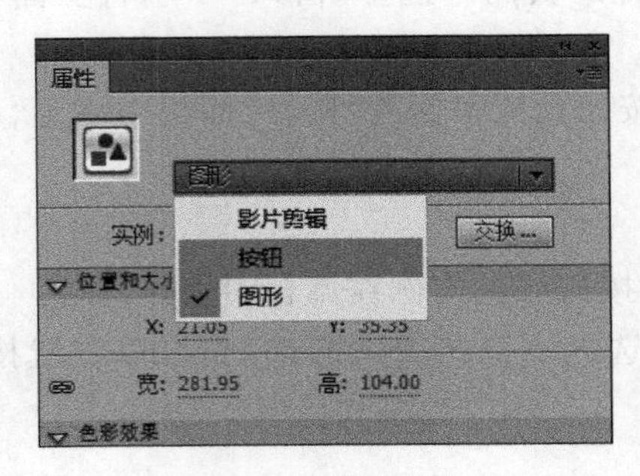

图 4.98 转换实例类型

2. 替换实例引用的元件

如果需要替换实例引用的元件，可以通过单击“属性”面板中的“交换”按钮来实现。

(1) 接着上面的例子，再从“库”面板中将“水晶按钮”图形元件拖动到舞台中，创建该元件的第二个实例，如图 4.99 所示。

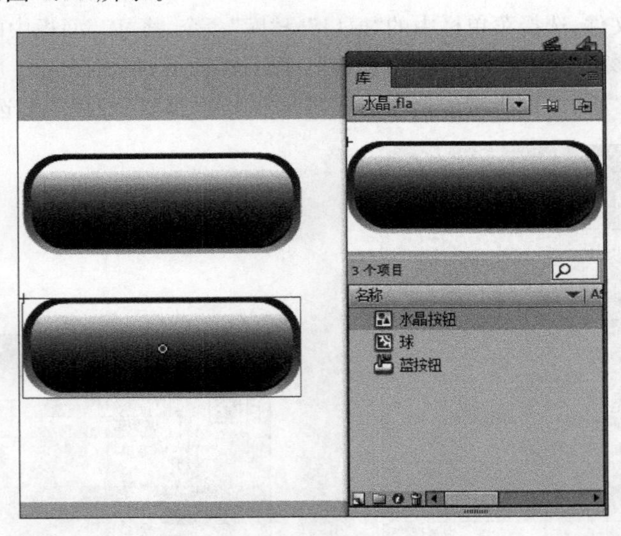

图 4.99 再次创建元件实例

(2) 单击第二个图形元件实例，在“属性”面板中单击“交换”按钮，在弹出的“交换元件”对话框的元件列表中选择“蓝按钮”，如图 4.100 所示。单击“确定”按钮后，舞台的效果如图 4.101 所示。

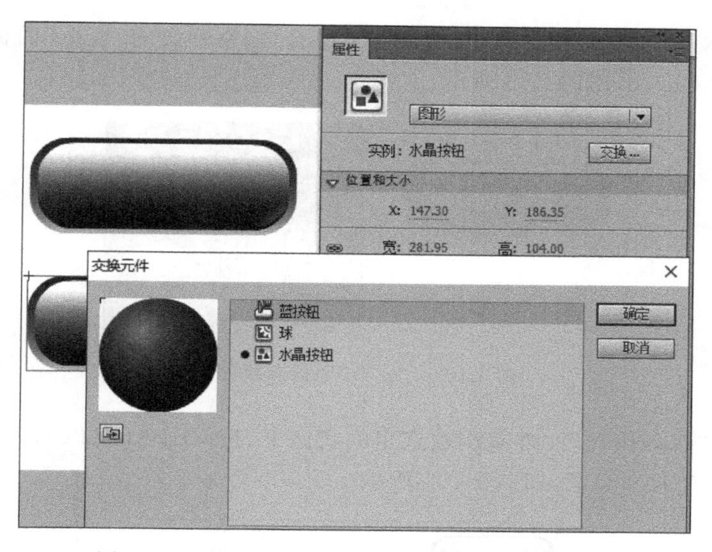

图 4.100 单击“交换”按钮打开“交换元件”对话框

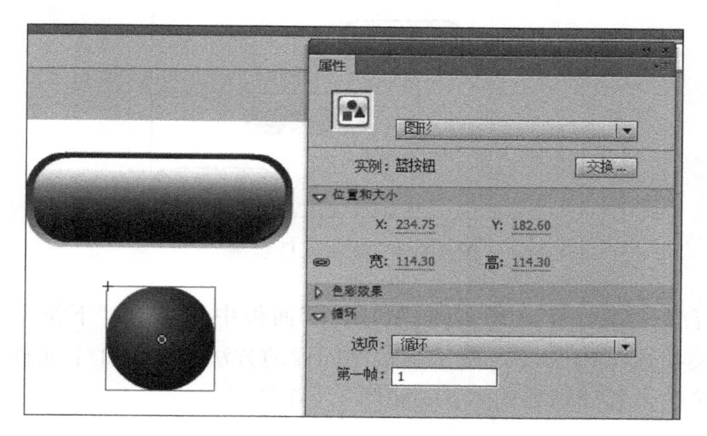

图 4.101 交换元件后实例的效果

4.3.4 课堂案例：制作水晶按钮实例

(1) 打开“水晶.fla”文件，选择菜单栏中的“窗口”→“库”命令，将“库”面板中的“水晶按钮”图形元件拖动到舞台中。选择菜单栏中的“窗口”→“属性”命令，弹出图 4.102 所示的图形元件实例“属性”面板。

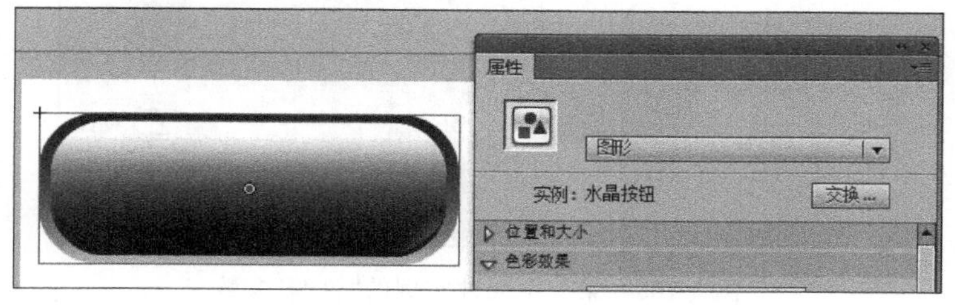

图 4.102 “水晶按钮”元件实例“属性”面板

（2）单击“水晶按钮”元件实例，按 Ctrl＋T 组合键，在弹出的“变形”面板中设置横向和纵向缩放比例为 60％，如图 4.103 所示。

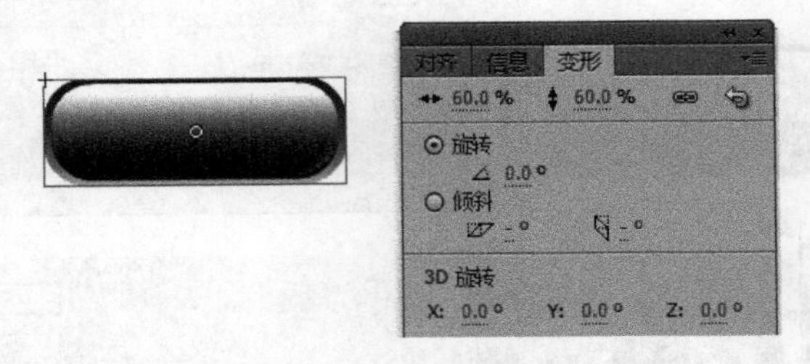

图 4.103 “变形”面板参数设置

（3）在保证“水晶按钮”元件实例被选定的状态下，按 Ctrl＋C 和 Ctrl＋V 组合键，在舞台中再复制出 3 个元件实例，如图 4.104 所示。

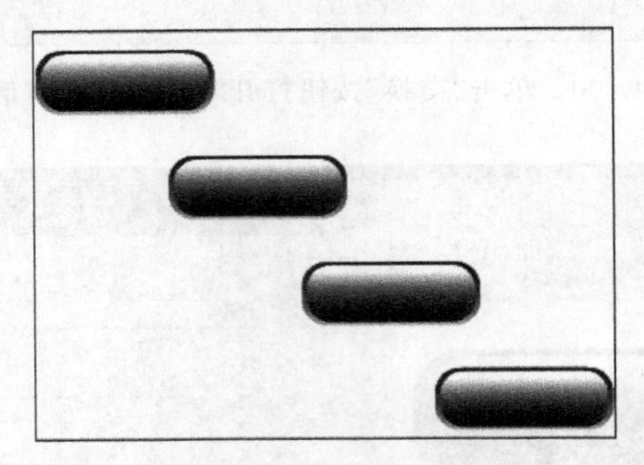

图 4.104 复制元件实例

（4）单击舞台中的第 2 个元件实例，在“属性”面板中的“样式”下拉列表中选择“色调”选项，并设置相关参数，如图 4.105 所示。按照同样的方法调整第 3 个元件实例和第 4 个元件实例的颜色，参数设置分别如图 4.106 和图 4.107 所示。

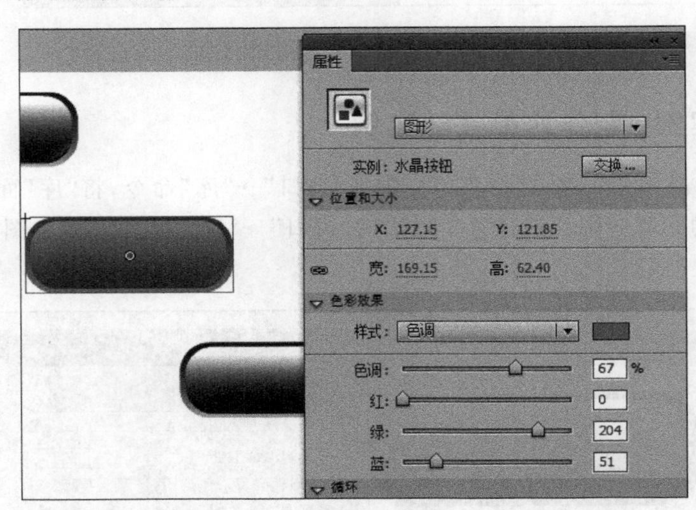

图 4.105 第 2 个元件实例的“色调”参数

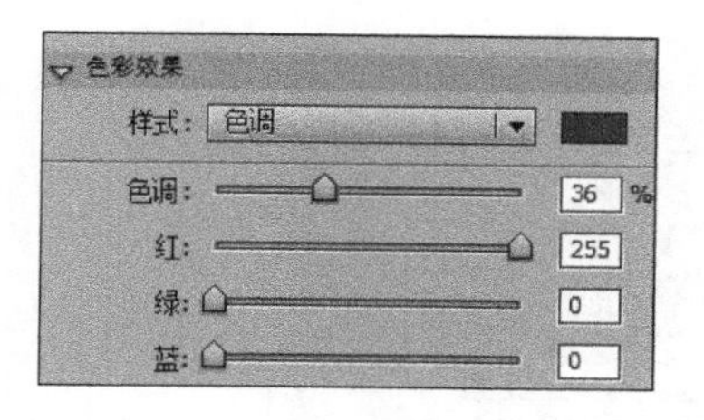

图 4.106 第 3 个元件实例的“色调”参数

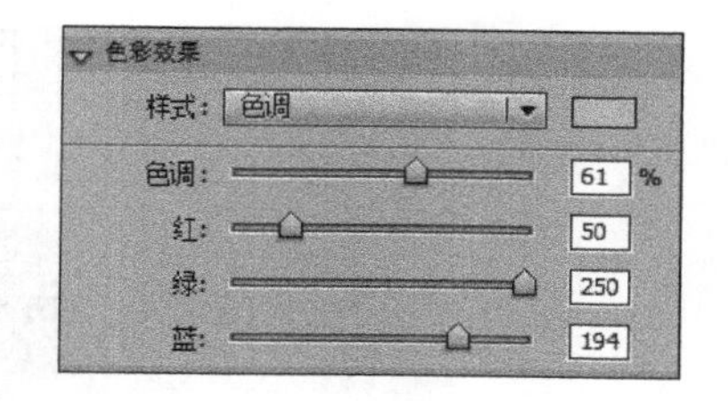

图 4.107 第 4 个元件实例的“色调”参数

(5) 选择菜单栏中的“文件”→“导入”→“打开外部库”命令,弹出“作为库打开”对话框,在该对话框中选择“向日葵.fla”文件,如图 4.108 所示。单击该对话框中的“打开”按钮后,弹出图 4.109 所示的“外部库”面板。

(6) 在“图层 1”的上方新建“图层 2”,将“外部库”面板中的“向日葵”元件拖动到“图层 2”的第 1 帧,按 Ctrl+T 组合键,在弹出的“变形”面板中设置横向和纵向缩放比例为 60%,并调整其位置,如图 4.110 所示。

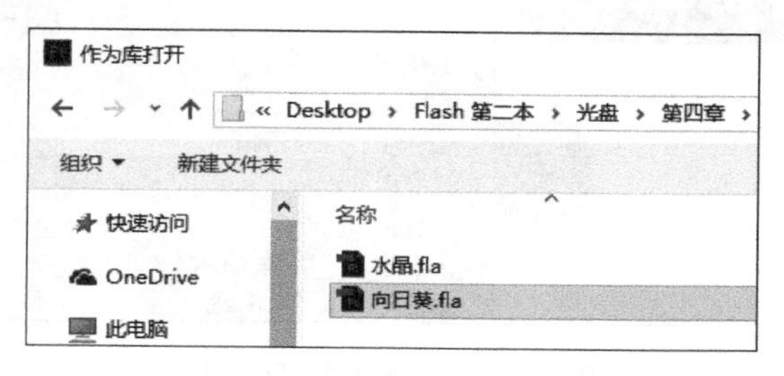

图 4.108 “作为库打开”对话框

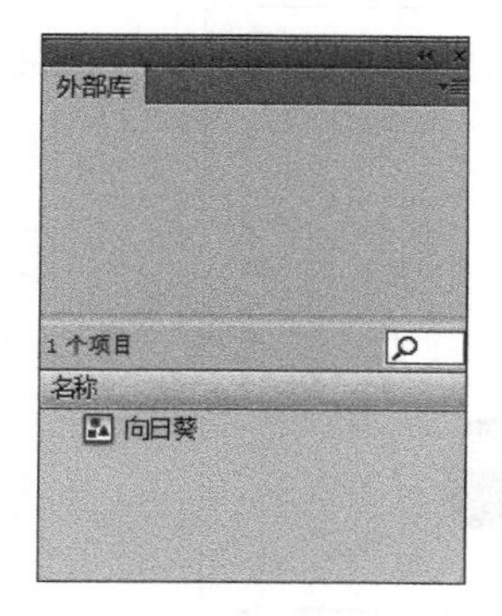

图 4.109 “外部库”面板

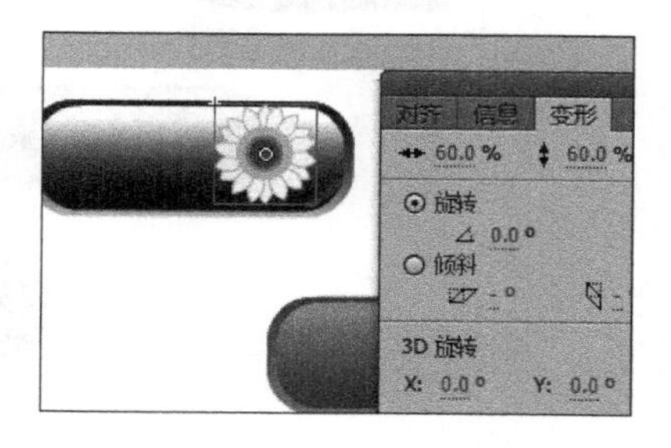

图 4.110 “变形”面板

(7) 在保证“向日葵”元件实例被选定的状态下,选择菜单栏中的“窗口”→“属性”命令,在弹出的“属性”面板中设置实例类型为“影片剪辑”,在“显示”选项组中设置“混合”为“叠加”,如图 4.111 所示。

(8) 选择工具栏中的文本工具,在文本“属性”面板中设置相关参数。使用文本工具在第 1 个按钮左部输入文本“按钮 1”,如图 4.112 所示。

(9) 采用与步骤(7)相同的方法,为其他按钮添加“向日葵”元件实例叠加效果,并且分别输入文本“按钮 2”“按钮 3”和“按钮 4”,效果如图 4.113 所示。

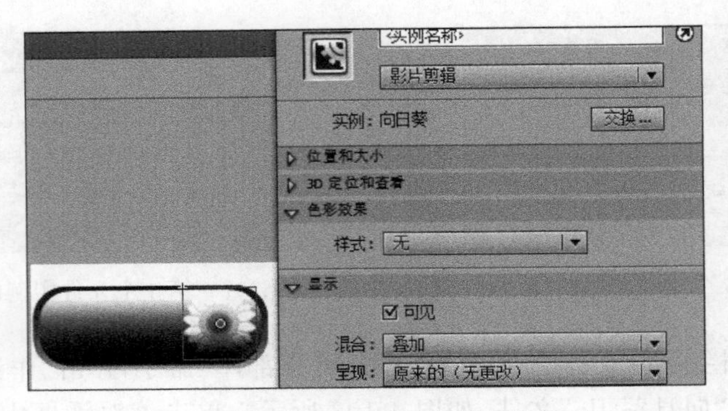

图 4.111 “向日葵”元件实例属性设置

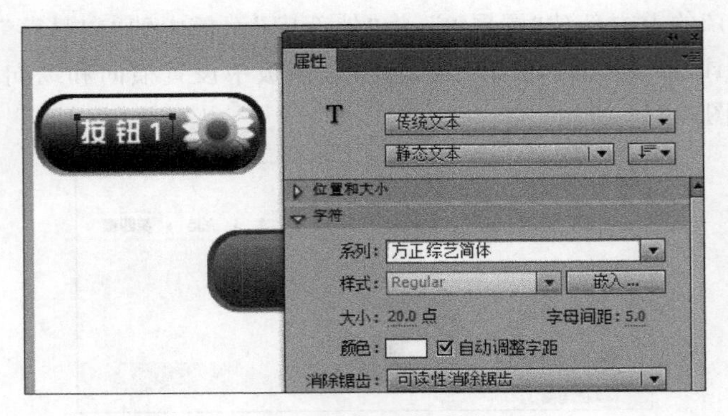

图 4.112 添加文本“按钮 1”

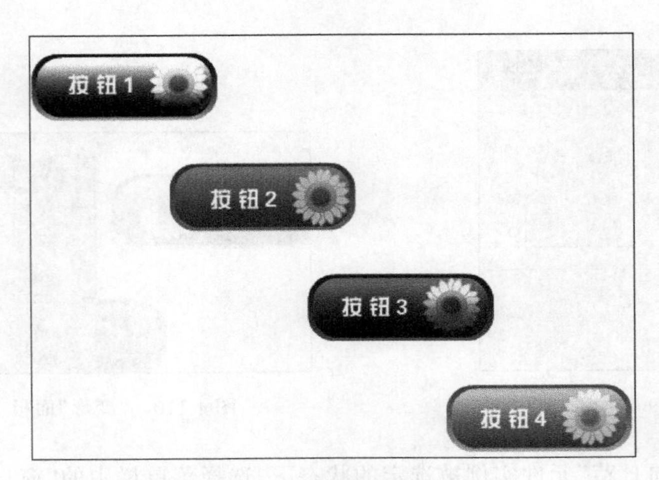

图 4.113 水晶按钮效果

(10) 继续调整步骤(4)中 4 个按钮的“色调”选项参数。单击“图层 1”，选择工具栏中的线条工具，选择自己喜欢的线条颜色，绘制图 4.114 所示的折线。至此，水晶按钮实例制作完成，按 Ctrl＋Enter 组合键即可查看影片效果。

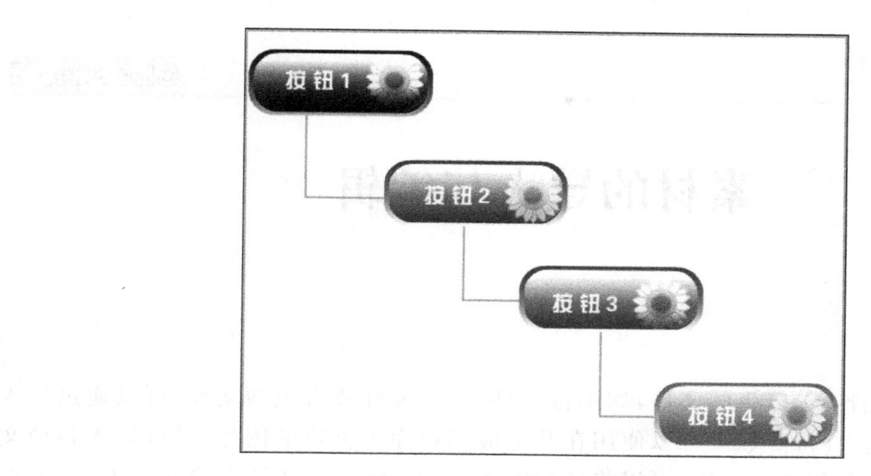

图 4.114　水晶按钮实例最后效果

Chapter 5

素材的导入与编辑

Flash CS6本身不能产生的文件，如图像文件、声音文件或者视频文件，可以通过导入的方法来使用它们。Flash CS6可以使用在其他应用程序中创建的图片，可以导入各种文件格式的矢量图形和位图。例如，可以将Adobe Illustrator CS6文件直接导入Flash CS6中，Flash CS6的高保真导入功能可高质量地导入Adobe Illustrator CS6文件，并且正确地再现导入矢量文件的压缩和消除锯齿功能。

Flash CS6能导入WAV（Windows）、AIFF（Macintosh）和MP3（Windows和Macintosh）等格式的声音文件，并支持将MIDI设备声音映射到Flash中的功能。

另外，也可以将视频文件导入Flash CS6中，例如把Macromedia Flash视频格式文件(FLV文件)直接导入Flash CS6中。Flash CS6新增了视频导入向导，并对视频编码技术进行了更新，支持Alpha通道，更新了FLV导入方式，使FLV的播放更加清晰。如果计算机系统中安装了QuickTime 7.0或更高版本(Windows或Macintosh)，或者DirectX 7.0或更高版本(仅限Windows)，则可以导入MOV、AVI或MPEG格式的视频。视频剪辑可以导入为链接文件或嵌入文件。用户还可以将具有导入视频的影片发布为SWF文件或QuickTime影片。

5.1 图像素材的导入与应用

5.1.1 导入图像素材

Flash能够识别各种矢量图和位图格式，它能将图像素材导入当前Flash文档的舞台中或导入当前Flash文档的库中，也可以通过将位图粘贴到当前Flash文档的舞台中来实现导入。上述所有的方法都会自动将图像素材添加到该Flash文档的库中。导入图像素材的方法分为3种：导入到舞台、导入到库和外部粘贴。

1. 导入到舞台

1）导入位图

选择菜单栏中的“文件”→“导入”→“导入到舞台”命令，弹出“导入”对话框。在该对话框中选中要导入的位图“花丛.jpg”，弹出图5.1所示的对话框。单击“打开”按钮，就可以将位图导入舞台，同时位图也被保存到“库”面板中。

2）导入矢量图

选择菜单栏中的“文件”→“导入”→“导入到舞台”命令，弹出“导入”对话框。在该对话框

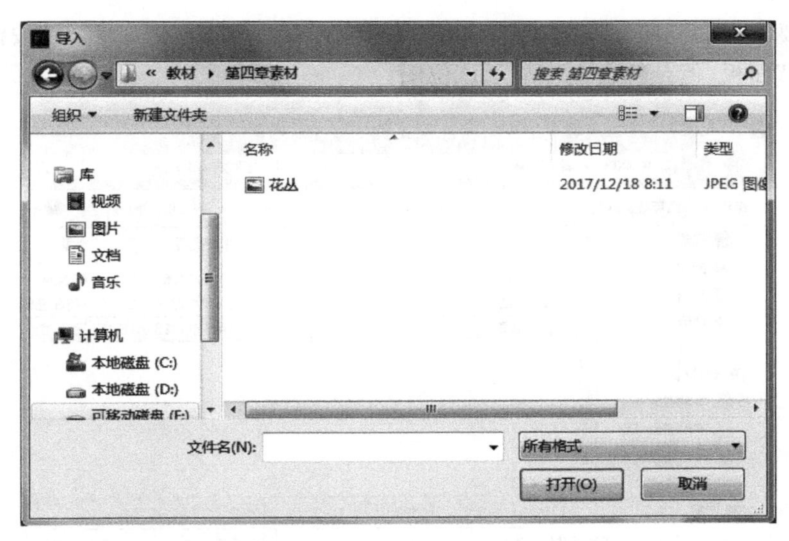

图 5.1 位图“导入”对话框

框中选中要导入的矢量图 1.ai，弹出图 5.2 所示的对话框。单击“确定”按钮，矢量图会被导入舞台中，但矢量图并不会被保存到“库”面板中。

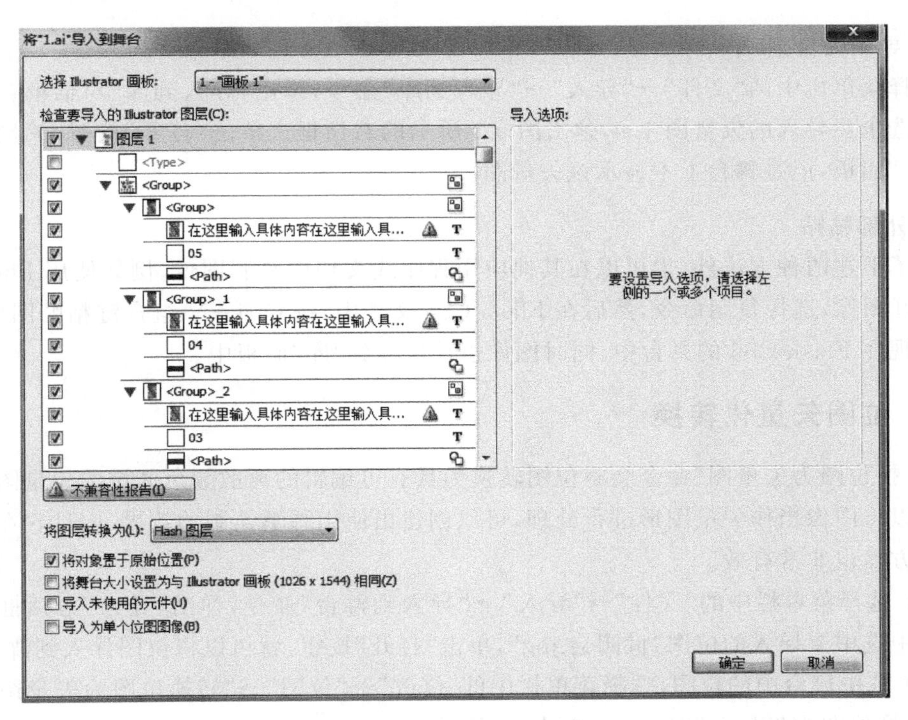

图 5.2 矢量图导入对话框

2. 导入到库

1）导入位图

选择菜单栏中的“文件”→“导入”→“导入到库”命令，弹出“导入到库”对话框。在该对话框中选中要导入的位图“竞赛.jpg”，弹出图 5.3 所示的对话框，单击“打开”按钮，就可以将位图导入“库”面板，但是舞台上不显示该位图。

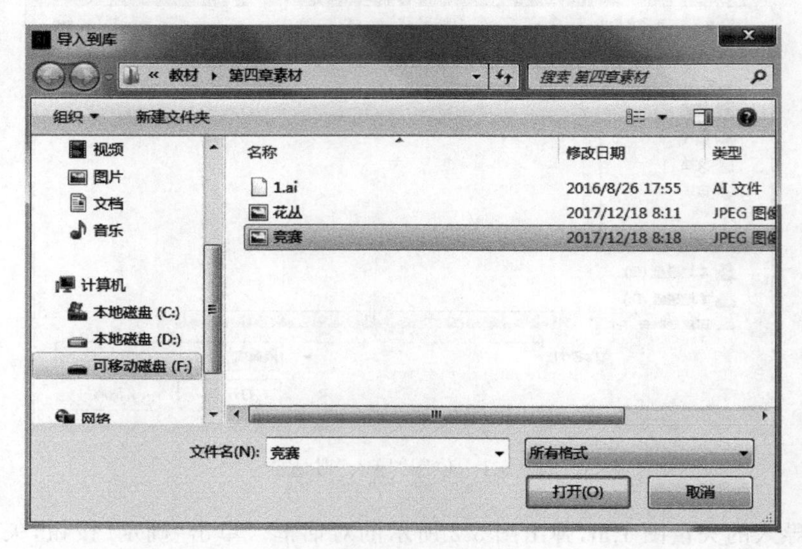

图 5.3 位图“导入到库”对话框

2）导入矢量图

选择菜单栏中的“文件”→“导入”→“导入到库”命令，弹出“导入到库”对话框。在该对话框中选中要导入的矢量图 1.ai，弹出图 5.3 所示的对话框。单击“打开”按钮，矢量图会被导入“库”面板，但是舞台上不显示该矢量图。

3. 外部粘贴

除了上述两种方法外，也可以在其他应用程序或文档中复制图像，例如使用 Photoshop CS6 打开图像，选择复制命令，然后在 Flash CS6 文档中，按 Ctrl+V 组合键粘贴图像，图像就会出现在 Flash CS6 的舞台中，同时图像也被保存到“库”面板中。

5.1.2 位图矢量化转换

“转换位图为矢量图”命令会将位图转换为具有可编辑的离散颜色区域的矢量图形。此命令可以将图像当作矢量图形进行处理，可以创建出使用画笔绘制的效果，而且它在减小文件大小方面也非常有效。

(1) 选择菜单栏中的“文件”→“导入”→“导入到舞台”命令，弹出“导入”对话框。在该对话框中选中要导入的位图“世园会.jpg”，单击“打开”按钮，就可以将位图导入到舞台中。

(2) 选中舞台中的位图，选择菜单栏中的“修改”→“位图”→“转换位图为矢量图”命令，弹出“转换位图为矢量图”对话框，如图 5.4 所示。

- “颜色阈值”选项：允许在文本框中输入一个 0～500 的值。两个像素进行比较后，如果它们在 RGB 颜色值上的差异低于该颜色阈值，则两个像素被认为颜色相同。如果增大了该阈值，则意味着降低了颜色的数量。
- “最小区域”选项：允许在文本框中输入一个 1～1000 的值，用于设置在指定像素颜

图 5.4　“转换位图为矢量图”对话框

色时要考虑的周围像素的数量。

- “角阈值”选项：在下拉列表中选择一个选项，以确定是保留锐边还是进行平滑处理。
- “曲线拟合”选项：在下拉列表中选择一个选项，以确定绘制轮廓的平滑程度。

(3) 单击对话框中的“确定”按钮后，导入的位图被转换为矢量图，如图 5.5 所示。

图 5.5　转换后的矢量图效果

5.1.3　位图的属性编辑

1. 位图编辑的方法

对库中的某个位图文件进行编辑要通过“位图属性”对话框进行。打开“位图属性”对话框有如下几种方法：

- 在“库”面板的文件列表中双击该位图文件名称前的图标。
- 在“库”面板的文件列表中选定该位图，在预览窗口中双击它。
- 在“库”面板的文件列表中，右击该位图文件，再在弹出的快捷菜单中选择“属性”命令。
- 在“库”面板的文件列表中选定该位图文件，然后单击“库”面板标题栏右端的选项按钮（ ），在弹出的菜单中选择“属性”命令。

2. “位图属性”对话框

在“库”面板中双击位图文件的图标，弹出“位图属性”对话框，如图 5.6 所示。

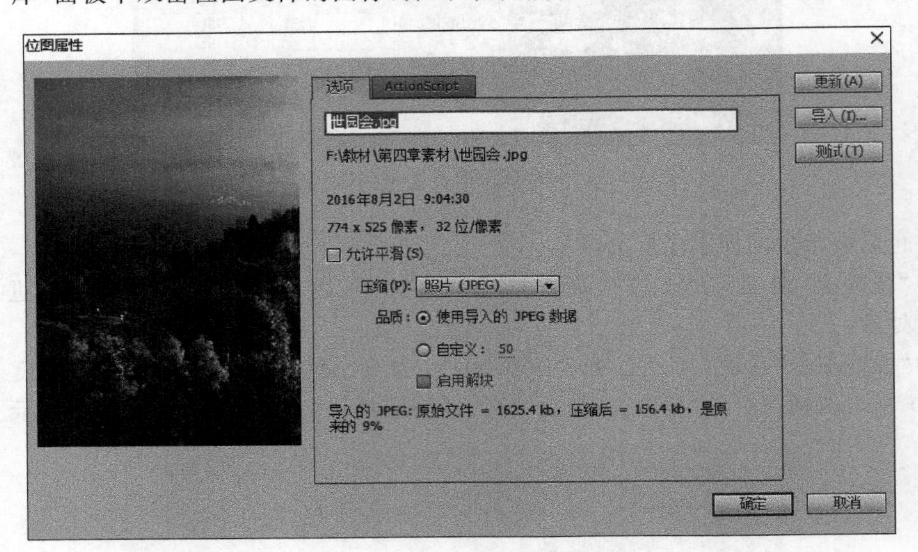

图 5.6 “位图属性”对话框

- “选项”选项卡预览框：位图的预览框位于对话框左部。将鼠标放在此区域，光标变为手形，拖动鼠标可查看位图的其他区域。
- “选项”选项卡位图名称编辑区域：该对话框中的文本框为位图名称编辑区域，可以在此处修改位图的名称。
- “选项”选项卡位图信息区域：位图名称编辑区域下方为位图信息区域，在此区域显示了文件路径、修改日期及文件大小等基本信息。
- “选项”选项卡“允许平滑”复选框：勾选此项可以消除位图边缘的锯齿来达到平滑位图的目的。
- “更新”“导入”和“测试”按钮：“更新”按钮可以刷新此图片的实时信息；“导入”按钮可以导入新的位图，从而替换现有的位图；“测试”按钮可以预览文件压缩后的效果。

3. 压缩方式

“压缩”下拉列表中有两个压缩方式选项：

- “照片（JPEG）”：是 Flash CS6 的默认图片压缩格式。如果勾选了“使用导入的 JPEG 数据”复选框，则在输出时可以在相应的“图片品质”对话框中输入要获得的品质数值。设定的数值越大，得到的图形显示效果就越好，而文件占用的空间也会相应增大。

- "无损(PNG/GIF)":使用图片无损压缩格式压缩图像,这样会保证导入 Flash CS6 中的图片有较好的质量。

5.1.4 课堂案例:制作园艺博览会招贴

(1) 选择菜单栏中的"文件"→"新建"命令,弹出"新建文档"对话框,在该对话框的"常规"选项卡中选择 ActionScript 2.0,设置"宽(W)"为 800 像素,"高(H)"为 600 像素,如图 5.7 所示。单击"确定"按钮,进入新建文档的舞台窗口。

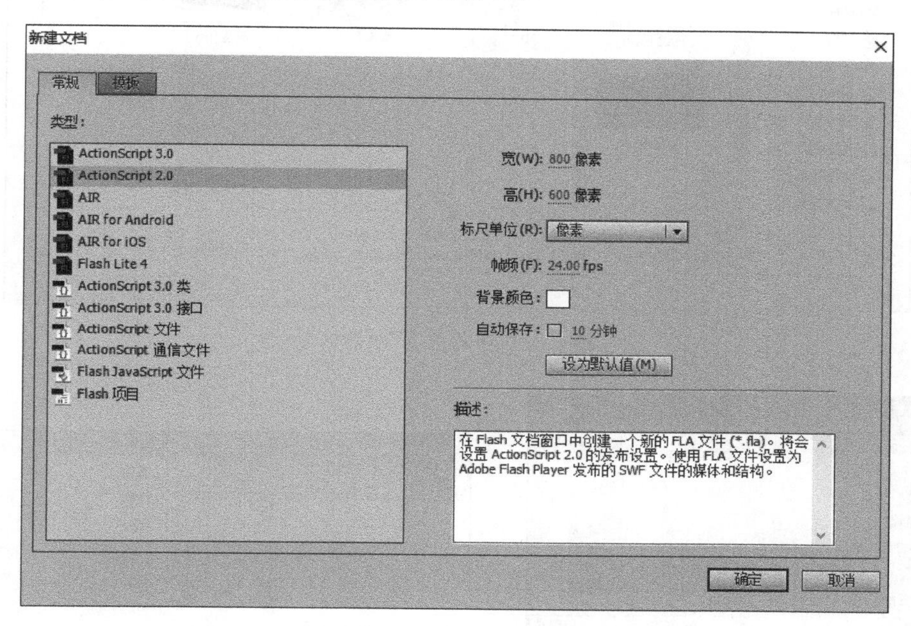

图 5.7 "新建文档"对话框

(2) 选择菜单栏中的"文件"→"导入"→"导入到库"命令,弹出"导入到库"对话框,在该对话框中选择要导入的图片素材,如图 5.8 所示。单击"打开"按钮后,位图被导入"库"面板中,如图 5.9 所示。

(3) 在"库"面板的图片列表中,单击最上面的"棕箭头.png",按住 Shift 键,再单击最下面的"花边左.png",这样"库"面板的图片列表中的所有图片全部被选中。在灰色区域右击,在出现的快捷菜单中选择"属性"命令,如图 5.10 所示。

(4) 选择"属性"命令后,出现"编辑 7 位图的属性"对话框,在对话框中勾选"允许平滑"和"压缩"复选框,并且在"允许平滑"下拉列表中选择"是",在"压缩"下拉列表中选择"无损(PNG/GIF)",如图 5.11 所示。

(5) 单击"确定"按钮后,双击"图层 1",将其重命名为"花边"。将"库"面板的图片列表中的"花边下.png"和"花边左.png"拖动到"花边"图层中,调整其位置,如图 5.12 所示。

(6) 在"花边"图层的上方新建"图层 2",并将其重命名为"图片"。将"库"面板的图片列表中的 tu1.jpg、tu2.jpg 和 tu3.jpg 拖动到"图片"图层中,调整其位置,如图 5.13 所示。

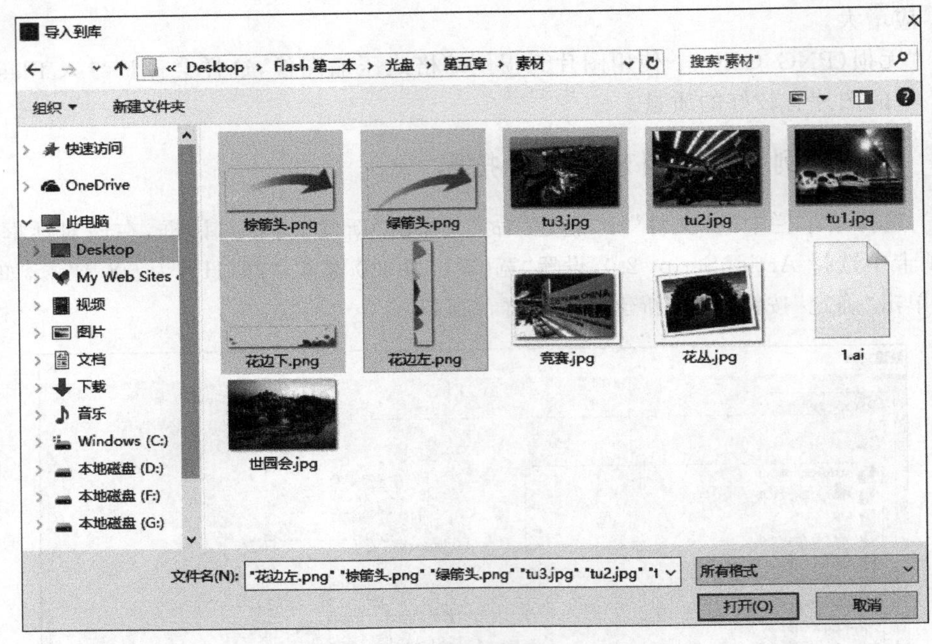

图 5.8 “导入到库”对话框

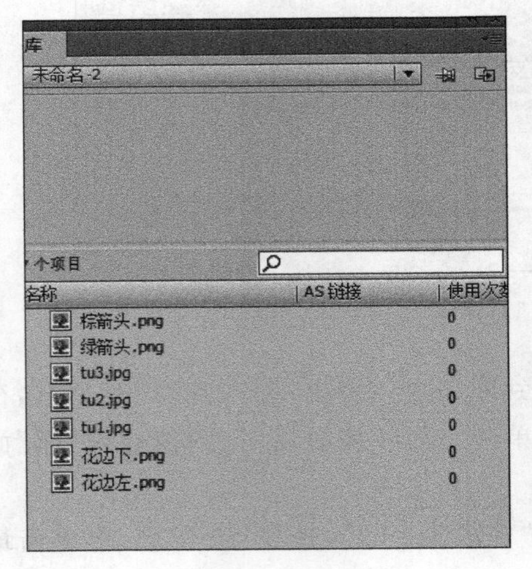

图 5.9 “库”面板

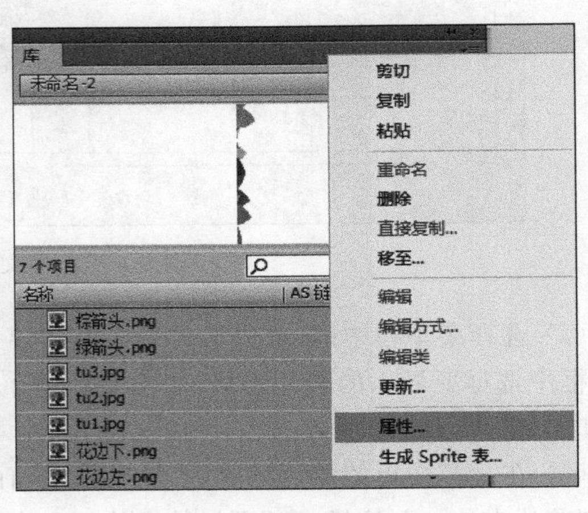

图 5.10 选择“属性”命令

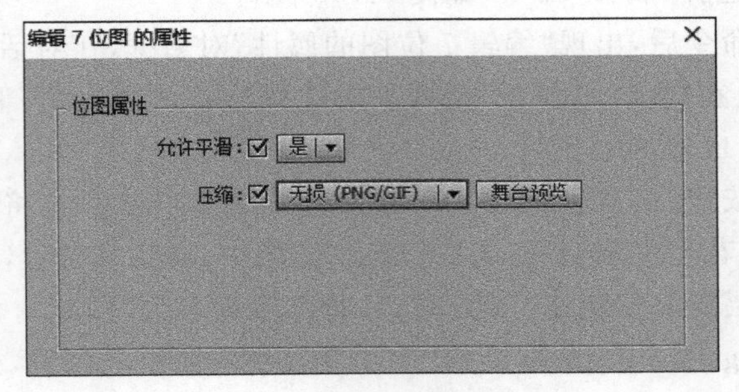

图 5.11 “位图属性”参数设置

图 5.12 花边效果

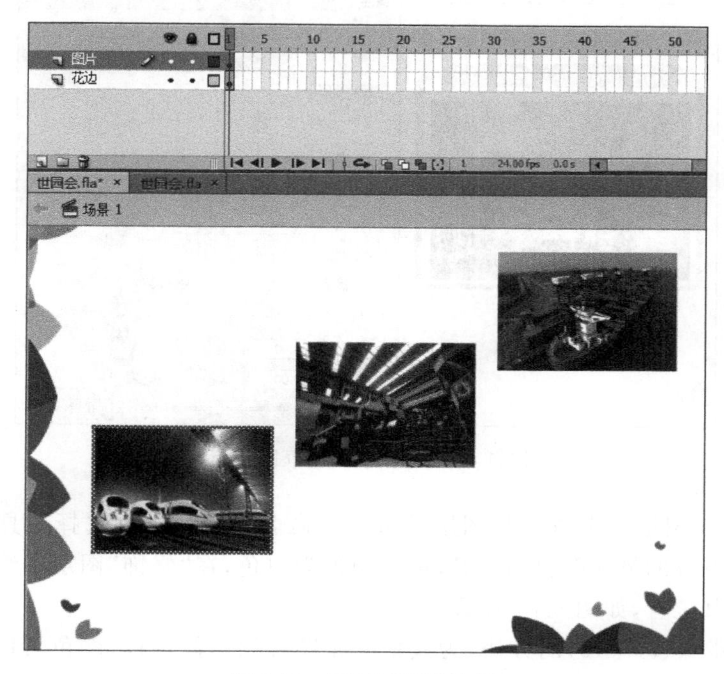

图 5.13 “图片”图层效果

(7) 在“图片”图层的上方新建“图层 3”并将其重命名为“圆角”，选择工具栏中的基本矩形工具，再选择菜单栏中的“窗口”→“属性”命令，在弹出的“属性”对话框中设置笔触高度为 5，笔触颜色值为 FF6600，填充颜色为“无”，矩形四角半径均为 9，在“圆角”图层中绘制橙色无填充圆角矩形，如图 5.14 所示。

(8) 在“属性”对话框中设置笔触颜色为“无”，填充颜色值为 FF6600，在“圆角”图层中绘制橙色无边框圆角矩形，如图 5.15 所示。

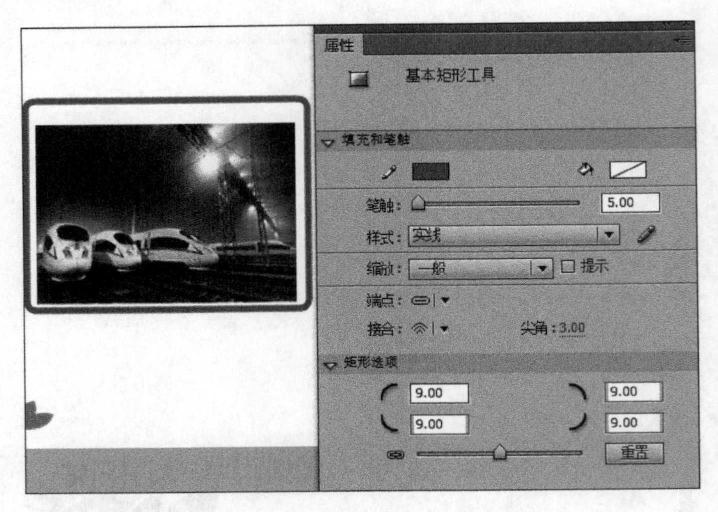

图 5.14 绘制橙色无填充圆角矩形

图 5.15 绘制橙色无边框圆角矩形

(9) 在“圆角”图层的上方新建图层并将其重命名为“修饰”。选择工具栏中的椭圆工具，设置工具栏下方的笔触颜色为“无”，填充颜色为白色，在“修饰”图层中绘制两个白色无边框正圆，调整其位置，如图 5.16 所示。

(10) 按照步骤(7)～(9)的方法，为其他两张图片绘制修饰框，颜色可以根据自己的喜好设定，绘制后的效果如图 5.17 所示。

(11) 在“修饰”图层的上方新建图层并将其重命名为“文本”。选择菜单栏中的“窗口”→“属性”命令，在弹出的文本“属性”面板中设置“系列”为“华文行楷”，“大小”为 16 点，“颜色”为白色，然后使用文本工具在舞台中输入文本“适应新常态”，如图 5.18 所示。

(12) 按照步骤(11)的方法，在“文本”图层的其他两个圆角矩形的上方分别输入文本“抢抓新机遇”和“发挥新优势”。单击“修饰”图层，将“库”面板图片列表中的“绿箭头.png”和“棕箭头.png”拖动到舞台中，调整其位置，如图 5.19 所示。至此，园艺博览会招贴实例制作完成，按 Ctrl+Enter 组合键即可查看影片效果。

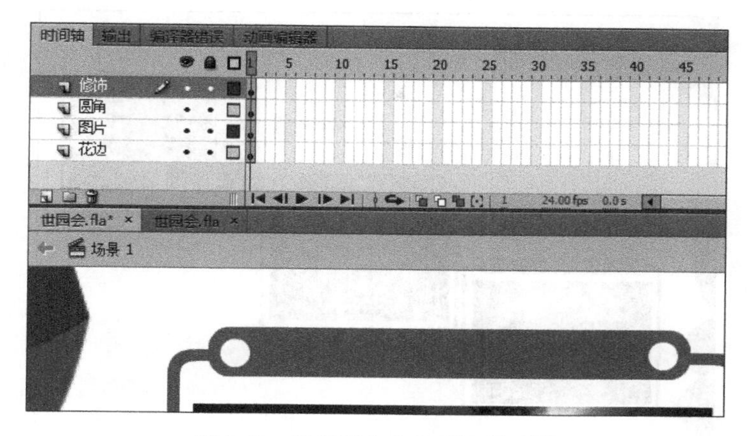

图 5.16 绘制两个白色无边框正圆

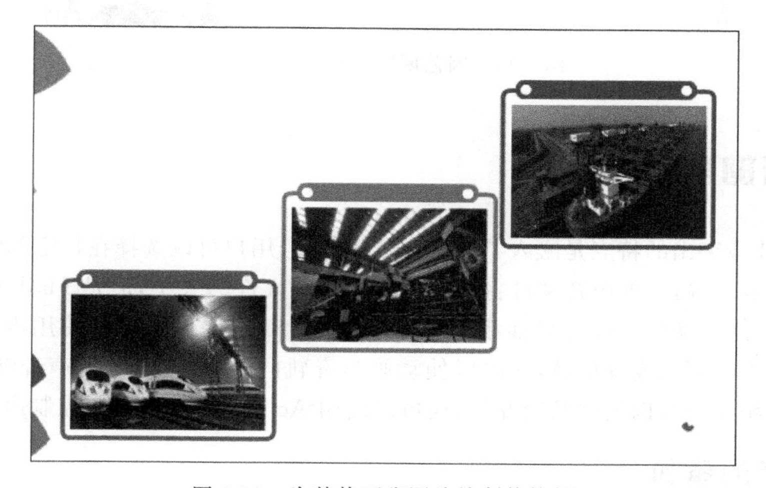

图 5.17 为其他两张图片绘制修饰框

图 5.18 输入文本

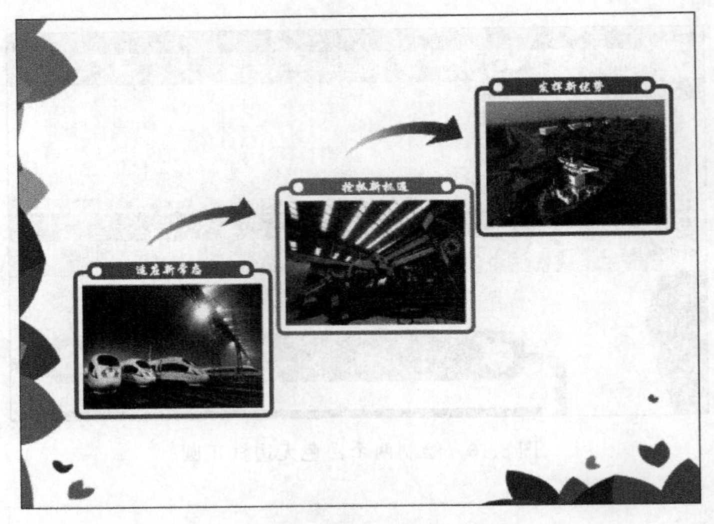

图 5.19　园艺博览会招贴最后效果

5.2　声音的导入与应用

Flash 影片最突出的特点是融入了动画和音频，而且用户可以选择在特定的情况下播放特定的声音。一般来说，添加声音文件将会大大增加动画文件的大小，但是 Flash CS6 提供了最佳的压缩方式，能使动画文件尽可能小。另外，Flash CS6 还提供了多种使用声音的方法：既能让声音独立于时间轴连续播放，又可以使动画与音轨同步；既可以制作声音渐入渐出效果，又可以为按钮添加声音以增强其交互性，还可以使用 ActionScript 语句来控制声音的播放。

5.2.1　声音的添加

1. 在时间轴上添加声音

(1) 选择菜单栏中的"文件"→"导入"→"导入到库"命令，弹出"导入到库"对话框。在该对话框中选中要导入的声音文件 rain.mp3，单击"打开"按钮，声音文件就被导入"库"面板中，如图 5.20 所示。

(2) 将"库"面板中的 rain.mp3 拖动到舞台中。右击"图层 1"的第 60 帧，在弹出的快捷菜单中选择"插入帧"命令，"图层 1"中就会出现声音文件的波形，如图 5.21 所示。这样，声音就添加完成了，按 Ctrl＋Enter 组合键即可测试声音添加效果。

2. 在按钮上添加声音

(1) 选择工具栏中的矩形工具，设置工具栏下方的笔触颜色为"无"，填充颜色为黑色，在舞台中绘制一个黑色无边框矩形，单击矩形，按 F8 键，将其转换为名称为"按钮 1"的按钮元件，如图 5.22 所示。

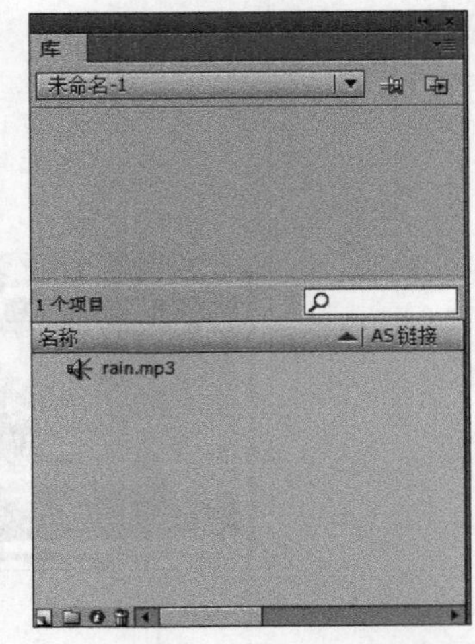

图 5.20　rain.mp3 被导入"库"面板中

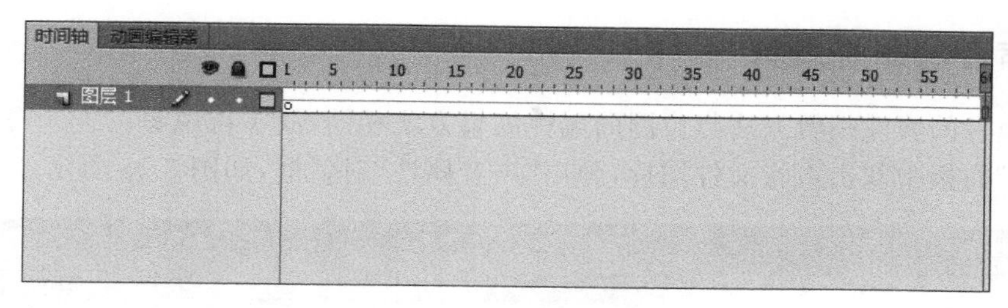

图 5.21 声音文件的波形

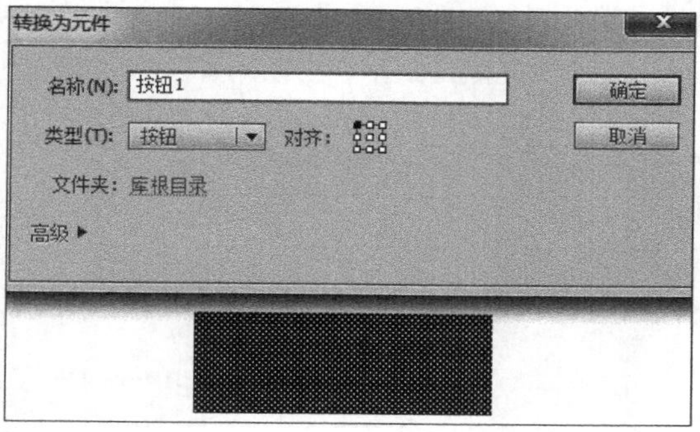

图 5.22 “转换为元件”对话框

(2) 双击转换后的“按钮 1”元件，进入其编辑模式。单击“指针经过”状态，按 F6 键，在“指针经过”状态处插入关键帧，如图 5.23 所示。

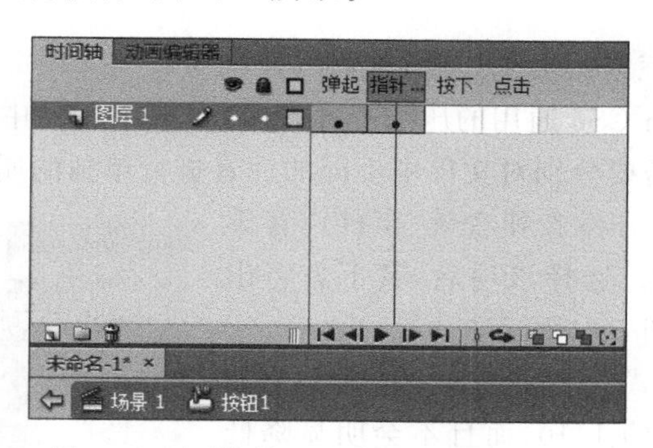

图 5.23 在“指针经过”状态处插入关键帧

(3) 选中“指针经过”状态，将“库”面板中的声音文件 rain.mp3 拖动到舞台中，这样，在“指针经过”状态处则会出现声音文件的波形，如图 5.24 所示。按钮音效添加完成，按 Ctrl+Enter 组合键即可测试按钮声音添加效果。

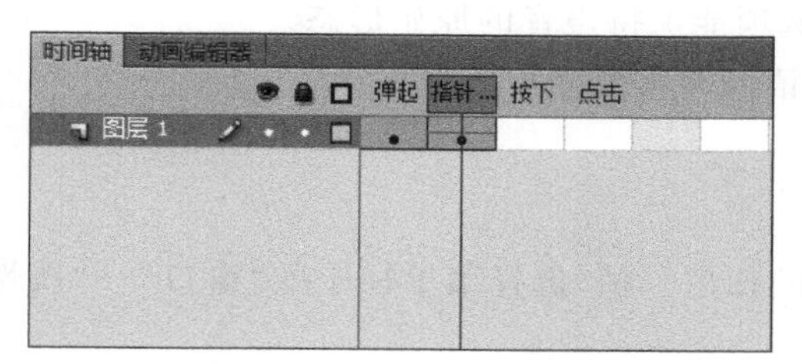

图 5.24 在“指针经过”状态处添加声音文件

5.2.2 声音的属性编辑

由于声音的属性编辑方法与位图的属性编辑方法相同，故不再说明。

在“库”面板中双击声音文件图标，弹出“声音属性”对话框，如图 5.25 所示。

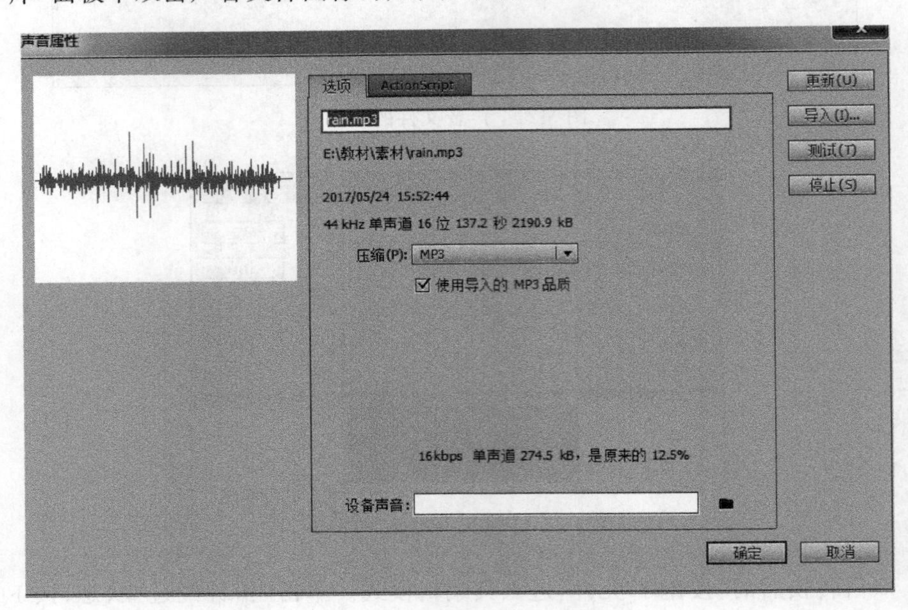

图 5.25 “声音属性”对话框

在“压缩”下拉列表框中提供了 5 种压缩方式：

- “默认”：是 Flash CS6 通用的压缩方式，可以对整个文件中的声音用同一个压缩比进行压缩，而不需要分别对文件中不同的声音进行单独的属性设置。
- ADPCM：常用于压缩按钮音效、事件声音等比较简短的声音。选择该项后，其下方将出现新的选项，如图 5.26 所示。
- MP3：使用该方式压缩声音文件，可以使文件大小变成原来的 1/10，而且不会明显降低音质。这是一种高效的压缩方式，常用于压缩声音持续时间较长且不用循环播放的声音，这种方式在网络传输中十分常用。
- Raw：选择该压缩方式后，在导出声音时将不进行压缩，该选项能保持声音的原始形态。
- “语音”：当导出语音时可以使用该选项。

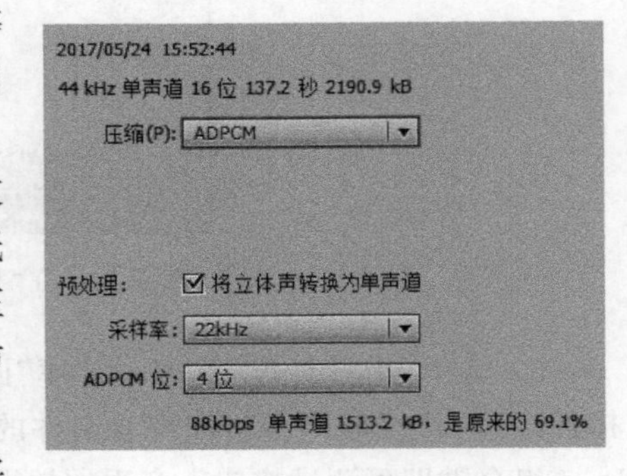

图 5.26 ADPCM 压缩方式的选项

5.2.3 声音的编辑

单击声音所在图层的任意一帧，选择菜单栏中的“窗口”→“属性”命令，则会弹出帧“属性”面板，如图 5.27 所示。

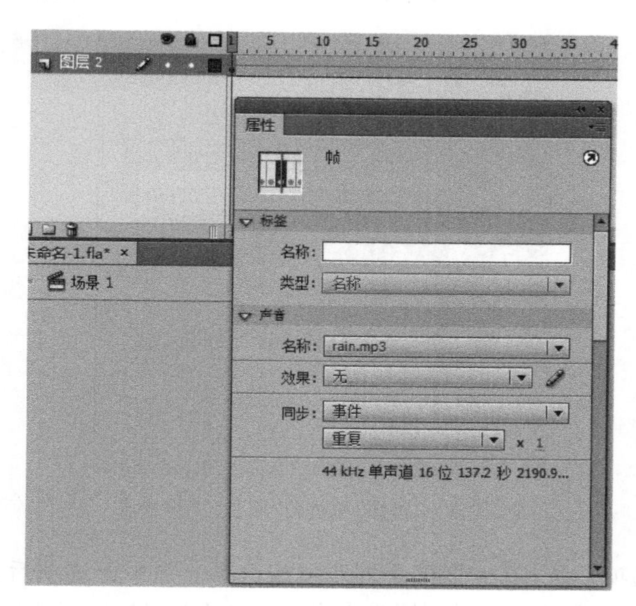

图 5.27 帧"属性"面板

1. 声音效果

在"效果"下拉列表框中可以选择声音的播放效果。

- "无"选项：选择此选项，将不对声音应用效果。
- "左声道"选项：选择此选项，只在左声道播放声音。
- "右声道"选项：选择此选项，只在右声道播放声音。
- "向右淡出"选项：选择此选项，声音从左声道渐变到右声道。
- "向左淡出"选项：选择此选项，声音从右声道渐变到左声道。
- "淡入"选项：选择此选项，会在声音的持续时间内逐渐增大其幅度。
- "淡出"选项：选择此选项，会在声音的持续时间内逐渐减小其幅度。
- "自定义"选项：选择该选项后，弹出"编辑封套"对话框，通过添加和移动滑块可以自行创建声音的淡入和淡出点，此外还可以控制播放的音量大小。

2. 声音同步

单击"同步"下拉列表框，弹出图 5.28 所示的下拉列表。

- "事件"选项：此选项会把声音和一个事件的发生过程同步起来。事件声音会从它的开始关键帧开始播放并贯穿整个事件的全过程，事件声音独立于时间轴。此选项最好安排一个简短的按钮声音或循环背景音乐。
- "开始"选项：此选项与"事件"选项的功能相近。但是，开始类型并不需要帧数的支持，即使把一首歌放到一帧，也可以播放完。如果选择的声音实例已经在时间轴上的其他地方播放过了，Flash 将不会再播放这个实例。这种方式主要用于背景音效，在制作 MTV 时不使用此选项。
- "停止"选项：此选项使指定的声音停止。在时间轴上同时播放多个事件声音时，可以指定其中一个声音停止播放。

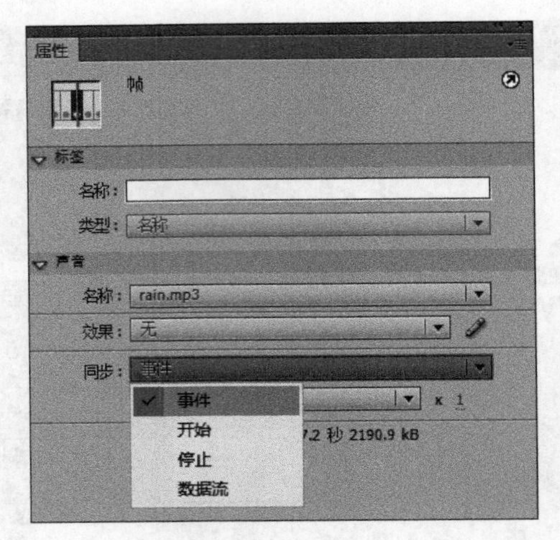

图 5.28 “属性”面板的“同步”下拉列表

- “数据流”选项：用于在互联网上同步播放声音。选中此选项后，Flash CS6 会协调动画与声音流，使声音与动画同步。当声音播放时间较短而动画播放的速度不够快时，动画会自动跳过一些帧；如果声音过长而动画太短，则声音流将随着动画的结束而停止播放。

下面用一个实例说明使用不同“同步”选项时的声音播放情况。

(1) 选择菜单栏中的“文件”→“新建”命令，弹出“新建文档”对话框，参数保持默认设置，单击“确定”按钮，进入新建文档的舞台窗口。

(2) 选择菜单栏中的“文件”→“导入”→“导入到库”命令，弹出“导入到库”对话框，在该对话框中选中要导入的音频文件素材，如图 5.29 所示。单击“打开”按钮后，night.mp3 和 rain.mp3 被导入“库”面板中。

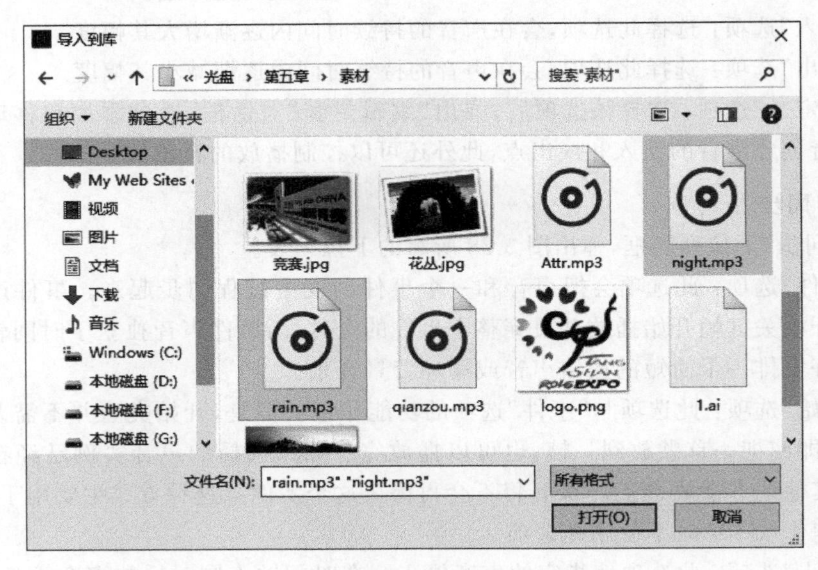

图 5.29 “导入到库”对话框

(3) 双击“图层 1”,将其重命名为“声音 1”,在“声音 1”图层的上方新建“图层 2”并将其重命名为“声音 2”。单击“声音 1”的第 1 帧,将“库”面板中的 rain.mp3 拖动到舞台中。单击“声音 1”图层的第 500 帧,按 F5 键插入帧,如图 5.30 所示。

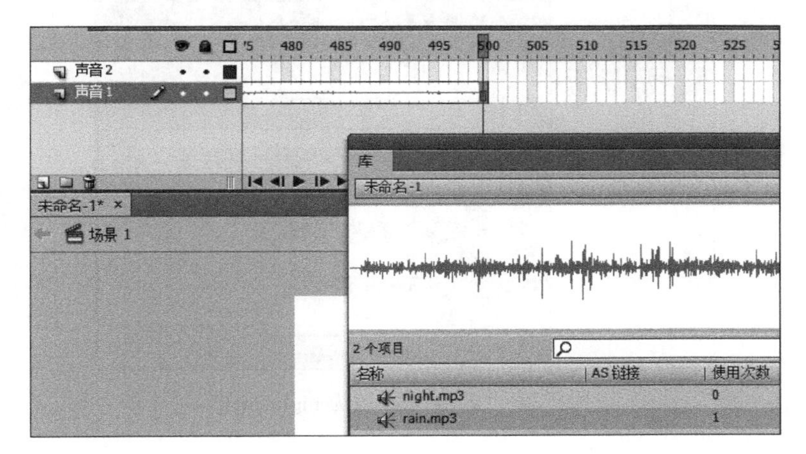

图 5.30　插入帧

(4) 单击“声音 2”图层的第 50 帧,按 F6 键插入关键帧,并将“库”面板中的 nignt.mp3 拖动到舞台中。单击“声音 1”图层的第 500 帧,按 F5 键插入帧,如图 5.31 所示。

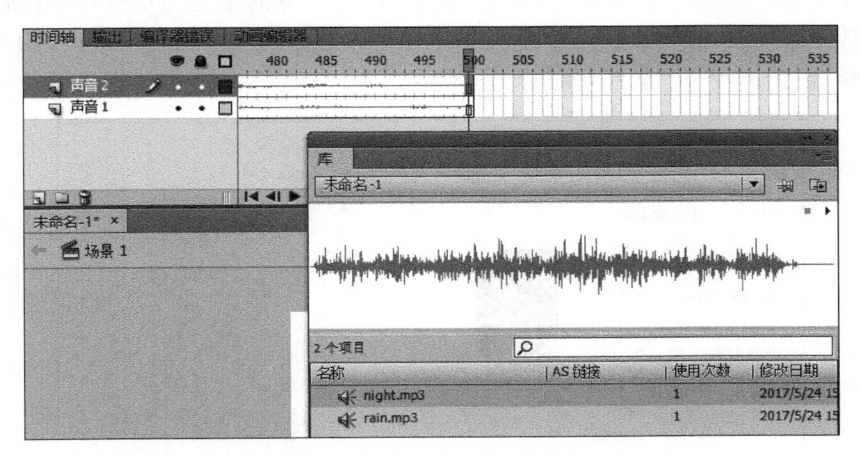

图 5.31　两个声音有重叠

- 如果声音 2 被设置为“停止”模式,则当动画播放到第 50 帧时,声音 2 不会播放,只有声音 1 会继续播放。
- 如果声音 2 被设置为“事件”模式,则当动画播放到第 50 帧时,虽然声音 1 还未播完,但是声音 2 还是会被播出,这样会出现两个声音重叠的效果。

(5) 单击“声音 1”图层的任意一帧,在“属性”面板中将“名称”选项改为 night.mp3,这样“声音 1”图层和“声音 2”图层中的声音文件均为 night.mp3,如图 5.32 所示。

- 图层“声音 1”和“声音 2”中设置了相同的声音文件,“声音 2”图层的“同步”选项被设置为“开始”模式,则当动画播放到第 50 帧时,只播放一次声音,不会产生声音重叠。

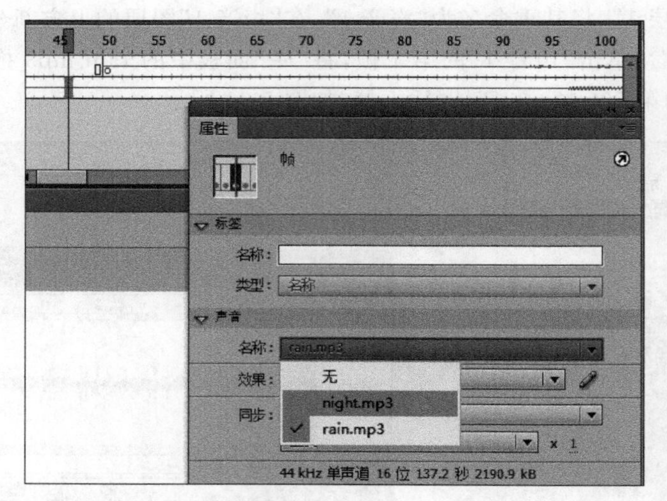

图 5.32 “名称”选项改为 night.mp3

5.2.4 课堂案例：制作园艺博览会招贴声音按钮

1. 制作声音按钮

(1) 打开“园艺博览会招贴.fla”，单击“文本”图层上方的锁定图层按钮，对所有图层进行锁定。选择菜单栏中的“文件”→“导入”→“打开外部库”命令，在弹出的“作为库打开”对话框中选择“按钮声音.fla”文件，如图 5.33 所示。

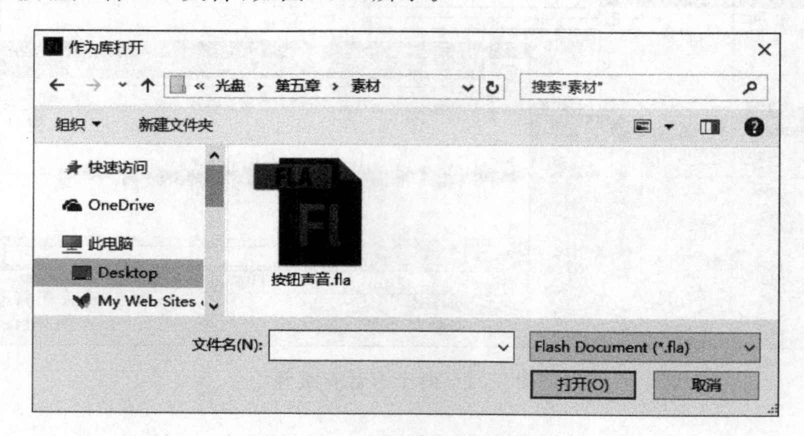

图 5.33 “作为库打开”对话框

(2) 单击图 5.33 中的“打开”按钮，弹出“外部库”面板，如图 5.34 所示。在“文本”图层的上方新建“图层 1”并将其重命名为“按钮”。将“外部库”面板中的 touming1.png 拖动到“按钮”图层中，如图 5.35 所示。

(3) 选择“按钮”图层中的按钮，按 F8 键，将其转换为名称为“按钮 1”的按钮元件，如图 5.36 所示。单击“确定”按钮。双击“按钮 1”元件，进入其编辑模式，如图 5.37 所示。

(4) 右击“图层 1”的“指针经过”状态，在弹出的快捷菜单中选择“插入关键帧”命令。再右击“点击”状态，在弹出的快捷菜单中选择“插入帧”命令。此时，按钮的编辑状态如图 5.38 所示。

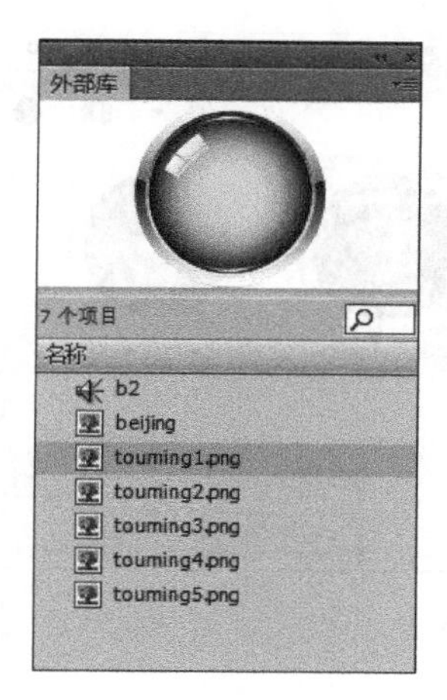

图 5.34 “外部库”面板

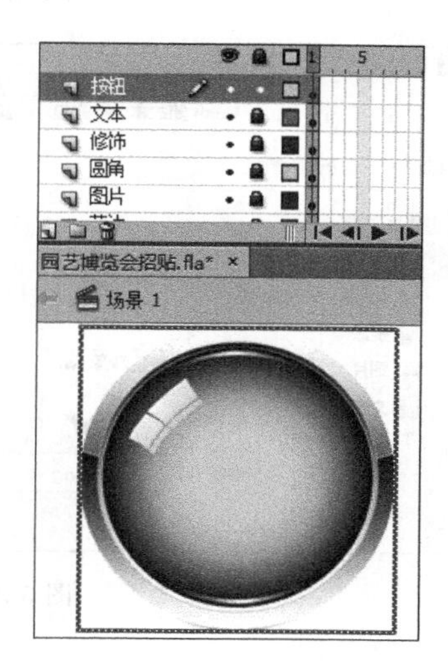

图 5.35 “按钮”图层的按钮效果

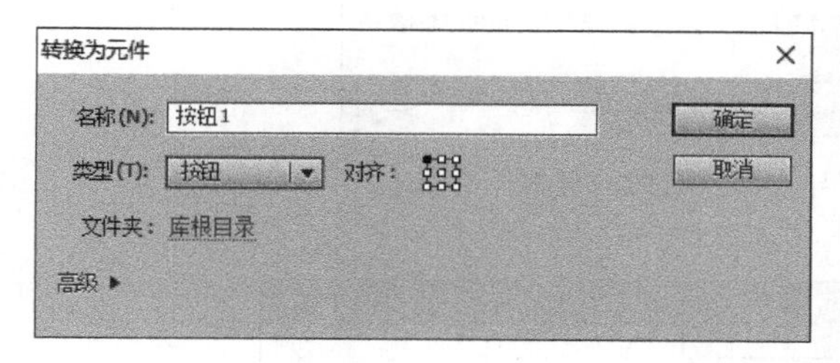

图 5.36 “转换为元件”对话框

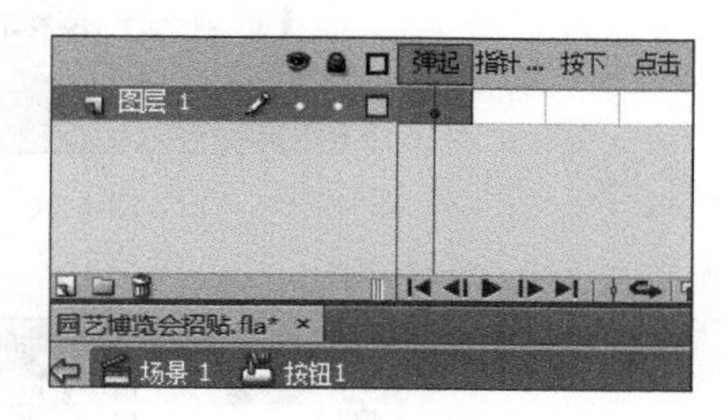

图 5.37 “按钮 1”的编辑模式

图 5.38 “按钮 1”插入关键帧和帧后的编辑状态

(5) 在“按钮 1”中“图层 1”的上方新建“图层 2”,选择“图层 2”,选择“图层 2”的“弹起”状态,选择菜单栏中的“文件”→“导入到舞台”命令,在弹出的“导入”对话框中选择 nanhu1.png,如图 5.39 所示。

(6) 单击图 5.39 中的“打开”按钮,弹出图 5.40 所示的消息框,单击该消息框中的“否”按钮(注意,素材文件夹中有 nanhu1.png、nanhu2.png、nanhu3.png、nanhu4.png、nanhu5.png,单击“否”按钮即可导入单张图片),将 nanhu1.png 导入舞台中,如图 5.41 所示。

(7) 单击导入的 nanhu1.png 图片,按 F8 键,将其转换为名称为“南湖 1”的图形元件,如图 5.42 所示。单击“确定”按钮。单击“南湖 1”图形元件,按 Ctrl+T 组合键,在弹出的“变形”面板中设置横向和纵向缩放比例为 60%,并将缩放后的图形元件移动到按钮的中心处,

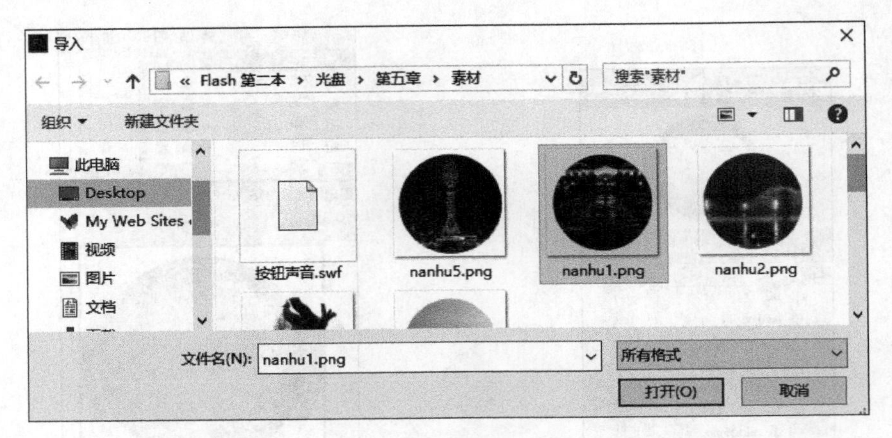

图 5.39 “导入”对话框

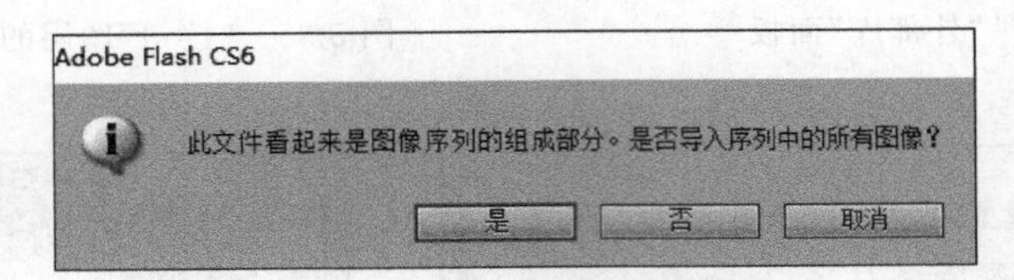

图 5.40 导入图片时的消息框

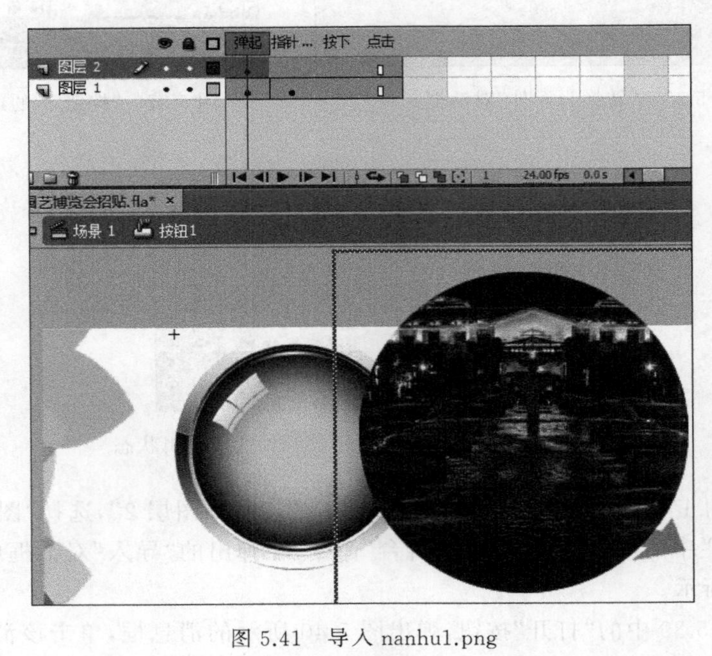

图 5.41 导入 nanhu1.png

如图 5.43 所示。

(8) 单击“南湖 1”图形元件,选择菜单栏中的“窗口”→“属性”命令,在弹出的“属性”面板中设置“样式”为 Alpha,Alpha 值为 16%,如图 5.44 所示。

(9) 右击“图层 2”的“指针经过”状态,在弹出的快捷菜单中选择“插入关键帧”命令。单

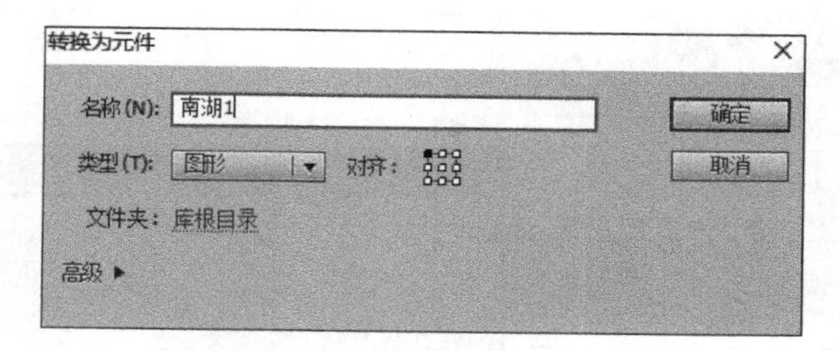

图 5.42　将导入的图片转换为元件

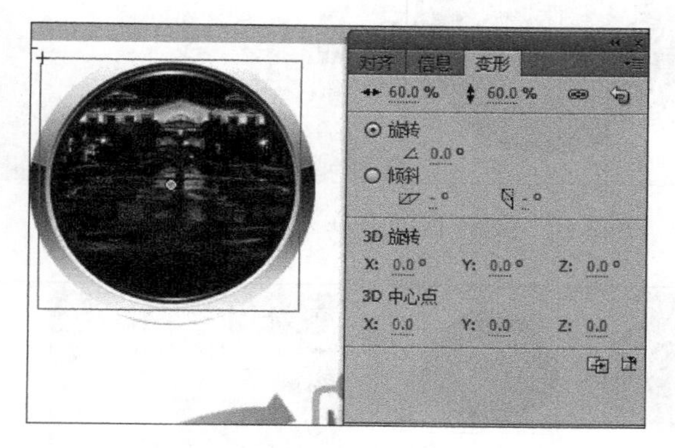

图 5.43　缩放图形元件并移动其位置

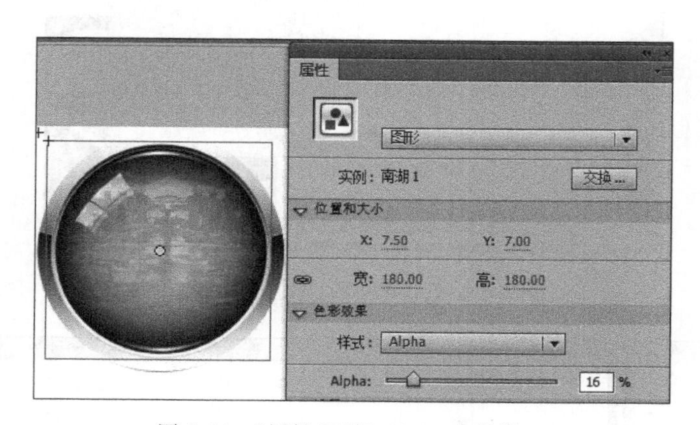

图 5.44　“属性”面板 Alpha 参数设置

击“图层 2”中“指针经过”状态的“南湖 1”图形元件，在图 5.44 所示的“属性”面板中设置 Alpha 值为 32%，如图 5.45 所示。

(10) 单击“场景 1”返回主场景。单击舞台中的“按钮 1”按钮元件，按 Ctrl+T 组合键，在弹出的“变形”面板中设置横向和纵向缩放比例为 50%，并将缩放后的按钮元件移动到舞台上方，如图 5.46 所示。

(11) 双击“按钮”图层，将其重命名为“按钮 1”，并在图层“按钮 1”的上方新建 4 个图层，分别命名为“按钮 2”“按钮 3”“按钮 4”“按钮 5”。右击“按钮 1”图层中的第 1 帧，在弹出的快捷菜单中选择“复制帧”命令，再分别右击图层“按钮 2”“按钮 3”“按钮 4”“按钮 5”的第 1 帧，在弹出的快捷菜单中选择“粘贴帧”命令，并且调整 5 个按钮的位置，如图 5.47 所示。

图 5.45　设置图形元件在关键帧处的 Alpha 参数

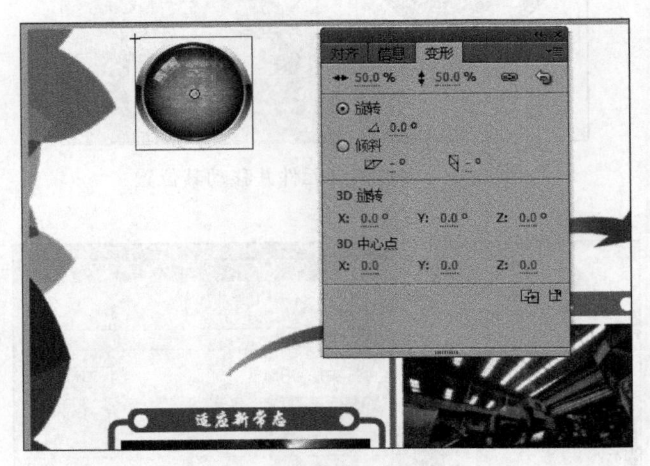

图 5.46　缩放按钮元件并移动其位置

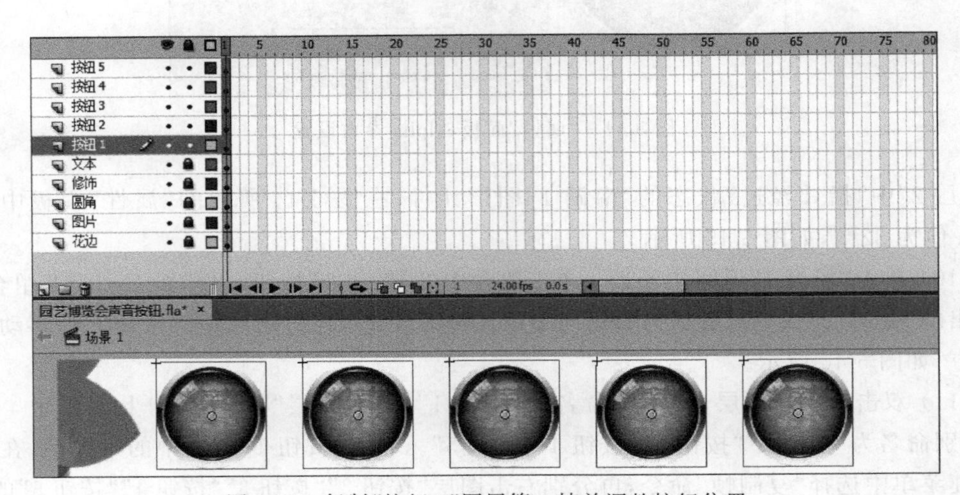

图 5.47　复制"按钮 1"图层第 1 帧并调整按钮位置

（12）双击左侧的按钮元件，进入其编辑模式，选择“图层 1”的“指针经过”状态，将“外部库”面板中的音频文件 b2 拖动到“图层 1”的“指针经过”状态，这样 5 个按钮的“指针经过”状态都加入了音频效果（注意，因为其他 4 个按钮都是由“按钮 1”复制而来的实例，所以改变其中任何一个按钮的状态，其他按钮的状态都会随之发生变化），如图 5.48 所示。

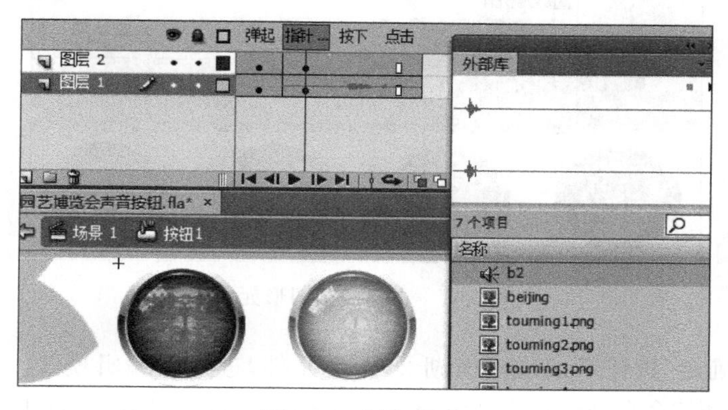

图 5.48 添加声音

（13）双击“场景 1”，返回主场景，右击第二个按钮元件，在弹出的快捷菜单中选择“直接复制元件”命令，如图 5.49 所示。在出现的“直接复制元件”对话框中将元件名称改为“按钮 2”，如图 5.50 所示。

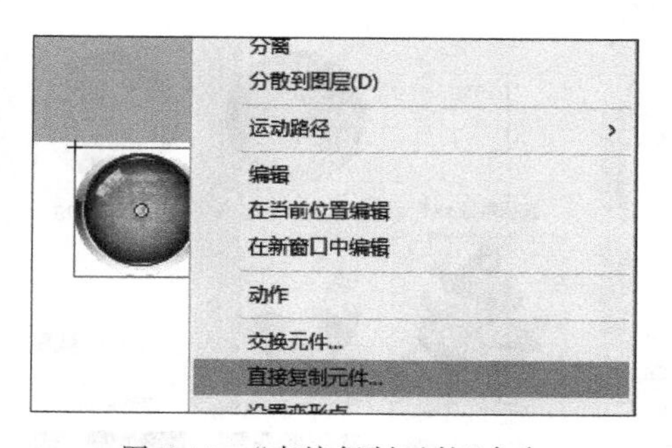

图 5.49 “直接复制元件”命令

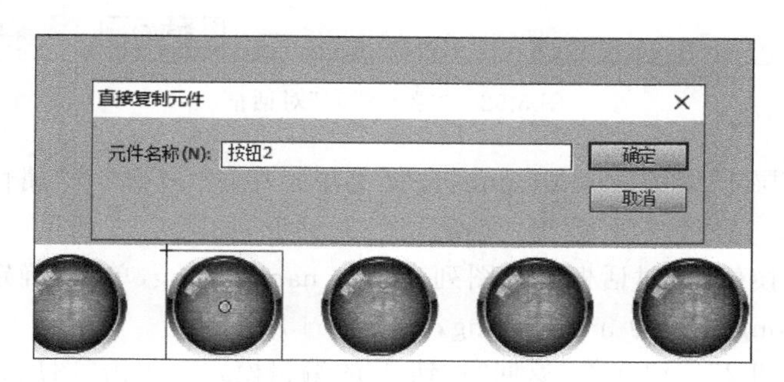

图 5.50 直接复制按钮元件

（14）单击“确定”按钮后，双击“按钮 2”，进入其编辑模式。右击“图层 2”中“指针经过”状态的“南湖 1”图形元件，在弹出的快捷菜单中选择“直接复制元件”命令，将其转换为名称为“南湖 2”的图形元件，如图 5.51 所示。

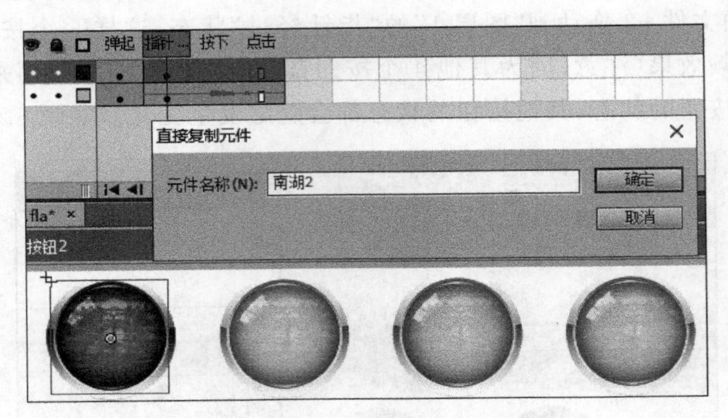

图 5.51　直接复制图形元件

(15) 单击“确定”按钮后，双击“南湖 2”图形元件，进入其编辑模式。选择菜单栏中的“文件”→“导入到库”命令，将 nanhu2.png、nanhu3.png、nanhu4.png、nanhu5.png 导入库中，如图 5.52 所示。

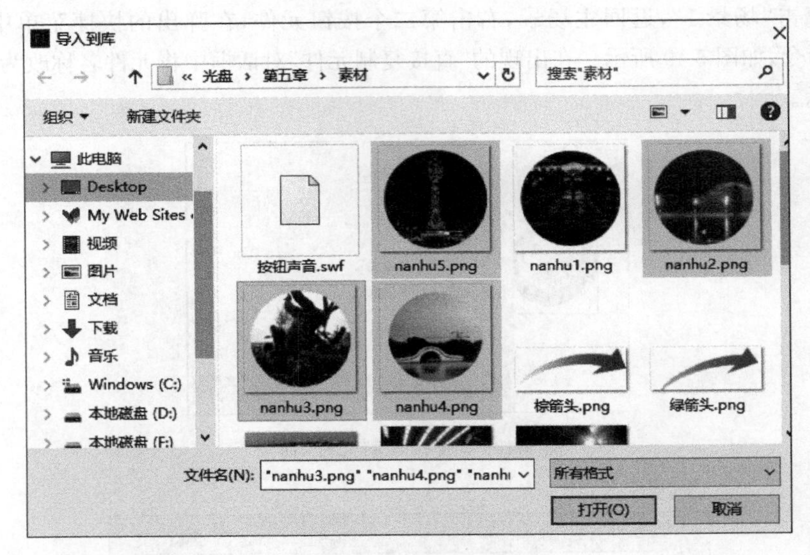

图 5.52　“导入到库”对话框

(16) 单击“图层 1”中的 nanhu1.png，选择菜单栏中的“窗口”→“属性”命令，在弹出的“属性”面板中单击“交换”按钮，弹出“交换位图”对话框，如图 5.53 所示。

(17) 选择“交换位图”对话框的位图列表中的 nanhu2.png，单击“确定”按钮，这样就将舞台中的 nanhu1.png 交换为 nanhu2.png，如图 5.54 所示。

(18) 双击“按钮 2”按钮元件，返回“按钮 2”的编辑模式。单击“图层 2”中“弹起”状态的“南湖 1”图形元件，在“属性”面板中单击“交换”按钮，在弹出的“交换元件”对话框中选择“南湖 2”，单击对话框中的“确定”按钮，如图 5.55 所示，第 2 个按钮就制作完成了。

(19) 双击“场景 1”，返回主场景。按照步骤(13)～(18)的操作，使用“直接复制元件”命令和“交换位图”命令对场景中的其他按钮进行设置，最后“库”面板中的元件列表如图 5.56 所示。

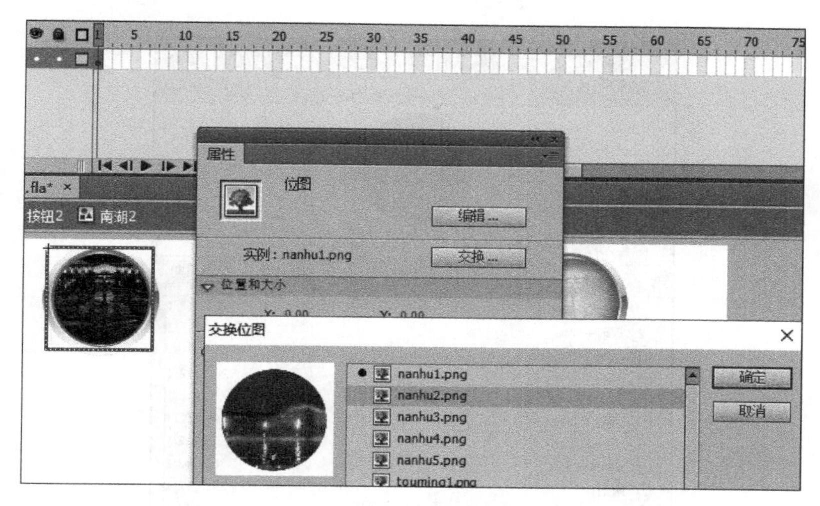

图 5.53 “交换位图”对话框

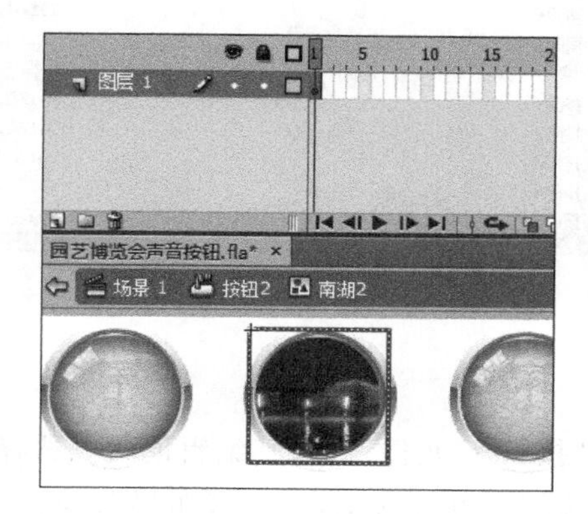

图 5.54 交换位图

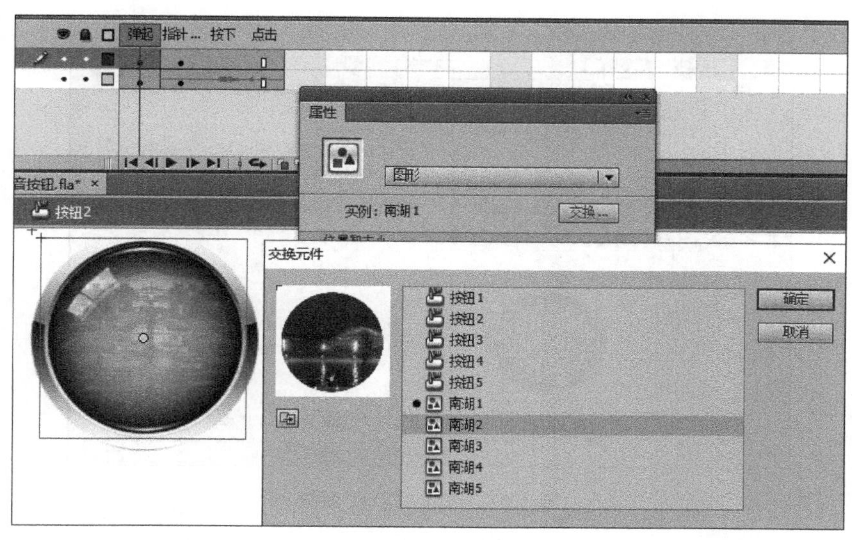

图 5.55 “交换元件”对话框

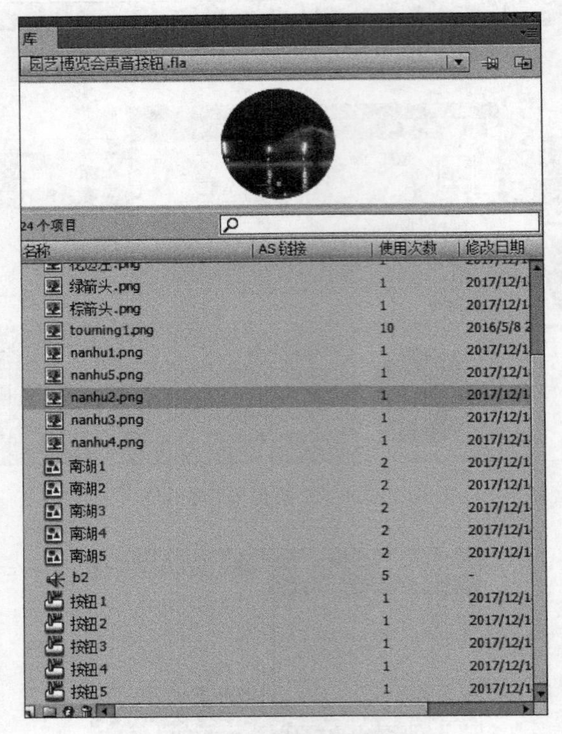

图 5.56 “库”面板中的元件列表

2. 按钮动画制作

(1) 双击“场景 1”中的“按钮 1”元件，进入其编辑模式。选择“图层 2”的“弹起”状态，使用工具栏中的文本工具，在按钮下方输入文本“区域布局”，并在文本“属性”面板中设置“系列”为“隶书”，“大小”为 38 点，“颜色”为黑色，如图 5.57 所示。

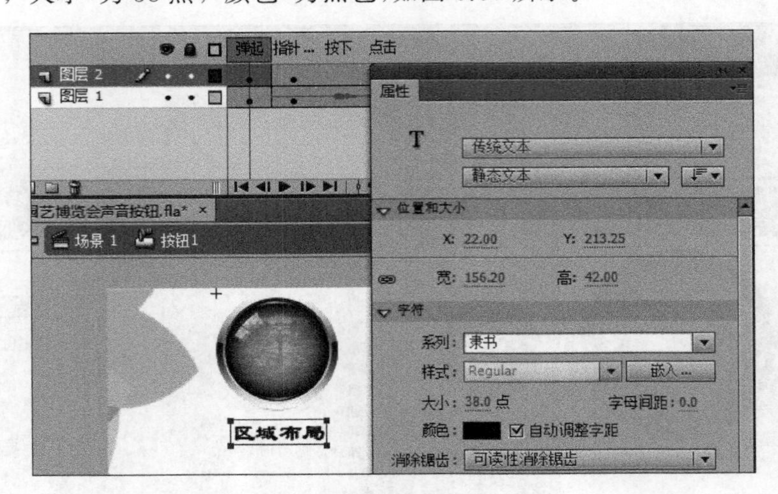

图 5.57 文本“属性”面板

(2) 选择文本“区域布局”，按 Ctrl+C 组合键对文本进行复制。单击“图层 2”的“指针经过”状态，按 Ctrl+Shift+V 组合键对文本进行粘贴操作。在文本“属性”面板中设置“大小”为 45 点，如图 5.58 所示。

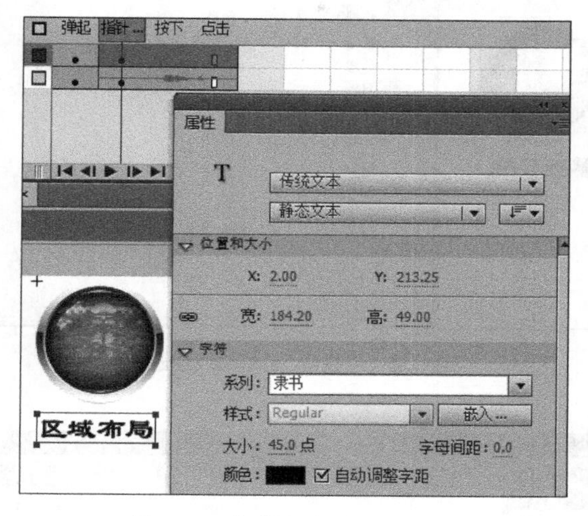

图 5.58　复制文本并更改大小

(3) 双击“场景 1”，返回主场景。单击舞台中的“按钮 1”元件，选择菜单栏中的“窗口”→“属性”命令，单击“属性”面板左下角的添加滤镜按钮，在弹出的菜单中选择“投影”命令，如图 5.59 所示。

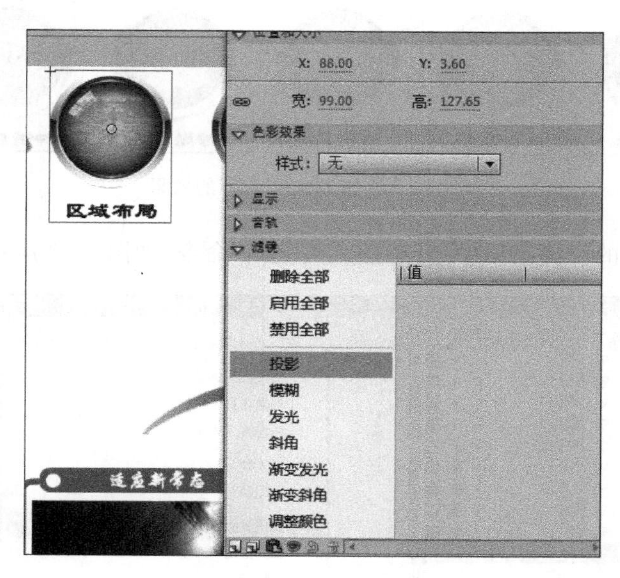

图 5.59　添加“投影”滤镜

(4) 在“属性”面板的滤镜列表中设置“模糊 X”和“模糊 Y”均为 2 像素，“距离”为 3 像素，“颜色”值为 999999，如图 5.60 所示。

(5) 按照步骤(1)～(4)为其他 4 个按钮分别添加文本“大会主题”“组织机构”“时尚园艺”和“和谐自然”并添加“投影”滤镜效果，效果如图 5.61 所示。

(6) 单击“按钮 5”图层的第 10 帧，按住 Shift 键，单击“花边”图层的第 20 帧。右击选定

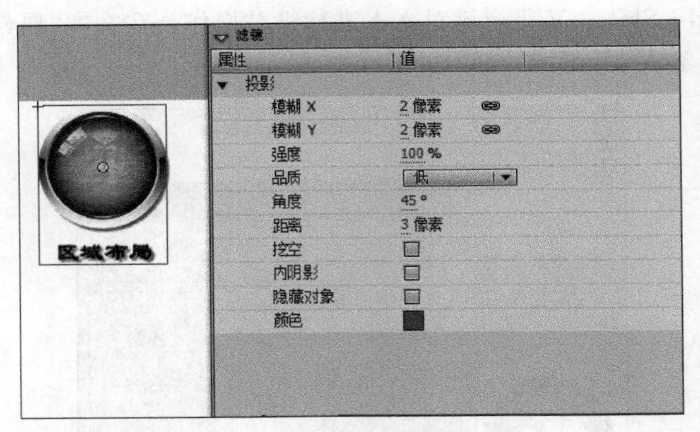

图 5.60 “投影”滤镜参数设置

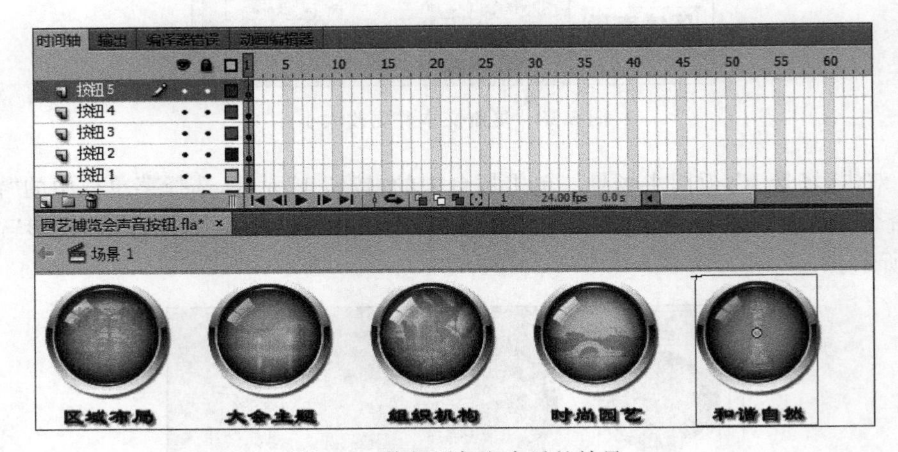

图 5.61 按钮添加文本后的效果

的蓝色区域，在弹出的快捷菜单中选择“插入关键帧”命令，如图 5.62 所示。

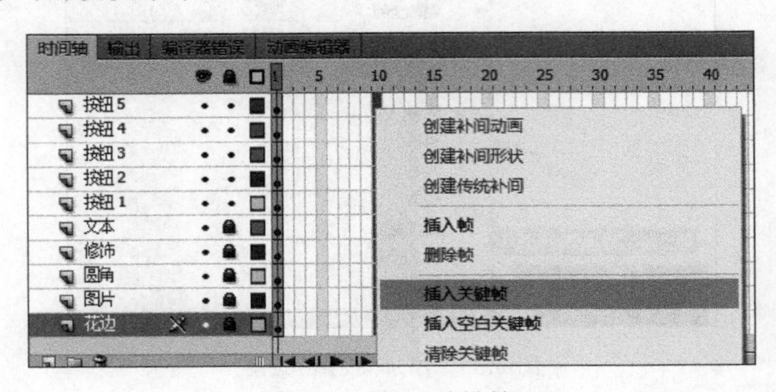

图 5.62 插入关键帧

(7) 按照步骤(6)的方法，同时选定“按钮 1”图层到“按钮 5”图层的第 1 帧。右击选定的蓝色区域，在弹出的快捷菜单中选择“创建传统补间”命令，如图 5.63 所示。

(8) 按照步骤(6)的方法同时选定“按钮 1”图层到“花边”图层的第 60 帧。右击选定的蓝色区域，在弹出的快捷菜单中选择“插入帧”命令，如图 5.64 所示。

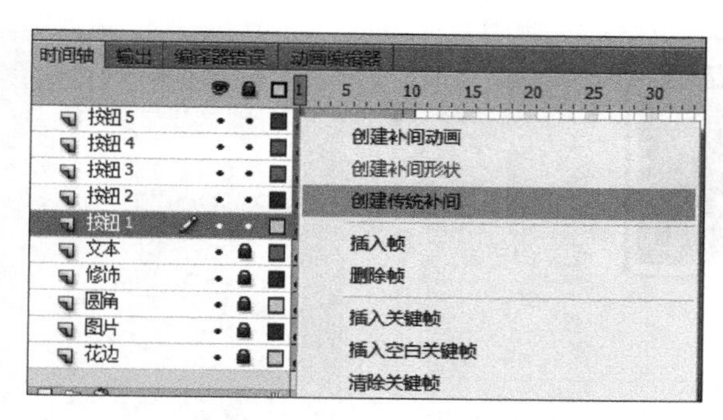

图 5.63　创建传统补间动画

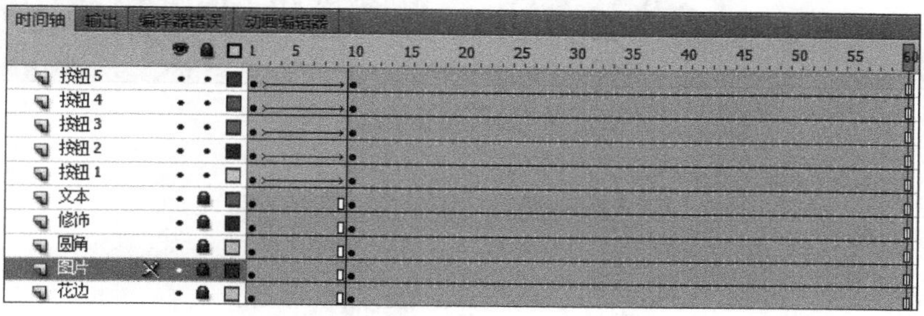

图 5.64　插入帧

(9) 框选“按钮 1”图层到“按钮 5”图层中第 1 帧的 5 个按钮元件，如图 5.65 所示，将其拖到舞台右下侧，如图 5.66 所示。

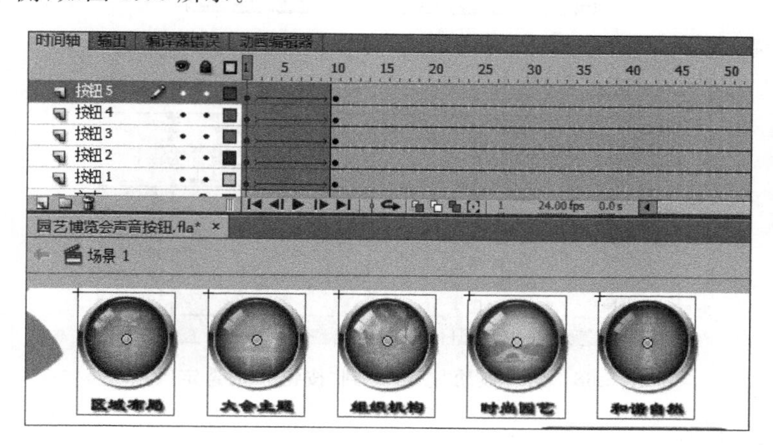

图 5.65　框选 5 个按钮元件

(10) 单击“按钮 1”图层的第 1 帧，按住 Shift 键，再单击“按钮 1”图层的第 10 帧。将选定的区域向后拖动一定帧数，如图 5.67 所示。按照相同的方法，对“按钮 2”“按钮 3”“按钮 4”和“按钮 5”图层中的传统补间动画区域向后拖动一定帧数，如图 5.68 所示。

(11) 单击“按钮 1”图层的第 4 帧，选择菜单栏中的“文件”→“导入”→“打开外部库”命令，在弹出的“作为库打开”对话框中选择“按钮声音.fla”文件，将弹出的“外部库”面板中的声音文件 slide 拖动到舞台中，这样“按钮 1”图层的第 4 帧会出现该声音文件的波状图形，

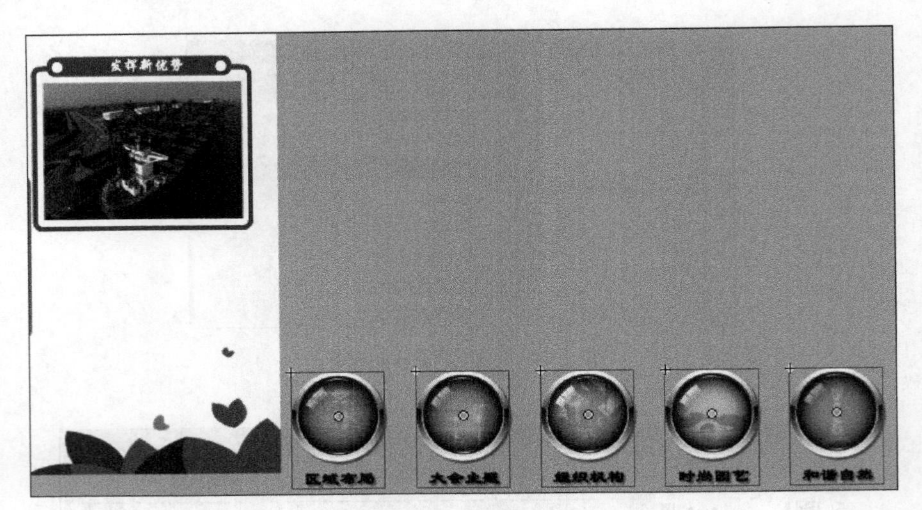

图 5.66　移动按钮元件位置

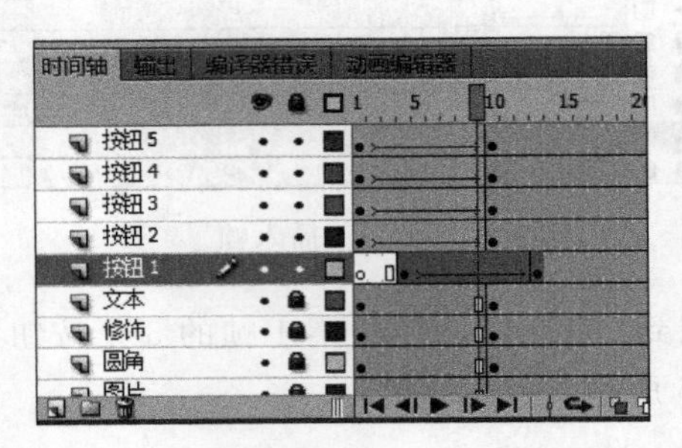

图 5.67　向后拖动“按钮 1”的选定区域

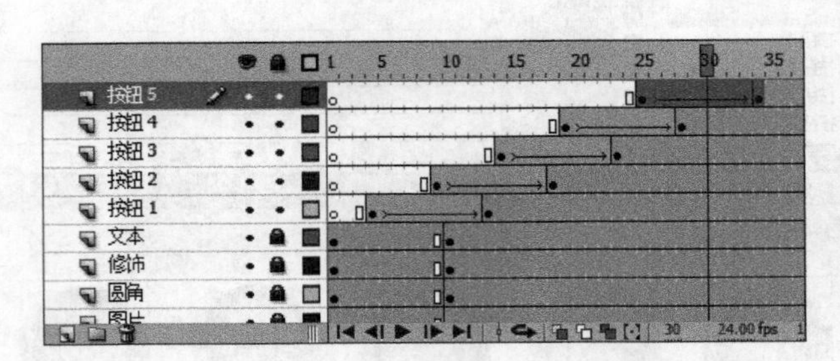

图 5.68　向后拖动“按钮 2”到“按钮 5”的选定区域

如图 5.69 所示。

(12) 按照步骤(11)的方法,在“按钮 2”到“按钮 5”图层传统补间动画的起始帧处添加音频效果,如图 5.70 所示。

(13) 选择菜单栏中的“文件”→“导入到库”命令,在弹出的“导入到库”对话框中选择 Attr.mp3,将背景音乐导入“库”面板中,如图 5.71 所示。在“按钮 5”的上方新建图层并且将其重命名为 bgsound。右击 bgsound 图层的第 34 帧,在弹出的快捷菜单中选择“插入关键帧”命令,单击 bgsound 图层的第 34 帧,选择菜单栏中的“窗口”→“属性”命令,在弹出的“属性”对话框中,设置声音的“名称”为 Attr.mp3,如图 5.72 所示。

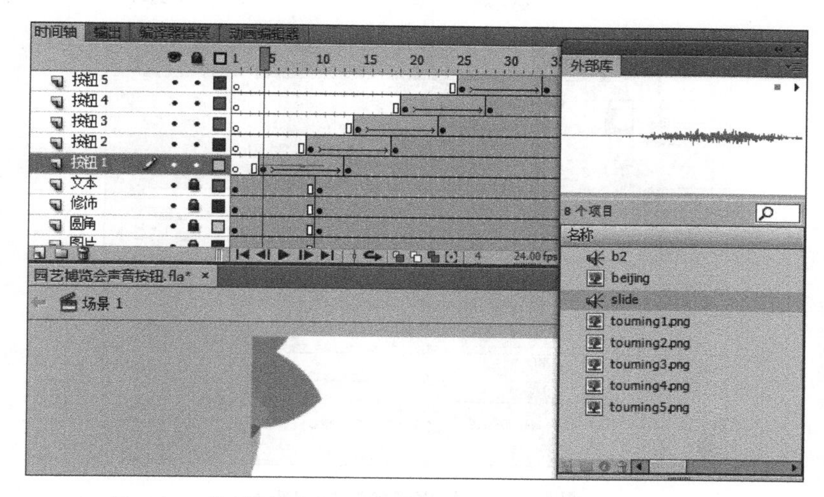

图 5.69 将“外部库”面板中的声音文件 slide 拖动到舞台上

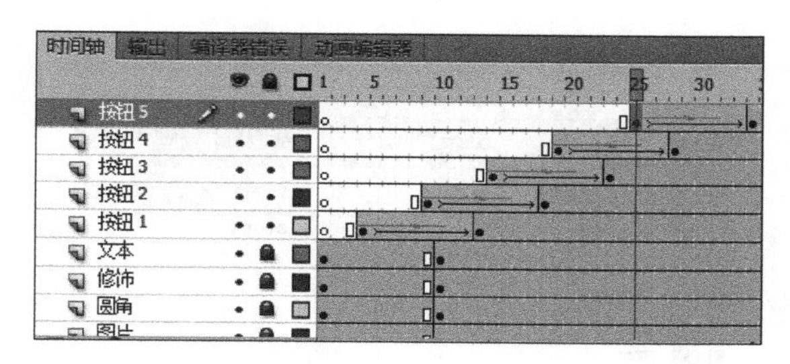

图 5.70 添加音频效果

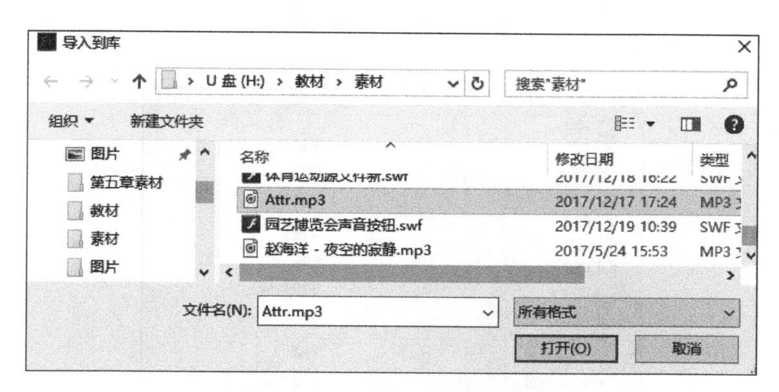

图 5.71 “导入到库”对话框

(14) 单击 bgsound 图层的第 34 帧，按 F9 键，在弹出的“动作”面板中输入 stop()命令，如图 5.73 所示。

(15) 选择菜单栏中的“窗口”→“库”命令，按住 Shift 键，在弹出的“库”面板中选择所有的位图。右击选定的灰色区域，在出现的快捷菜单中选择“属性”命令，如图 5.74 所示。

(16) 选择“属性”命令后，出现“编辑 13 位图的属性”对话框，在该对话框中勾选“允许平滑”和“压缩”复选框，并且在“允许平滑”下拉列表中选择“是”，在“压缩”选项的下拉列表中选择“无损(PNG/GIF)”，如图 5.75 所示，单击“确定”按钮，对位图进行属性设置。

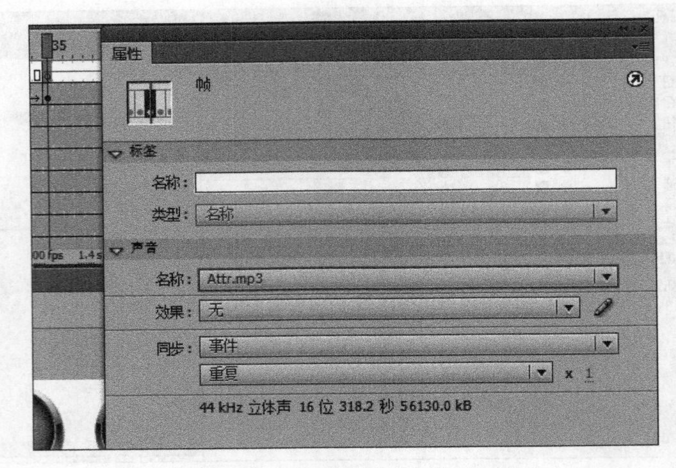

图 5.72 设置声音的“名称”选项

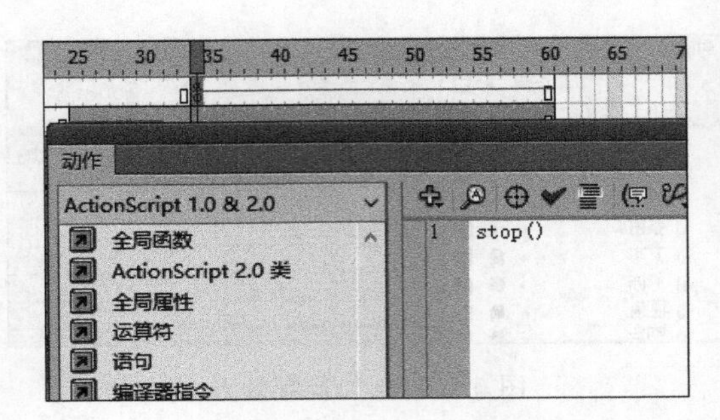

图 5.73 添加 stop()命令

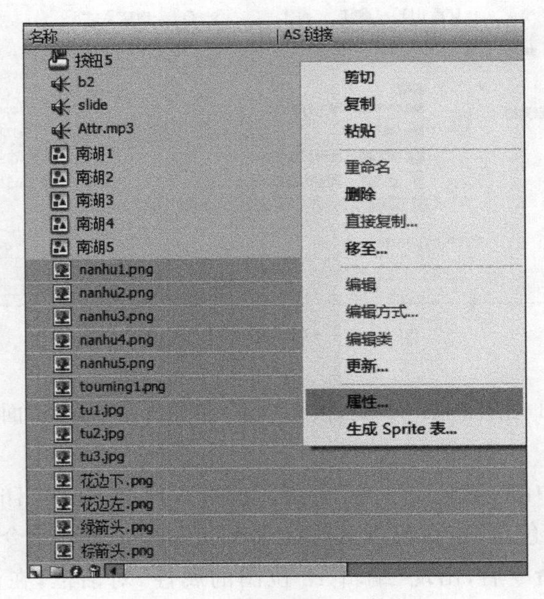

图 5.74 选择“属性”命令

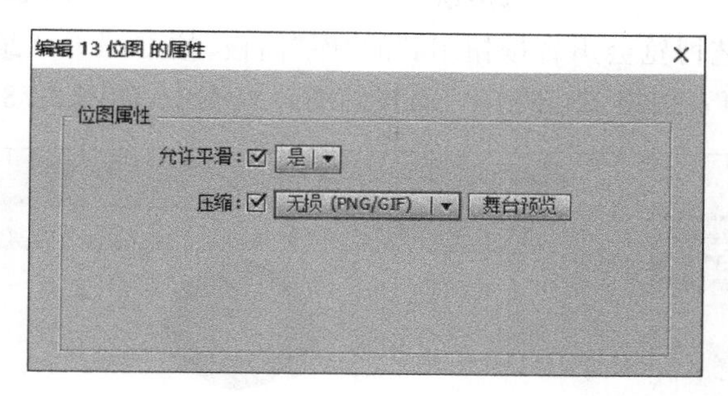

图 5.75 “编辑 13 位图的属性”对话框

（17）按住 Shift 键，在弹出的“库”面板中选择所有的声音文件。右击选定的灰色区域，在出现的快捷菜单中选择“属性”命令，在弹出的“编辑 3 声音的属性”对话框中，在“压缩”下拉列表中选择 Raw，设置“采样率”为 44kHz，如图 5.76 所示，单击“确定”按钮，对声音进行属性设置。

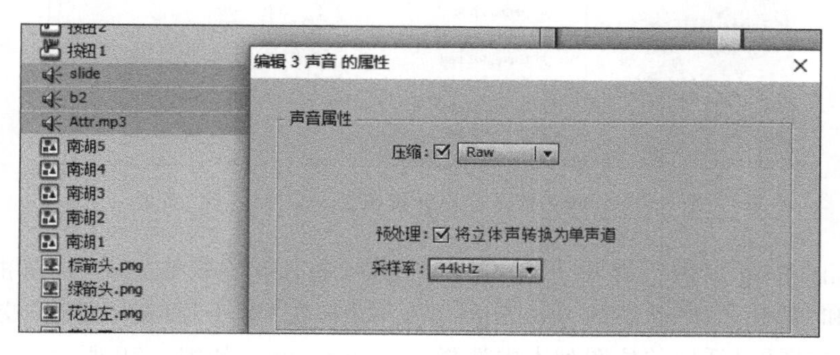

图 5.76 “编辑 3 声音的属性”对话框

（18）打开“按钮声音.fla”文件，选择菜单栏中的“窗口”→“库”命令，按住 Shift 键，在弹出的“库”面板列表中选中 touming2.png、touming3.png、touming4.png、touming5.png，按 Ctrl+C 组合键进行复制操作，如图 5.77 所示。双击“按钮 2”图层第 34 帧的“按钮”元件，进入其编辑模式，单击“图层 1”中的 touming1.png 位图。

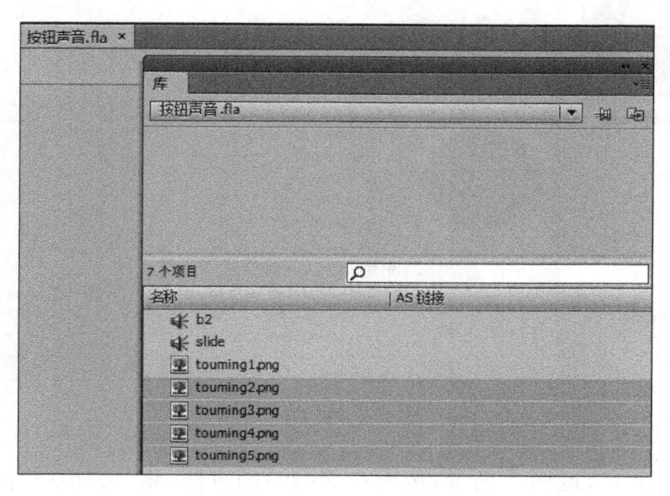

图 5.77 “按钮声音.fla”文件的“库”面板

(19) 切换到“园艺博览会声音按钮.fla”的“库”面板，按 Ctrl＋V 组合键，将复制的位图粘贴到“园艺博览会声音按钮.fla”的“库”面板的图片列表中，如图 5.78 所示。

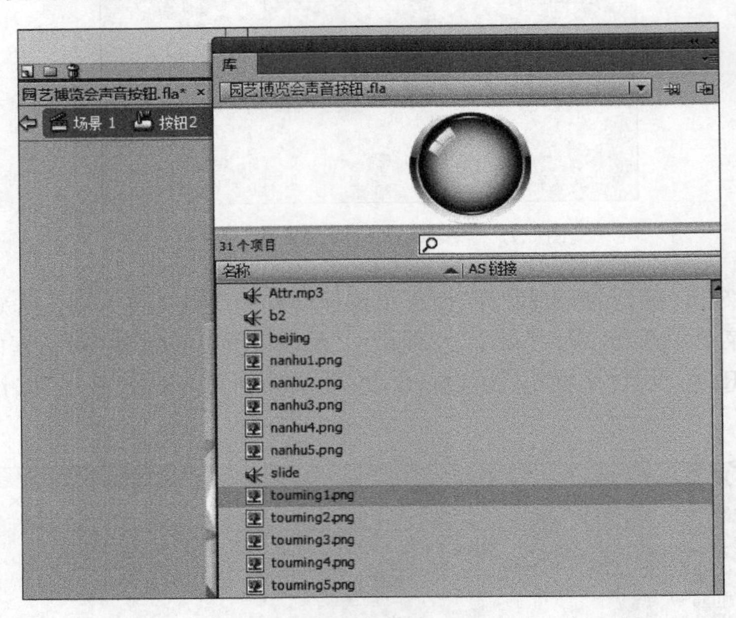

图 5.78 “园艺博览会声音按钮.fla”文件的“库”面板

(20) 双击“按钮 2”图层第 34 帧的“按钮”元件，进入其编辑模式，分别单击“图层 1”中“弹起”状态和“指针经过”状态的 touming1.png 位图，在“属性”面板中单击“交换”按钮，在弹出的“交换位图”对话框的位图列表中选择 touming2.png，如图 5.79 所示。

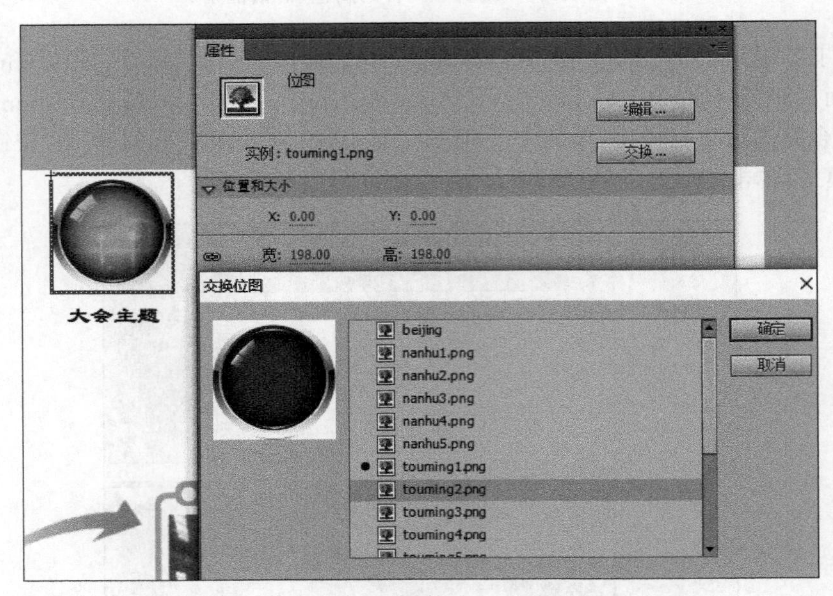

图 5.79 “交换位图”对话框

(21) 双击“场景 1”，返回主场景，按照步骤(20)的方法，将“按钮 3”“按钮 4”和“按钮 5”

中的位图分别替换为 touming3.png、touming4.png 和 touming5.png，最后的按钮效果如图 5.80 所示。至此，园艺博览会招贴声音按钮制作完成，按 Ctrl+Enter 组合键即可查看影片效果。

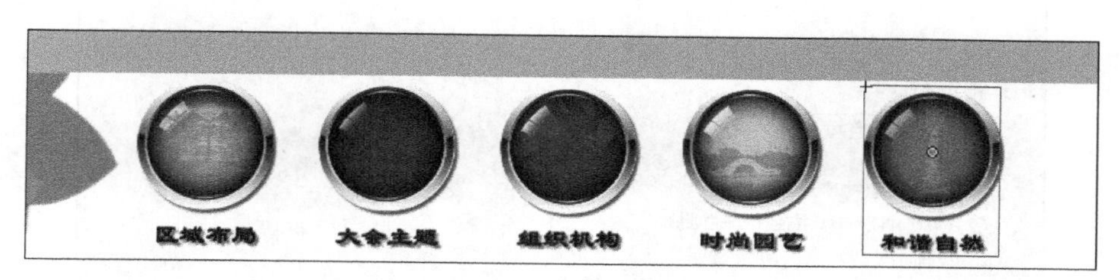

图 5.80　最后的按钮效果

5.3　视频的导入与应用

在 Flash CS6 中可以导入 MOV、AVI 和 MPG/MPEG 格式的视频素材。根据视频格式和所选导入方法的不同，用户可以将包含视频的影片发布为 Flash 影片（SWF 文件）或 QuickTime 影片（MOV 文件）。

5.3.1　常用视频文件及使用条件

可以导入 Flash CS6 的视频文件的种类很多。要向 Flash CS6 中导入视频，Flash CS6 系统中必须事先安装 DirectX 9.0 和 QuickTime 7.0 以上版本。

DirectX 9.0 支持的常用视频文件如下：

- Audio Video Interleaved 文件，扩展名为.avi。
- Windows Media File 文件，扩展名为.wmv 或.asf。
- Motion Picture Experts Group 文件，扩展名为.mpg 或.mpeg。

QuickTime 7.0 支持的常用视频文件如下：

- Audio Video Interleaved 文件，扩展名为.avi。
- Motion Picture Experts Group 文件，扩展名为.mpg 或.mpeg。
- QuickTime Movie 文件，扩展名为.mov。
- Digital Video 文件，扩展名为.dv。

5.3.2　导入视频文件

（1）选择菜单栏中的“文件”→“导入”→“导入视频”命令，弹出“导入视频”对话框，第一步为“选择视频 ”，如图 5.81 所示。在该对话框中可以选择存储在本地计算机上的视频剪辑，也可以输入已上传到 Web 服务器的视频的 URL。

（2）单击“文件路径”右侧的“浏览”按钮，在弹出的“打开”对话框中选择要导入的视频文件，如图 5.82 所示。

（3）选择“视频.flv”，单击“打开”按钮，在“导入视频”对话框中单击“下一步”按钮，进入第二步“设定外观”，如图 5.83 所示。在“外观”下拉列表中选择合适的播放控件外观，单击“下一步”按钮，进入第三步“完成视频导入”，如图 5.84 所示。

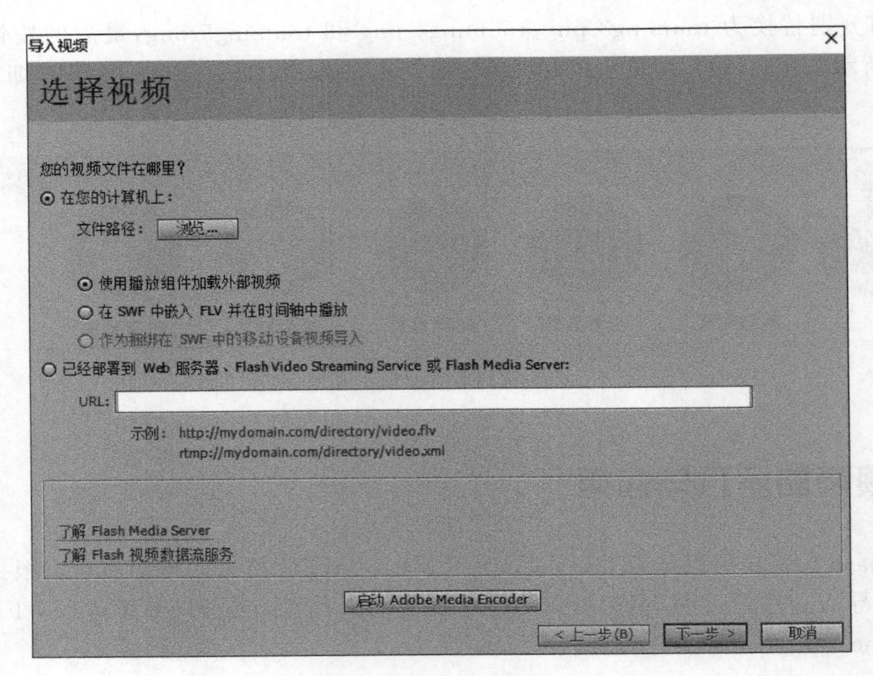

图 5.81 选择视频

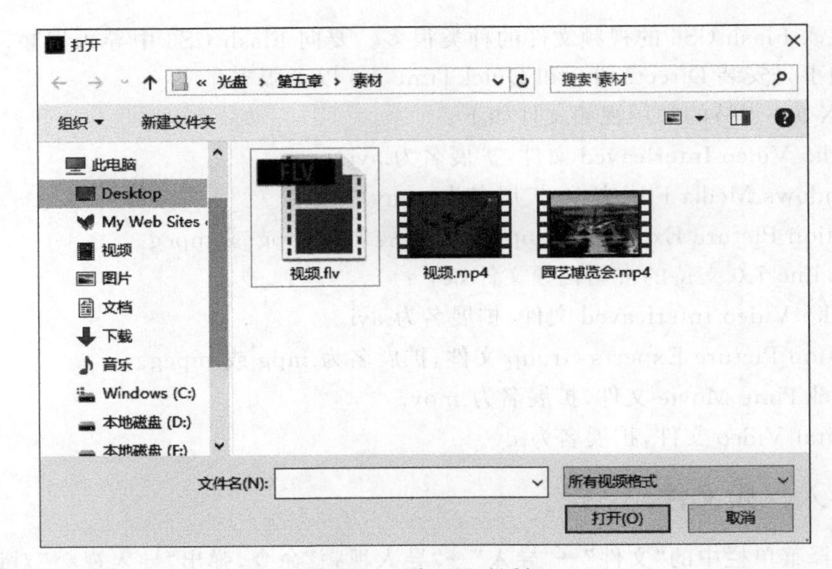

图 5.82 “打开”对话框

(4) 单击“完成”按钮后，舞台和“库”面板中的视频效果如图 5.85 所示。

(5) 如果在步骤(1)中选择“在 SWF 中嵌入 FLV 并在时间轴中播放”单选按钮，单击“下一步”按钮后，则会出现图 5.86 所示的“嵌入”界面。在“符号类型”下拉列表中可以选择“嵌入的视频”“影片剪辑”和“图形”，单击“下一步”按钮，弹出“完成视频导入”界面，单击“完成”按钮后，时间轴和“库”面板中的视频效果如图 5.87 所示。

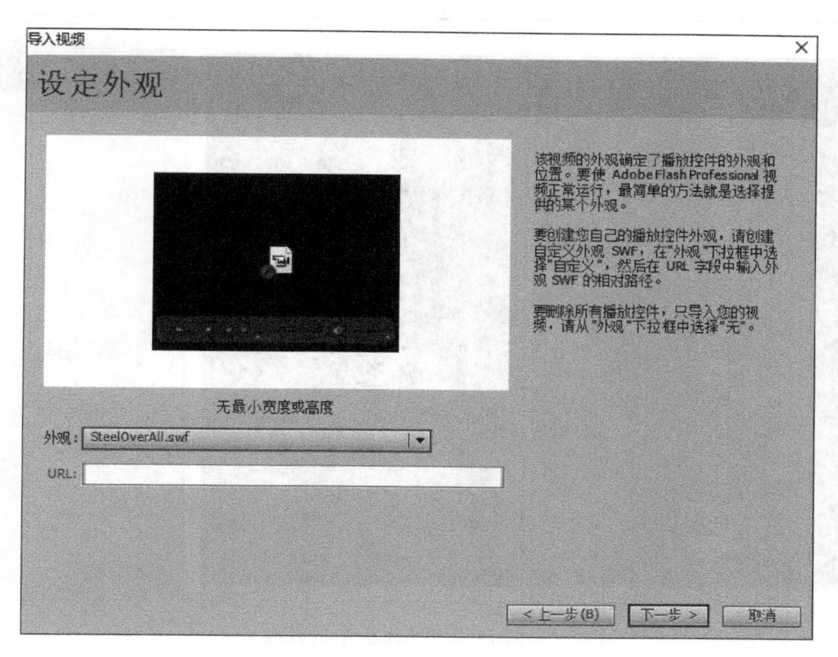

图 5.83　设定外观

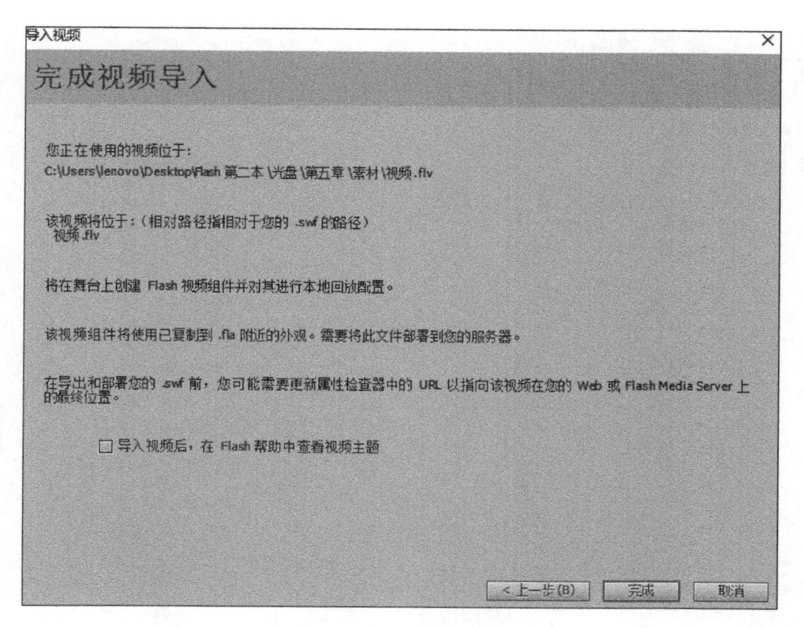

图 5.84　完成视频导入

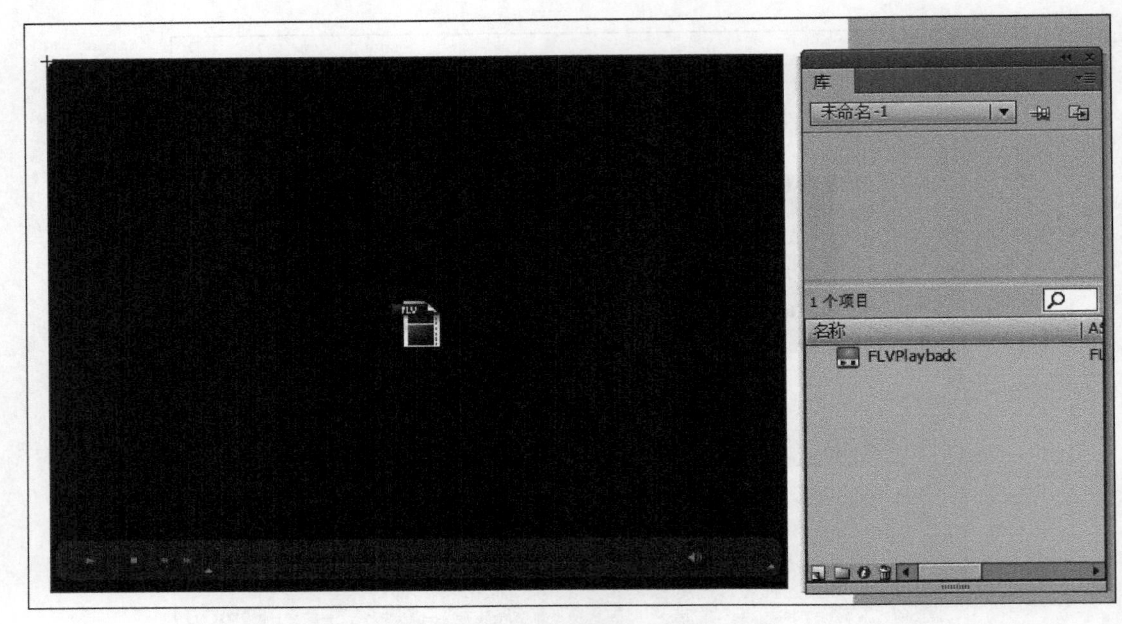

图 5.85　舞台和“库”面板中的视频效果

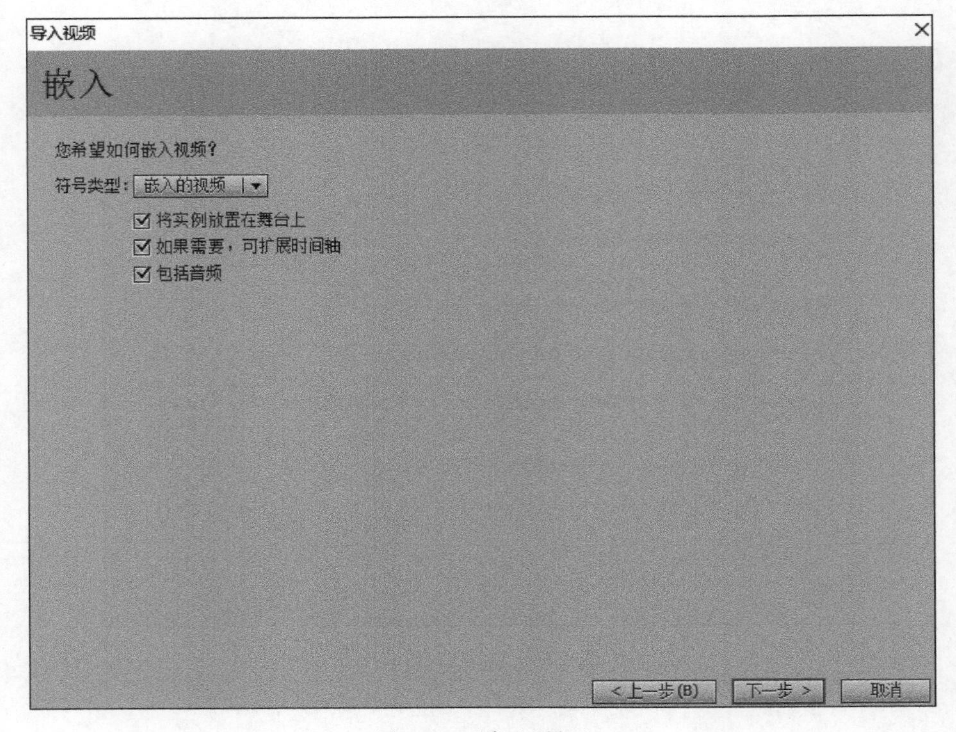

图 5.86　“嵌入”界面

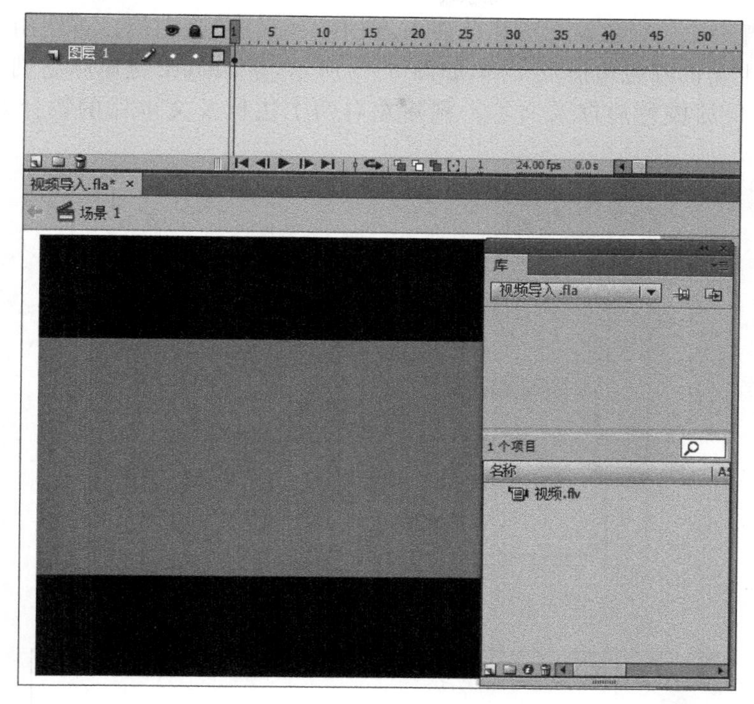

图 5.87　时间轴和“库”面板中的视频效果

5.3.3　课堂案例：制作园艺博览会招贴视频广告

（1）打开“园艺博览会招贴.fla”，单击“文本”图层上方的锁定图层按钮两次，对所有图层进行解除锁定操作。选择“图片”图层，单击时间轴下方的删除按钮，删除“图片”图层，如图 5.88 所示。

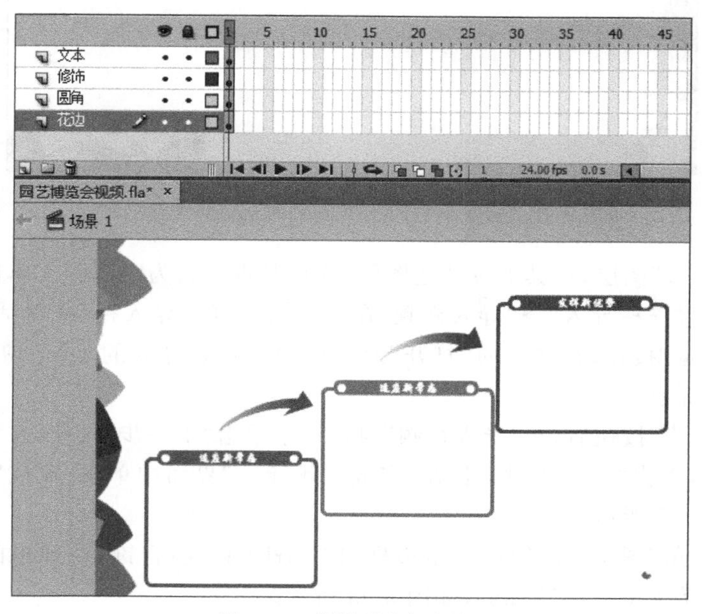

图 5.88　删除“图片”图层

(2) 选择舞台中的绿色箭头和棕色箭头，按 Delete 键删除它们。再使用工具栏中的选择工具框选右上角的红色边框及文本，如图 5.89 所示，按 Delete 键删除它们。按照同样的方法删除左下角的橙色边框及文本。删除左右两个边框及文本后的舞台效果如图 5.90 所示。

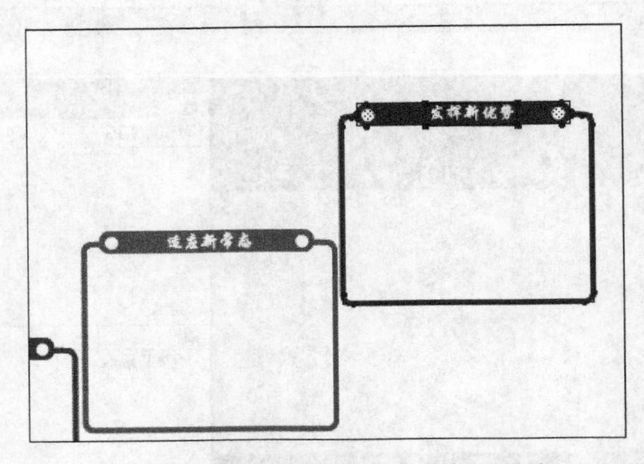

图 5.89 框选右上角的红色边框及文本

图 5.90 删除左右两个边框及文本后的舞台效果

(3) 锁定“花边”图层，在其上方新建图层，并将其重命名为“视频”。单击“视频”图层的第 1 帧，选择“文件”→“导入”→“导入视频”命令，在弹出的“导入视频”对话框中单击“文件路径”右侧的“浏览”按钮，在弹出的“打开”对话框中选择要导入的“园艺博览会.mp4”视频文件，如图 5.91 所示。

(4) 单击“打开”按钮后，在“导入视频”对话框中单击“下一步”按钮，在“设定外观”界面中选择默认样式，单击“下一步”按钮，在“完成视频导入”界面中单击“完成”按钮，视频被导入舞台中，如图 5.92 所示。

(5) 单击“圆角”图层中的绿色圆角边框，按 Ctrl＋F3 组合键，在弹出的“属性”面板中设置选区的“宽”为 630，“高”为 389，如图 5.93 所示。

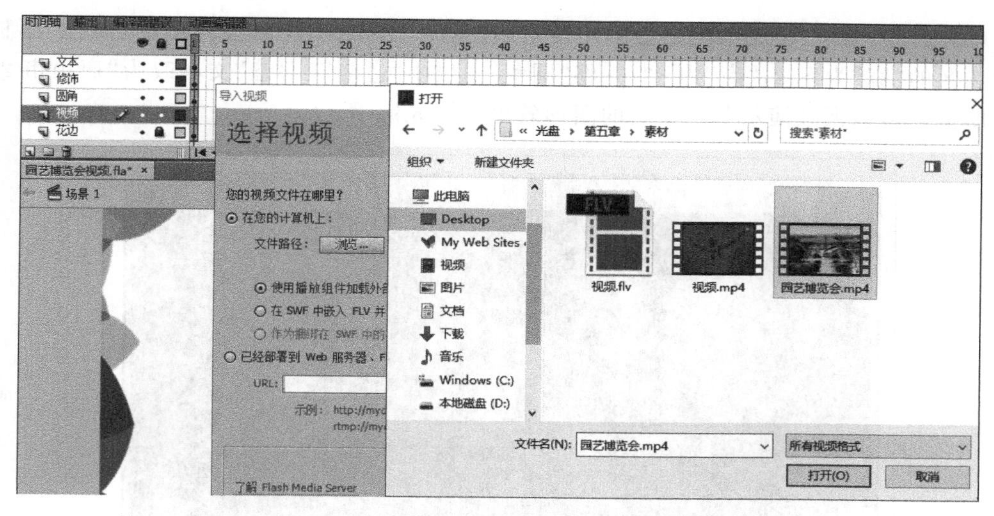

图 5.91　“导入视频”和“打开”对话框

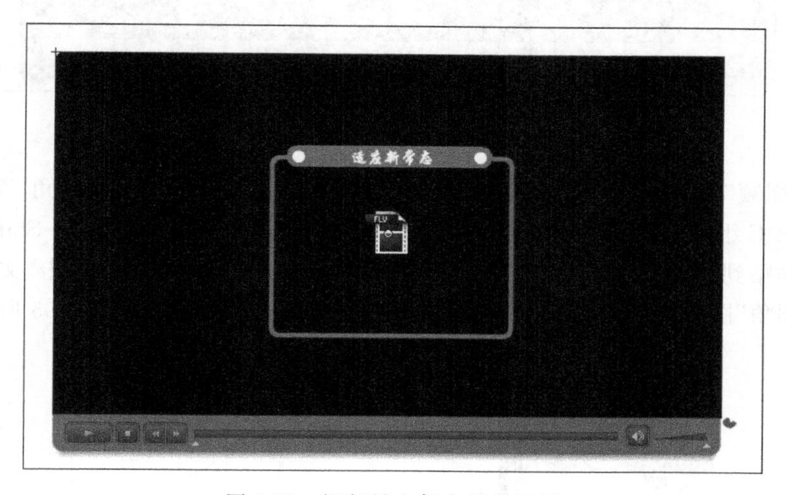

图 5.92　视频导入舞台后的效果

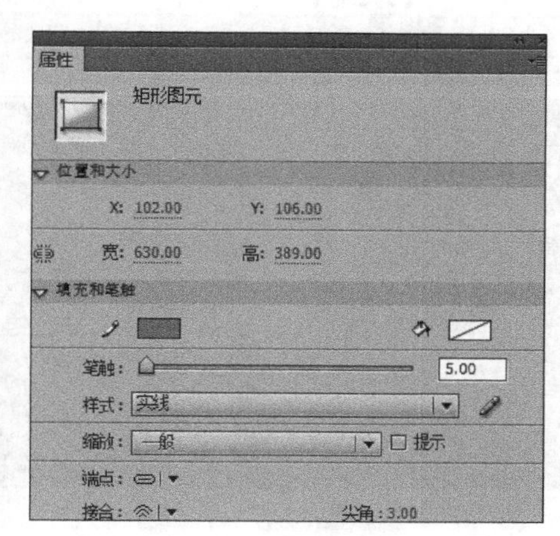

图 5.93　“属性”面板参数设置

(6) 单击“圆角”图层中的绿色圆角矩形，按 Ctrl＋F3 组合键，在弹出的“属性”面板中设置选区的“宽”为 552，“高”为 33，并将“圆角”图层中“适应新常态”文本改为“唐山市 2016 园艺博览会虚拟视频演示”，调整后的图形效果如图 5.94 所示。

图 5.94 调整后的图形效果

(7) 在“视频”图层的上方新建图层并且将其重命名为“遮罩”。单击“圆角”图层中的绿色边框，按 Ctrl＋C 组合键对其进行复制。再单击“遮罩”层的第 1 帧，按 Ctrl＋Shift＋V 组合键将绿色边框粘贴到此层中，按 Ctrl＋B 组合键对绿色边框进行打散操作。单击“文本”图层、“修饰”图层和“圆角”图层眼睛图标下边的白色圆形图标，使其变为红叉，如图 5.95 所示。

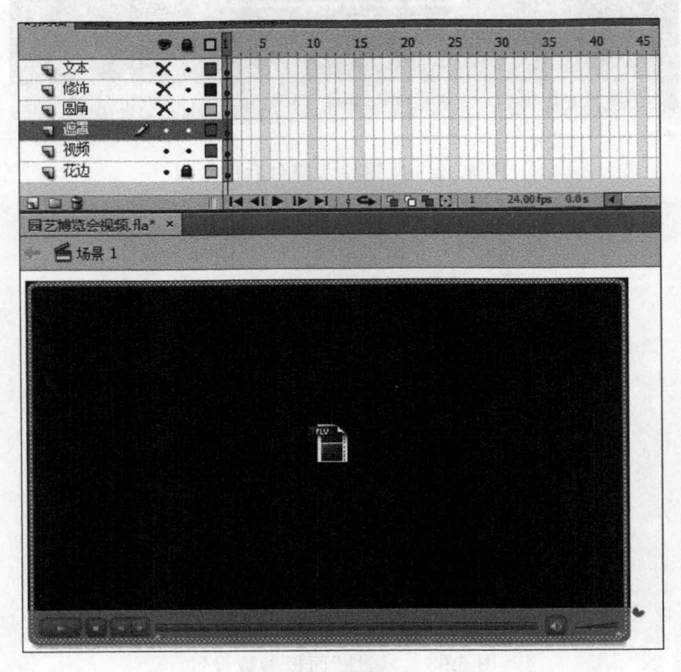

图 5.95 将绿色边框打散并隐藏 3 个图层

(8) 选择工具栏中的油漆桶工具，在工具栏的下方设置笔触颜色为“无”，填充颜色为白色，在“遮罩”图层中绿色边框内的空白区域单击，填充白色，效果如图5.96所示。

图5.96 填充白色的效果

(9) 右击“遮罩”图层，在弹出的快捷菜单中选择“遮罩层”命令。取消“文本”图层、“修饰”图层和“圆角”图层的红叉标记，舞台中的效果如图5.97所示。至此，园艺博览会视频演示制作完成，按Ctrl+Enter组合键即可查看视频播放效果。

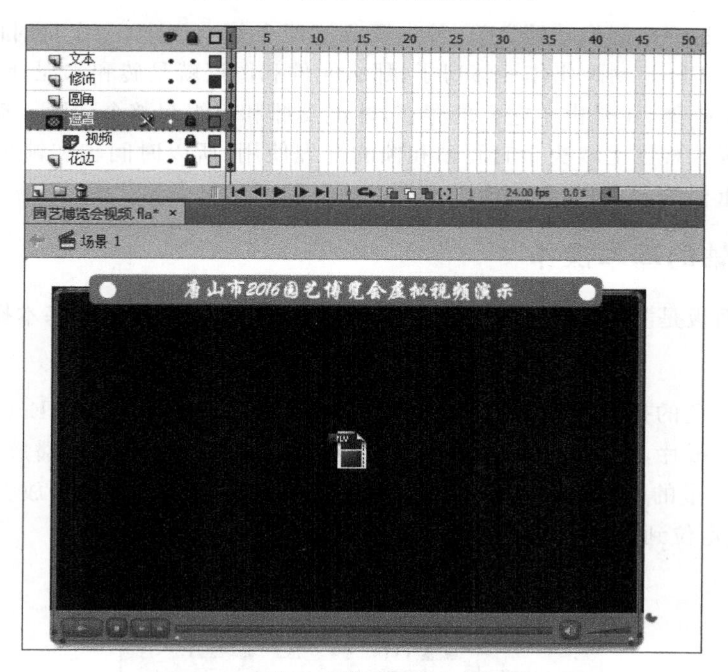

图5.97 设置遮罩层后舞台中的效果

第6章 Chapter 6

Flash CS6 基础动画的实现

Flash 动画包括 3 种类型：动作补间动画、形状补间动画和逐帧动画。运动变形和形状变形都属于补间动画。动作补间动画生成的动画对象主要是元件，能自动根据元件在两个关键帧之间位置、大小和透明度的不同，生成中间过渡动画；形状补间动画是基于两个关键帧中矢量图形在形状、色彩等方面的差异来创建动画关系，中间过渡是由软件生成的，动画生成方式比较难控制，但生成的动画比较自然。逐帧动画的原理是在连续的关键帧中分解动画动作，制作运算量比较大，文件很大，灵活性强，几乎可以表现任何内容。

6.1 帧与时间轴

在使用 Flash CS6 制作动画之前，首先要弄清两个基本概念，一个是时间轴，另一个是帧。如果把整个 Flash 动画比作一幢房子，那么元件和图层就是砖和水泥，时间轴和帧就是整个房子的基本框架，正是由于它们的存在，才能支撑和组织起整个动画。动画播放的连贯性和流畅性在很大程度上取决于时间轴和帧的合理使用，所以时间轴和帧是整个动画制作中最基本也最重要的元素，复杂的动画也是一帧一帧创建起来的。

6.1.1 时间轴的基本操作

“时间轴”面板是实现动画效果最基本的面板。下面介绍时间轴的基本操作。

1. 播放头

时间轴中红色的播放指针用来指示当前所在帧。如果在舞台中按 Enter 键，则可以在编辑状态下运行影片，播放头也会随着影片的播放而向前移动，指示出播放到的帧的位置。如果需要处理大量的帧，无法一次全部显示在时间轴上，则可以拖动播放头沿着时间轴移动，从而轻松地定位到目标帧，如图 6.1 所示。

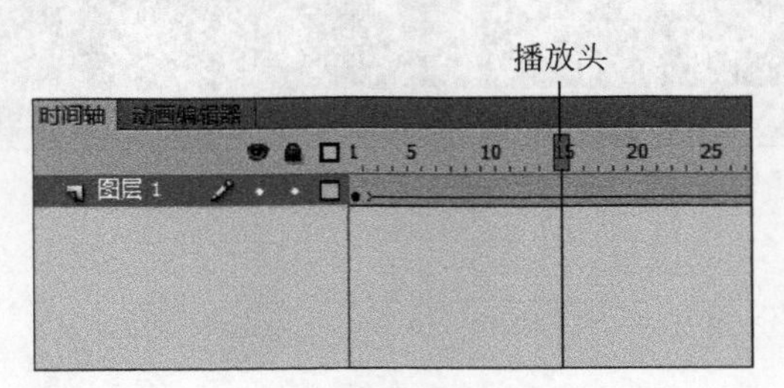

图 6.1　拖动播放头

播放头的移动是有一定范围的，最远只能移动到时间轴中定义过的最后一帧，不能将播放头移动到时间轴上未定义过的帧的范围。单击时间轴下方的帧居中按钮( )能使播放头所在帧在时间轴中间显示。

2. 时间轴的显示模式

在制作一个帧数比较多的动画时，由于时间轴的显示区域有限，往往不能将全部帧显示在时间轴上。为了便于编辑和管理整个时间轴，可通过单击时间轴窗口右上角的列表按钮( )，在弹出的菜单中选择相应的命令来改变时间轴的显示模式，如图 6.2 所示。在菜单中共有 5 种显示比例可供选择："很小""小""标准""中"和"大"。

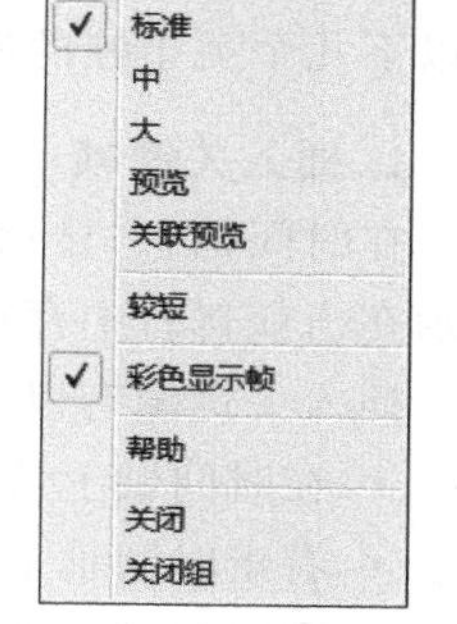

图 6.2　时间轴显示模式

该菜单中还包括以下 4 个重要命令：

- "预览"命令：如果选择该命令，则关键帧上的内容以缩略图的形式显示在时间轴上，但这样会扩大帧格，使显示的帧数减少，如图 6.3 所示。
- "关联预览"命令：如果选择该命令，则可以将对象的比例和位置在时间轴上显示出来，如图 6.4 所示。

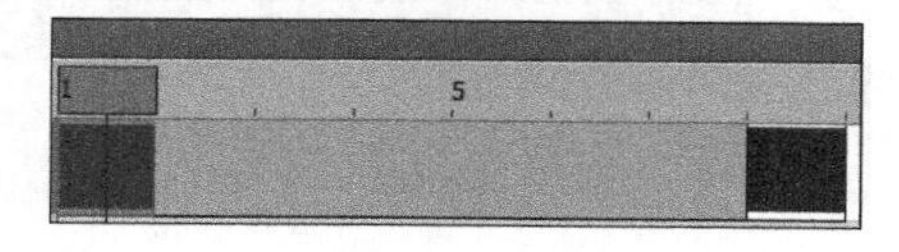

图 6.3　"预览"模式

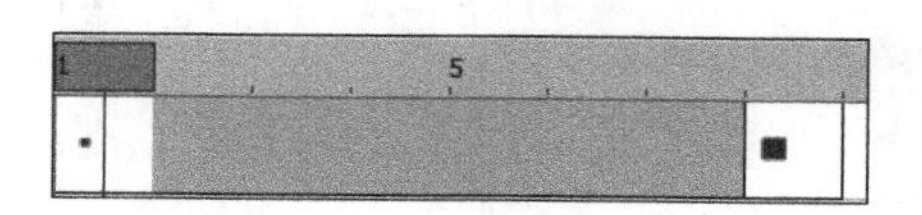

图 6.4　"关联预览"模式

- "较短"命令：如果时间轴中的图层比较多，选择该命令可以使图层的整体高度减小，从而可以将更多的图层显示出来。执行该命令前后的时间轴如图 6.5 和图 6.6 所示。

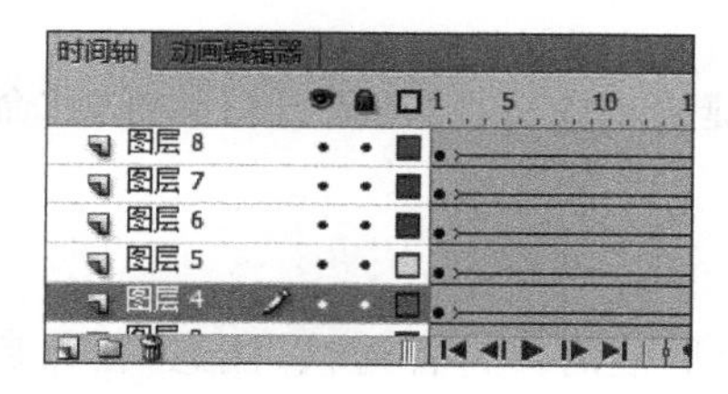

图 6.5　执行"较短"命令前的时间轴

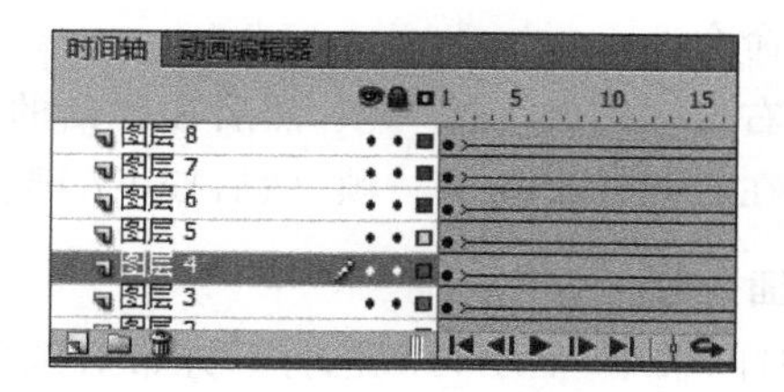

图 6.6　执行"较短"命令后的时间轴

- "彩色显示帧"命令：取消该命令前后的时间轴如图 6.7 和图 6.8 所示。

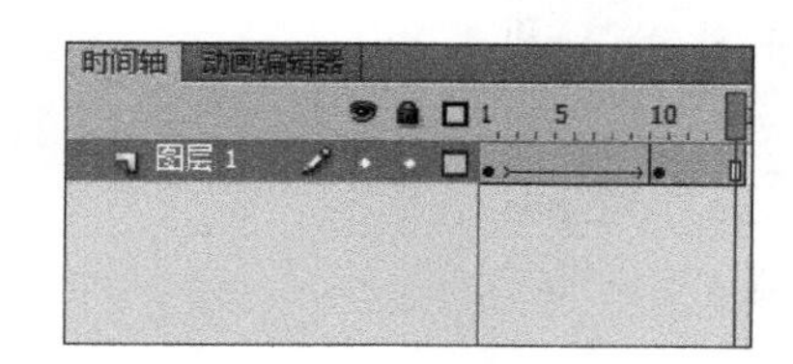

图 6.7　取消"彩色显示帧"命令前的时间轴

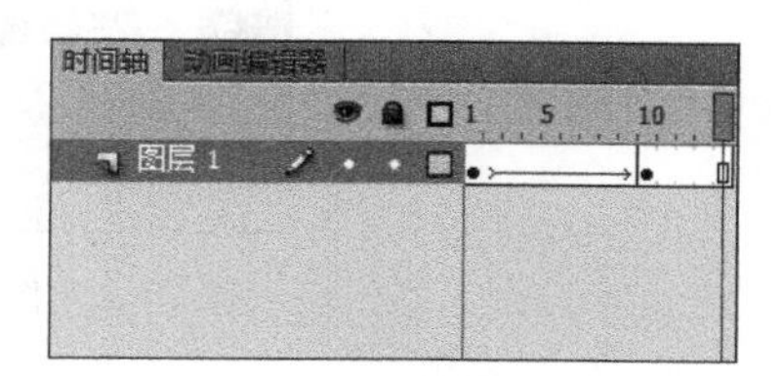

图 6.8　取消"彩色显示帧"命令后的时间轴

6.1.2 帧的类型和操作

帧就像一个容器，在动画中每个帧都包含了各式各样的元素。在 Flash CS6 中，可以执行以下几个关于帧的操作。

1. 插入关键帧

在时间轴中，显示为灰色背景并带有黑色实心圆的帧为关键帧，如图 6.9 所示。关键帧表示在当前舞台中存在一些内容。

插入关键帧有以下 3 种方法：

- 在时间轴上选取一帧，然后选择菜单栏中的“插入”→“时间轴”→“关键帧”命令。
- 右击时间轴上的一帧，然后在弹出的快捷菜单中选择“插入关键帧”命令。
- 在时间轴上选取一帧，然后按 F6 键。

2. 插入空白关键帧

在时间轴中，显示为白色背景并带有黑色空心圆的帧为空白关键帧，如图 6.10 所示。空白关键帧表示在当前舞台中该帧没有任何内容。

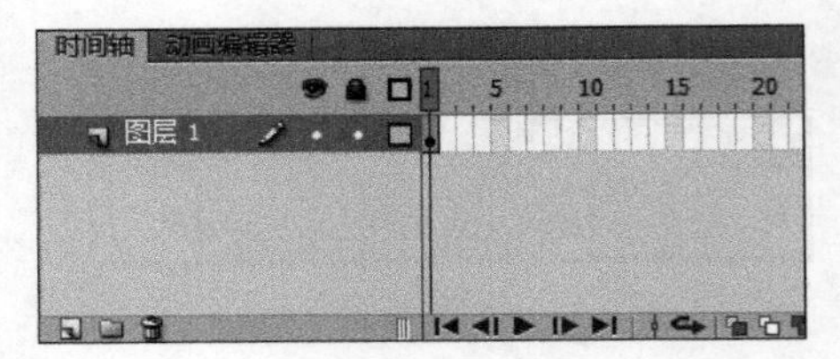

图 6.9 关键帧

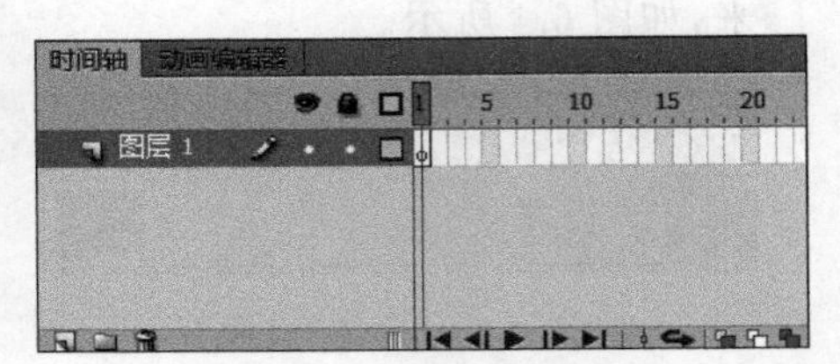

图 6.10 空白关键帧

插入空白关键帧有以下 3 种方法：

- 在时间轴上选取一帧，然后选择菜单栏中的“插入”→“时间轴”→“空白关键帧”命令。
- 右击时间轴上的一帧，然后在弹出的快捷菜单中选择“插入空白关键帧”命令。
- 在时间轴上选取一帧，然后按 F7 键。

3. 插入帧

在时间轴中，显示为灰色背景并带有黑色矩形框的帧为普通帧（注意，在以后的章节中将普通帧简称为帧），如图 6.11 所示。普通帧表示把前一帧的状态延续到此帧。

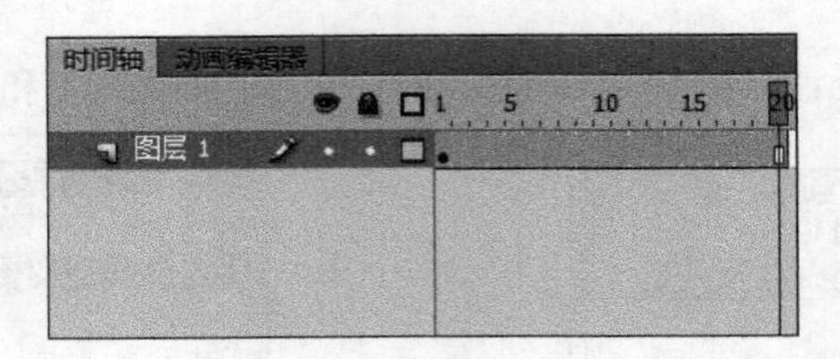

图 6.11 普通帧

插入普通帧有以下 3 种方法：

- 在时间轴上选取一帧，然后选择菜单栏中的“插入”→“时间轴”→“帧”命令。

- 右击时间轴上的一帧，然后在弹出的快捷菜单中选择"插入帧"命令。
- 在时间轴上选择一帧，然后按 F5 键。

4. 复制帧

如果要复制帧，首先要选择一个或多个帧，然后右击选定的蓝色区域，在弹出的快捷菜单中选择"复制帧"命令，再选择"粘贴帧"命令，将复制的帧粘贴到新的位置，并覆盖原来的内容。

5. 移动帧

如果要移动帧，只要选择要移动的帧，并将其拖动到指定的位置即可。

6. 删除帧

如果要删除帧，则只需在选定的帧上右击，在弹出的快捷菜单中选择"删除帧"命令即可，也可以直接按 Delete 键删除选定的帧。

6.1.3 帧标签、注释和锚记

1. 帧标签

使用帧标签有助于在时间轴上确认关键帧。例如，在动作脚本中使用 gotoAndPlay() 指定目标帧时，可以用帧标签代替帧号。当添加或移除帧时，帧标签也随着移动。

单击时间轴中的关键帧，选择菜单栏中的"窗口"→"属性"命令，在弹出的"属性"面板中的"名称"文本框中输入 aa，会发现选定关键帧上方出现一面红旗，红旗右侧的 aa 就是帧标签的名称，如图 6.12 所示。

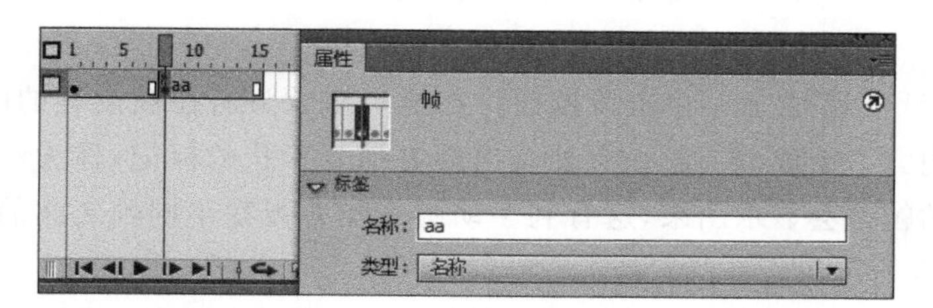

图 6.12 帧标签

2. 帧注释

帧注释有助于用户对影片的后期操作，还有助于在同一个影片中的团队合作。

如果在"属性"面板中的"帧标签"名称文本框中文本的开头输入双斜线(//)，或者在"类型"下拉列表框中选择"注释"选项，则该文本将变为帧注释。此时会发现选定关键帧出现两条绿色斜杠，如图 6.13 所示。

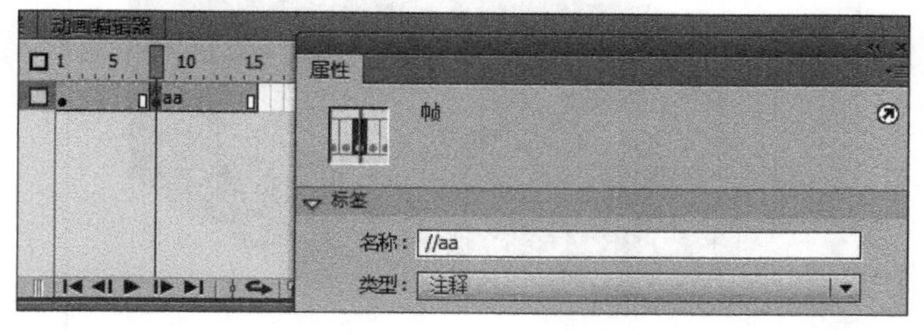

图 6.13 帧注释

3. 帧锚记

命名帧锚记可以使影片观看者使用浏览器中的前进和后退按钮从一个帧跳到另一个帧，或从一个场景跳到另一个场景，从而使Flash影片的导航变得简单。

如果在“属性”面板中的“类型”下拉列表框中选择“锚记”选项，则在“名称”文本框中输入的文本将变为帧锚记。此时会发现选定关键帧出现一个金色的锚图标，如图6.14所示。

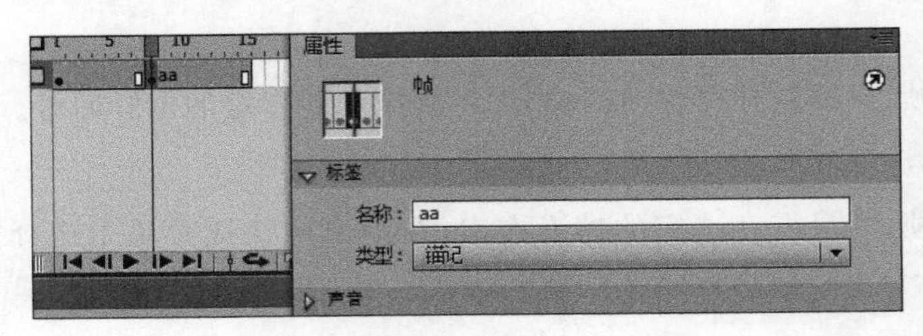

图6.14　帧锚记

6.1.4　洋葱皮

在制作连续的动画时，如果前后两帧的画面内容没有完全对齐，就会出现抖动的现象。洋葱皮工具不但可以用半透明方式显示指定序列画面的内容，而且可以在舞台上出现多帧对象以帮助动画制作者对当前帧对象进行定位和编辑，因此它是制作精准动画的必要手段。

- (循环)按钮：单击该按钮，可以将标记范围内的帧以循环播放的方式显示在舞台上。
- (绘图纸外观)按钮：单击该按钮将在显示播放头所在帧内容的同时显示其前后数帧的内容。播放范围起止点处会出现方括号形状的标记，称为洋葱皮标记，其中所包含的帧都会显示出来，这有利于动画制作者观察不同帧之间的图形变化过程，如图6.15所示。

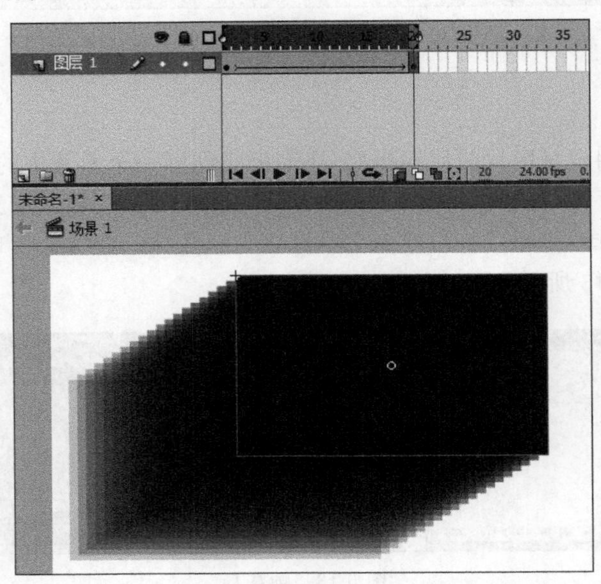

图6.15　绘图纸外观模式的显示效果

- （绘图纸外观轮廓）按钮：单击该按钮，只显示各帧图形的轮廓线，如图 6.16 所示。

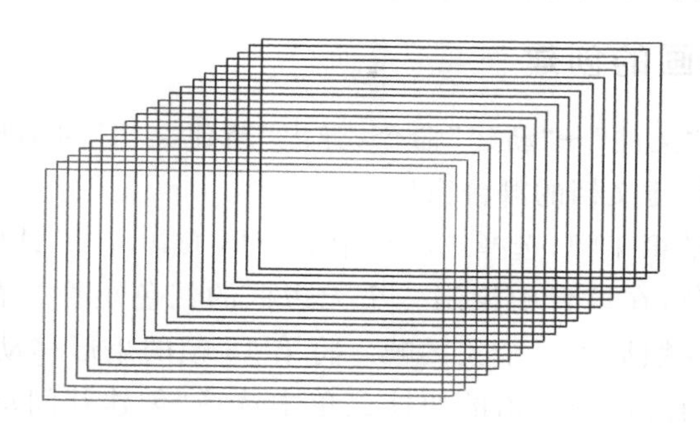

图 6.16　绘图纸外观轮廓模式的显示效果

- （编辑多帧）按钮：单击该按钮，洋葱皮标记之间的所有帧都可以编辑。编辑多帧按钮只对帧动画有效，而对渐变动画无效，因为过渡帧是无法编辑的。
- （修改标记）按钮：单击该按钮，弹出下拉菜单，如图 6.17 所示。

"始终显示标记"命令：在时间轴标尺上总是显示绘图纸标记。

"锚定标记"命令：将绘图纸标记锁定在当前的位置，其位置和范围都将不再改变，如图 6.18 所示。否则，洋葱皮的范围会跟着鼠标指针移动。

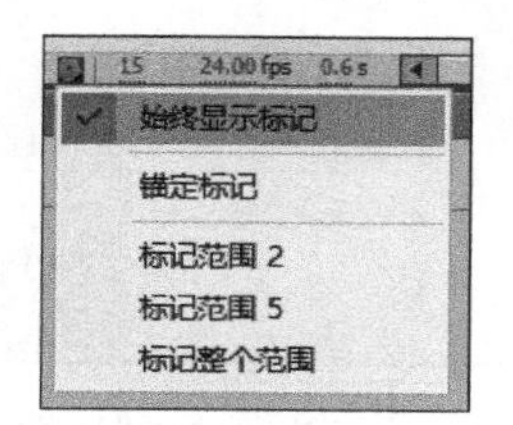

图 6.17　修改标记下拉菜单

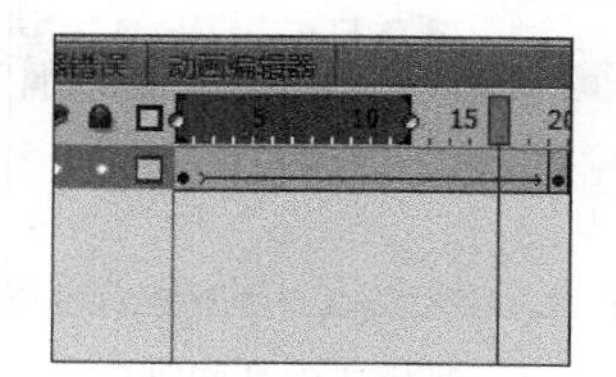

图 6.18　锚定标记

"标记范围 2"命令：显示当前帧两边各 2 帧的内容，如图 6.19 所示。

"标记范围 5"命令：显示当前帧两边各 5 帧的内容，如图 6.20 所示。

"标记整个范围"命令：显示当前帧两边所有的内容，如图 6.21 所示。

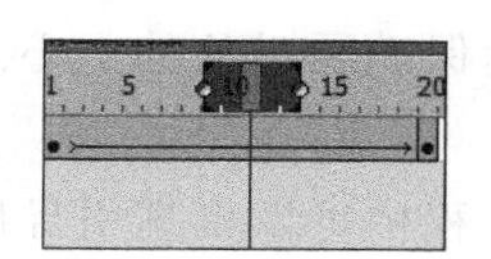

图 6.19　标记范围 2

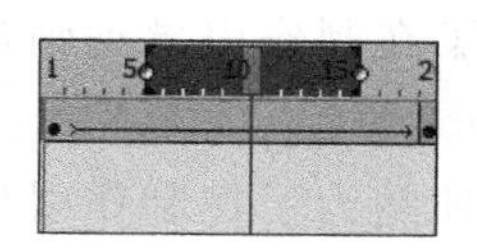

图 6.20　标记范围 5

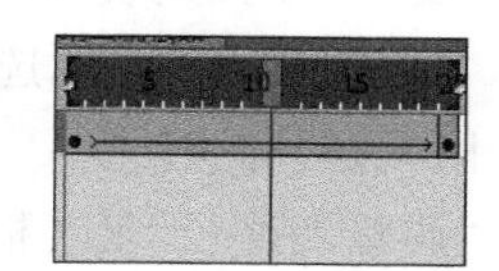

图 6.21　标记整个范围

6.2　动作补间动画

制作动画应用最多的还是补间动画。补间动画是一种能够有效地产生动画效果的方式，同时还能减小文件的大小，这是因为在补间动画中 Flash 只保存帧之间不同的数据。

创建动作补间动画时需要注意两点：第一，确保操作的对象是元件实例；第二，动作补间动画的创建需要初始状态、结束状态和动画时间 3 个元素。

6.2.1 动作补间动画的创建

(1) 选择菜单中的“文件”→“新建”命令，弹出“新建文档”对话框，参数保持默认设置，单击“确定”按钮，进入新建文档的舞台窗口。

(2) 单击“图层 1”的第 1 帧，选择工具栏中的矩形工具，在工具栏的下方设置笔触颜色为“无”，填充颜色为红色，在舞台中绘制一个无边框的红色矩形。右击“时间轴”面板的第 15 帧，按 F6 键，在第 15 帧插入一个关键帧。将第 15 帧的矩形移动到舞台右侧，然后在第 1～25 帧的任意一帧上右击，在弹出的快捷菜单中选择“创建补间动画”命令，如图 6.22 所示，动作补间动画制作完成。

(3) 单击“图层 1”的第 1 帧，选择菜单栏中的“窗口”→“属性”命令，弹出“属性”面板，如图 6.23 所示。

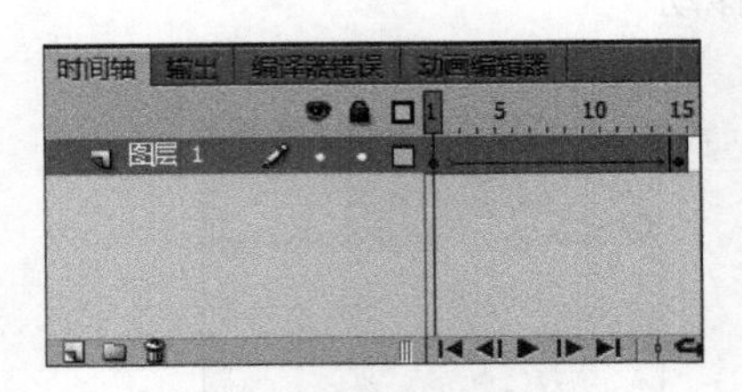

图 6.22　创建动作补间动画

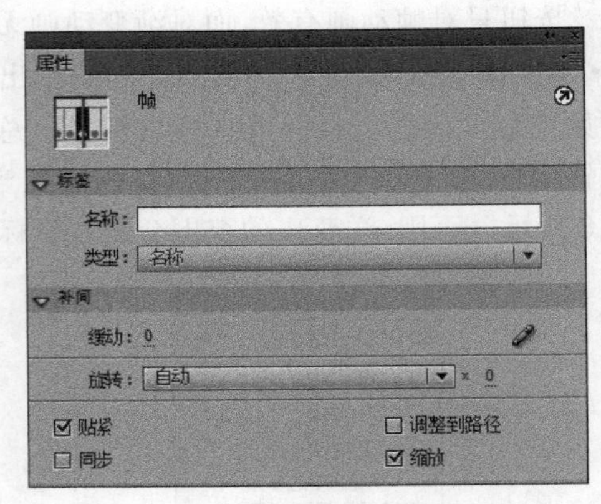

图 6.23　动作补间动画“属性”面板

- “缓动”选项：用于设定动画的运动速度。动画有 3 种运动速度变化模式：匀速运动、加速运动和减速运动，取值范围为－100～100。当选择正值时，动画效果由快减慢；当选择负值时，动画效果由慢加快；当值为 0 时，动画效果为匀速运动。
- “旋转”下拉列表框：用于设定动画中对象的旋转样式和次数。
- “贴紧”复选框：此选项是为了在制作引导动画过程中确保动画对象的中心点能吸附到运动路径上。
- “调整到路径”复选框：此选项是为了在制作引导动画过程中可以根据引导路径的走势来自动调整动画对象沿路径变化的方向。
- “同步”复选框：当动画对象是一个包含动画效果的图形元件实例时，此选项可以保证实例内部动画和时间轴动画同步。
- “缩放”复选框：此选项可以使动画对象在制作动画过程中改变比例。

6.2.2 课堂案例：简单运动效果

(1) 新建文档，选择 ActionScript 2.0，在舞台中央绘制一个无边框的正圆，并且填充为红色，如图 6.24 所示。

(2) 用线条工具在正圆上绘制 4 条交叉的线,将正圆分成 8 等份,如图 6.25 所示。

图 6.24 绘制无边框红色正圆

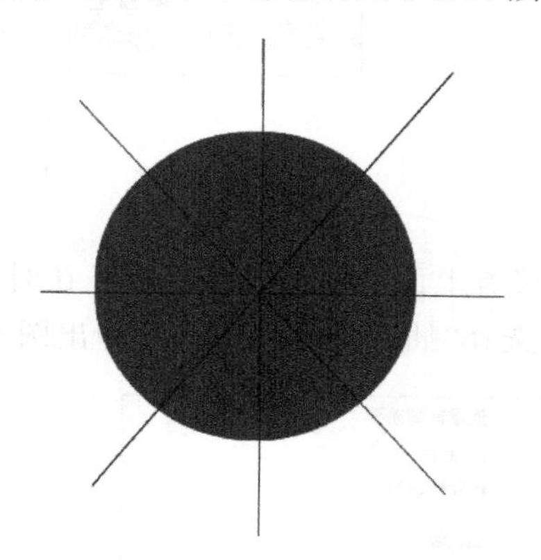

图 6.25 绘制 4 条交叉的线

(3) 用选择工具删除正圆相应的区域。用鼠标双击蓝色线,即可选定全部的线,按 Delete 键删除这些线,修改后的图形如图 6.26 所示。

(4) 下面开始制作动作补间动画效果。要正确地创建补间动画,首先必须保证对象为元件实例。选择绘制好的图形,选择菜单栏中的"修改"→"转换为元件"命令或者按 F8 键,弹出图 6.27 所示的"转换为元件"对话框,在该对话框中选择元件的"类型"为"图形",设置"名称"为"元件 1"。

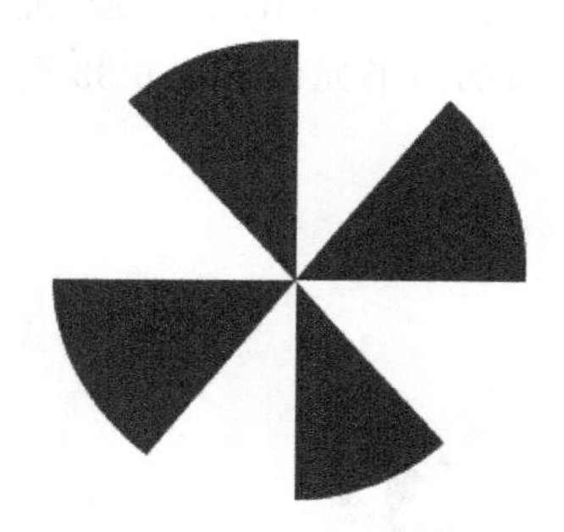

图 6.26 修改后的图形

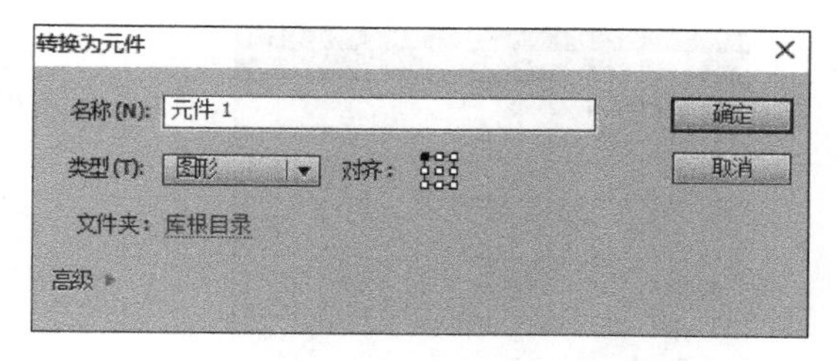

图 6.27 "转换为元件"对话框

(5) 将图形转换为元件之后,相应的帧周围会出现蓝色边框标志,如图 6.28 所示。

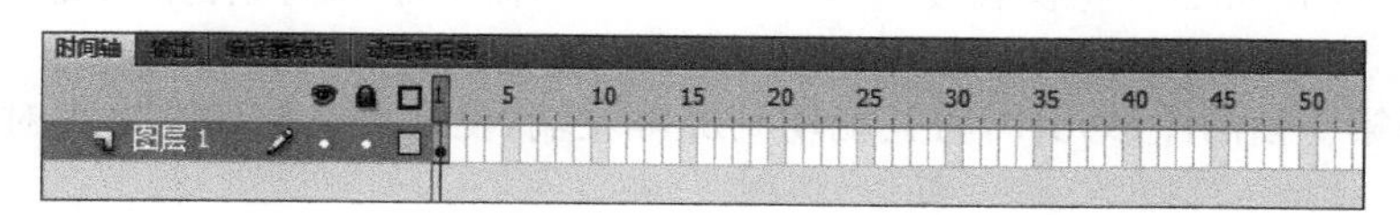

图 6.28 时间轴

帧分为关键帧、空白关键帧和普通帧。在传统动画制作过程中,都是在每一张纸上绘制图像或图形,然后把这些纸张按照一定的顺序排列起来,快速播放,就构成了动画。Flash CS6 中的一个关键帧就相当于一张纸上的图形;如果纸上什么也没有,就可以将其看成空白关键帧。普通帧也可以看成关键帧的延续。和关键帧不同的是,普通帧不会引起状态的变化。如图 6.29 所示。

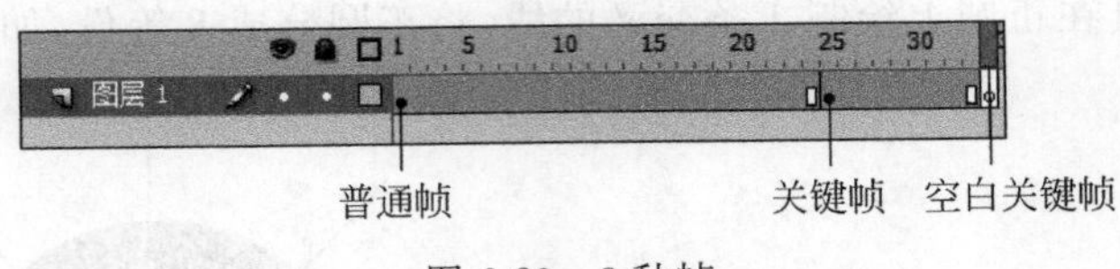

图 6.29　3 种帧

(6) 接着上面的示例进行操作。在时间轴的第 30 帧上右击,在弹出的图 6.30 所示的快捷菜单中选择“插入关键帧”命令,弹出图 6.31 所示的面板。

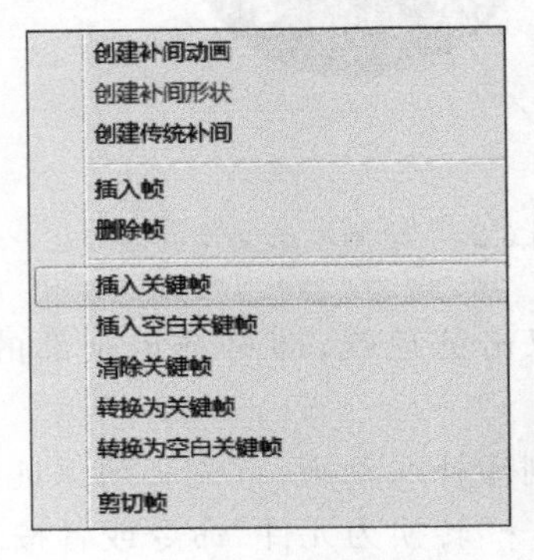

图 6.30　“插入关键帧”命令

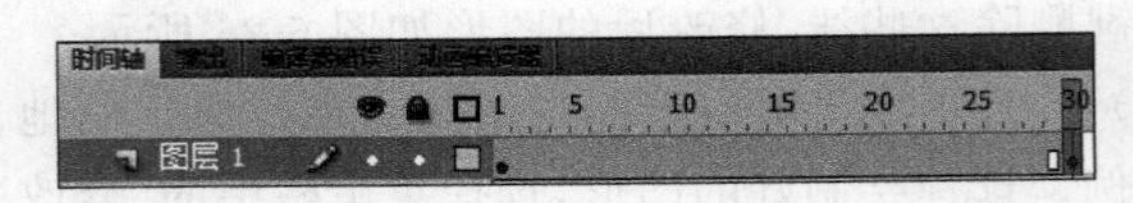

图 6.31　插入关键帧

(7) 用选择工具选择第 1 帧的图形元件,按 Ctrl＋T 组合键,在弹出的“变形”面板中,将图形元件大小调整为原来的 20%,如图 6.32 所示。缩小后的图形元件如图 6.33 所示。

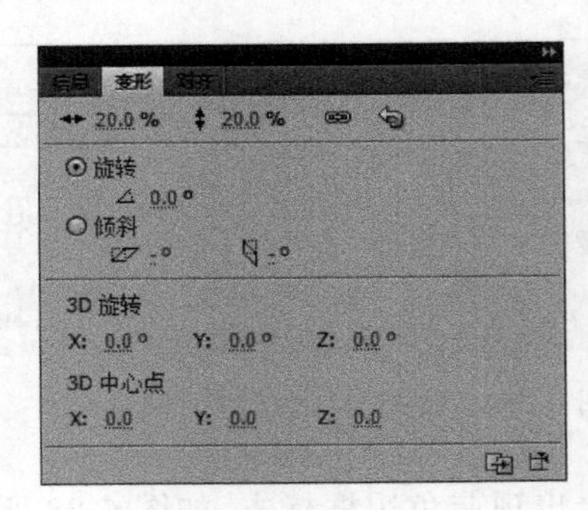

图 6.32　“变形”面板

图 6.33　缩小后的图形元件

(8) 选择第 1 帧的图形元件,将其拖动到屏幕左端,使其与文档的左边界对齐,如图 6.34 所示。

(9) 在时间轴的第 1 帧上右击,在出现的快捷菜单中选择“创建传统补间”命令,如图 6.35 所示,时间轴的状态如图 6.36 所示。

(10) 单击第 1 帧,在弹出的“属性”面板中进行“旋转”选项设置,让图形顺时针旋转 1 次,如图 6.37 所示。

(11) 采用上述方法在时间轴上的第 30 帧插入关键帧。右击第 30 帧,在出现的快捷菜单中选择“创建传统补间”命令,时间轴如图 6.38 所示。同时,在弹出的“属性”面板中设置“旋转”选项为逆时针旋转 5 次,如图 6.39 所示。

图 6.34　把图形元件移动到文档的左边界处

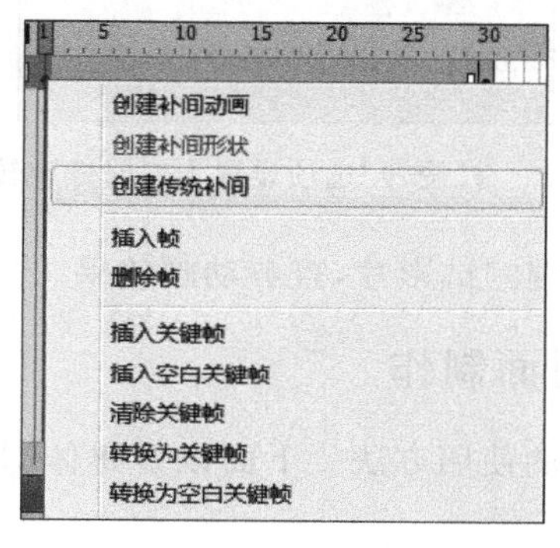

图 6.35　“创建传统补间”命令

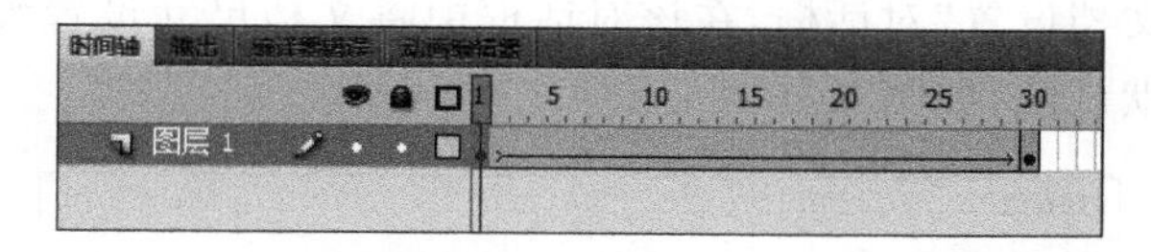

图 6.36　创建传统补间动画后的时间轴

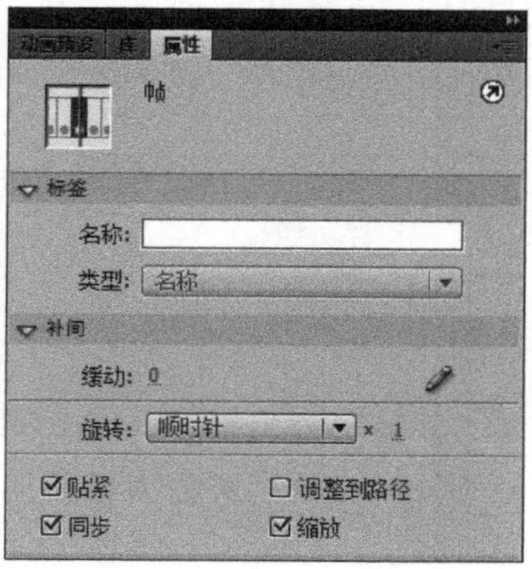

图 6.37　将“旋转”选项设置为顺时针旋转 1 次

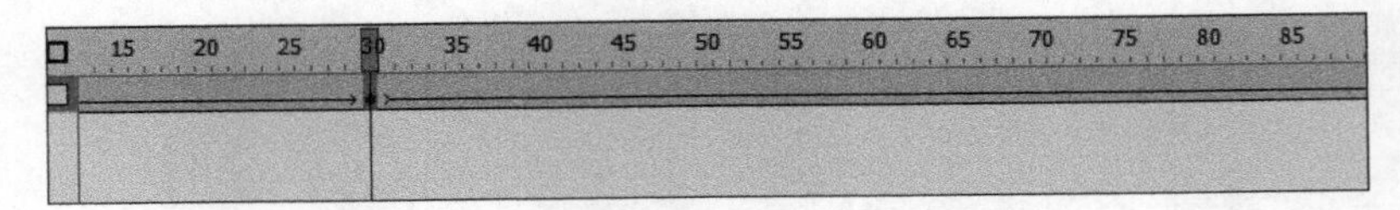

图 6.38 创建传统补间动画后的时间轴

图 6.39 将“旋转”选项设置为逆时针旋转 5 次

(12) 按 Ctrl+Enter 组合键测试影片,查看动画效果。

6.2.3 课堂案例:课件封面制作

前面讲解了动作补间动画的使用方法。下面以多媒体课件封面为示例,介绍补间动画制作过程。

(1) 新建 Flash 文档,选择 ActionScript 2.0。在舞台中央右击,在快捷菜单中选择“文档属性”命令,弹出“文档设置”对话框,在该对话框中将文档尺寸设置为宽 700 像素、高 450 像素,其他参数采用默认值,如图 6.40 所示。

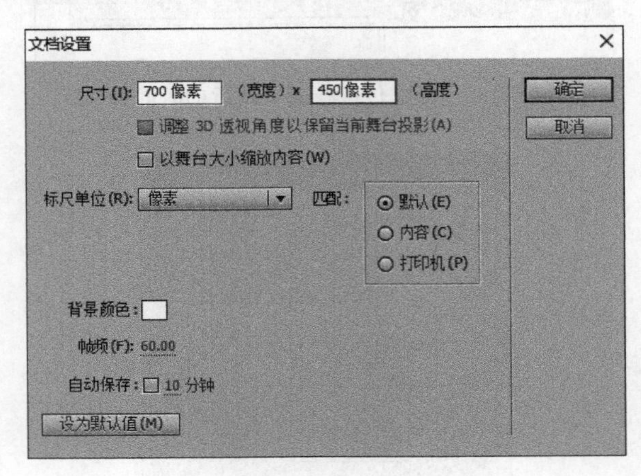

图 6.40 “文档设置”对话框

(2) 选择矩形工具,设置边框颜色为蓝色,填充颜色为“无”,在舞台中央绘制矩形框,如图 6.41 所示。

图 6.41 绘制矩形框

(3) 双击矩形框,选中全部边框,按 Ctrl+C 和 Ctrl+V 组合键进行复制和粘贴。使用任意变形工具对复制得到的矩形框进行缩放,并调整其位置,使其与原来的矩形框构成嵌套结构,如图 6.42 所示。

图 6.42 矩形环状结构

(4) 选择菜单栏中的"窗口"→"颜色"命令,在"颜色"面板中设置浅红到深红的线性渐变,如图 6.43 所示。

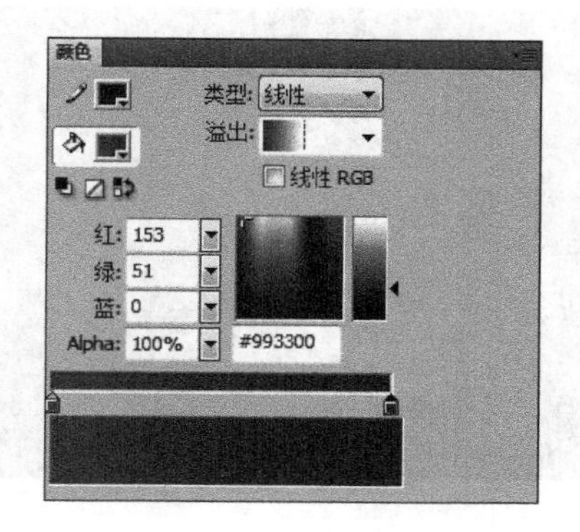

图 6.43 在"颜色"面板中设置线性渐变

(5) 双击内侧矩形框，选择工具栏上的油漆桶工具，按住 Shift 键，在选定的内侧矩形框内部由上向下拖动鼠标，填充线性渐变颜色，如图 6.44 所示。

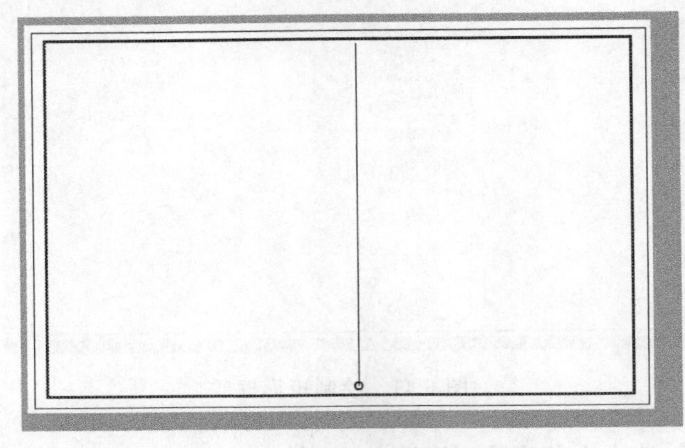

图 6.44　由上向下填充线性渐变颜色

(6) 填充完毕之后，双击内侧矩形框，按 Delete 键删除其框线，如图 6.45 所示。

图 6.45　渐变填充效果

(7) 选择工具栏中的线条工具，将外侧矩形框的 4 个顶点和内侧填充了线性渐变颜色的矩形的 4 个顶点连接，如图 6.46 所示，至此，多媒体课件欢迎界面背景修饰完毕。

图 6.46　多媒体课件欢迎界面背景

(8) 双击“图层 1”,将图层名称改为“背景”,并且单击锁定图层图标下面的白色圆形,将该图层锁定,目的是防止以后的动画操作将现有的背景图层误删、修改或者移动,如图 6.47 所示。

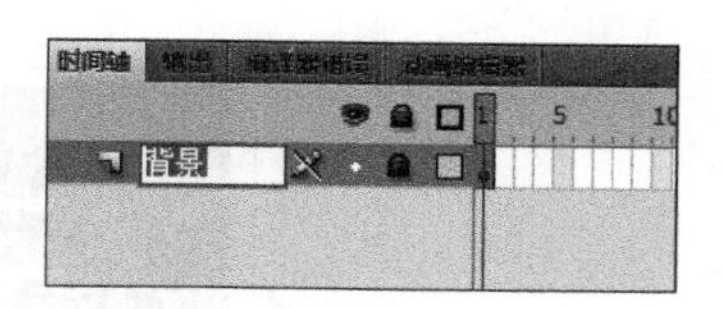

图 6.47 重命名图层和锁定图层操作

(9) 单击新建图层按钮,在“背景”图层的上方创建一个新的图层,采用步骤(8)中双击的方法将图层命名为“文本 1”,如图 6.48 和图 6.49 所示。

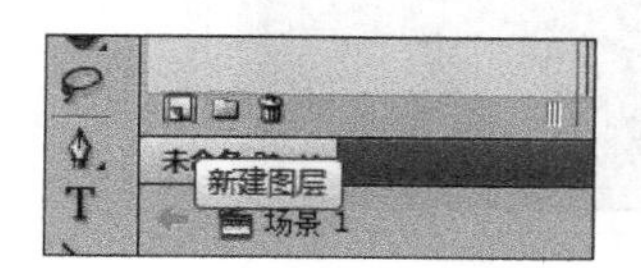

图 6.48 新建图层

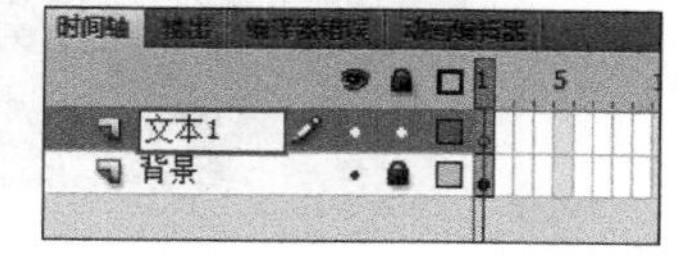

图 6.49 重命名图层

(10) 选择工具栏上的文本工具,在舞台的上部输入文本“二维动画的妙用”,并通过文本的“属性”面板设置相关的参数,如图 6.50 所示。设置完成后的文本样式如图 6.51 所示。

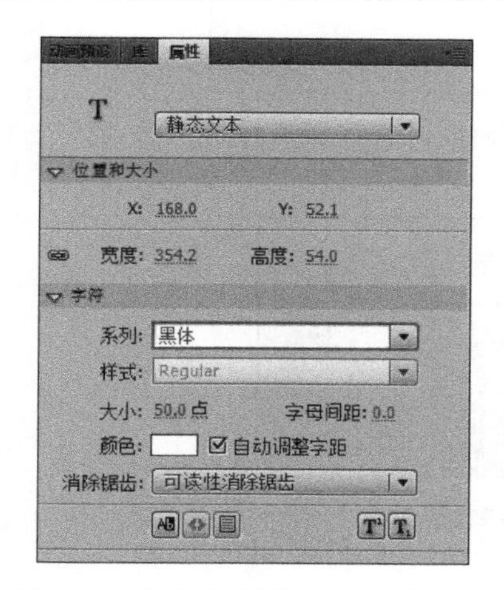

图 6.50 文本的“属性”面板参数设置

图 6.51 文本样式

注意:对于文本,可以按 Enter 键换行,以设置文本的排列样式。

(11) 新建“图层 2”和“图层 3”,分别改名为“文本 2”和“文本 3”。在“文本 2”图层输入文本“作者:张晓苗　王红　刘小宁”,在“文本 3”图层输入文本“制作时间:2017 年 12 月 26 日”,参数值可以根据需求自行设置。舞台中的文本样式如图 6.52 所示,“时间轴”面板如图 6.53 所示。

(12) 文本创建成功后,接下来开始制作补间动画。选择文本“二维动画的妙用”,按 F8 键,在弹出的图 6.54 所示的“转换为元件”对话框中,选择“类型”为“图形”,并且把元件名称命名为“题目”。

(13) 用同样的方法,将“作者:张晓苗　王红　刘小宁”文本转换为图形元件,命名为“作者”;将“制作时间:2017 年 12 月 26 日”也转换为图形元件,命名为“时间”。

(14) 选择“文本 1”图层的第 15 帧,右击,在弹出的快捷菜单中选择“插入关键帧”命令,如图 6.55 所示。

图 6.52 舞台文本样式

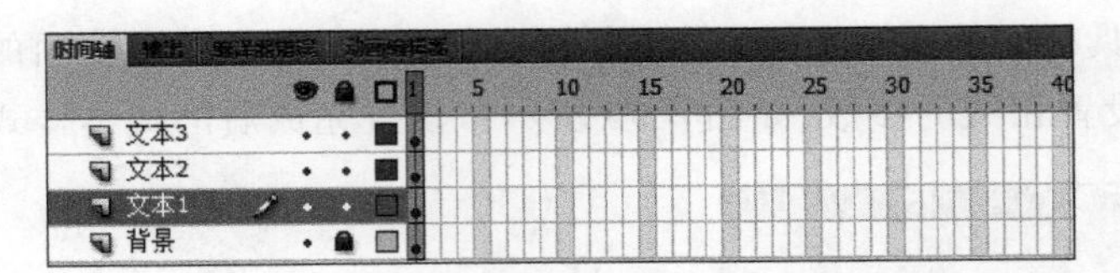

图 6.53 “时间轴”面板

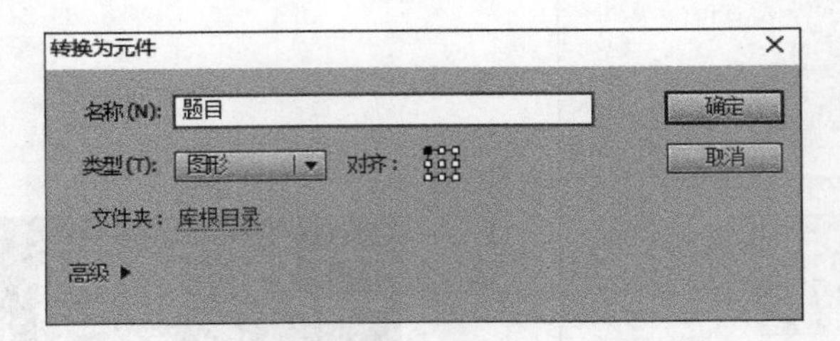

图 6.54 “转换为元件”对话框

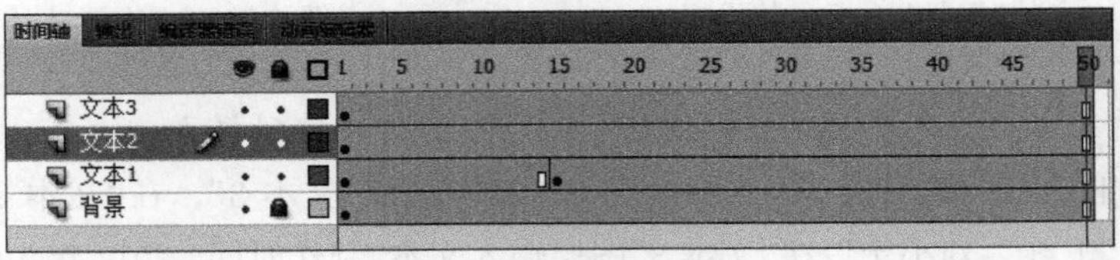

图 6.55 插入关键帧

（15）拖动“文本 2”和“文本 3”图层的关键帧，使“题目”“作者”“时间”按时间先后顺序依次出现。关键帧在时间轴上的排列如图 6.56 所示。

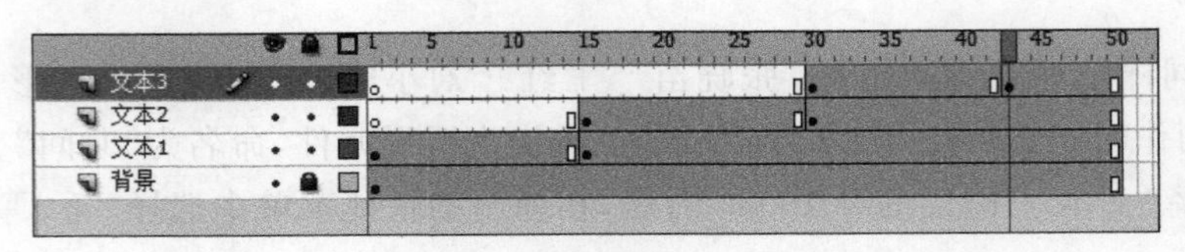

图 6.56 关键帧在时间轴上的排列

（16）分别右击“文本 1”图层的第 1 帧、“文本 2”图层的第 15 帧和“文本 3”图层的第 30 帧，在出现的快捷菜单中选择“创建传统补间”命令，创建传统补间动画，如图 6.57 所示。

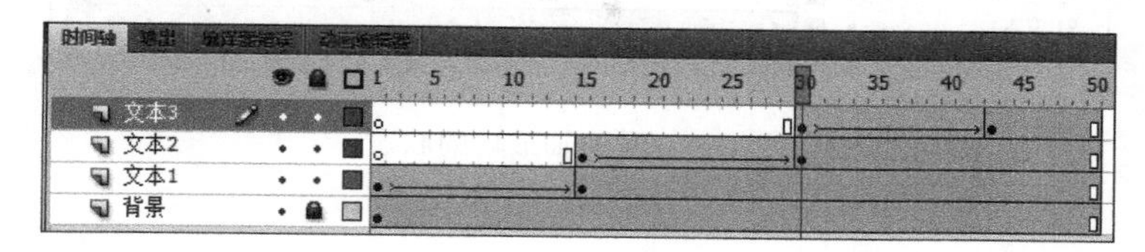

图 6.57　创建传统补间动画

（17）选择“文本 1”图层的第 1 帧，将“题目”元件拖动到舞台左边。选择“文本 2”图层的第 15 帧，将“作者”元件拖动到舞台左边。选择“文本 3”图层的第 30 帧，将“时间”元件也拖动到舞台左边。上述 3 个元件的位置如图 6.58 所示。

图 6.58　移动元件位置

（18）在“文本 3”图层的最后一帧右击，在弹出的快捷菜单中选择“插入关键帧”命令，选择菜单栏中的“窗口”→“动作”命令或者直接按 F9 键，在弹出的“动作”面板中输入命令 stop()，如图 6.59 所示。时间轴最后的状态如图 6.60 所示。

图 6.59　“动作”面板

注意：*在添加 stop()命令之前，一定要确保第 50 帧已被选定。如果该帧没有被选定，则不能正确添加 stop()命令，动画也不能在第 50 帧停止播放。*

（19）按 Ctrl+Enter 组合键测试影片，查看影片效果。

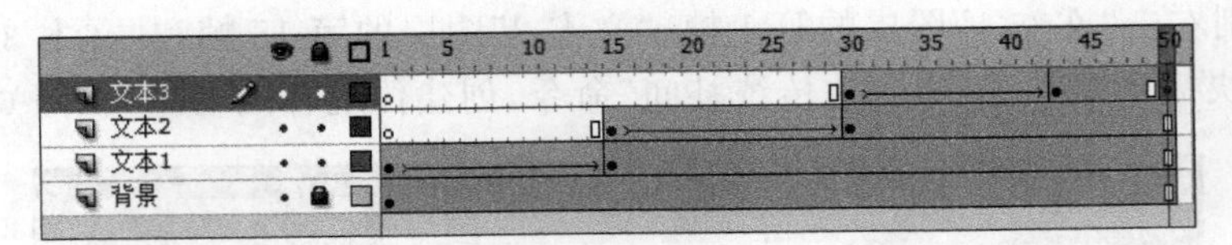

图 6.60　时间轴最后的状态

6.3　形状补间动画

形状补间动画是相对于被打散的对象而言的，它和动作补间动画一样，同样需要起始状态、结束状态和动画时间。下面讲解形状补间动画的使用方法。

6.3.1　形状补间动画的创建

（1）选择菜单栏中的“文件”→“新建”命令，弹出“新建文档”对话框，参数保持默认设置，单击“确定”按钮，进入新建文档的舞台窗口。

（2）单击“图层 1”的第 1 帧，选择工具栏中的椭圆工具，在工具栏的下方设置笔触颜色为“无”，填充颜色为蓝色，在舞台中绘制一个无边框的蓝色正圆。右击“时间轴”面板的第 15 帧，按 F7 键，在第 15 帧插入一个空白关键帧。选择工具栏中的矩形工具，在第 15 帧绘制一个无边框的蓝色矩形。然后在第 1～25 帧的任意一帧上右击，在弹出的快捷菜单中选择“创建补间形状”命令，如图 6.61 所示，形状补间动画制作完成。

（3）单击“图层 1”的第 1 帧，选择菜单栏中的“窗口”→“属性”命令，弹出“属性”面板，如图 6.62 所示。

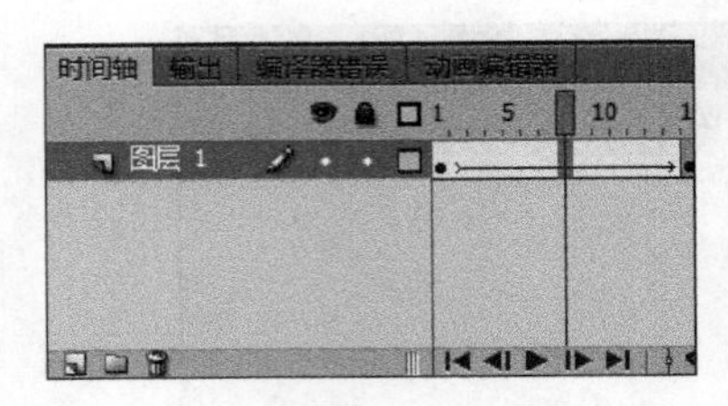

图 6.61　创建形状补间动画

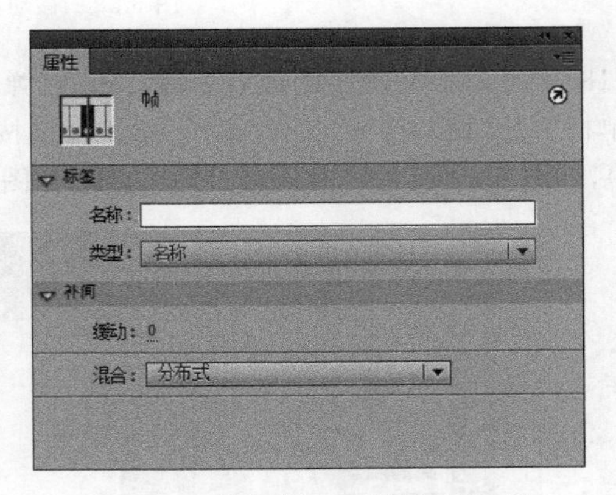

图 6.62　形状补间动画“属性”面板

- “缓动”选项：由于形状补间动画和动作补间动画的“缓动”选项相同，故不再一一讲述。
- “混合”下拉列表框：提供了“分布式”和“角型”两种混合方式，“分布式”选项可以使变形的中间形状趋于平滑，“角型”则在制作动画过程中包含角度和直线的中间形状。

6.3.2 课堂案例：线条的变换

用线条实现形状补间动画的方法在动画制作中频繁使用，下面介绍实现过程。

(1) 新建文档，选择 ActionScript 2.0。使用线条工具在文档中绘制一条黑色水平线。单击新建图层按钮，在"图层 1"的上方再创建 3 个图层，分别命名为"图层 2""图层 3"和"图层 4"，如图 6.63 所示。接着在每个图层中依次绘制垂直和水平线，使 4 个图层中的 4 条线构成一个矩形，如图 6.64 所示。

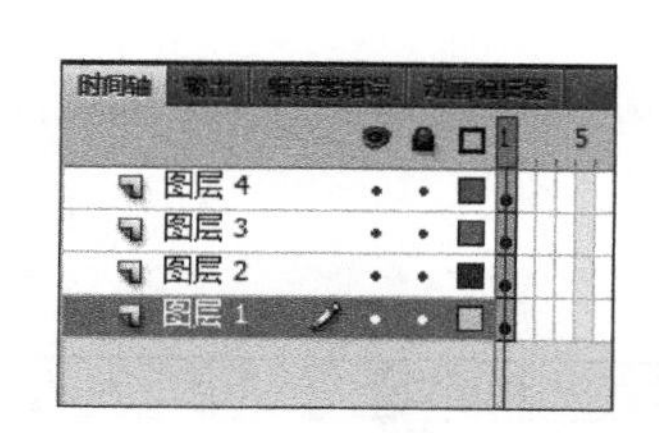

图 6.63 图层排布状态

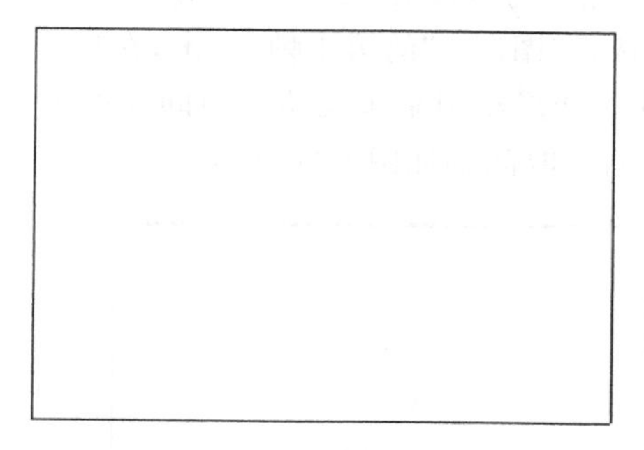

图 6.64 绘制线条构成矩形

(2) 一定要确保每个图层中只放一条黑色线，并保持 4 条线连接紧密，成为一个无缝的矩形边框。下面介绍一种快速插入多帧的方法。首先，用鼠标单击"图层 4"的第 20 帧，按住 Shift 键，再单击"图层 1"的第 20 帧，这样"图层 1"到"图层 4"的第 20 帧同时呈蓝色选定状态。在蓝色选定区域右击，选择快捷菜单中的"插入关键帧"命令，即可插入多帧，如图 6.65 所示。

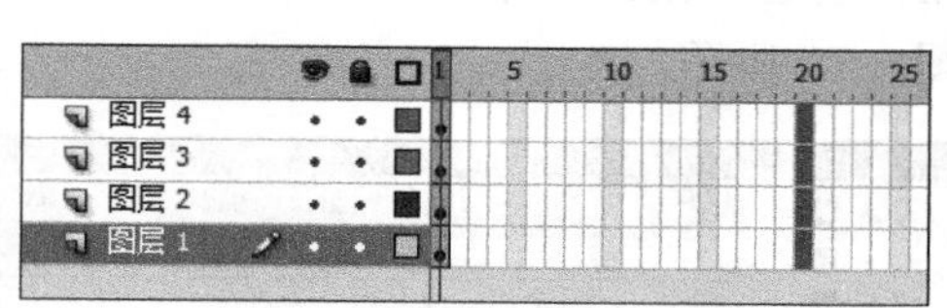

图 6.65 同时插入多帧

(3) 用步骤(2)选择多帧的方法选定"图层 1"到"图层 4"的第 1 帧，右击，在出现的快捷菜单中选择"创建补间形状"命令，这样可以为几个图层同时设置形状补间动画效果，可以节省操作时间，提高工作效率，如图 6.66 所示。

(4) 选择"图层 1"的第 1 帧，这时"图层 1"中的线会被选中。选择工具栏上的任意变形工具，线上会出现控制点。将中心控制点移动到线左端，如图 6.67 所示。

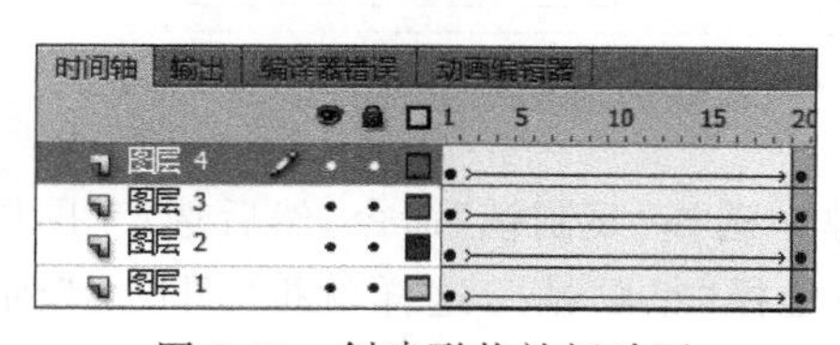

图 6.66 创建形状补间动画

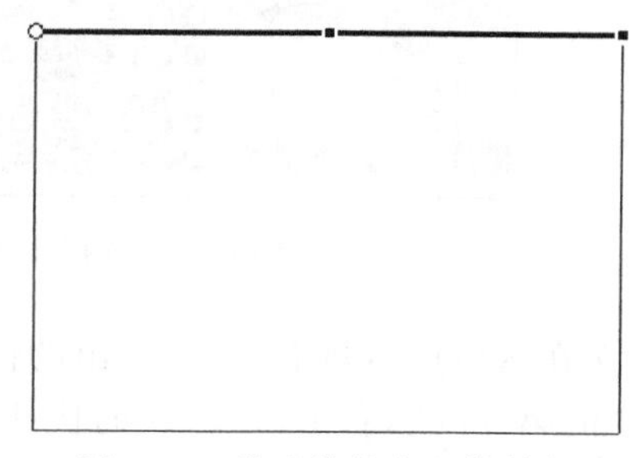

图 6.67 移动线的中心控制点

(5) 将"图层 1"中的线用任意变形工具缩短,如图 6.68 所示。

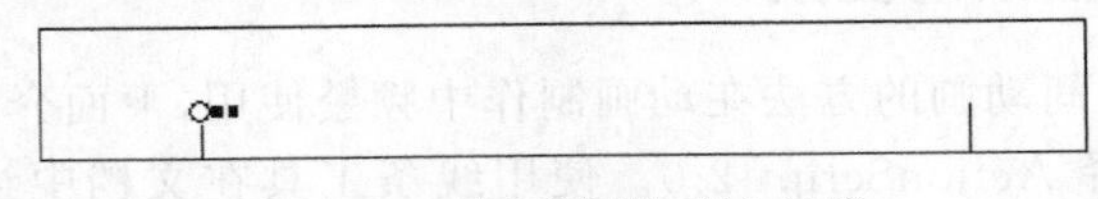

图 6.68 缩短"图层 1"中的线

(6) 单击"图层 1"的第 20 帧,将中心控制点也移动到线的左端,这样做的目的是让线以左端为变形点,向右伸展,如图 6.69 所示。

(7) 选择"图层 1"的第 1 帧,右击,在出现的快捷菜单中选择"创建形状补间"命令,"图层 1"的线条变形动画制作成功。用同样的方法制作另外 3 个图层的线条变形动画。动画制作完毕后的时间轴如图 6.70 所示。

图 6.69 在第 20 帧移动线的中心控制点

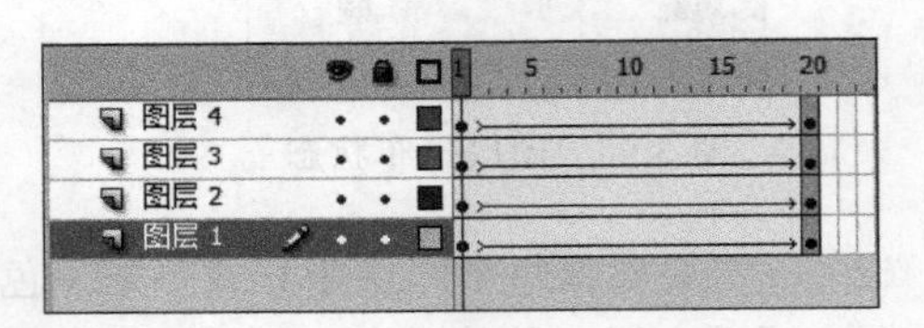

图 6.70 动画制作完毕后的时间轴

(8) 用选用多帧的方法,选定"图层 1"到"图层 4"的第 55 帧,右击,在弹出的快捷菜单中选择"插入帧"命令,如图 6.71 所示。

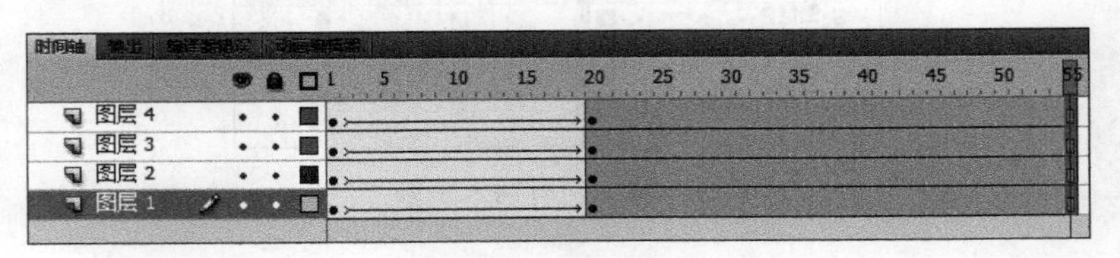

图 6.71 插入帧

(9) 选择"图层 4"的第 1 帧,按住 Shift 键,再单击"图层 1"的第 20 帧,采用这种选择方法可以同时选择"图层 1"到"图层 4"第 1～20 帧的动画区域,如图 6.72 所示。

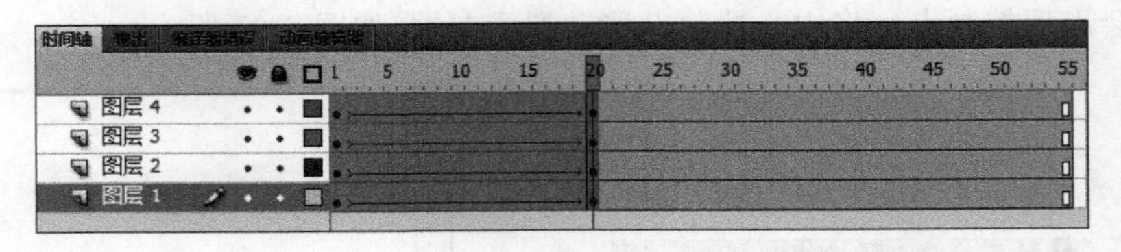

图 6.72 选择 4 个图层第 1～20 帧的动画区域

(10) 在选定的区域右击,在弹出的快捷菜单中选择"复制帧"命令,然后选定"图层 1"到"图层 4"的第 56 帧,右击,在出现的快捷菜单中选择"粘贴帧",这样就把"图层 1"到"图层 4"第 1～20 帧的动画区域复制到第 56 帧处,如图 6.73 所示。

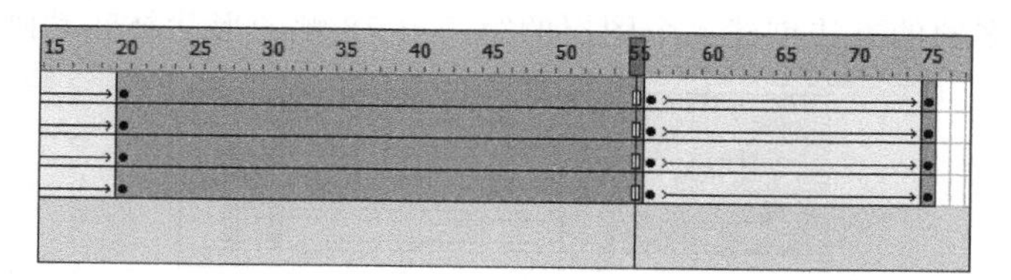

图 6.73　复制动画区域

(11) 用上述选定动画区域的方法,选定第 56～75 帧,右击,在弹出的快捷菜单中选择“翻转帧”命令(“翻转帧”命令的功能是把动画效果按照相反的顺序播放一遍),如图 6.74 所示。

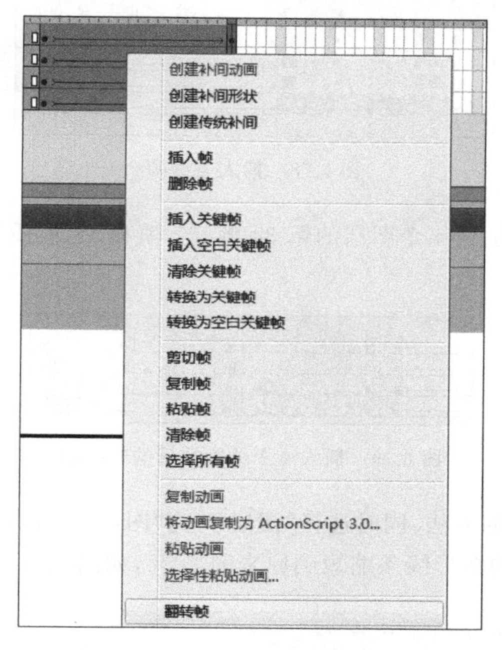

图 6.74　“翻转帧”命令

(12) 按住 Shift 键,在 4 个图层的第 78 帧同时插入关键帧,如图 6.75 所示。

(13) 选定“图层 1”到“图层 4”的第 78 帧,单击工具栏上的笔触颜色按钮,将第 78 帧线条的 Alpha(透明度)值设为 0(Alpha 值为 0,代表对象全透明;Alpha 值为 100,代表对象不透明),如图 6.76 所示。

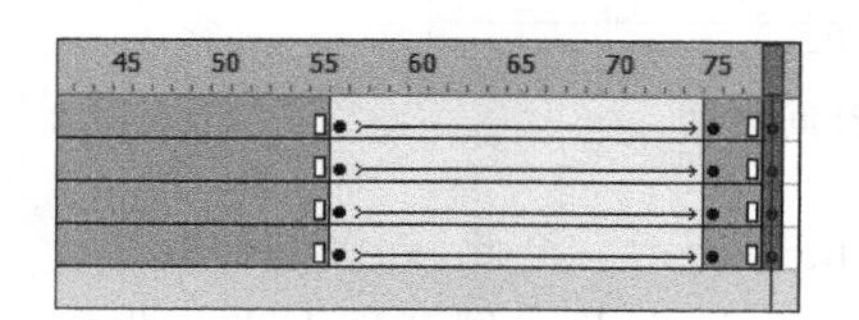

图 6.75　插入关键帧

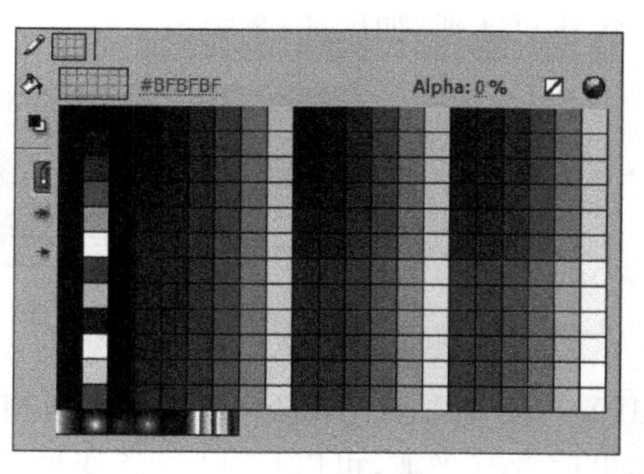

图 6.76　设置透明度为 0

(14) 用选择多帧的方法创建 4 个图层的第 75～78 帧的形状补间动画，如图 6.77 所示。

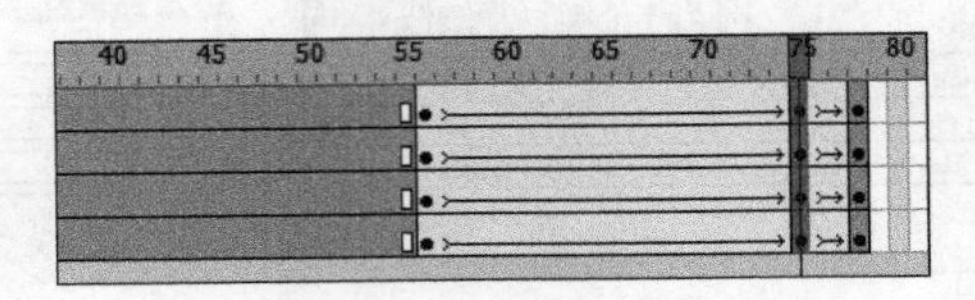

图 6.77　创建形状补间动画

(15) 同时选择 4 个图层的第 23 帧，插入关键帧，如图 6.78 所示。

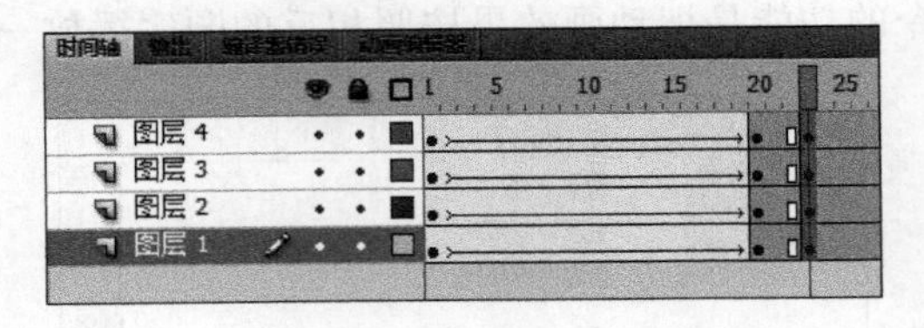

图 6.78　插入关键帧

(16) 按照相同的方法在 4 个图层的第 34 帧、37 帧和 48 帧插入关键帧。至此，时间轴如图 6.79 所示。

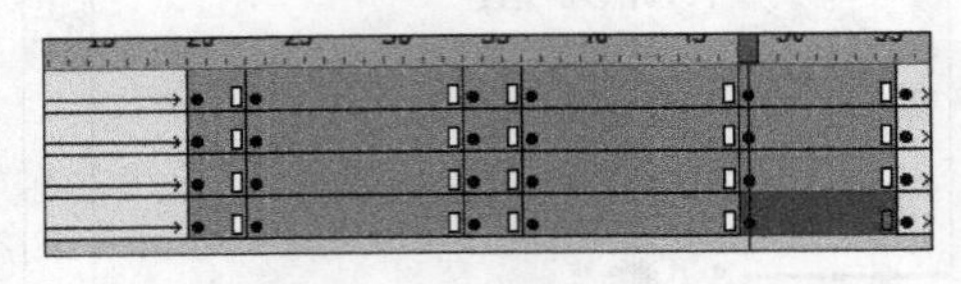

图 6.79　插入 4 个关键帧后的时间轴

(17) 采用选择多帧的方法，同时选择“图层 1”到“图层 4”的第 34 帧，如图 6.80 所示，使用“变形”面板将舞台中的矩形线条缩短到原来的 20%，如图 6.81 所示。

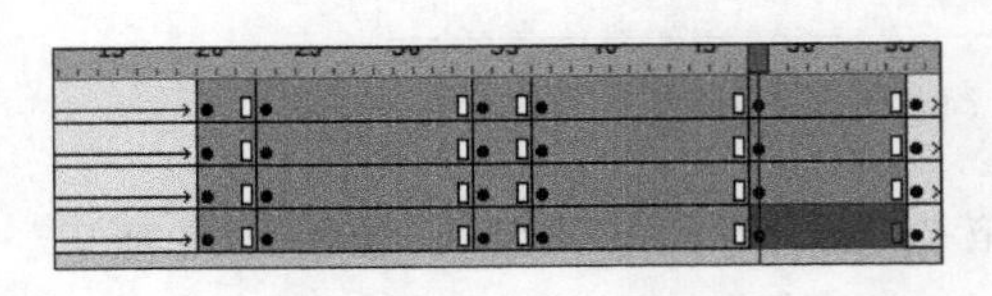

图 6.80　同时选择 4 个图层的第 34 帧

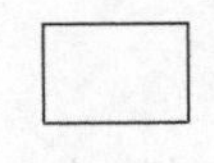

图 6.81　缩短矩形线条

(18) 选择“图层 1”到“图层 4”的第 37 帧，将舞台中的矩形线条缩短到原来的 20%，并创建形状补间动画，如图 6.82 所示。

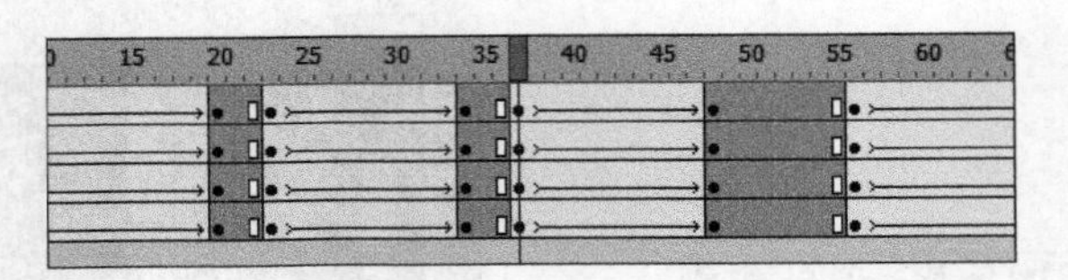

图 6.82　创建形状补间动画

(19) 在 4 个图层的第 95 帧插入普通帧，如图 6.83 所示。至此，动画制作完毕。

如果读者有兴趣，可以打开“线条变形动画延伸.fla”，在此示例基础上进一步深入制作变形动画，相信大家一定能制作出更加绚丽的效果。

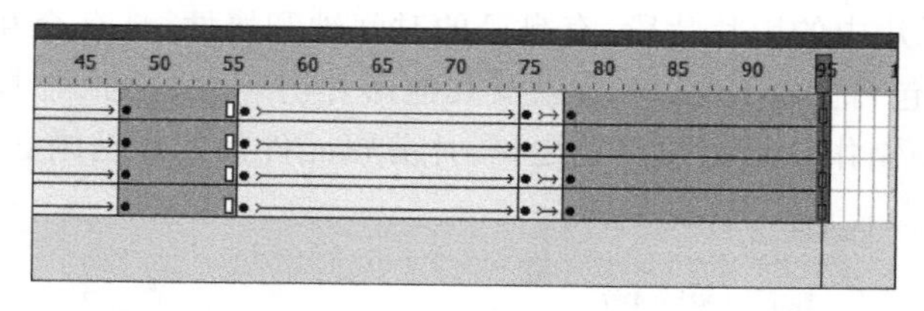

图 6.83　插入普通帧

6.3.3　课堂案例：形状的变换

线条变形动画是形状补间动画的一种。除此之外，还有其他实体形状的变形动画。下面以文本动画为例，具体介绍实体形状变形动画的制作方法。

(1) 新建文档，选择 ActionScript 2.0，将“帧频”设置为 15fps。在舞台中央绘制一个无填充颜色的正圆。使用选择工具选择正圆，在“属性”面板中设置“笔触”的宽度为 8.0，如图 6.84 所示。

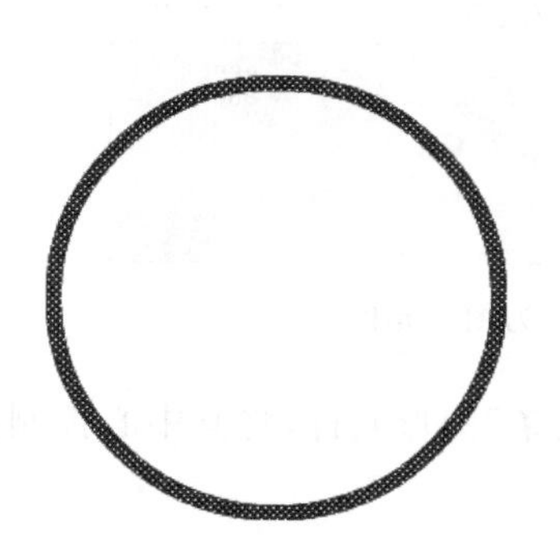

图 6.84　在“属性”面板中设置正圆参数

(2) 新建“图层 2”。在“图层 2”中绘制绿色线条，并在“属性”面板中设置“笔触”的宽度为 3，如图 6.85 所示。

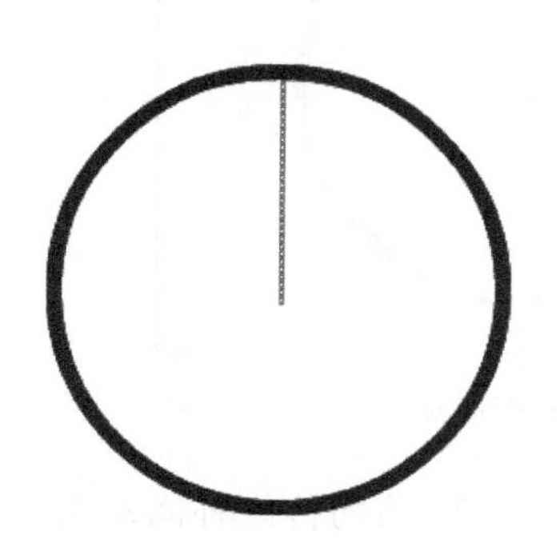
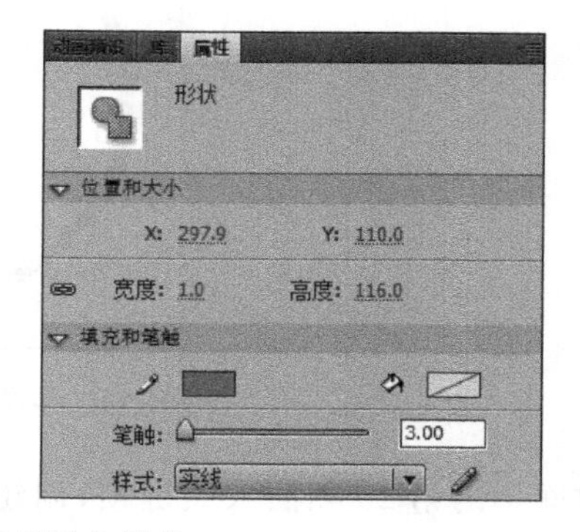

图 6.85　设置绿色线条

(3) 在“图层 2”中选择绿色线条，按 F8 键，将绿色线条转换为名称为“绿线条-影片”的影片剪辑元件，如图 6.86 所示，这是为了省去以后的重复操作，提高工作效率。影片剪辑元件是包含在 Flash 影片中的影片片段，有自己的时间轴和属性，具有交互性，是用途最广、功能最多的元件，可以包含交互控制、声音以及其他影片剪辑元件的示例，也可以将其放置在按钮元件的时间轴中制作动画按钮。总之，影片剪辑元件是制作动画必不可少的元件。

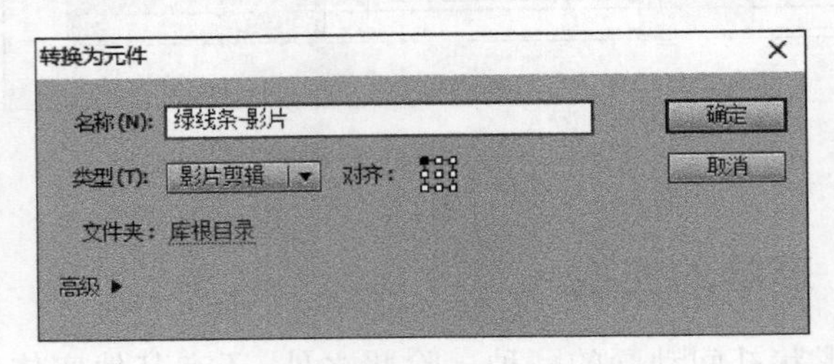

图 6.86 “转换为元件”对话框

(4) 双击“绿线条-影片”元件，进入其编辑模式。选择绿色线条，按 F8 键，将其转换为名称为“绿线条”的图形元件，如图 6.87 所示。

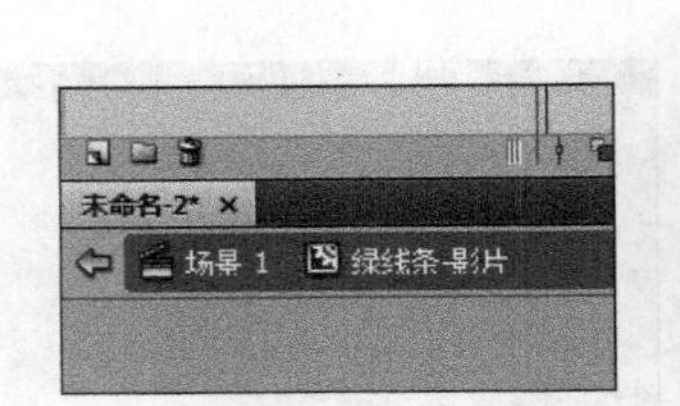

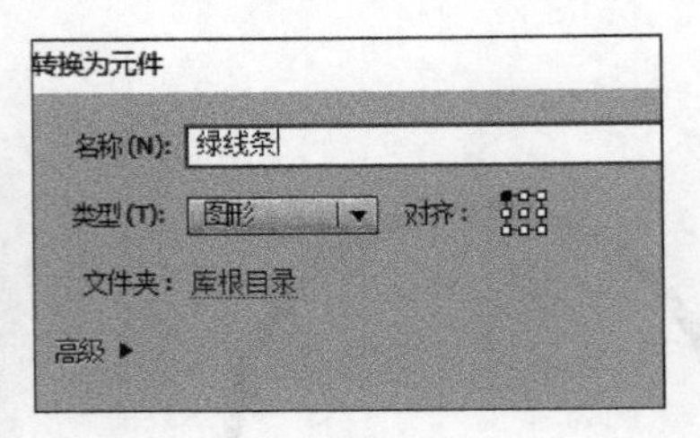

图 6.87 将绿色线条转换为图形元件

(5) 选择工具栏上的任意变形工具，选择“绿线条”图形元件，将其中心控制点移动到线条的下端点处(即正圆的圆心处)，如图 6.88 所示。

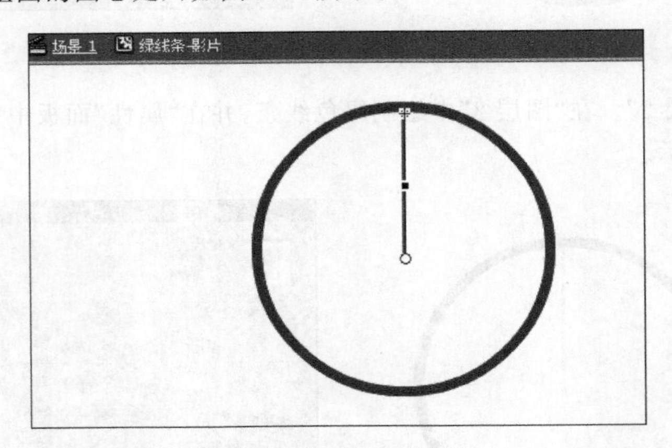

图 6.88 移动中心控制点

(6) 在时间轴的第 20 帧插入关键帧，创建第 1～20 帧的传统补间动画。选定第 1 帧，在“属性”面板中设置“绿线条”元件顺时针旋转一圈，如图 6.89 所示。

(7) 单击“场景 1”，返回主场景，如图 6.90 所示。按 Ctrl+Enter 组合键，对影片进行测试，就会看到线条围绕圆心顺时针旋转的动画。

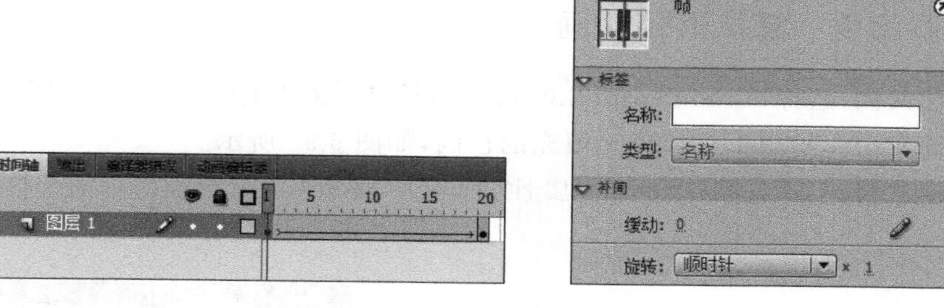

图 6.89 创建“传统补间动画”

图 6.90 单击“场景 1”返回主场景

(8) 右击第 100 帧,在快捷菜单中选择“插入帧”命令。新建“图层 3”,将“图层 3”拖动到“图层 1”和“图层 2”的中间,并且锁定“图层 1”和“图层 2”。在“图层 3”中每隔 20 帧依次输入 1、2、3、4、5、1 共 6 个数字,如图 6.91 所示。

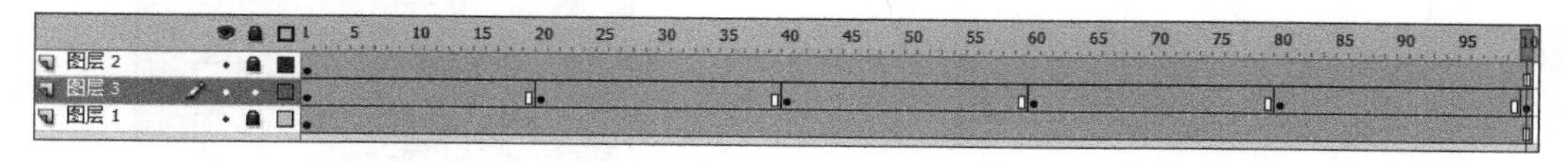

图 6.91 在“图层 3”中每隔 20 帧依次输入 6 个数字

(9) 分别选择“图层 3”中的第 1 帧、第 20 帧、第 40 帧、第 60 帧、第 80 帧、第 100 帧的文本,按 Ctrl+B 组合键打散文本。在第 1 帧、第 20 帧、第 40 帧、第 60 帧、第 80 帧创建形状补间动画,如图 6.92 所示。

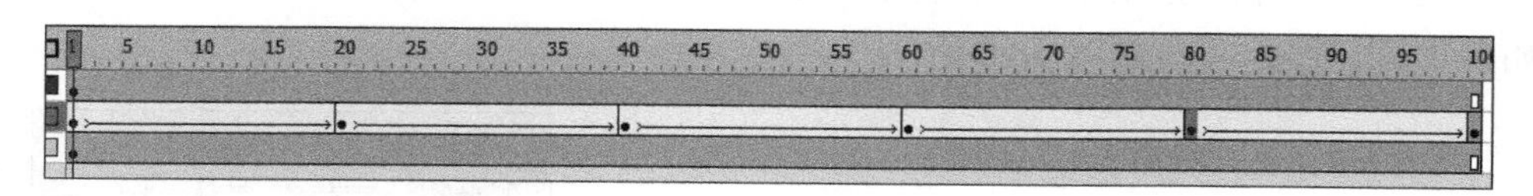

图 6.92 创建形状补间动画

6.4 逐帧动画

逐帧(frame by frame)动画是一种常见的动画形式,其原理是在连续的关键帧中分解动画动作,也就是在时间轴上逐帧绘制连续变化的内容,在播放时形成动画。因为逐帧动画的帧序列内容不一样,不但给制作增加了负担,而且最终输出的文件量也很大;但它的优势也很明显,逐帧动画具有非常大的灵活性,几乎可以表现任何内容,而且它类似于电影的播放模式,很适合表现细腻的动画,例如人物或动物急速转身、头发及衣服的飘动、说话、走路以及精细的3D效果等。

6.4.1 课堂案例：简单逐帧动画

（1）新建文档，选择ActionScript 2.0，将"帧频"设置为15fps。选择基本椭圆工具，按住Shift键，在舞台中央绘制一个绿色无填充的正圆，如图6.93所示。

（2）使用选择工具选择正圆，在"属性"面板中取消对"闭合路径"复选框的选取，如图6.94所示。

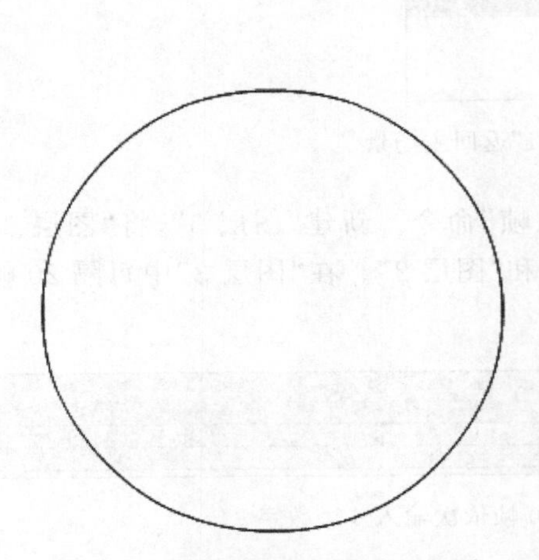

图6.93 绘制绿色无填充的正圆

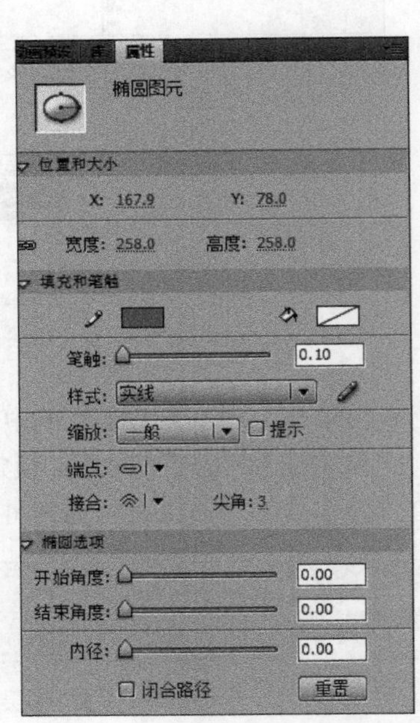

图6.94 "属性"面板参数设置

（3）按F6键，在时间轴上快速插入36个关键帧，如图6.95所示。

（4）选择第1帧，使用选择工具选择正圆，在"属性"面板中将"椭圆选项"选项区中的"开始角度"设置为350°，如图6.96所示。

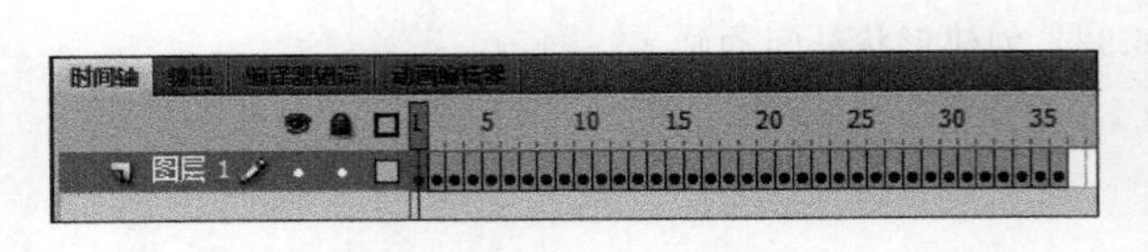

图6.95 插入36个关键帧

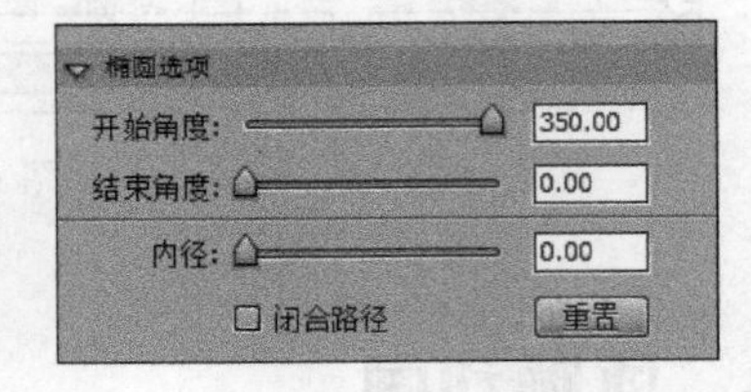

图6.96 "椭圆选项"参数设置

（5）使用同样的方法选择其他帧，在"属性"面板中将"椭圆选项"选项区中的"开始角度"依次递减10°，即分别为340°，330°，320°，…，最后一帧的"开始角度"为0°。

（6）在时间轴的第55帧插入普通帧，如图6.97所示。

（7）到这一步，基本动画效果已经实现了。不过还可以对当前的动画进一步细化，单击第1帧，按住Shift键，再单击第36帧，这样就同时选定了第1～36帧，右击选定区域，在快

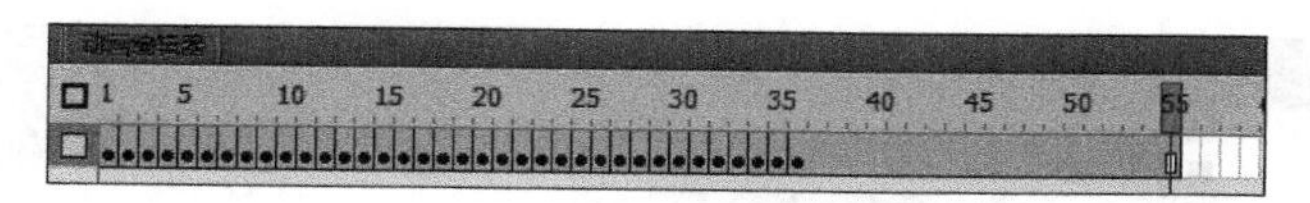

图 6.97　在第 55 帧插入普通帧

捷菜单中选择“复制帧”命令，如图 6.98 所示。

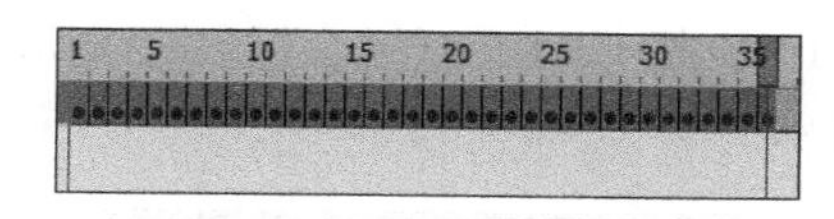

图 6.98　复制第 1～36 帧

(8) 选择菜单栏中的“插入”→“新建元件”命令，在弹出的“创建新元件”对话框中选择“类型”为“影片剪辑”，将“名称”设置为“转动的圆环”，如图 6.99 所示。

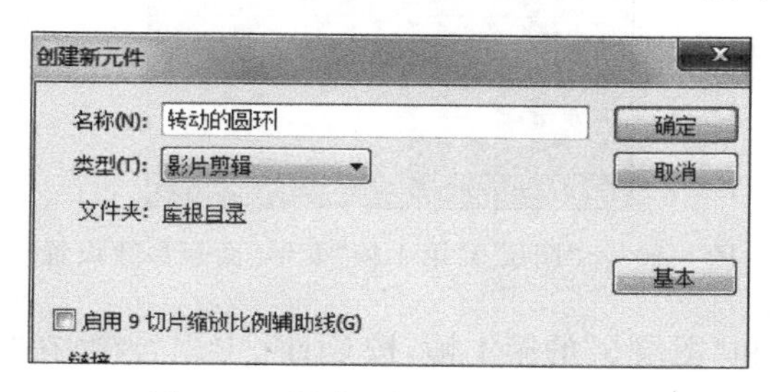

图 6.99　创建“转动的圆环”元件

(9) 单击“确定”按钮后，会进入该影片剪辑的编辑模式。选择“图层 1”的第 1 帧，右击该帧，在弹出的快捷菜单中选择“粘贴帧”命令，如图 6.100 所示。

(10) 单击“场景 1”，返回主场景。单击新建图层按钮，新建“图层 2”。右击“图层 1”，在弹出的快捷菜单中选择“删除图层”命令，如图 6.101 所示。

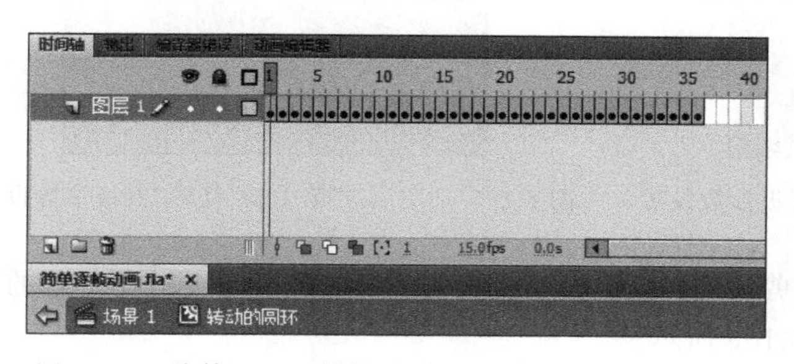

图 6.100　将第 1～36 帧粘贴到影片剪辑元件的“图层 1”

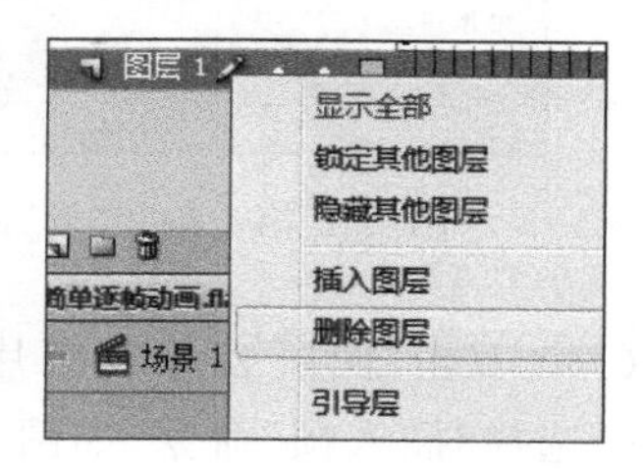

图 6.101　“删除图层”命令

(11) 选择菜单栏中的“窗口”→“库”命令，将影片剪辑元件“转动的圆环”从“库”面板拖动到舞台中央，并使用任意变形工具将该元件的中心控制点移动到圆环的圆心处。单击新建图层按钮，新建“图层 3”“图层 4”和“图层 5”。选择“图层 2”的第 1 帧，右击该帧，在快捷菜单中选择“复制帧”命令，再分别右击“图层 3”“图层 4”和“图层 5”的第 1 帧，在快捷菜单中选择“粘贴帧”命令，将“图层 2”的第 1 帧复制到其他 3 个图层中，如图 6.102 所示。

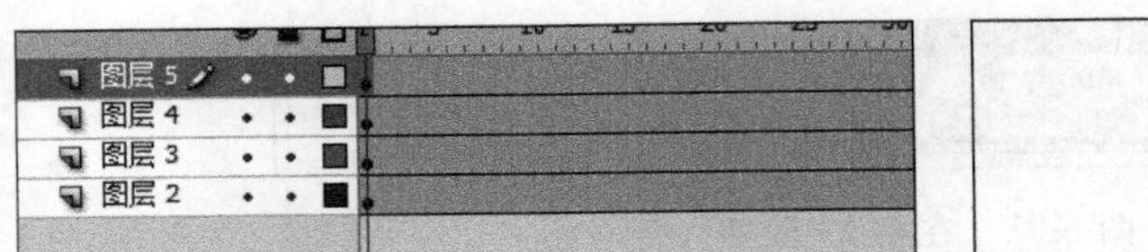

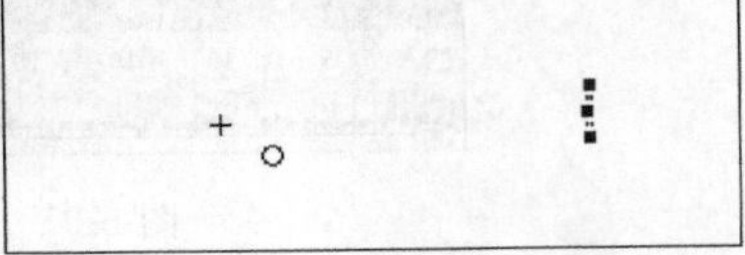

图 6.102 将“图层 2”的第 1 帧复制到其余 3 个图层

(12) 选择“图层 3”的第 1 帧，按 Ctrl＋T 组合键，在“变形”面板中设置“旋转”角度为 90.0°，参数设置如图 6.103 所示。

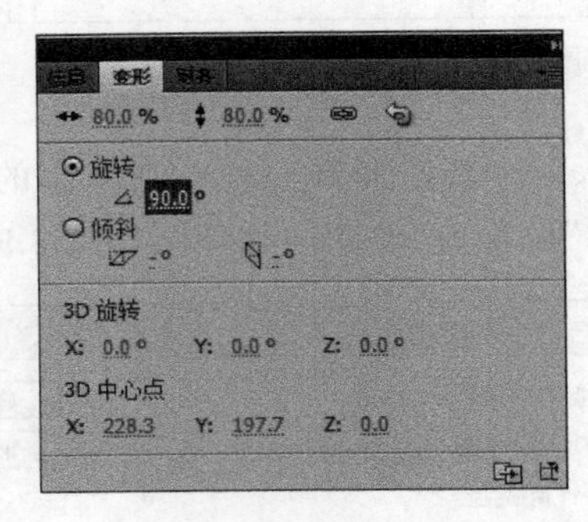

图 6.103 “图层 3”第 1 帧“变形”面板参数设置

(13) 选择“图层 4”和“图层 5”的第 1 帧，按 Ctrl＋T 组合键，在“变形”面板中设置参数，如图 6.104 和图 6.105 所示。

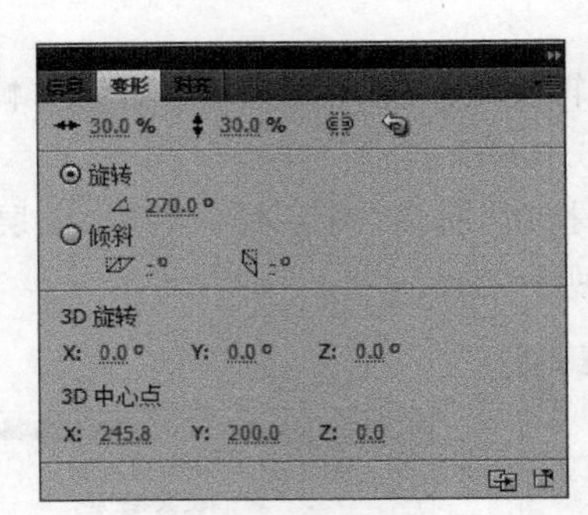

图 6.104 “图层 4”第 1 帧“变形”面板参数设置

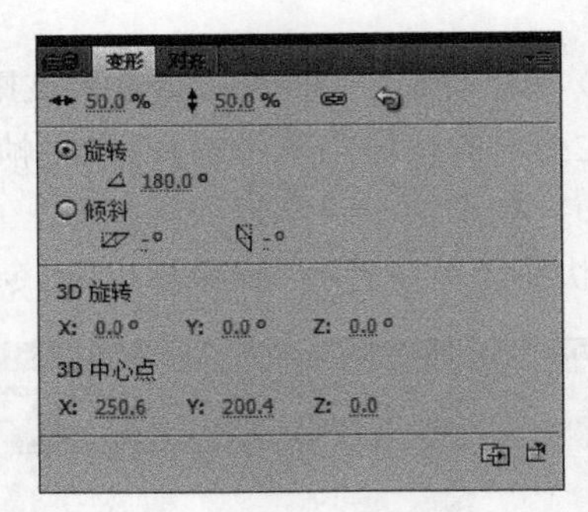

图 6.105 “图层 5”第 1 帧“变形”面板参数设置

(14) 双击“图层 2”中的影片剪辑元件，进入其编辑模式。右击第 55 帧，在出现的快捷菜单中选择“插入帧”命令，如图 6.106 所示。

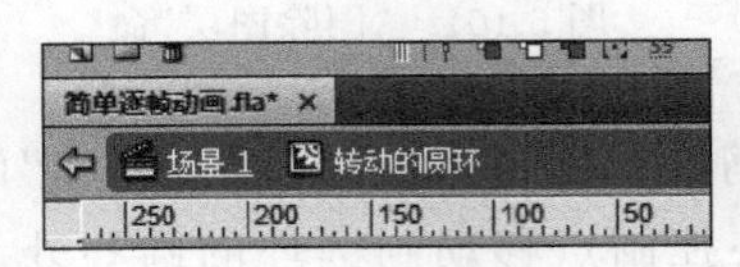

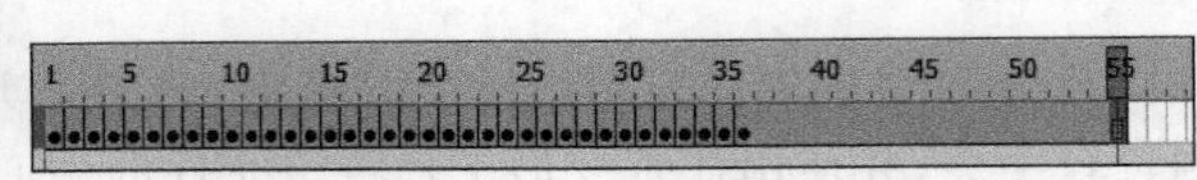

图 6.106 插入帧

(15) 单击“场景 1”，返回主场景，按住 Ctrl＋Enter 组合键测试影片，查看动画效果。

6.4.2 课堂案例：复杂逐帧动画

复杂的逐帧动画不是难在编辑上，而是难在需要为时间轴上的每一帧准备一张图片，这需要有美术功底的制作者通过手绘完成。

(1) 新建文档，选择 ActionScript 2.0，按 F6 键，在“图层 1”中插入 16 个空白关键帧，如图 6.107 所示。

(2) 将鼠标放到第一个空白关键帧处，绘制第一个图形，如图 6.108 所示。

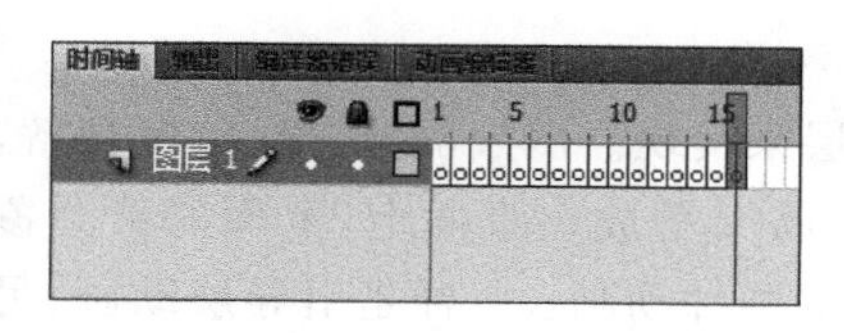

图 6.107 插入空白关键帧

图 6.108 绘制第一个图形

(3) 使用同样的方法，在其他帧中绘制形态各异的图形，如图 6.109 所示。

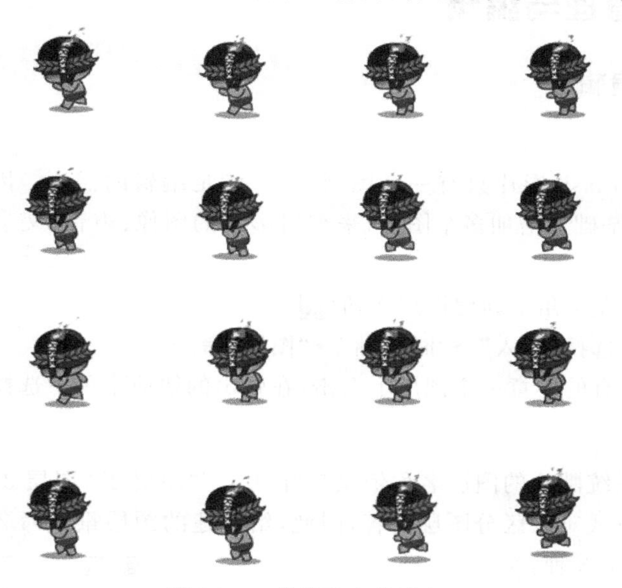

图 6.109 各帧的人物形态

至此，手执火炬奔跑的人物动画制作完毕。

第 7 章

Chapter 7

引导层动画和遮罩层动画

使用 Flash CS6 制作动画,必须借助图层来实现。图层的概念比较好理解,它就好像人们读的书一样,书中的每一页可以看作一层,将书平放在桌面上,上面的页会覆盖住下面的页。基于图层这个概念,本章介绍比较特殊的两种动画:一种是引导层动画,另一种是遮罩层动画。

7.1 图层的管理与编辑

7.1.1 图层的编辑

1. 新增图层

通常新创建的 Flash 影片只有一个图层,无法满足编辑的需要。因此,在 Flash 中,用户可以在当前图层基础上增加多个图层,来编辑影片的图像、声音、文字和动画。新增图层的方法有以下 3 种:

- 单击时间轴左下角的新建图层按钮( )。
- 在菜单栏中选择“插入”→“时间轴”→“图层”命令。
- 在时间轴已有的任意一个图层上右击,在弹出的快捷菜单中选择“插入图层”命令。

2. 图层重命名

新建图层后,系统默认的图层名称依次是“图层 1”“图层 2”“图层 3”……如果图层越来越多,这样的命名方式难以区分图层内容,因此,给新建的图层重新命名非常有必要。重命名图层的方法有如下 3 种:

- 双击要重命名的图层,名称变为可编辑状态,此时输入新的图层名称。
- 右击要重命名的图层,在弹出的快捷菜单中选择“属性”命令,然后在弹出的图 7.1 所示的对话框中的“名称”文本框中输入新的图层名称。
- 选择要重命名的图层,在菜单栏中选择“修改”→“时间轴”→“图层”命令,同样弹出图 7.1 所示的对话框,在对话框中修改图层的名称即可。

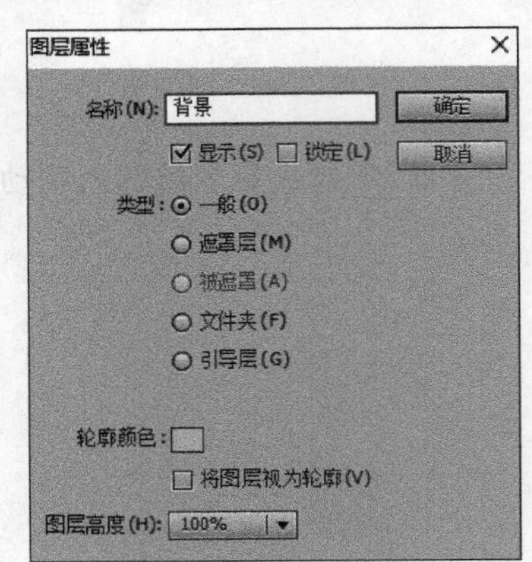

图 7.1 “图层属性”对话框

3. 改变图层顺序

图层顺序决定一个图层显示于其他图层之上还是之

下。在编辑动画时,往往要改变图层顺序。具体的方法如下:在时间轴中选择要移动的图层,然后用鼠标将图层向上或向下拖动,当高亮线出现在想要放置的位置时,释放鼠标左键,图层即被成功地放置到新的位置。

4. 选定图层

当一个影片具有多个图层时,往往需要在不同的图层之间切换,使选定图层成为当前图层。要使某个图层成为当前图层的方法很简单,只要在"时间轴"面板中单击此图层即可。当图层的名称右侧出现铅笔图标( ),并且在"时间轴"面板中以蓝色背景显示时,就表示可以对该图层进行编辑。每次只能编辑一个图层。选定图层的方法有以下 3 种:

- 单击时间轴上该图层的任意一帧。
- 单击时间轴上该图层的名称。
- 选取工作区中的对象,则对象所在的图层即被选中。

5. 复制图层

可以将图层中的所有对象复制下来,并且粘贴到不同的图层中,其操作步骤如下:

(1) 单击要复制的图层,选取整个图层。

(2) 选择菜单栏中的"编辑"→"时间轴"→"复制帧"命令;或者右击时间轴中的蓝色选定区域,在弹出的快捷菜单中选择"复制帧"命令。

(3) 单击要粘贴到的新图层,选择菜单栏中的"编辑"→"时间轴"→"粘贴帧"命令;或者右击新图层时间轴中的第 1 帧,在弹出的快捷菜单中选择"粘贴帧"命令。

6. 删除图层

如果不再需要某个图层,可以将其删除。删除图层的方法有以下 3 种:

- 选择要删除的图层,然后单击"时间轴"面板右下角的删除按钮( )。
- 在"时间轴"面板中选择要删除的图层,将其拖到"时间轴"面板右下角的删除按钮上。
- 在"时间轴"面板中右击要删除的图层,在弹出的快捷菜单中选择"删除图层"命令。

7. 创建图层文件夹

在"时间轴"面板中可以创建图层文件夹,以组织和管理图层,这样对"时间轴"面板中图层的管理会更加方便。创建图层文件夹的方法有以下两种:

- 选择菜单栏中的"插入"→"时间轴"→"图层文件夹"命令。
- 单击"时间轴"面板下方的新建文件夹按钮( )。

8. 删除图层文件夹

如果不再需要某个图层文件夹,可以将其删除。删除图层文件夹的方法有以下两种:

- 选定要删除的图层文件夹,单击"时间轴"面板右下角的删除按钮。
- 选定要删除的图层文件夹,将其拖到"时间轴"面板右下角的删除按钮上。

7.1.2 图层的状态

在时间轴的图层编辑区中有代表图层状态的 3 个按钮,如图 7.2 所示,这 3 个按钮分别用于显示或隐藏某个图层、将某个

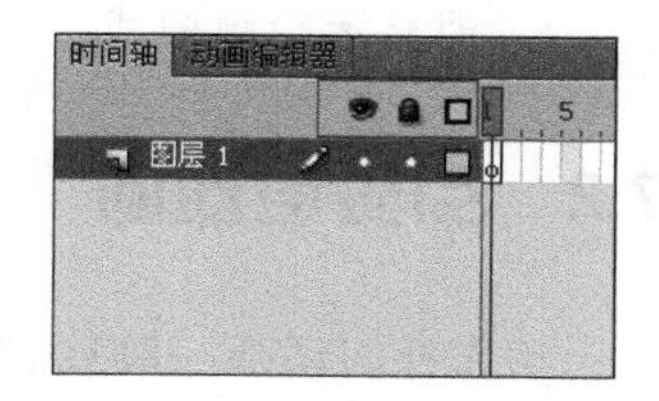

图 7.2 图层状态按钮

图层锁定或解锁以及查看图层中所有对象的轮廓线。

1. 隐藏模式

将图层隐藏起来，可以减少不同图层之间的干扰，使整个工作区保持整洁。在某个图层被隐藏以后，就暂时不能对该图层进行各种编辑了。隐藏图层的方法有以下 3 种：

- 单击图层名称右侧的显示或隐藏选定图层按钮( )下方的白色小圆点，即可隐藏该图层，此时白色小圆点变为红叉图标，如图 7.3 所示；单击红叉图标，可以重新显示该图层。
- 用鼠标在显示或隐藏选定图层按钮下方上下拖动，即可隐藏多个图层或者重新显示多个图层。
- 单击显示或隐藏选定图层按钮，可以将所有图层隐藏；再次单击该按钮，则会重新显示所有图层。

2. 锁定模式

将某些图层锁定，可以防止一些已经编辑好的图层被意外修改。在某个图层被锁定以后，就暂时不能对该层进行各种编辑了，如图 7.4 所示。与隐藏图层不同的是，锁定图层上的对象仍然可以显示。

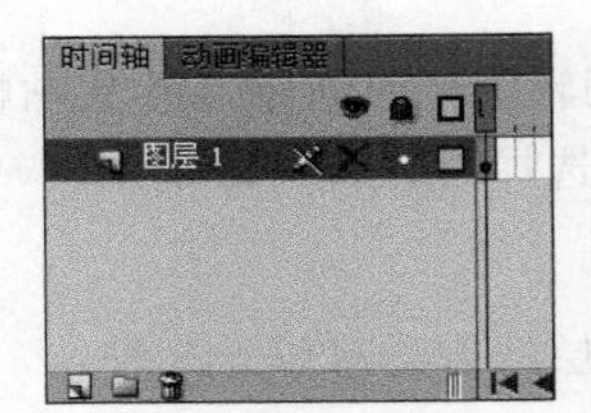

图 7.3 隐藏图层

图 7.4 锁定图层

3. 显示轮廓模式

在编辑过程中，为了便于观察图层中的对象，可能需要查看对象的轮廓线。在显示轮廓模式下，图层中的所有对象都以同一种颜色显示。显示轮廓的方法有以下 3 种：

- 单击显示轮廓按钮( )，可以显示所有图层中的所有对象的轮廓；再次单击显示轮廓按钮，则取消所有图层的显示轮廓模式。
- 单击图层名称右边的显示轮廓模式图标(，不同图层该图标的颜色不同)，当该图标变成空心的正方形( )时，即可将图层转换为显示轮廓模式；再次单击该图标可取消显示轮廓模式。
- 用鼠标在显示轮廓模式按钮下方拖动，可以使多个图层转换为显示轮廓模式或者取消显示轮廓模式。

7.2 引导层动画

动作补间动画一般只能制作出对象沿直线方向运动的动画。如果要制作曲线运动的动画，就必须不断地设置关键帧，为运动指定路径。为此，Flash CS6 提供了一个自定义运动路径的动画功能，可以在运动对象的上方添加运动路径图层，称为运动引导层（简称引导层）。然后即可在该图层中绘制对象的运动路径，让对象沿着路径运动。在影片播放时，引导层是隐藏的。在引导层中可以绘制运动路径，补间实例、组或文本块均可以沿着路径运动。也可以将多个图层链接到一个引导层，使多个对象沿同一条路径运动。

7.2.1 创建引导层

创建引导层有以下两种方法：

- 右击“时间轴”面板中要添加引导层的图层，在弹出的快捷菜单中选择“添加传统运动引导层”命令，如图 7.5 所示，为图层添加引导层。此时“引导层”左侧出现图标，如图 7.6 所示。

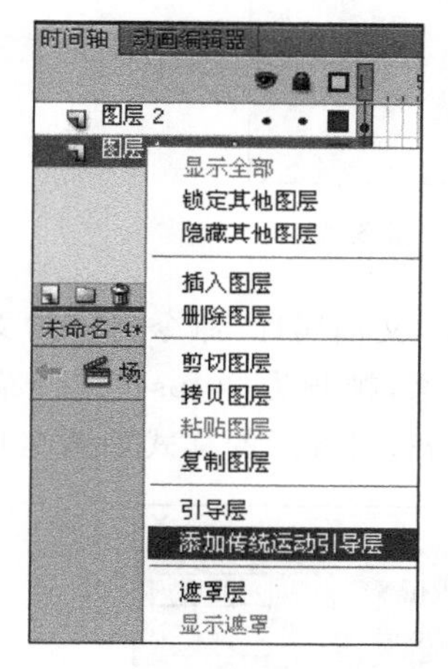

图 7.5 “添加传统运动引导层”命令

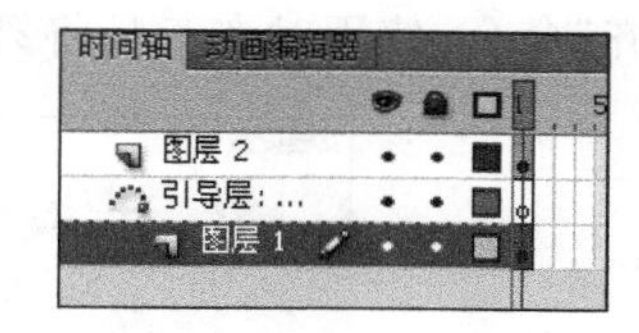

图 7.6 创建引导层

- 右击“时间轴”面板中要作为引导层的图层，在弹出的快捷菜单中选择“引导层”命令，如图 7.7 所示，将该图层转换为引导层，此时该图层左侧出现图标。将要添加引导层的图层向作为引导层的图层拖动，当显示如图 7.8 所示的图层状态时，松开鼠标左键，引导层就创建成功了。

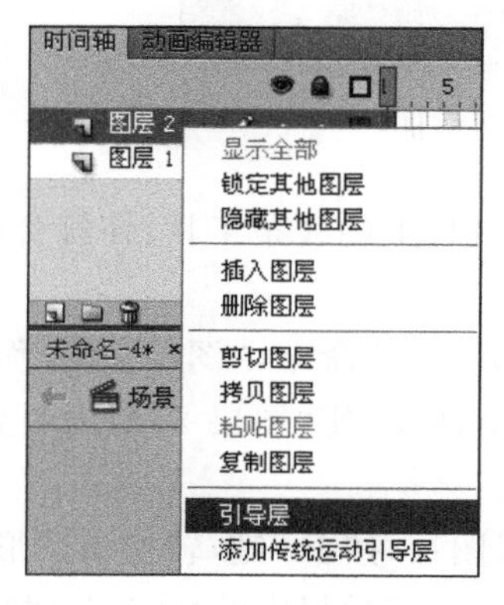

图 7.7 “引导层”命令

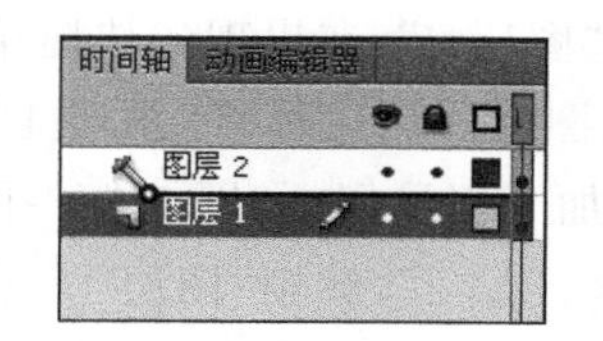

图 7.8 拖动图层添加引导层

7.2.2 课堂案例：制作九宫格引导动画

（1）打开“引导动画.fla”文件，选择菜单栏中的“窗口”→“库”命令，将会弹出“库”面板，将其中的 8 张图片拖到舞台中央，如图 7.9 所示。

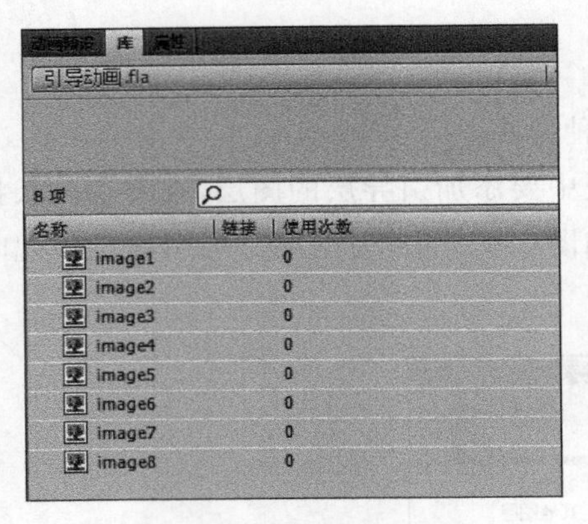

图 7.9 “库”面板中的 8 张图片

（2）右击舞台空白处，在弹出的快捷菜单中选择“文档属性”命令，弹出“文档设置”对话框，如图 7.10 所示，将文档大小设置为 800×500 像素，帧频为 30fps。选择菜单栏中的“窗口”→“对齐”命令，使用对齐工具将舞台中的图片对齐，对齐后的样式如图 7.11 所示。

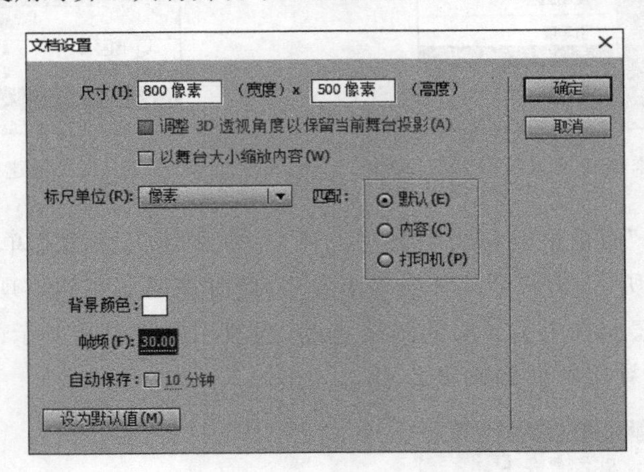

图 7.10 “文档设置”对话框

（3）单击新建图层按钮，新建“图层 2”。选择工具栏上的线条工具，在舞台中绘制线条，样式如图 7.12 所示。

（4）右击“图层 2”，在出现的快捷菜单中选择“引导层”命令，“图层 2”名称左侧会出现锤子状引导层图标。用鼠标将“图层 1”往“图层 2”上拖动，使“图层 2”变为引导层，这样就为“图层 1”添加了引导层，如图 7.13～图 7.15 所示。

（5）锁定“图层 2”，解锁“图层 1”，分别选择 9 张图片，按 F8 键，转换为图形元件。选定“图层 1”的第 1 帧，将会同时选定舞台中的 9 张图片，选择菜单栏中的“修改”→“时间轴”→“分散到图层”命令，将 9 张图片分散到各个图层，如图 7.16 和图 7.17 所示。

图 7.11 图片对齐后的样式

图 7.12 绘制线条

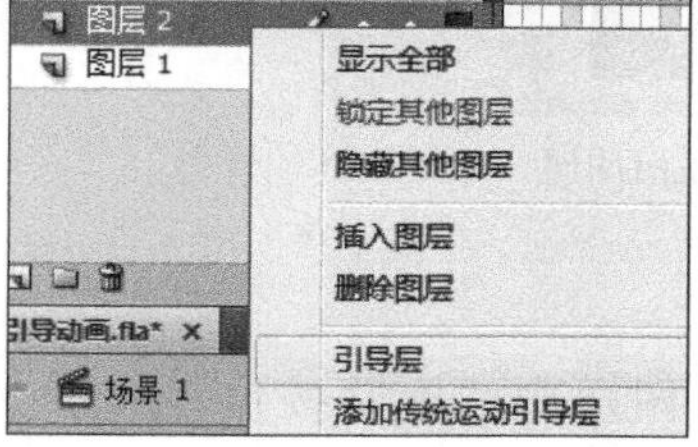

图 7.13 设置引导层

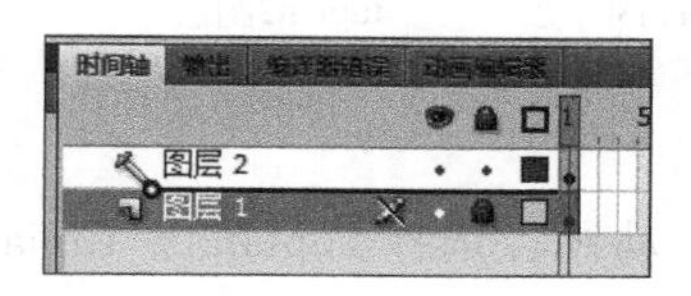

图 7.14 将“图层 1”拖动到“图层 2”

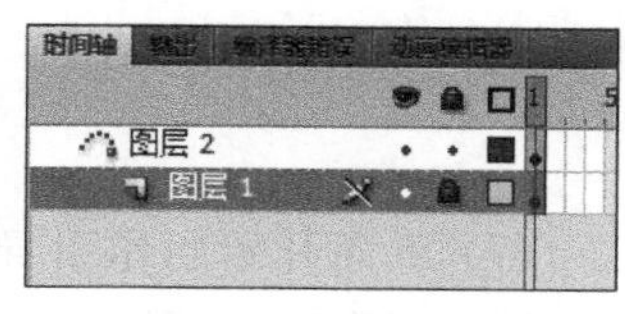

图 7.15 引导层设置成功

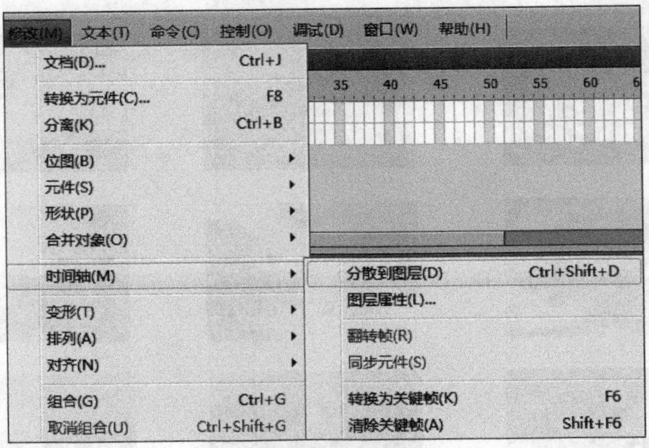

修改(M)
文本(T)
命令(C)
控制(O)
调试(D)
窗口(W)
帮助(H)
文档(D)... Ctrl+J
转换为元件(C)... F8
分离(K) Ctrl+B
位图(B)
元件(S)
形状(P)
合并对象(O)
时间轴(M)
变形(T)
排列(A)
对齐(N)
组合(G) Ctrl+G
取消组合(U) Ctrl+Shift+G
分散到图层(D) Ctrl+Shift+D
图层属性(L)...
翻转帧(R)
同步元件(S)
转换为关键帧(K) F6
清除关键帧(A) Shift+F6

图 7.16 “分散到图层”命令

时间轴
图层 2
图层 1
tupian9
tupian8
tupian7
tupian6
tupian5
tupian4
tupian3
tupian2
tupian1

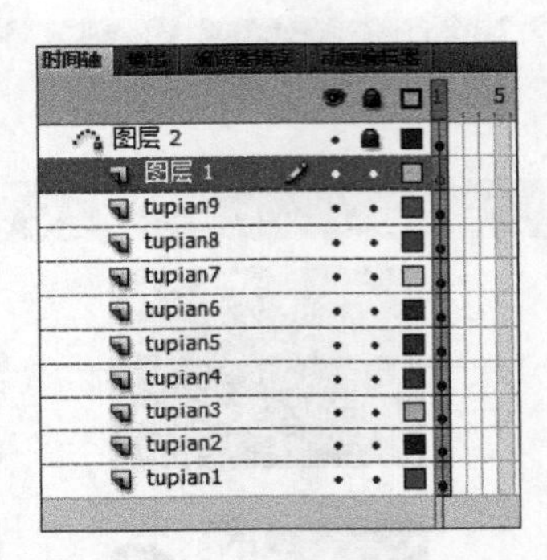

图 7.17 9 张图片分散后的图层样式

(6) 删除“图层 1”。为了方便后续动画制作,调整图层顺序,如图 7.18 所示。

tupian5图层
tupian6图层
tupian7图层
tupian4图层
tupian8图层
tupian9图层
tupian3图层
tupian2图层
tupian1图层

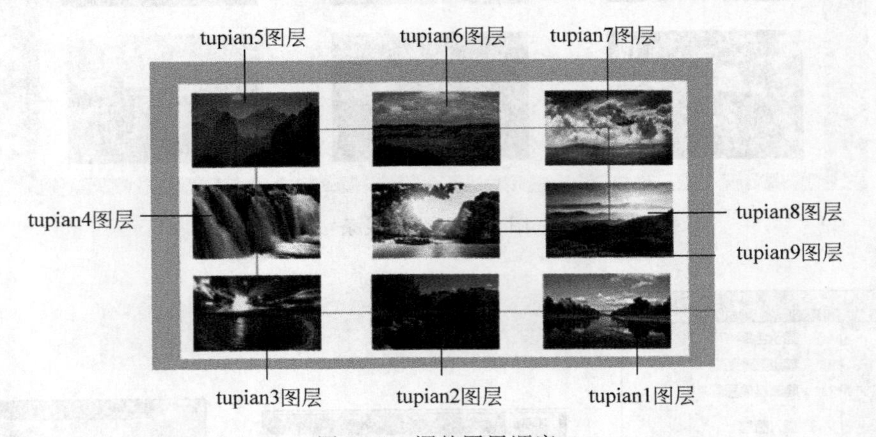

图 7.18 调整图层顺序

(7) 下面开始制作引导层动画。选择 tupian2～tupian9 图层中的隐藏按钮,隐藏这 8 个图层,如图 7.19 所示。

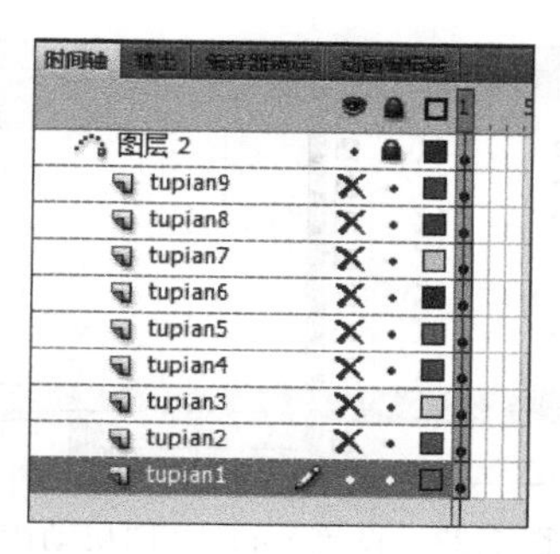

图 7.19 隐藏 tupian2～tupian9 图层

(8) 单击 tupian1 图层的第 1 帧，使用选择工具，使图形元件的中心控制点与引导线重合，如图 7.20 所示。

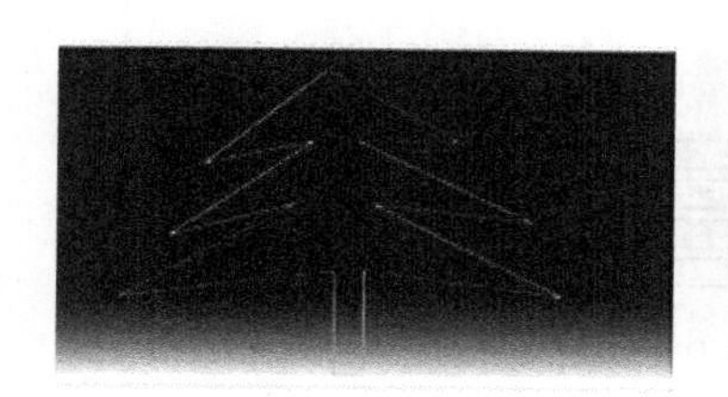
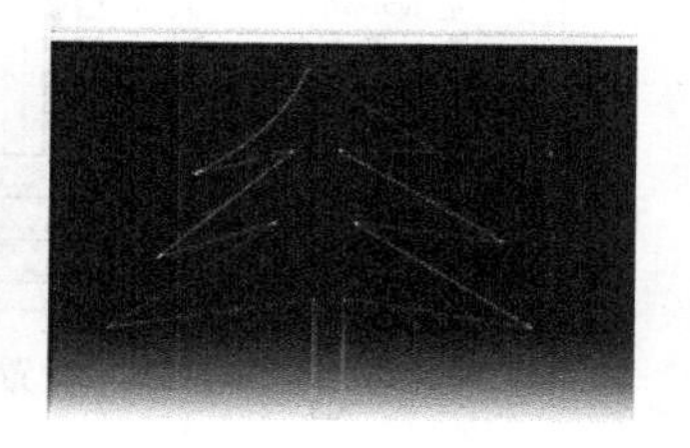

图 7.20 使图片元件的中心控制点与引导线重合

(9) 右击 tupian1 图层的第 15 帧，在快捷菜单中选择“插入关键帧”命令。接着右击“图层 2”的第 100 帧，在快捷菜单中选择“插入帧”命令。选择 tupian1 图层的第 1 帧，将图形元件拖动到图 7.21 所示的引导线处，要保证图形元件的中心控制点与引导线右端点对齐。

(10) 选择 tupian1 图层的第 1 帧，右击，在快捷菜单中选择“创建传统补间”命令，制作传统补间动画，如图 7.22 所示。

图 7.21 将图片元件的中心控制点与引导线右端点对齐

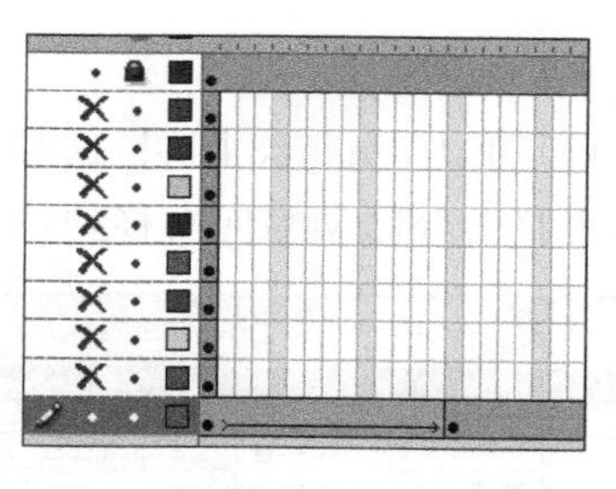

图 7.22 创建传统补间动画

(11) 取消 tupian2 图层的隐藏模式，选择 tupian2 图层的第 1 帧，拖动其中心控制点与引导线对齐。右击 tupian2 图层的第 25 帧，在快捷菜单中选择“插入关键帧”命令。选择 tupian2 图层第 1 帧的图形元件，并将其移动到引导线的最右端，保持其中心控制点与引导线右端点重合，如图 7.23 所示。

(12) 用同样的方法设置 tupian3 图层的动画。由于操作方法与上面相同，故不再赘述。设置完毕后如图 7.24 所示。

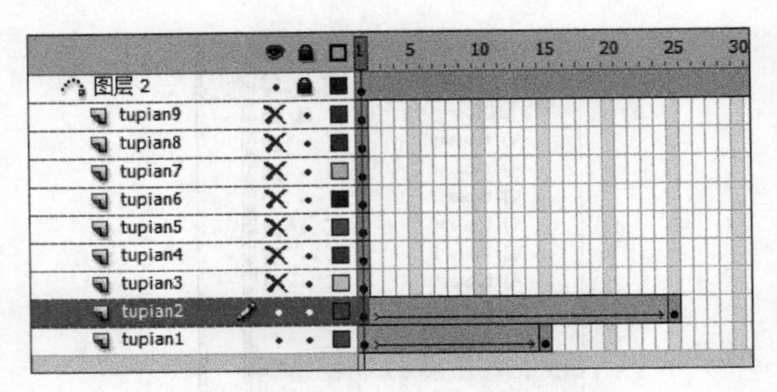

图 7.23　设置 tupian2 图层动画

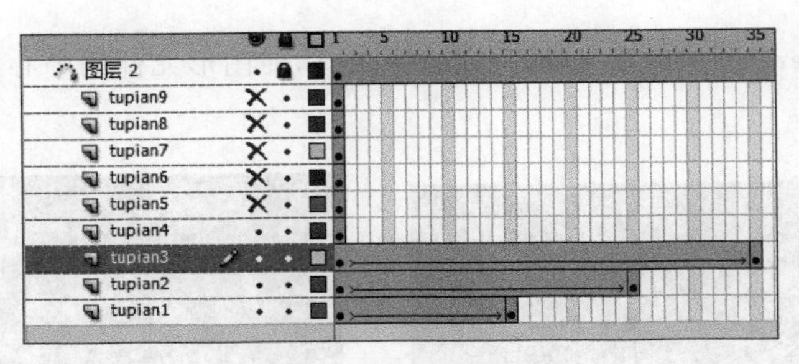

图 7.24　设置 tupian3 图层动画

(13) 按照上述步骤,设置 tupian4～tupian9 图层动画,如图 7.25 所示。

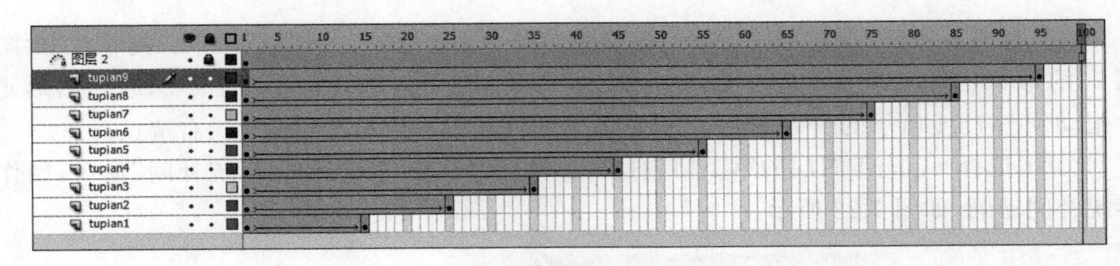

图 7.25　设置其他图层动画

(14) 单击 tupian8 图层,这时会发现图层中的补间动画全部被选中。拖动选定的蓝色区域,将整个补间动画向右移动,如图 7.26 和图 7.27 所示。

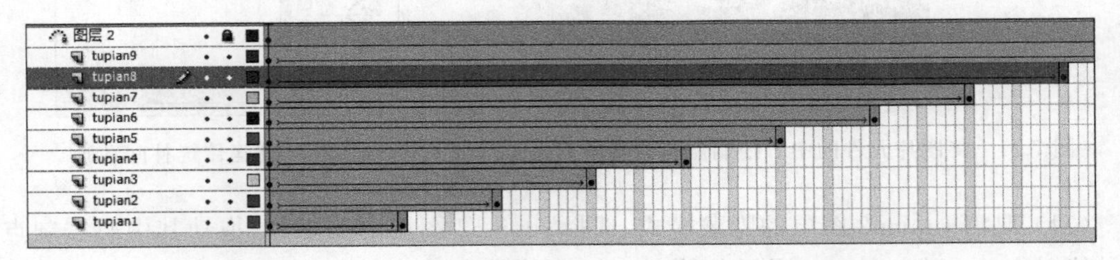

图 7.26　选择 tupian8 图层的补间动画区域

(15) 此时会发现 tupian8 图层已经不是被引导层了。将 tupian8 图层向 tupian9 图层拖动,让 tupian8 图层重新成为被引导层。用同样的方法处理其他图层,使其重新成为被引导层。设置完毕后如图 7.28 所示。

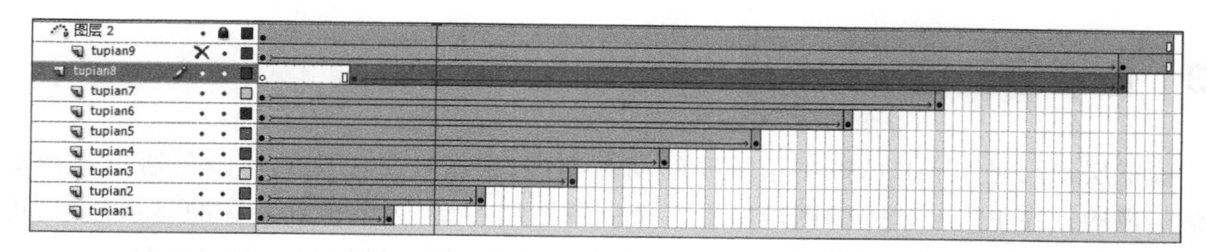

图 7.27 右移 tupian8 图层的补间动画

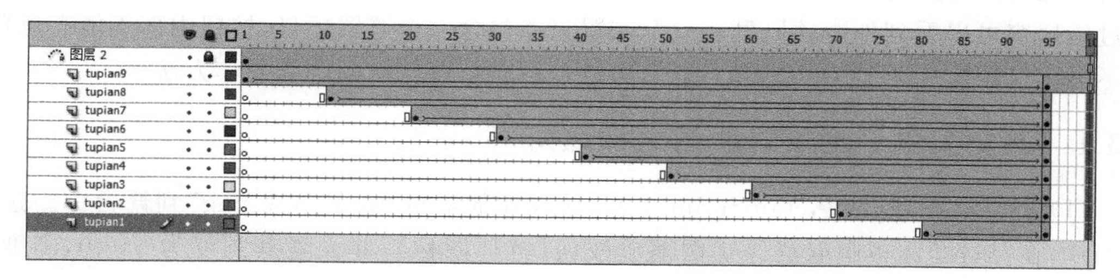

图 7.28 设置被引导层

(16) 按住 Shift 键,同时为各个图层的第 100 帧插入关键帧。选定 tupian1 图层的第 100 帧,按 F9 键,在弹出的“动作”面板中输入 stop()命令,如图 7.29 所示。

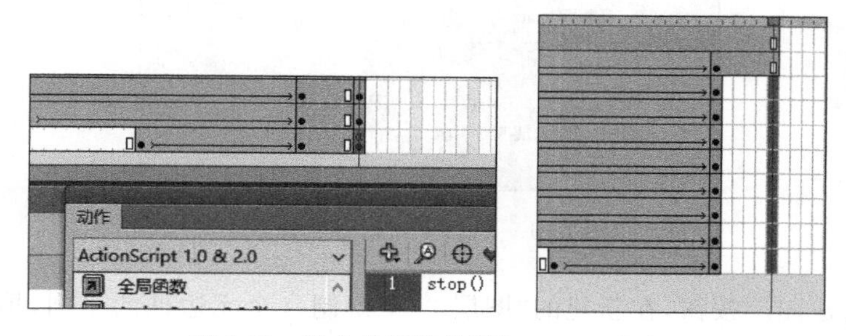

图 7.29 插入关键帧并添加 stop()命令

(17) 单击新建图层按钮,并且将图层重命名为“声音”。在“声音”图层的第 100 帧插入空白关键帧,将“库”面板中的声音素材拖动到此帧上,如图 7.30 所示。最后,按 Ctrl+Enter 组合键测试影片,查看动画效果。

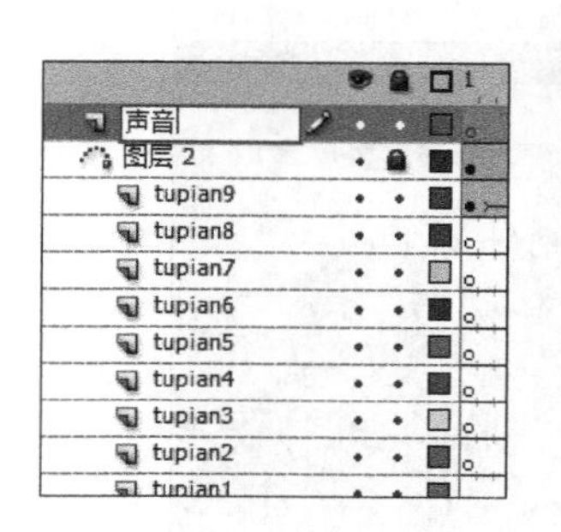

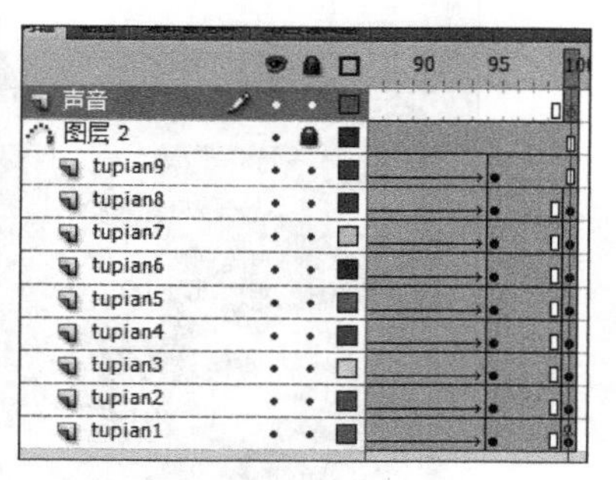

图 7.30 导入声音素材

7.3 遮罩层动画

遮罩层动画是 Flash CS6 中很重要的动画类型，很多效果丰富的动画是通过这种动画类型实现的。在 Flash CS6 的图层中有一个遮罩图层类型，为了得到特殊的显示效果，可以在遮罩层上创建一个任意形状的“视窗”，遮罩层下方的对象可以通过该“视窗”显示出来，而“视窗”之外的对象将不会显示。简单地说，遮罩层相当于为一座封闭的房子打开了一扇窗，通过这扇窗可以看到外边的风景。一个遮罩只能包含一个遮罩项目，按钮内部不能有遮罩，也不能将遮罩应用于另一个遮罩。下面通过示例介绍遮罩层动画的制作方法。

7.3.1 课堂案例：遮罩层动画之探照灯

(1) 新建文档，选择 ActionScript 2.0。导入外部素材“遮罩图片.png”到舞台中。选择该图片，在“属性”面板中取消等比例缩放按钮(链环图标)，并设置其宽度为 550.0，高度为 400.0，如图 7.31 所示。

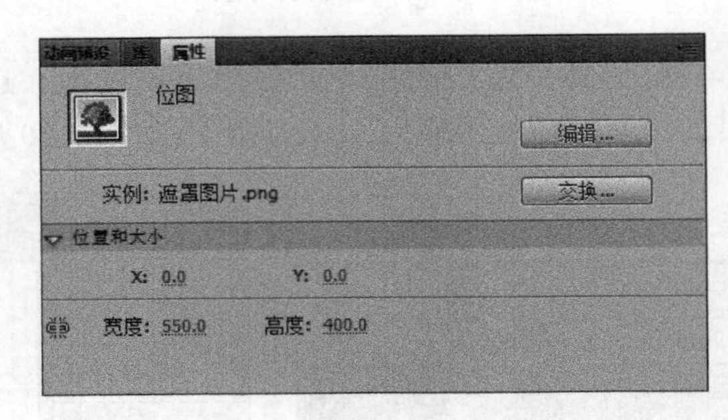

图 7.31 “属性”面板参数设置

(2) 单击新建图层按钮，在新建的“图层 2”中绘制一个无边框的正圆，填充颜色可以任意选择，如图 7.32 所示。

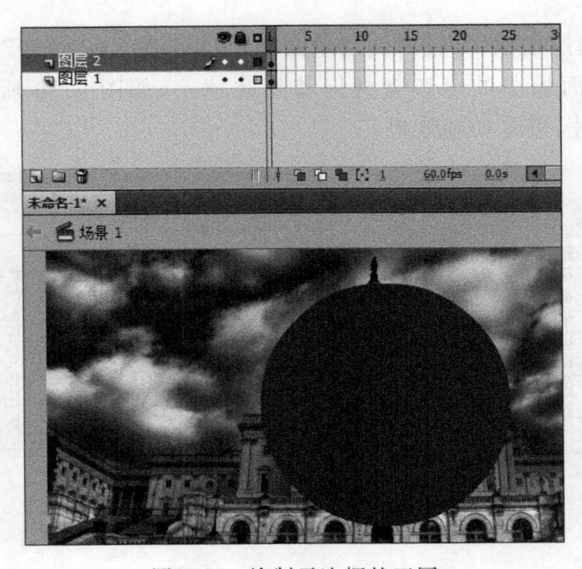

图 7.32 绘制无边框的正圆

（3）右击“图层 2”，在弹出的快捷菜单中选择“遮罩层”命令，如图 7.33 所示。

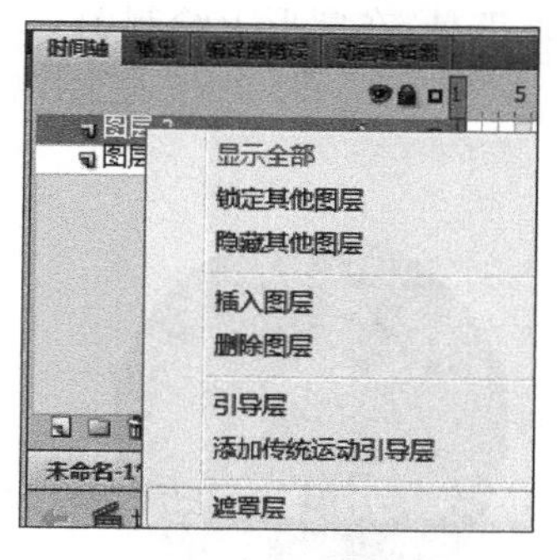

图 7.33 “遮罩层”命令

（4）至此，遮罩层设置成功。图 7.34 和图 7.35 为设置遮罩层前后的状态。

图 7.34 设置遮罩层前的状态

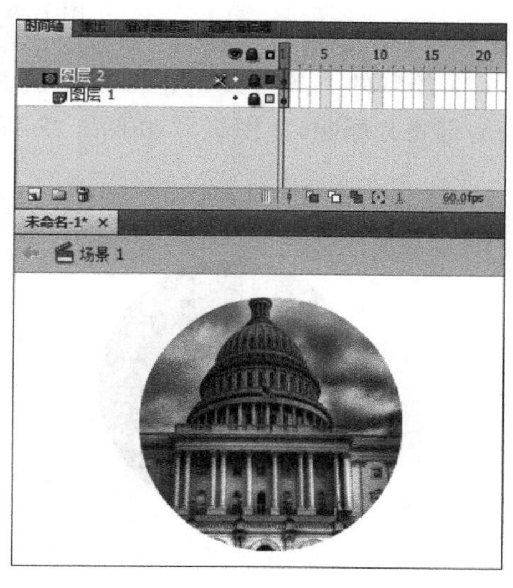

图 7.35 设置遮罩层后的状态

（5）通过图 7.34 和图 7.35 的比较不难发现，被圆形遮罩覆盖的区域是能被看到的区域，也就是能显示出来的区域，而圆形遮罩就相当于房子开的那扇窗，这就是遮罩的基本原理。

遮罩层中的对象的颜色对最后效果并不会造成影响，只要保证遮罩层中的对象是不透明的即可。注意，遮罩层中的对象在播放时是看不到的，遮罩层中的对象可以使用按钮、影片剪辑、几何图形、位图、文字等，但不能使用线条。如果一定要使用线条，可以将线条转换为填充样式。

遮罩效果施加的对象只能透过遮罩层中的对象被看到。遮罩效果施加的图层中，可以使用按钮、影片剪辑、几何图形、位图、文字或者线条。

7.3.2 课堂案例：遮罩层动画之万花筒

本节结合遮罩层技术讲解万花筒的制作方法。

(1) 新建文档,选择 ActionScript 2.0。在舞台中央绘制一个无边框的正圆,填充颜色可以任意选择,选择工具栏上的线条工具,在圆形上绘制图 7.36 所示的 3 条直线。

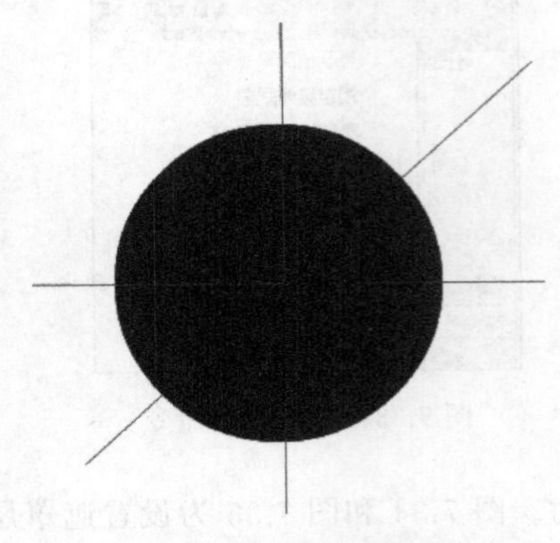

图 7.36 绘制 3 条直线

(2) 绘制的 3 条直线将正圆切割成 6 块。按住 Shift 键,依次单击选取 5 个扇形,按 Delete 键将其删除,如图 7.37 和图 7.38 所示。

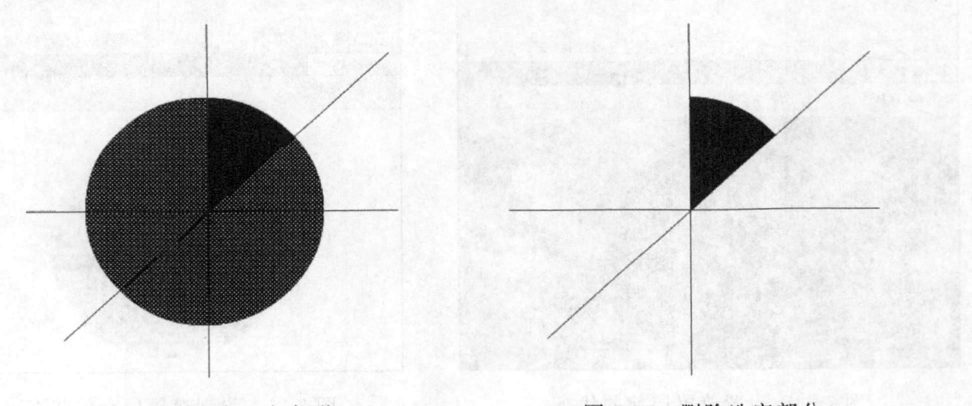

图 7.37 选取 5 个扇形　　　　图 7.38 删除选定部分

(3) 双击蓝色线条,会选定所有线条,按 Delete 键将线条全部删除,只剩下一个扇形。选定扇形,按 F8 键,将其转换为名称为“扇形”的影片剪辑元件,如图 7.39 所示。

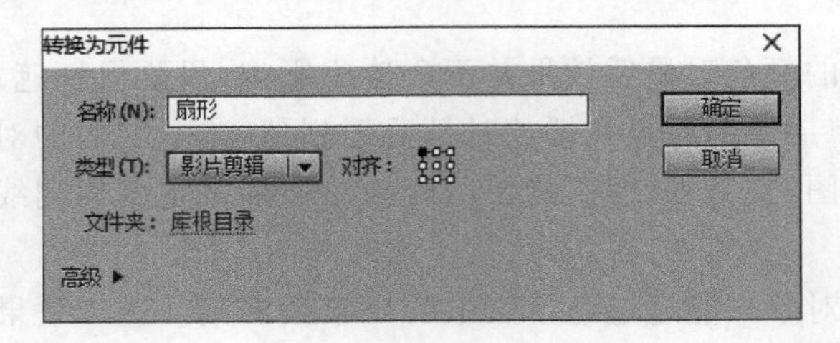

图 7.39 将扇形转换为元件

(4) 双击“扇形”元件,进入其编辑状态。新建“图层 2”,并将“图层 2”拖动到“图层 1”的下方。选择菜单栏中的“文件”→“导入”→“导入到舞台”命令,将 fengjing.png(一张风景图片)导入“图层 2”,如图 7.40 所示。

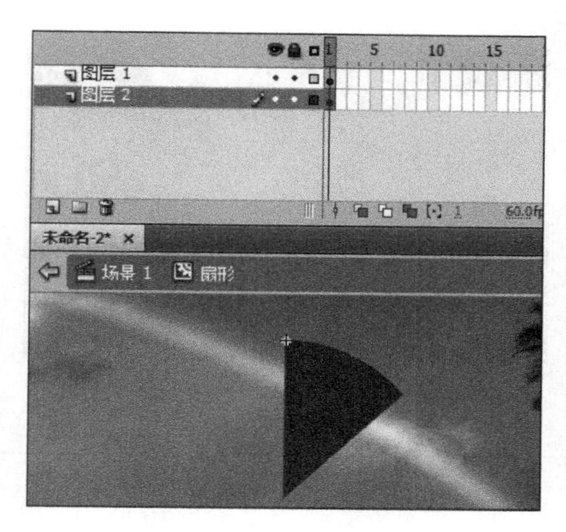

图 7.40 导入风景图片

(5) 选择 fengjing.png,将其缩小到 50%。按 F8 键,将其转换为名称为“被遮罩”的图形元件,如图 7.41 所示。

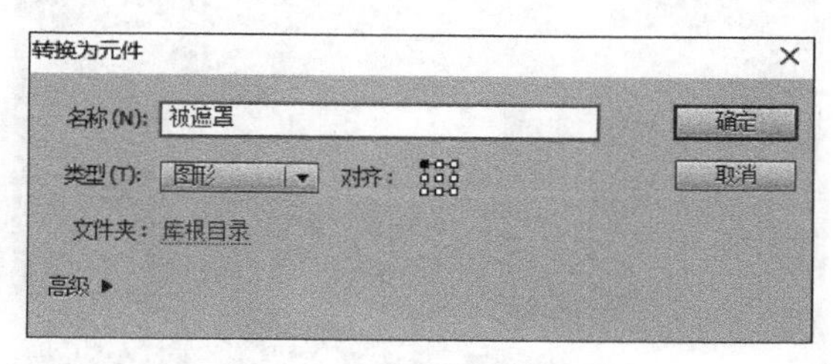

图 7.41 将风景图片转换为元件

(6) 在“图层 2”的第 30 帧、第 60 帧插入关键帧,在“图层 1”的第 60 帧插入普通帧,如图 7.42 所示。

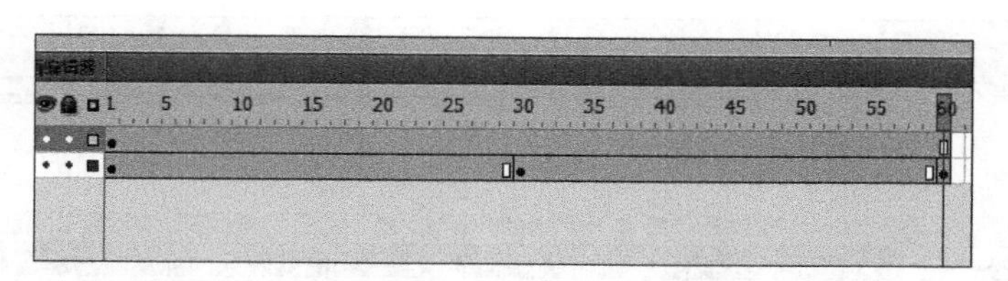

图 7.42 插入关键帧和普通帧

(7) 选择“图层 2”的第 1 帧,将风景图片右边界和扇形右边界对齐,如图 7.43 所示。

(8) 右击“图层 2”的第 1 帧,在快捷菜单中选择“复制帧”命令。再右击第 60 帧,在快捷菜单中选择“粘贴帧”命令。选择“图层 2”的第 60 帧,将风景图片左边界和扇形左边界对齐,如图 7.44 所示。

(9) 分别对第 1 帧和第 30 帧创建传统补间动画,并右击“图层 1”,将“图层 1”设置为遮罩层,如图 7.45 所示。

(10) 单击“场景 1”,返回主场景,使用任意变形工具将元件的中心控制点移动到扇形的

图 7.43　将风景图片和扇形右边界对齐

图 7.44　将风景图片和扇形左边界对齐

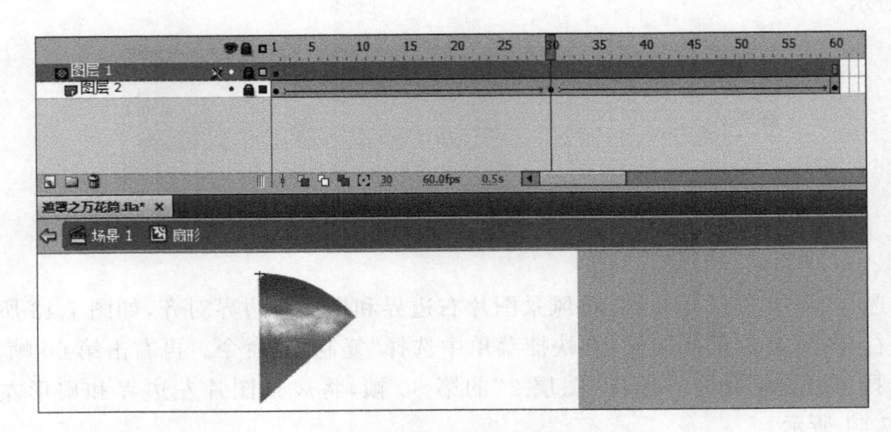

图 7.45　设置遮罩层

圆心处，如图 7.46 所示。

(11) 按住 Ctrl+T 组合键，在“变形”面板中设置“旋转”选项为 45°，如图 7.47 所示。

图 7.46 移动中心控制点

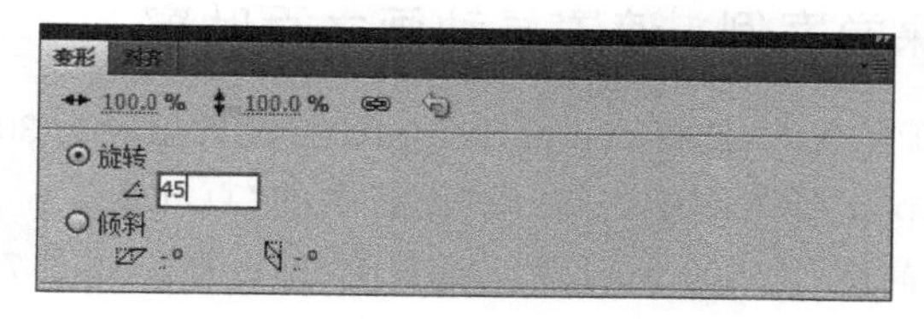

图 7.47 “变形”面板

(12) 单击“变形”面板中的重置选区和变形按钮 7 次,如图 7.48 所示,快速复制出其他 7 个扇形。复制完毕后的图形如图 7.49 所示。

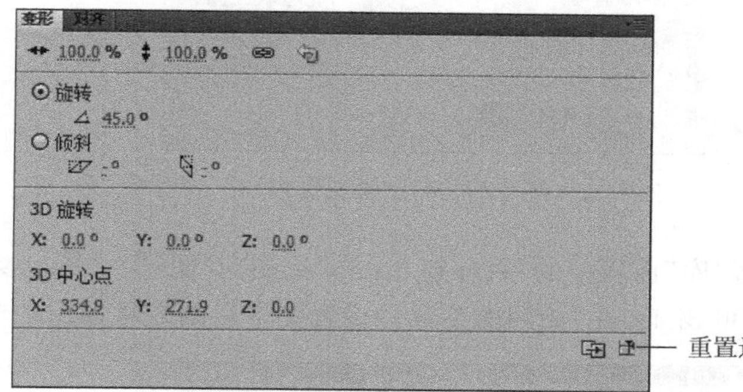

图 7.48 “变形”面板中的重置选区和变形按钮

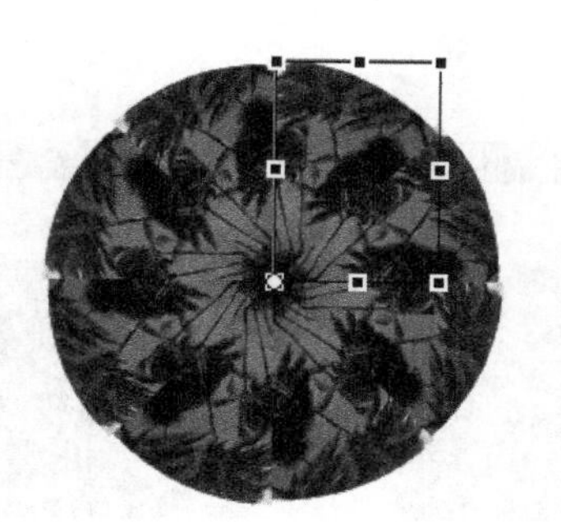

图 7.49 复制出 7 个扇形后的图形

(13) 在“时间轴”面板下方设置帧频为 30fps,如图 7.50 所示。至此,万花筒效果制作完毕,按 Ctrl+Enter 组合键测试影片,查看动画效果。

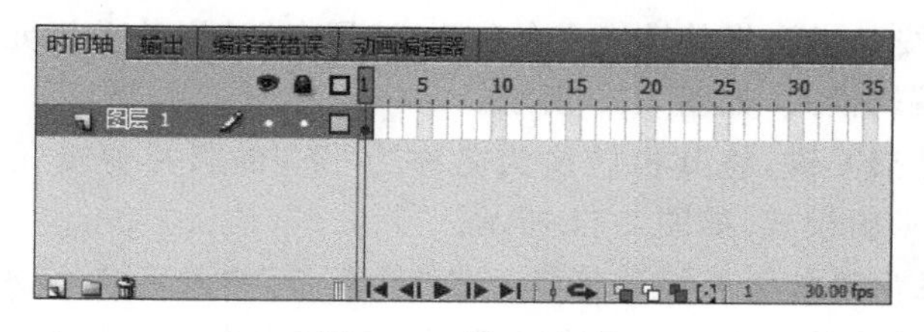

图 7.50 设置帧频

7.3.3 课堂案例：遮罩层动画之百叶窗

(1) 新建文档，选择 ActionScript 2.0。设置帧频为 30fps，将“百叶窗 1.png”“百叶窗 2.png”“百叶窗 3.png”导入库中。将“库”面板中的“百叶窗 1.png”拖到舞台中，并设置图片的“宽度”为 550.0、“高度”为 400.0，位置坐标 X 为 0、Y 为 0，如图 7.51 所示。

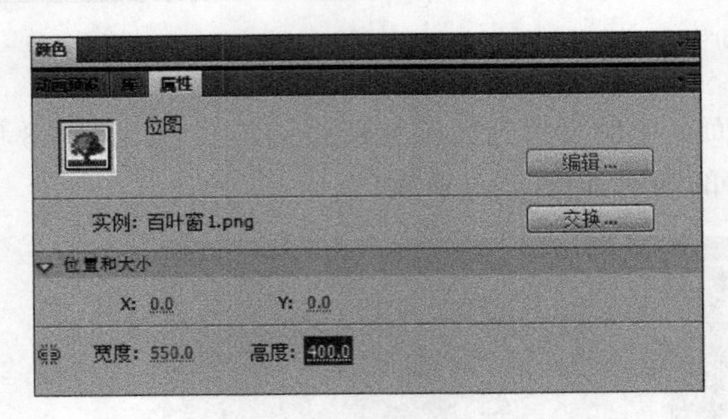

图 7.51　图片的“属性”参数设置

(2) 新建“图层 2”。将“库”面板中的“百叶窗 2.png”拖动到“图层 2”中。参照图 7.51 对“百叶窗 2.png”设置与“百叶窗 1.png”相同的参数。设置完毕后的效果如图 7.52 所示。

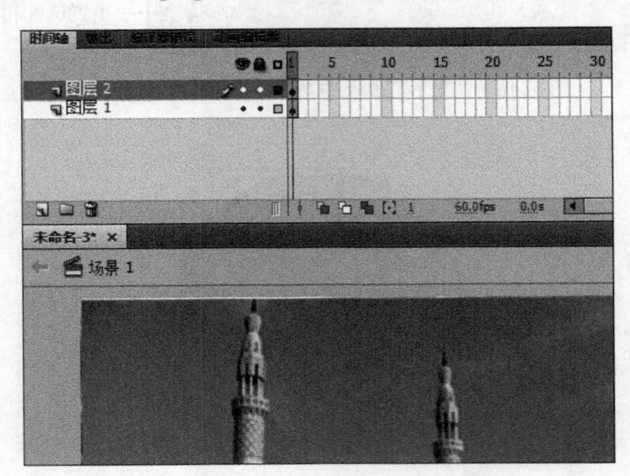

图 7.52　“百叶窗 2.png”的“属性”参数设置完毕后的效果

(3) 新建“图层 3”。选择菜单栏中的“视图”→“标尺”命令，调出水平标尺和垂直标尺。然后，在“图层 3”中绘制无边框矩形，矩形的高度为 50，如图 7.53 所示。

(4) 选择矩形，按 F8 键，将其转换为名称为“遮罩条”的影片剪辑元件，如图 7.54 所示。双击该元件进入其编辑模式，如图 7.55 所示。

(5) 选择矩形，按 F8 键，将其再转换为名称为“条”的影片剪辑元件，如图 7.56 所示。双击该元件，进入其编辑模式，如图 7.57 所示。

注意：通过上述步骤会发现影片剪辑元件“遮罩条”中还存在着另一个影片剪辑元件“条”，这样的情况称为元件嵌套。以后在动画制作过程中会频繁使用元件嵌套技术实现一些特殊的动画效果。

图 7.53 绘制无边框矩形

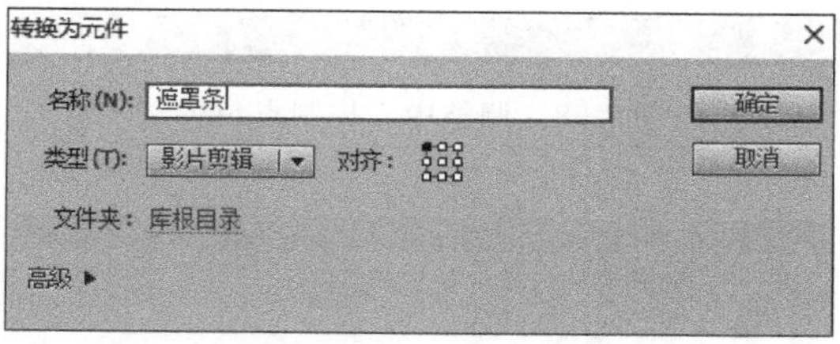

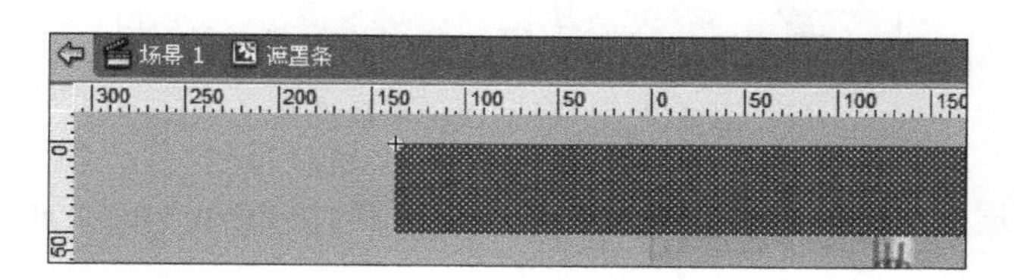

图 7.54 将矩形转换为“遮罩条”元件

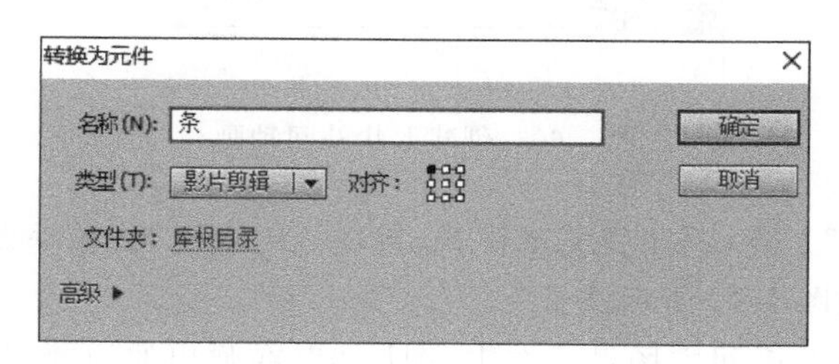

图 7.55 “遮罩条”元件编辑模式

图 7.56 将矩形转换为“条”元件

(6) 选择“图层 1”的第 1 帧的矩形，使用任意变形工具，将矩形的中心控制点移动到矩形的上边框中点处，并在“图层 1”的第 30 帧插入关键帧，如图 7.58 所示。

(7) 选择“图层 1”的第 1 帧，再次确认矩形中心控制点是否在矩形的上边框中点处。如果查看无误，接着设置矩形“属性”面板中的“高度”为 1，如图 7.59 所示。

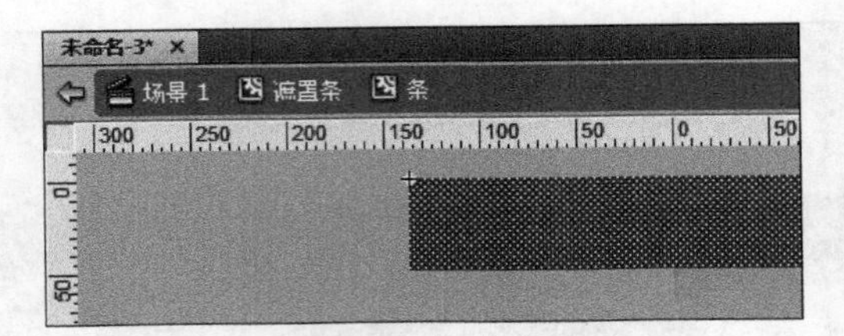

图 7.57 “条”元件编辑模式

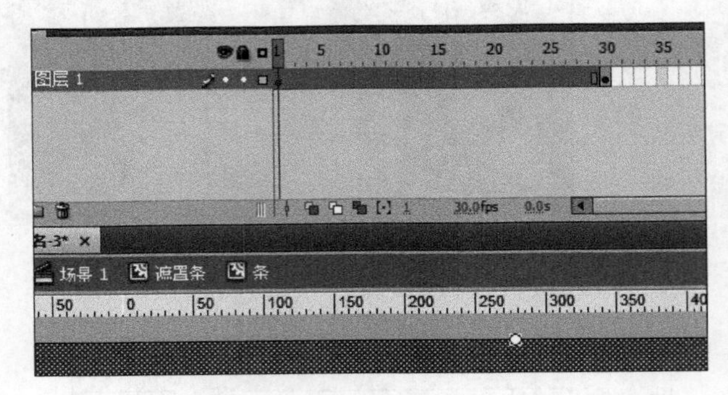

图 7.58 调整中心控制点位置

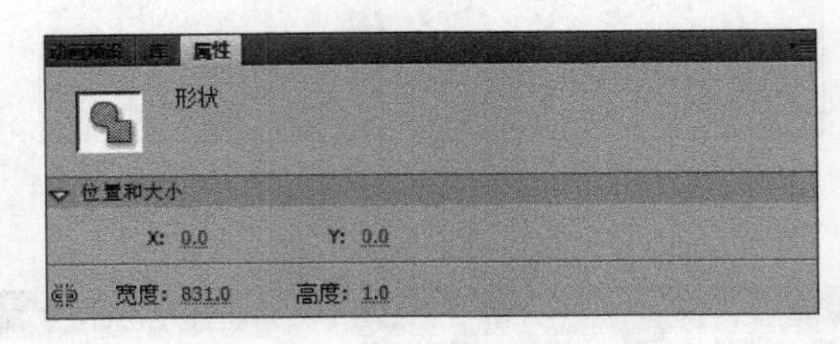

图 7.59 “属性”面板参数设置

(8) 右击“图层 1”的第 1 帧，创建形状补间动画，并在第 30 帧加入 stop()命令，如图 7.60 所示。

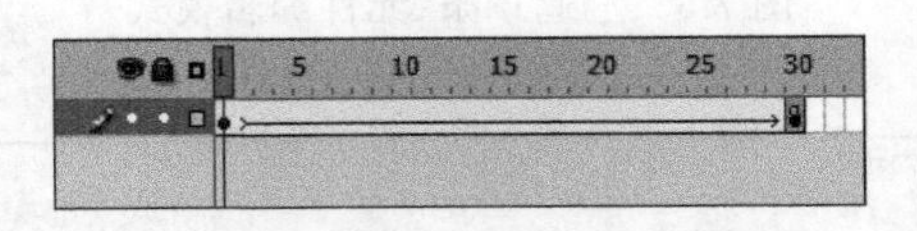

图 7.60 创建形状补间动画

(9) 单击“遮罩条”元件，返回其编辑模式，按住 Alt 键不放，在垂直方向上每隔 50px，快速复制出其他矩形，如图 7.61 所示。

(10) 单击“场景 1”，返回主场景。右击“图层 3”，在弹出的快捷菜单中选择“遮罩层”命令，将其设置为遮罩层，如图 7.62 所示。

(11) 按 Ctrl+Enter 组合键测试影片，就可以看到水平百叶窗的动画效果。将“图层 1”“图层 2”“图层 3”延长到 120 帧，并且在“图层 3”的上方新建“图层 4”～“图层 9”。对“图层 2”进行解锁操作，将“图层 2”中的图片通过“复制帧”和“粘贴帧”命令复制到“图层 4”的第 40 帧。接着在“图层 5”的第 40 帧插入空白关键帧，同时将“库”面板中的“百叶窗

图 7.61　快速复制矩形条

图 7.62　设置遮罩层

3.png"拖动到此帧处，如图 7.63 所示。

（12）选择"百叶窗 3.png"，在"属性"面板中设置图 7.64 所示的参数，使其与"百叶窗 2.png"位置重合。

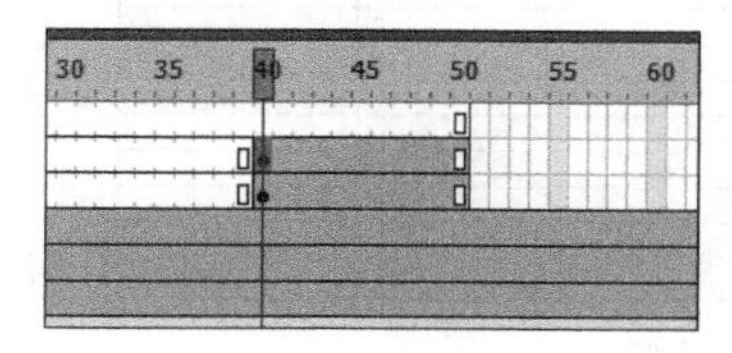

图 7.63　插入第 40 帧

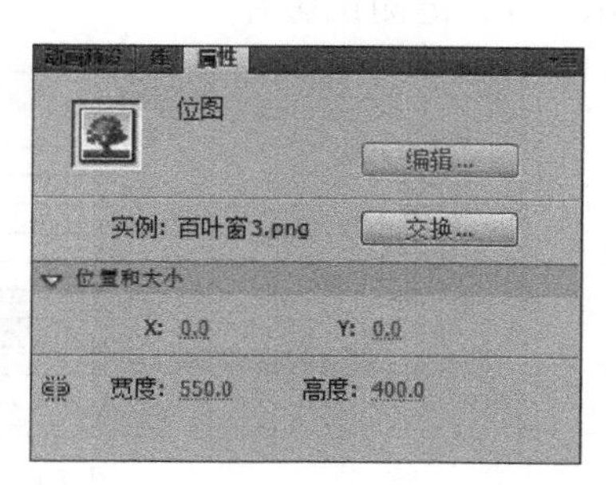

图 7.64　设置图片大小和坐标

(13) 右击“图层 6”的第 40 帧，插入关键帧，将“库”面板中的“遮罩条”影片剪辑元件拖动到第 40 帧，并在“属性”面板中设置参数，如图 7.65 所示。

(14) 按住 Shift 键，选择“图层 6”“图层 7”和“图层 8”的第 79 帧，插入普通帧，如图 7.66 所示。

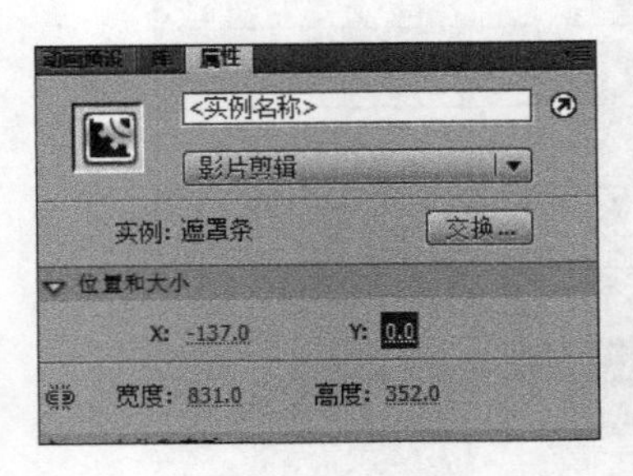

图 7.65 设置影片剪辑元件的坐标

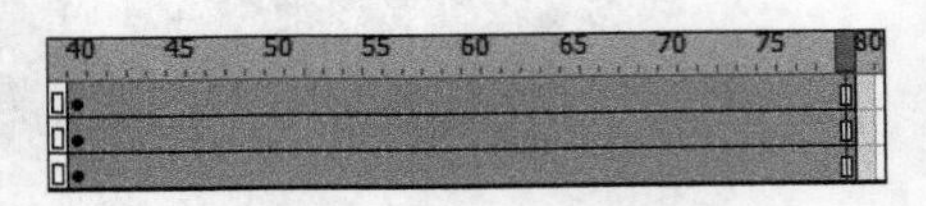

图 7.66 插入普通帧

(15) 右击“图层 6”，在弹出的快捷菜单中选择“遮罩层”命令，将“图层 6”设置为遮罩层。

(16) 将“图层 5”解锁。将“图层 5”中的图片通过“复制帧”和“粘贴帧”命令复制到“图层 7”的第 80 帧。在“图层 8”的第 80 帧插入空白关键帧，将“库”面板中的“百叶窗 1.png”拖动到此帧处，此时的时间轴状态如图 7.67 所示。

(17) 在“图层 9”的第 80 帧插入关键帧。将“库”面板中的“遮罩条”影片剪辑元件拖动到第 80 帧，并在“属性”面板中设置参数，如图 7.68 所示。

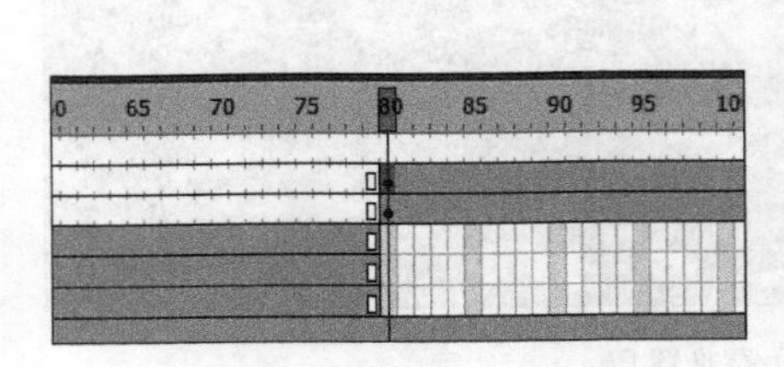

图 7.67 时间轴状态

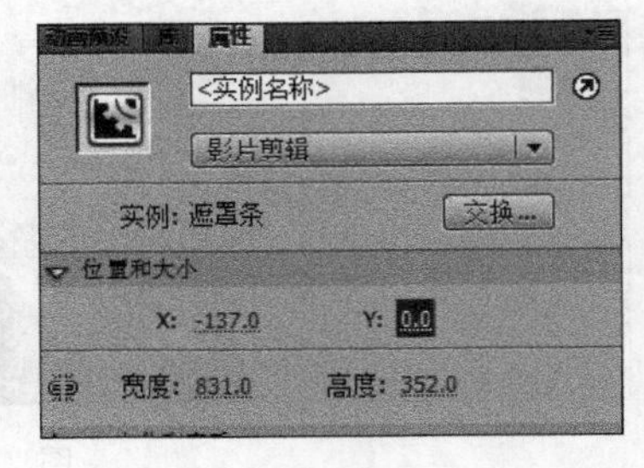

图 7.68 设置影片剪辑元件的坐标

(18) 右击“图层 9”，在弹出的快捷菜单中选择“遮罩层”命令，将“图层 9”设置为遮罩层。在“图层 1”“图层 2”和“图层 3”的第 40 帧插入空白关键帧，如图 7.69 所示。最后按 Ctrl+Enter 组合键测试影片。

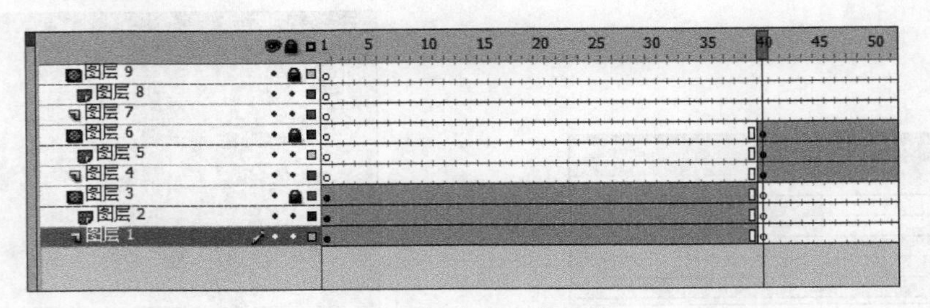

图 7.69 插入空白关键帧

7.4 综合案例：遮罩层和引导层的结合

在动画制作过程中，遮罩层和引导层的综合应用的非常广泛，下面就介绍遮罩层和引导层的综合应用示例。

（1）新建文档，选择 ActionScript 2.0。打开“综合应用.fla”源文件。拖动“库”面板中的“百叶窗 1.png”到舞台中，并在“属性”面板中设置相关参数，如图 7.70 所示。

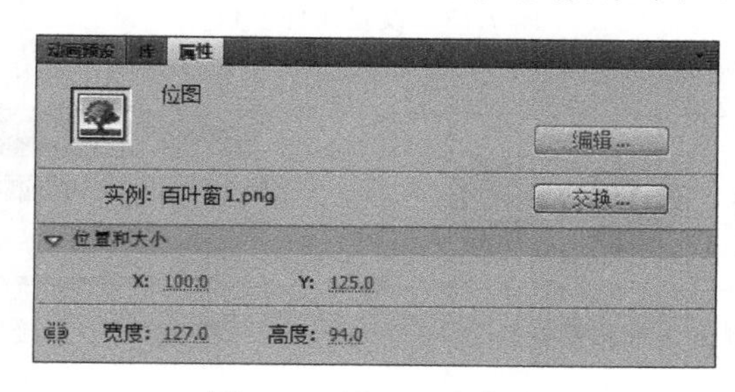

图 7.70 设置图片参数

（2）选择“百叶窗 1.png”，按 F8 键，将其转换为名称为“图片 1”的图形元件。双击该元件，进入其编辑状态，在“图层 1”的上方新建“图层 2”，在“图层 2”中绘制无边框的正圆，如图 7.71 所示。

（3）右击“图层 2”，在弹出的快捷菜单中选择“遮罩层”命令，设置遮罩层后的效果如图 7.72 所示。

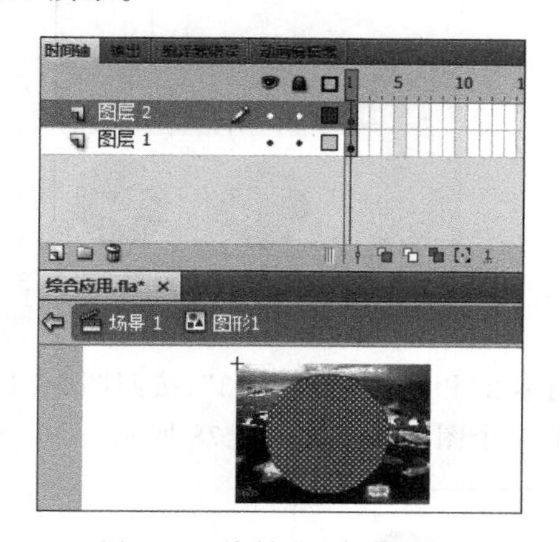

图 7.71 绘制无边框的正圆

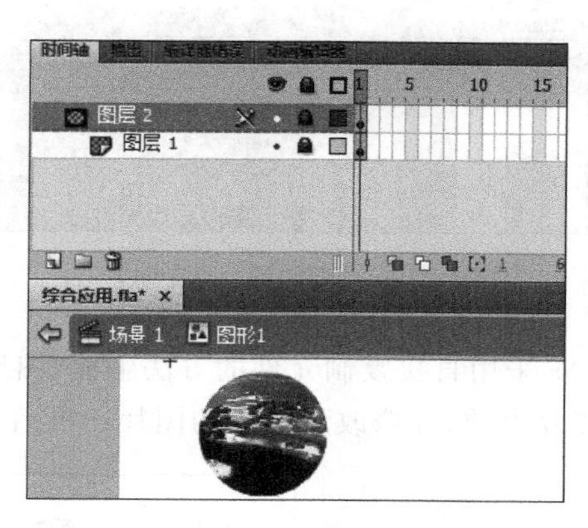

图 7.72 设置遮罩层

（4）单击“场景 1”，返回主场景。选择“图片 1”元件，设置元件参数，如图 7.73 所示。

（5）接着采用快速复制的方法制作其他图形元件。选择“图形 1”元件，按住 Alt 键，拖动“图形 1”元件，在舞台中复制 3 个图形元件，如图 7.74 所示。

（6）右击第 2 个元件，在快捷菜单中选择“直接复制元件”命令，生成名称为“图形 1 副本”的图形元件，如图 7.75 所示。

（7）双击“图形 1 副本”元件，进入其编辑状态。解锁“图层 1”，删除第 1 帧的图形，将“库”面板中的“百叶窗 2.png”拖到“图层 1”的第 1 帧，如图 7.76 所示。

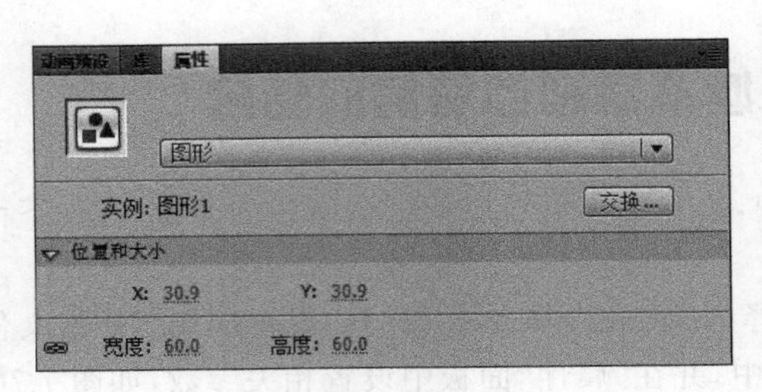

图 7.73　设置元件参数

图 7.74　复制出 3 个图形元件

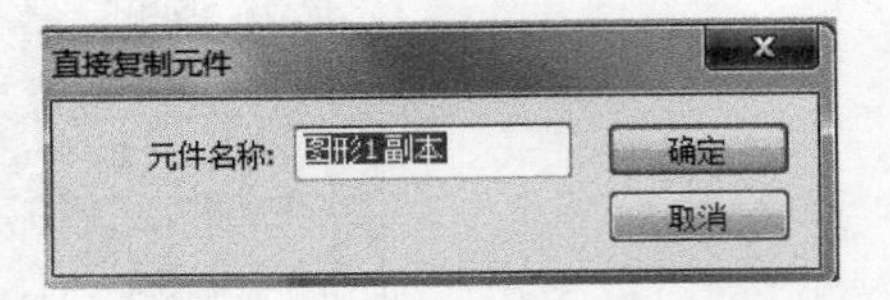

图 7.75　"直接复制元件"对话框

（8）选择"图层 1"中的图片，在"属性"面板中设置图片的大小参数，如图 7.77 所示。调整完毕后，重新锁定"图层 1"，如图 7.77 所示。

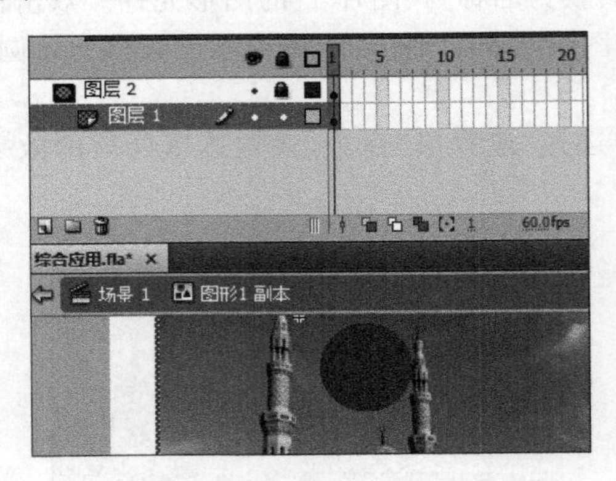

图 7.76　编辑"图形 1 副本"

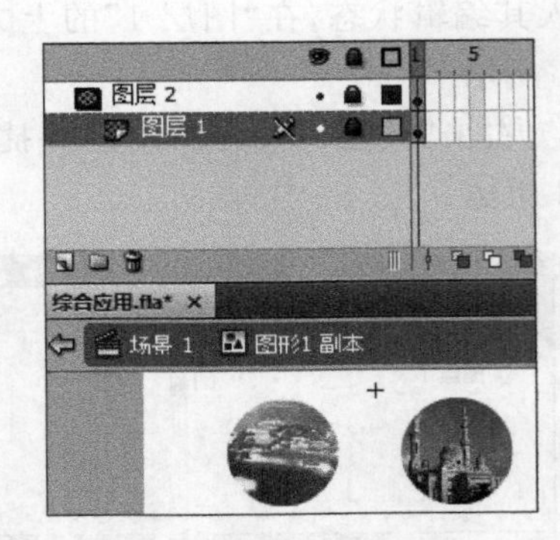

图 7.77　调整图片大小并锁定图层 1

（9）采用直接复制元件的方法生成"图形 1 副本 2"和"图形 1 副本 3"，按照图 7.73 所示设置图片参数，并修改元件中的图片。最后生成的 4 个图形元件如图 7.78 所示。

图 7.78　最后生成的 4 个图形元件

（10）单击"场景 1"，返回主场景。右击"图层 1"，在弹出的快捷菜单中选择"添加传统运动引导层"命令，使"图层 1"成为引导层。在新添加的引导层中绘制作为引导线的线条，如图 7.79 所示。

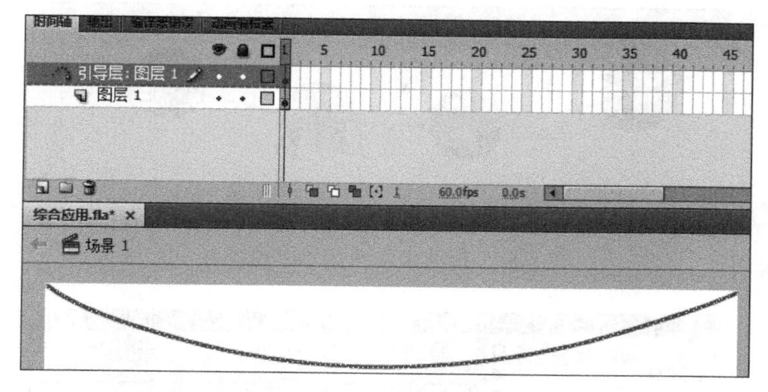

图 7.79　添加引导层并绘制引导线

(11) 引导层中的线条在影片测试中并不会显示。新建“图层 2”。将引导层的第 1 帧选定，右击该帧，在弹出的快捷菜单中选择“复制帧”命令；再选择“图层 2”的第 1 帧，右击该帧，在弹出的快捷菜单中选择“粘贴帧”命令，将引导层中的线条复制到“图层 2”的第 1 帧，如图 7.80 所示。

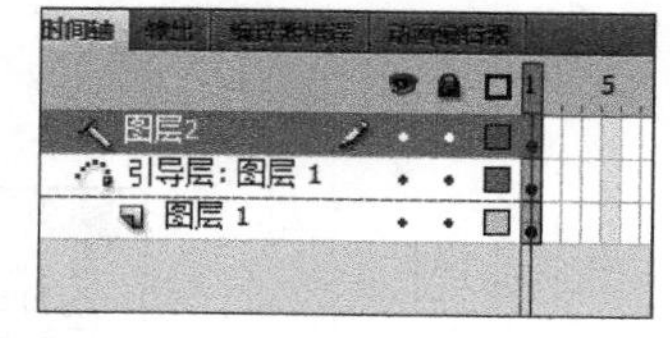

图 7.80　复制引导层中的线条

(12) 右击“图层 2”，在弹出的快捷菜单中取消“引导层”命令左侧的选定标记，使“图层 2”成为普通层，如图 7.81 所示。

(13) 选择“图层 1”的第 1 帧，选择菜单栏中的“修改”→“时间轴”→“分散到图层”命令，将 4 个元件分散到 4 个图层，并且自动命名为“图形 1”“图形 1 副本”“图形 1 副本 2”和“图形 1 副本 3”，如图 7.82 所示。

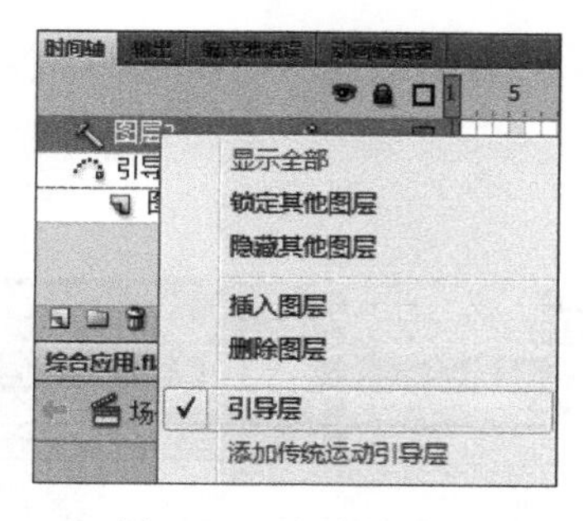

图 7.81　取消引导层

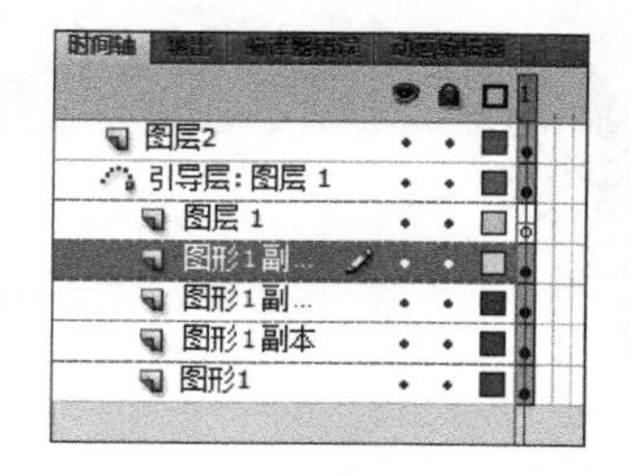

图 7.82　将 4 个元件分散到 4 个图层

(14) 删除“图层 1”。拖曳 4 个元件到引导线上，并且要保证图形元件的中心控制点位于引导线上，如图 7.83 所示。

(15) 在所有图层的第 45 帧都插入帧，如图 7.84 所示。然后锁定“图层 2”。

(16) 选择图层“图形 1”“图形 1 副本”“图形 1 副本 2”和“图形 1 副本 3”，在这 4 个图层的第 15 帧插入关键帧，并创建第 1～15 帧的传统补间动画，如图 7.85 所示。

(17) 再选择图层“图形 1”“图形 1 副本”“图形 1 副本 2”和“图形 1 副本 3”的第 1 帧，将 4 个元件拖动到引导线的左端点处，让 4 个元件重合，如图 7.86 所示。

(18) 选择图层“图形 1 副本”的第 1～15 帧的传统补间动画，用鼠标将选定区域向右拖动，如图 7.87 所示。

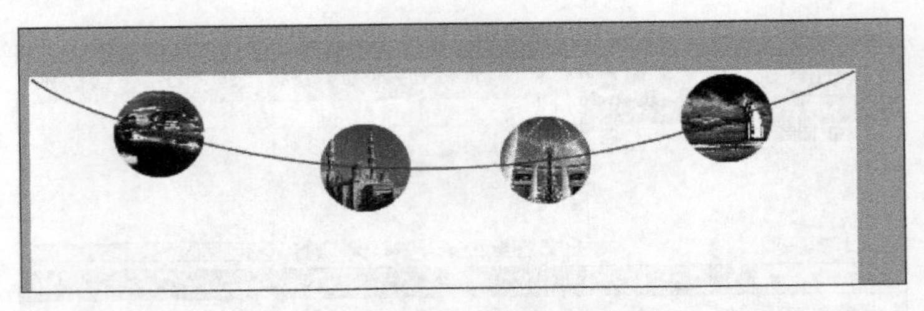

图 7.83 拖动 4 个元件到引导线上

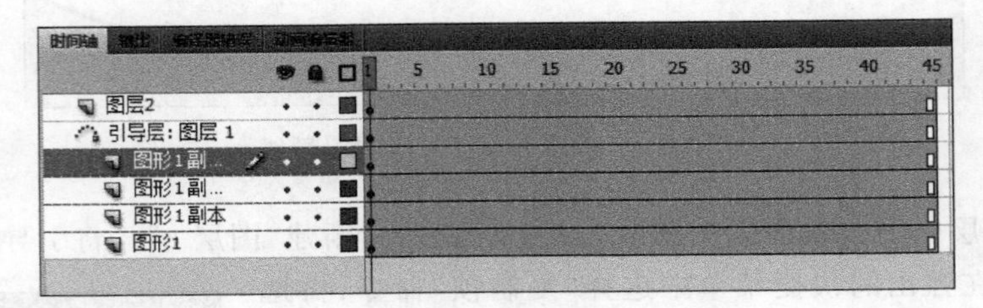

图 7.84 插入帧

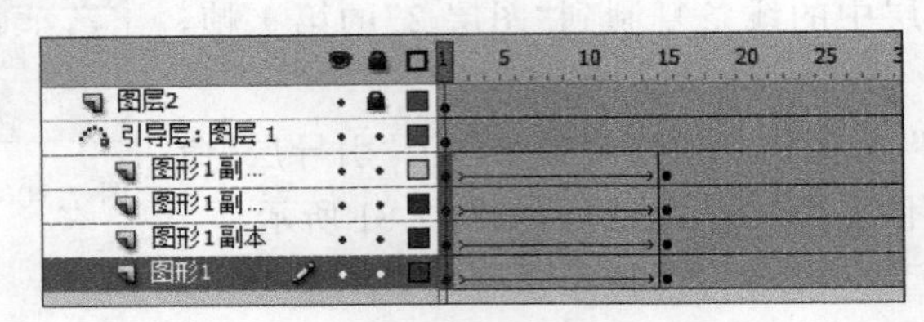

图 7.85 创建传统补间动画

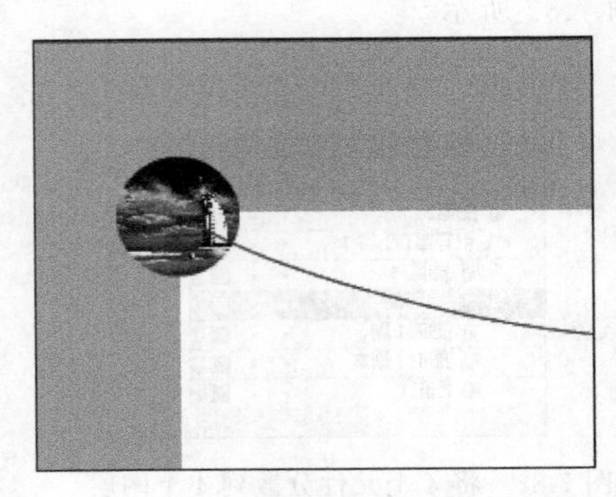

图 7.86 使 4 个元件在引导线左端点处重合

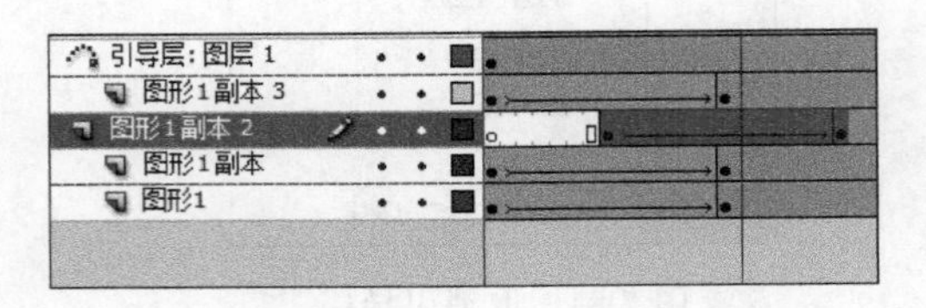

图 7.87 拖动传统补间动画区域

(19) 按步骤(18)所述方法，向右拖动图层“图形 1 副本”和“图形 1”的传统补间动画区域，如图 7.88 所示。

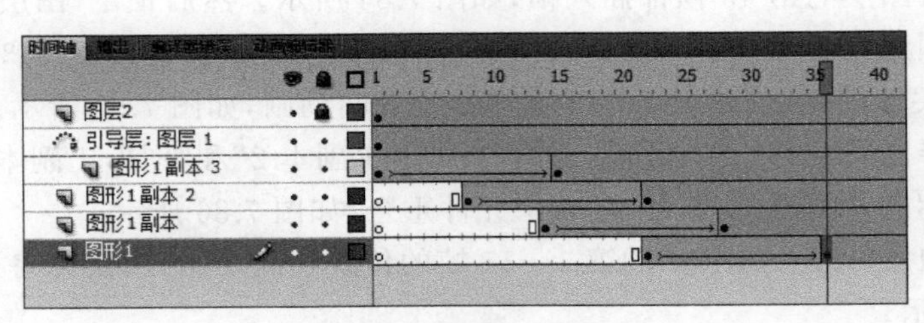

图 7.88 时间轴状态

(20) 移动完毕后，按住 Shift 键，选择“图形 1”“图形 1 副本”和“图形 1 副本 2”，向“图形 1 副本 3”图层拖动，使其重新成为引导层，如图 7.89 所示。

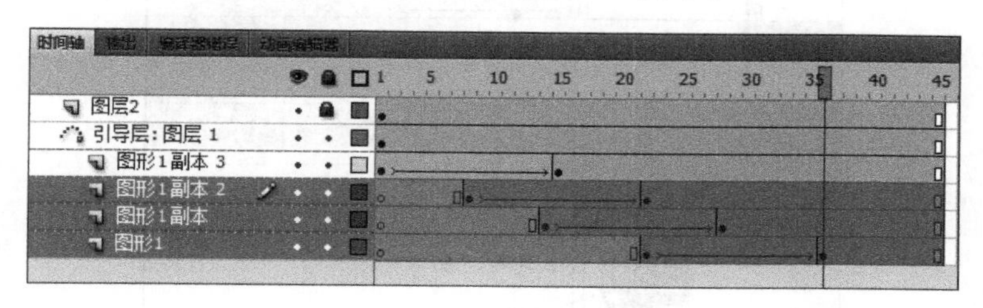

图 7.89 重新设定引导层

(21) 单击新建图层按钮，并且将其重命名为“边线”。在“边线”图层绘制无填充的蓝色矩形框，如图 7.90 所示。

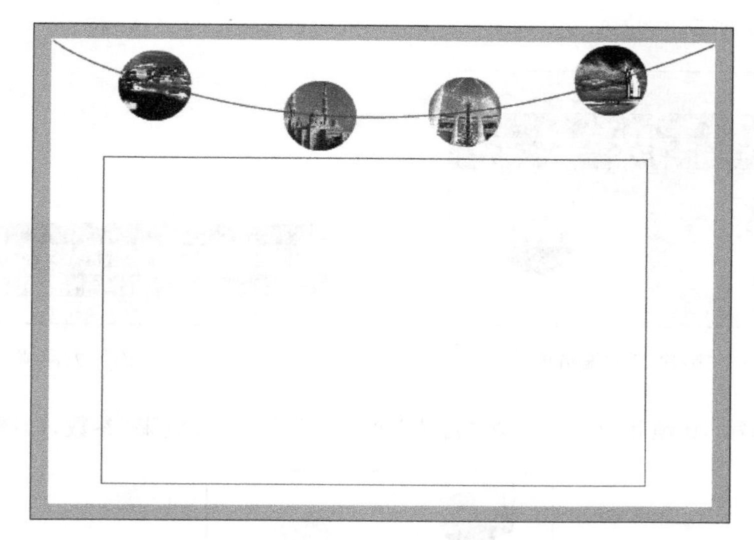

图 7.90 绘制蓝色矩形框

(22) 分别在“图形 1”“图形 1 副本”“图形 1 副本 2”和“图形 1 副本 3”图层的第 45 帧右击，插入关键帧，如图 7.91 所示。

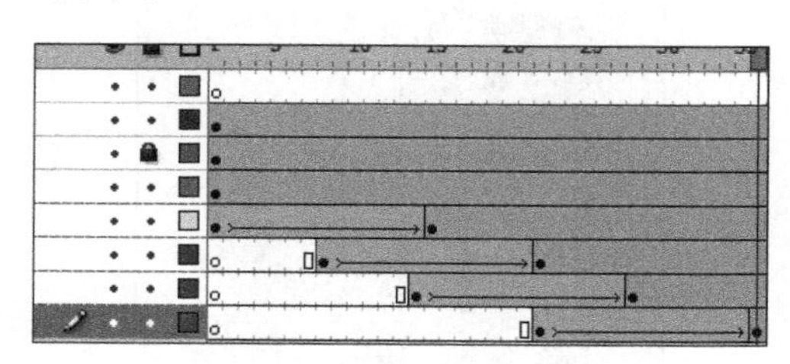

图 7.91 插入关键帧

(23) 选择“图形 1”图层的第 45 帧，选择最左端的图形元件，按 F8 键，将其转换为名称为“影片 1”的影片剪辑元件，如图 7.92 所示。

(24) 双击“影片 1”，进入其编辑模式，如图 7.93 所示。

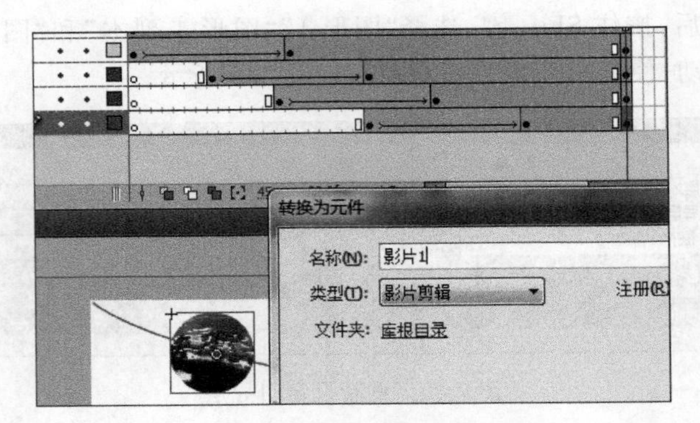

图 7.92　将图形元件转换为影片剪辑元件

(25) 在“图层 1”中用右击的方法在时间轴的第 2 帧、第 10 帧、第 11 帧、第 20 帧添加关键帧,如图 7.94 所示。

图 7.93　“影片 1”的编辑模式

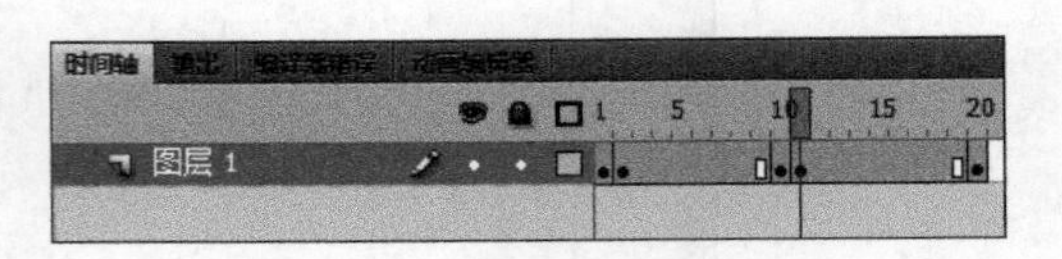

图 7.94　添加关键帧

(26) 选择第 10 帧和第 11 帧,在“属性”面板中设置“色彩效果”参数,如图 7.95 所示。

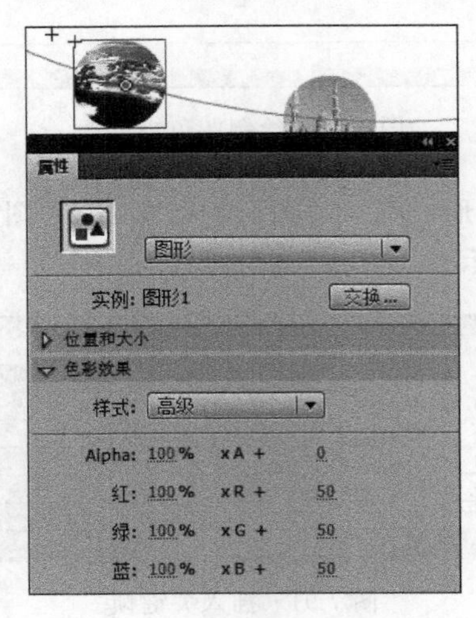

图 7.95　设置“色彩效果”参数

(27) 在“图层 1”中创建图 7.96 所示的传统补间动画,并且在第 1 帧和第 10 帧通过“动作”面板添加 stop()命令。

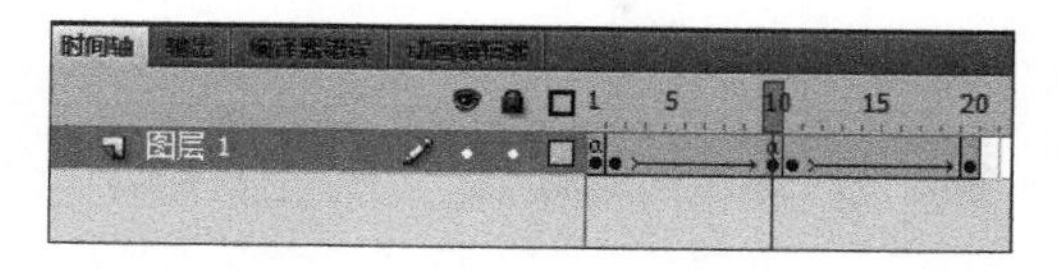

图 7.96　创建传统补间动画

(28) 选择“图层 1”的第 2 帧，在“属性”面板中设置“缓动”为－100。再选择“图层 1”的第 11 帧，在“属性”面板中设置“缓动”为 100，如图 7.97 所示。注意，－100 表示动画由慢到快播放，100 表示动画由快到慢播放。

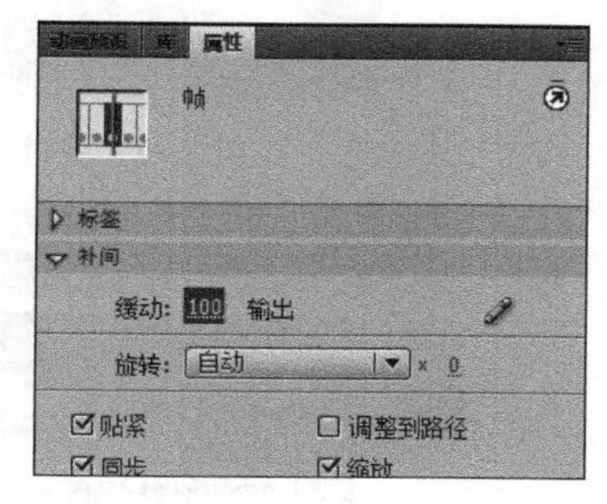

图 7.97　设置“缓动”参数

(29) 现在介绍透明按钮的用法。透明按钮虽然在播放影片时不显示，但是它能起到按钮的作用，在动画制作过程中使用得比较频繁。新建图层并且将其改名为“透明按钮”，在此图层中绘制一个无边框的红色圆形。按 F8 键，将选定的红色圆形转换为名称为“透明按钮”的按钮元件，如图 7.98 所示。

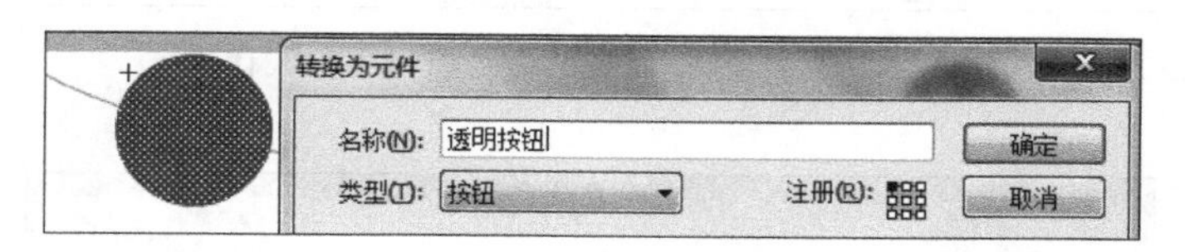

图 7.98　将红色圆形转换为按钮元件

(30) 双击“透明按钮”元件，进入其编辑模式，将“弹起”状态关键帧向右一直拖到“点击”状态处。右击“指针经过”状态，插入关键帧，并将“库”面板中的声音文件 b2 拖动到“指针经过”状态处，如图 7.99 所示。

(31) 单击“影片 1”，退出“透明按钮”元件的编辑模式。在“影片 1”元件的编辑模式下单击“透明按钮”元件，按 F9 键，在“动作”面板的命令窗口中输入代码，如图 7.100 所示。

(32) 返回主场景。单击图层“图形 1”的第 45 帧，添加 stop()命令。将其余 3 个元件转换为影片剪辑元件，分别命名为“影片 2”“影片 3”和“影片 4”，并且完成步骤(23)～(31)。制作完毕后的主场景如图 7.101 所示。

(33) 返回主场景。在“边线”图层上方新建名称为“影片”的图层，如图 7.102 所示。

(34) 在“影片”图层的第 36 帧、第 37 帧、第 38 帧和第 39 帧分别按 F6 键，插入关键帧。将“库”面板中的“百叶窗 1.png”拖动到第 45 帧，在“属性”面板中调整参数，如图 7.103 所示。

图 7.99 编辑“透明按钮”元件

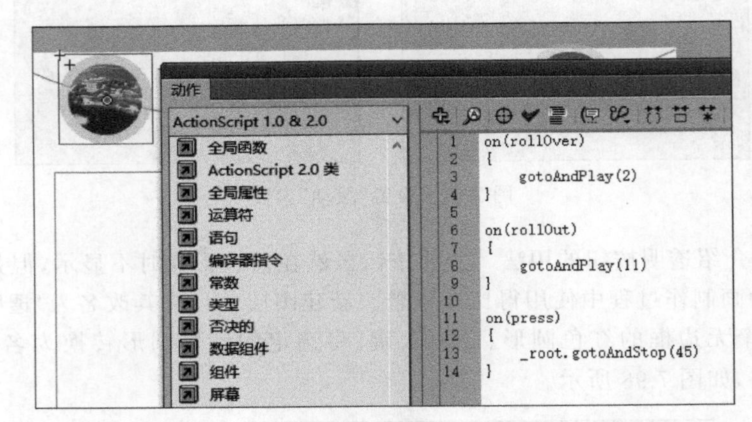

图 7.100 在“动作”面板的命令窗口中输入代码

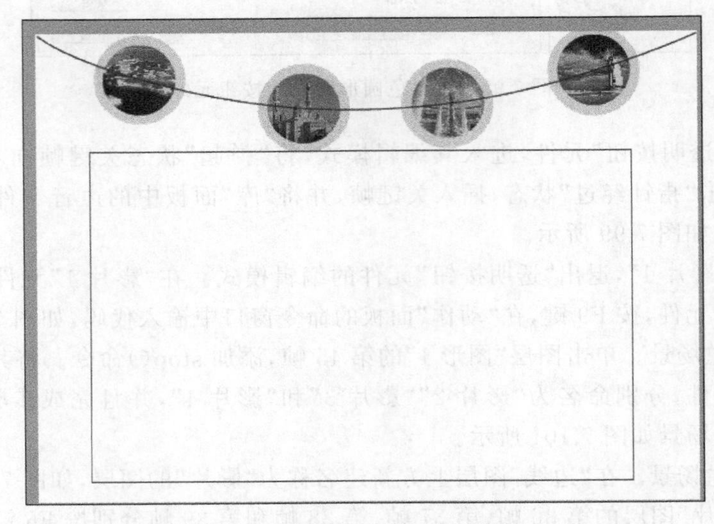

图 7.101 制作完毕后的主场景

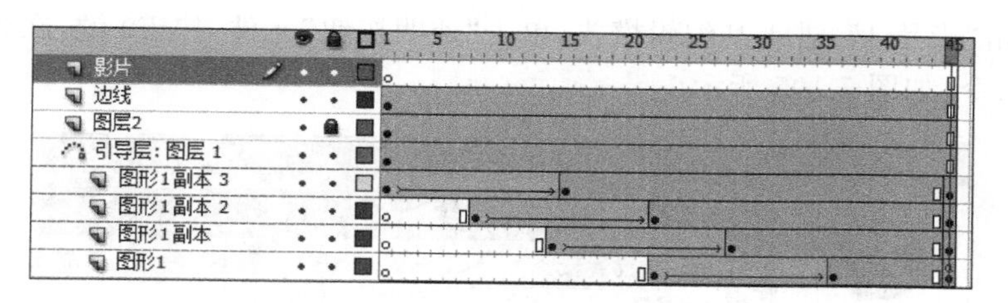

图 7.102 新建“影片”图层

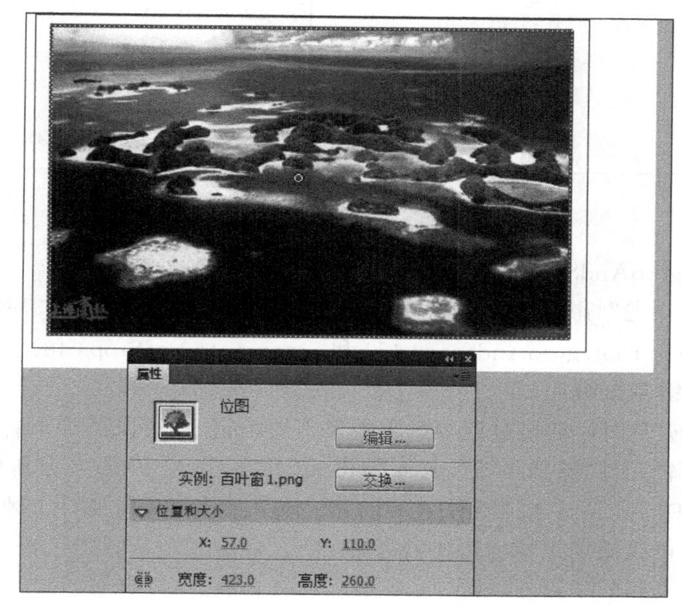

图 7.103 “属性”面板参数设置

(35) 选择“百叶窗 1.png”，按 F8 键，将其转换为名称为“遮罩 1”的影片剪辑元件。双击“遮罩 1”影片剪辑元件，进入其编辑模式，新建“图层 2”，在该图层中制作百叶窗效果，如图 7.104 所示。右击“图层 2”，在弹出的快捷菜单中选择“遮罩层”命令，设置遮罩效果。

图 7.104 设置遮罩效果

(36) 双击“影片1”,进入其编辑模式,单击“透明按钮”元件,按F9键,在弹出的“动作”面板中添加命令,如图7.105所示。

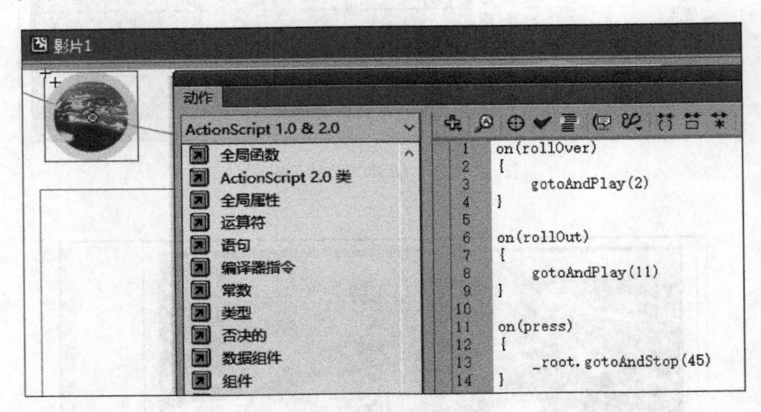

图7.105 添加命令

注意:_root.gotoAndStop()命令用于控制时间轴上的帧跳转。

(37) 选择“影片2”“影片3”和“影片4”,按照相同的方法在“动作”面板中添加_root.gotoAndStop(46)、_root.gotoAndStop(47)和_root.gotoAndStop(48)。返回主场景,按Ctrl+Enter组合键测试影片。

(38) 如果感觉在图片切换过程中遮罩效果不够丰富,还可以添加声音切换效果。双击第45帧的影片剪辑元件“遮罩1”,进入编辑模式,并在“图层2”的上方新建“图层3”,接着将“库”面板中的F1111.mp3拖到“图层3”的第1帧。对第46帧、第47帧、第48帧上其他影片剪辑元件,也可以采用上述方法进行处理。

Chapter 8

第8章

ActionScript 应用

ActionScript 是由 Macromedia 公司(现已被 Adobe 公司收购)为其 Flash 产品开发的。它最初是一种简单的脚本语言,现在的最新版本为 ActionScript 3.0,是一种完全面向对象的编程语言。它功能强大,类库丰富,语法类似于 JavaScript,多用于 Flash 互动性、娱乐性、实用性开发,以及网页制作和 RIA(Rich Internet Application,富网应用程序)开发。

动画中的交互离不开 ActionScript 语句。本书采用 ActionScript 2.0 语法结构进行代码编写,习惯使用 ActionScript 3.0 的读者可以按照自己的习惯编写代码。鉴于 ActionScript 的语法知识特别多,为使读者快速上手,本章采用边讲解实例边介绍命令的方法,使读者较快地掌握 ActionScript 2.0 的语法结构,以便能在以后的动画交互制作中对命令的使用更加得心应手。

8.1 "动作"面板和"行为"面板

8.1.1 "动作"面板的使用

在 Flash 中编写脚本时,要使用"动作"面板中的 ActionScript 编辑器。"动作"面板中的脚本窗口内包含 ActionScript 编辑器,并且该面板还支持各种工具,以方便脚本编写。这些工具包括动作工具箱、脚本导航器、脚本窗口和脚本编辑工具栏,如图 8.1 所示。

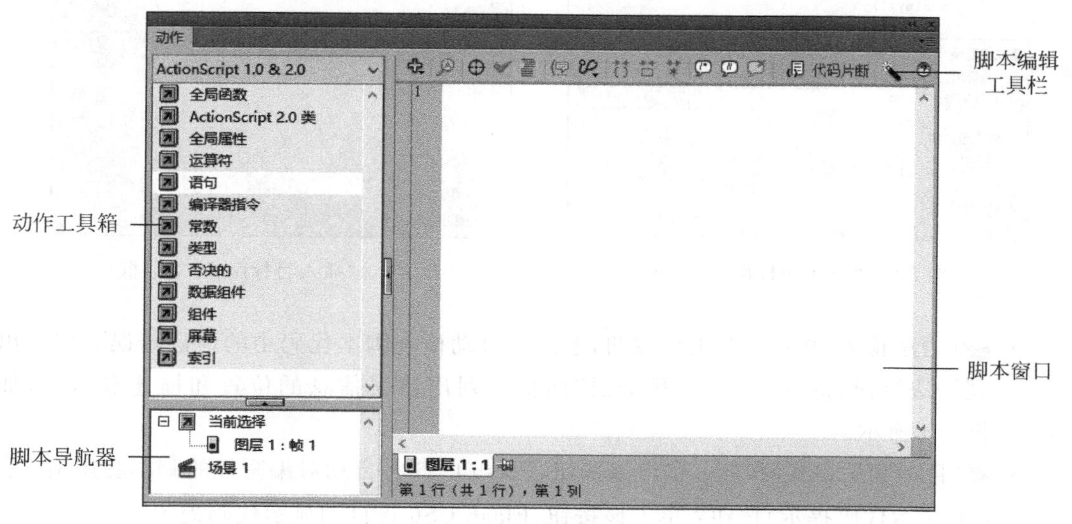

图 8.1 "动作"面板

1. 动作工具箱

动作工具箱给出了 ActionScript 语言元素的分类列表。要将一个语言元素插入脚本窗口中,可以双击该语言元素或直接将其拖入脚本窗口中,也可以使用编辑工具栏中的添加(✚)按钮将该语言元素添加到脚本窗口中。

2. 脚本导航器

脚本导航器显示包含脚本的 Flash 元素的分层列表。使用脚本导航器可在 Flash 文档中的各个脚本之间快速移动。如果单击脚本导航器中的某一项目,则与该项目相关联的脚本将显示在脚本窗口中,并且播放头将移到时间轴上的相应位置。如果双击脚本导航器中的某一项目,则该项目关联的脚本将被固定(就地锁定)。

3. 脚本窗口

在脚本窗口中可以输入相关代码。脚本窗口是一个功能完善的 ActionScript 编辑器(以后简称其为编辑器),它为脚本的创建提供了必要的工具。脚本窗口提供了语法格式设置和检查、代码提示等一系列简化脚本编辑操作的功能。

4. 脚本编辑工具栏

脚本编辑工具栏中包括以下按钮。

- ✚(将新项目添加到脚本中)按钮:将新项目添加到脚本中。
- (查找)按钮:单击该按钮,会弹出图 8.2 所示的对话框,在其中可以输入要查找的内容,进行查找和替换操作。
- (插入目标路径)按钮:动作的名称和地址被指定了以后,才能使用动作控制一个影片剪辑元件或者下载一个动画,这个名称和地址称为目标路径。单击该按钮,会弹出图 8.3 所示的对话框,在其中输入要插入的目标路径,或者直接在列表框中选择目标路径,然后直接单击“确定”按钮即可。

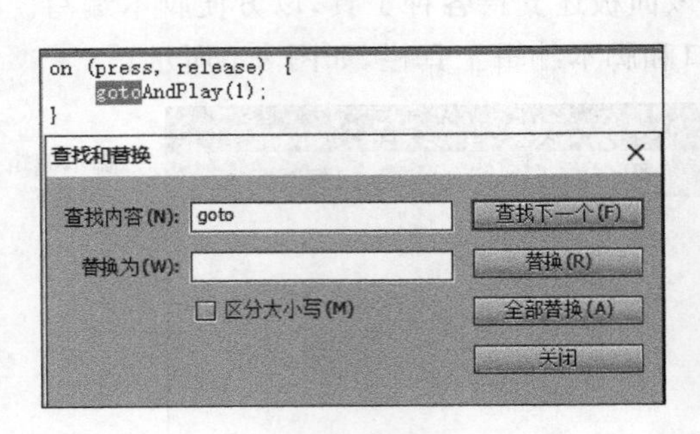

图 8.2 “查找和替换”对话框

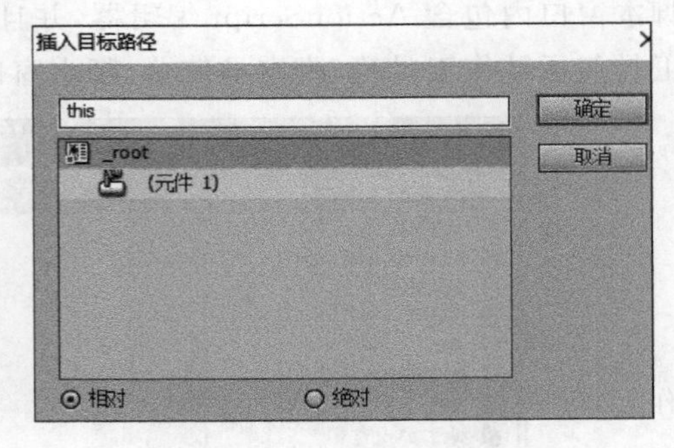

图 8.3 “插入目标路径”对话框

- ✔(语法检查)按钮:单击该按钮,系统会自动检查脚本代码中的语法错误。如果出现语法错误,将会在“编译器错误”面板中列出错误信息的位置和描述等信息,如图 8.4 所示。
- (自动套用格式)按钮:单击该按钮,Flash CS6 将自动对编写好的脚本套用格式。
- (显示代码提示)按钮:单击该按钮,Flash CS6 将自动显示代码提示。

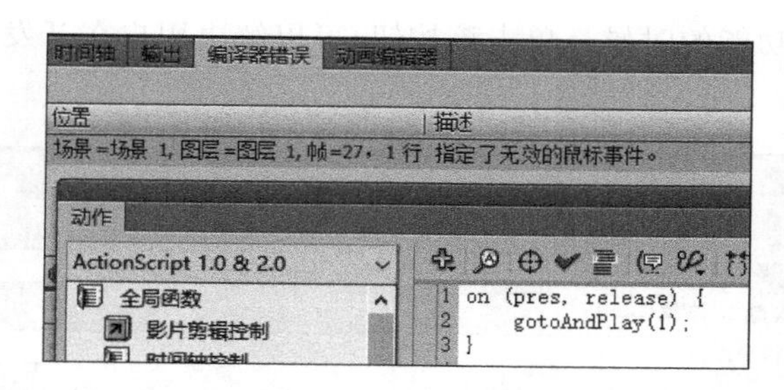

图 8.4 “编译器错误”面板

- (调试选项)按钮：单击该按钮，根据命令的不同可以显示不同的出错信息。
- (折叠成对大括号)按钮：单击该按钮，可以将大括号内的脚本代码折叠起来。
- (折叠所选)按钮：单击该按钮，可以将选定的脚本代码折叠起来；如果按住 Alt 键再单击该按钮，则可以将选定的脚本代码之外的代码折叠起来。
- (展开全部)按钮：单击该按钮，可以将所有处于折叠状态的脚本代码全部展开。
- (应用块注释)按钮：单击该按钮，可以对选定的文本应用块注释格式，如图 8.5 所示。
- (应用行注释)按钮：单击该按钮，可以对选定的文本应用行注释格式，如图 8.6 所示。

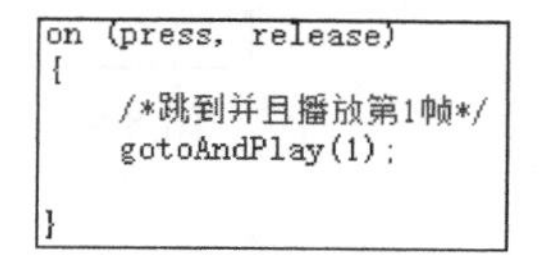

图 8.5 块注释

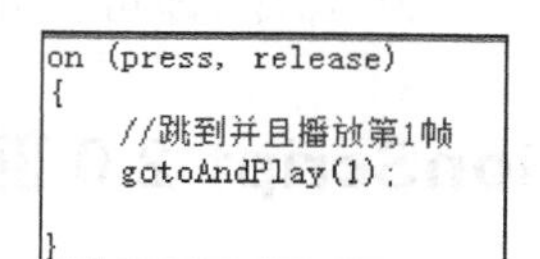

图 8.6 行注释

- (删除注释)按钮：单击该按钮，可以删除脚本中的所有注释。
- (显示/隐藏工具栏)按钮：单击该按钮，可以将左侧的动作工具箱和脚本导航器隐藏。
- 代码片断 按钮：单击该按钮，弹出图 8.7 所示的“代码片段”面板，在此面板的列表中双击相应的选项，即可将相应的语言元素添加到脚本窗口中(注意，此面板的列表中大部分是面向 ActionScript 3.0 的代码片段，故在此不做详细介绍)。
- (通过从动作工具箱选择项目的方式编写脚本)按钮：以 gotoAndPlay() 函数为例，单击该按钮后，脚本窗口转换成图 8.8 所示的状态，其中显示了使用此 ActionScript 函数的场景名称、类型和帧编号。
- (帮助)按钮：由于 ActionScript 语言的细节非常多，无论是初学者还是资深的动画制作人员都

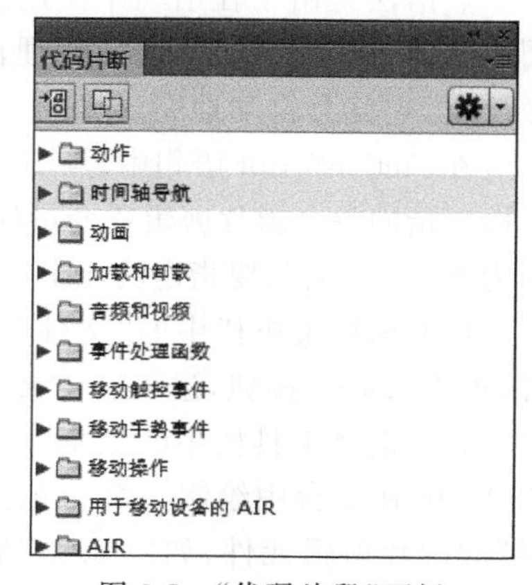

图 8.7 “代码片段”面板

会有忘记代码功能的时候。单击该按钮,可以解决用户在开发过程中遇到的脚本语言问题。

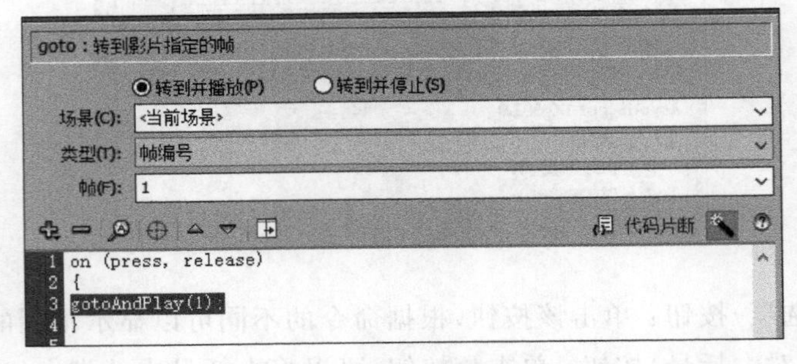

图 8.8 “脚本窗口”状态

8.1.2 “行为”面板的使用

在 Flash CS6 中,行为是预先写好的动作脚本。用户无须动手编写代码,就可以为 Flash 文档添加功能强大的动作脚本代码,为 Flash CS6 中的各种元素(如文本、影片剪辑、图像、声音等)添加交互功能,从而为文档中的元件实例实现交互性。选择菜单栏中的“窗口”→“行为”命令,即可打开“行为”面板,如图 8.9 所示。

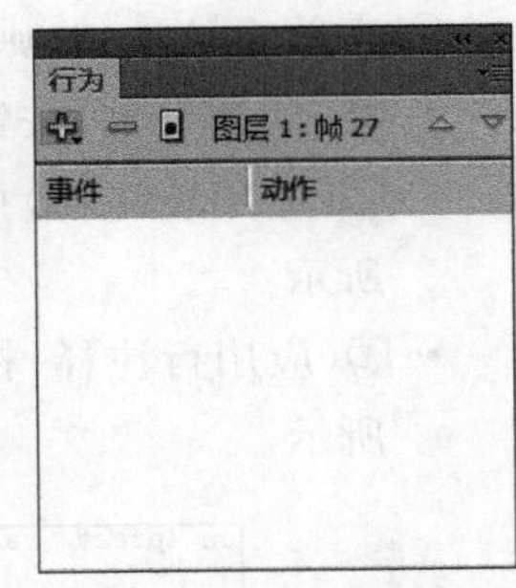

图 8.9 “行为”面板

8.2 ActionScript 2.0 的基本语法

要有效地使用 ActionScript 语言制作复杂动画,必须首先了解它的基本语法结构和规范。作为 Flash 专用的编程语言,ActionScript 的语法既具有一般编程语言的普遍特征,又具有 Flash 本身的特色。ActionScript 的语法是使用该语言编程的一个非常重要的基础,只有对语法有了充分的了解,才能在编程中游刃有余,才不至于出现大量的语法错误。

8.2.1 点语法

点语法是由于在语句中使用点(.)运算符而得名的,它是一种面向对象的语法形式。所谓面向对象就是让目标对象管理自己,而对象有其自身的属性和方法,只要告诉对象应该该做什么,它就会自动地完成。

在 ActionScript 语句中,点(.)用于指出与一个对象或影片剪辑相关联的特性或方法,也用于标识指向一个影片剪辑或变量的目标路径。点(.)表达式以影片剪辑或对象的名称开始,中间为点(.),最后是要指定的元素。下面通过一个简单的示例对点语法进行详细说明。

(1) 选择菜单栏中的“文件”→“新建”命令,弹出“新建文档”对话框,参数保持默认设置,单击“确定”按钮,进入新建文档舞台窗口。

(2) 选择工具栏中的矩形工具,在工具栏的下方设置笔触颜色为“无”,填充颜色值为 FF3399,在舞台中绘制一个粉色无边框矩形。选择矩形,按 F8 键,将其转换为名称为“矩形”的影片剪辑元件,如图 8.10 所示,单击对话框中的“确定”按钮后,矩形被转换为影片剪辑元件。

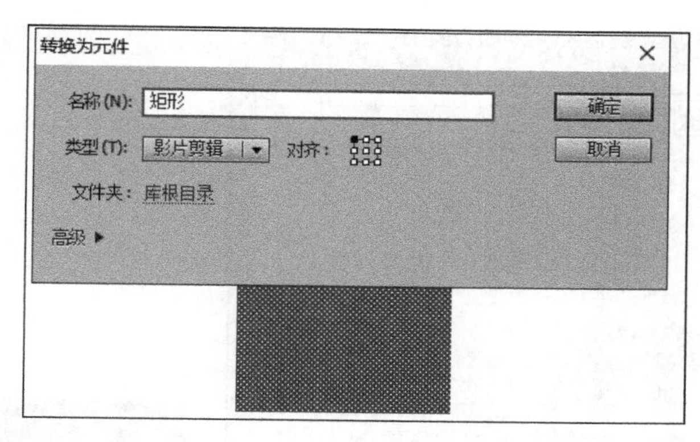

图 8.10 将矩形转换为元件

(3) 单击“矩形”影片剪辑元件,选择菜单栏中的“窗口”→“属性”命令,在弹出的“属性”面板中设置实例名称为 jx_mc,如图 8.11 所示(注意:在程序中给对象命名时,要使用一定的方法体现出规则性,而这种规则性就体现在每个对象名称的后缀中。在程序语句中,每一种后缀都代表一种对象的类型,_mc 后缀表示对象是影片剪辑)。

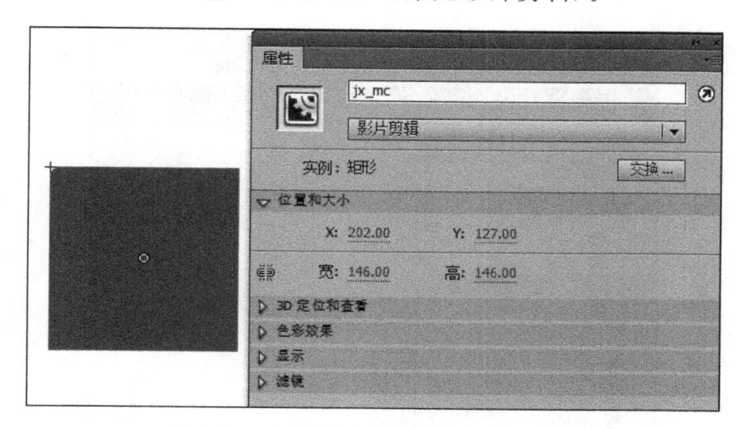

图 8.11 在“属性”面板中设定实例名称

(4) 选择第 25 帧,按 F6 键,插入关键帧。选择第 25 帧的“矩形”影片剪辑元件,将其拖到舞台的右下角,并且在“属性”面板中设置“色彩效果”选项组中的“样式”为“色调”,颜色值为 009966(即红、绿、蓝值分别为 0、153 和 102),如图 8.12 所示。

(5) 选择第 1 帧,按 F9 键,在弹出的“动作”面板中的动作工具箱中双击 stop 选项,为第 1 帧添加 stop()命令,如图 8.13 所示。也可以通过单击“动作”面板中的将新项目添加到脚本中按钮,在其下拉菜单中选择“全局函数”→“时间轴控制”→stop 命令为第 1 帧添加 stop()命令,如图 8.14 所示。

(6) 在“图层 1”的上方新建“图层 2”。选择菜单栏中的“窗口”→“公用库”→Buttons,弹出如图 8.15 所示的“外部库”面板。将该面板的列表中 Buttons bar 文件夹下的 bar blue 拖到“图层 2”的第 1 帧。

(7) 单击“图层 2”中的按钮,按 F9 键,在弹出的“动作”面板中单击(以在工具箱中选择项目的方式编写脚本)按钮,在此模式下单击将新项目添加到脚本中按钮,在下拉菜单中选择

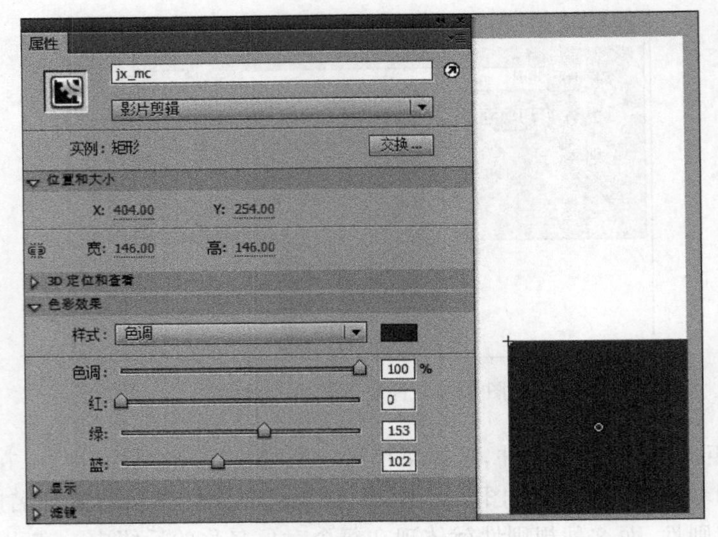

图 8.12　在“属性”面板中设定“色彩效果”选项

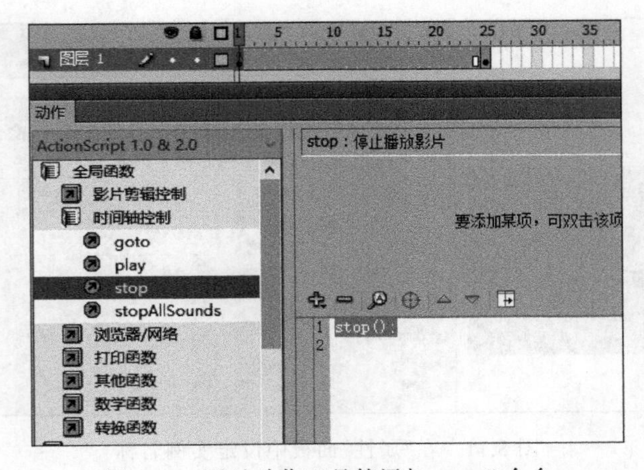

图 8.13　通过动作工具箱添加 stop()命令

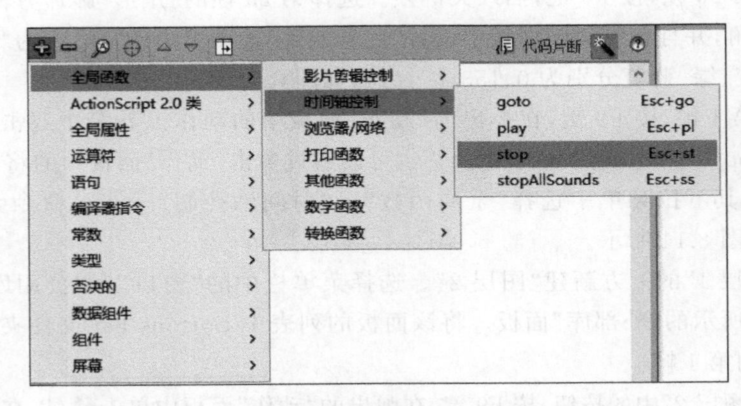

图 8.14　通过将新项目添加到脚本中按钮添加 stop()命令

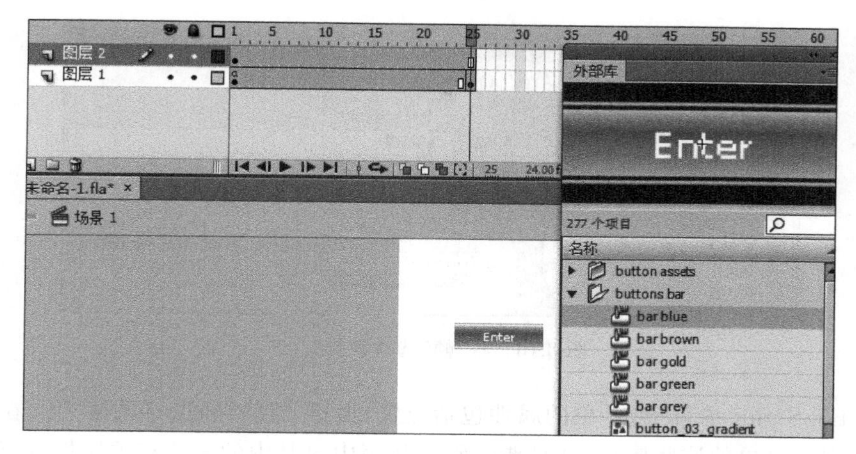

图 8.15　“外部库”面板

“全局函数”→“时间轴控制”→goto 命令，如图 8.16 所示，此时的“动作”面板如图 8.17 所示。

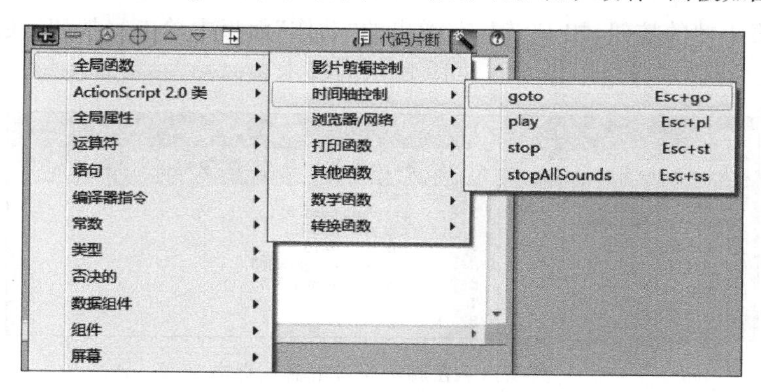

图 8.16　将新项目添加到脚本中

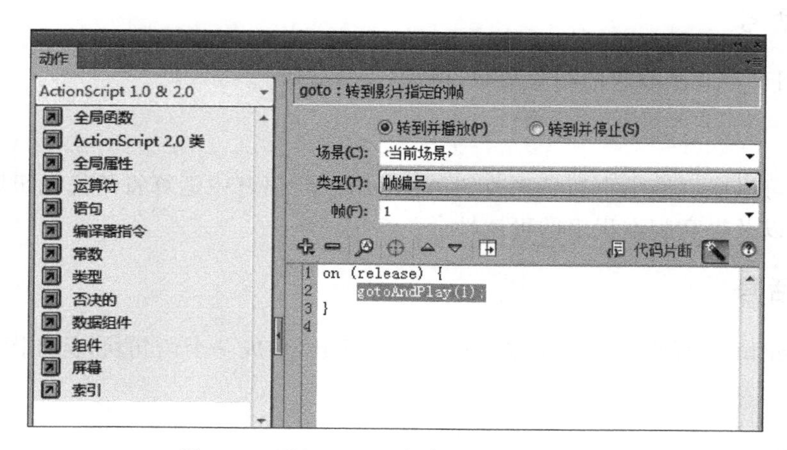

图 8.17　添加 goto()命令后的“动作”面板

(8) 在“动作”面板中选择“转到并停止”单选按钮，并将“帧”选项设置为 25，如图 8.18 所示。

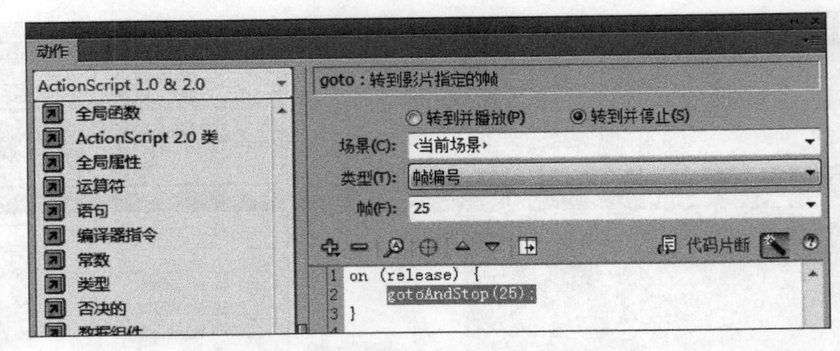

图 8.18　将“帧”选项设置为 25

在 ActionScript 语言中，对象的属性包括位置、大小、旋转角度、透明度等。在编写脚本时，常常要用到对象的这些属性，并且要经常在程序中对其中的某些相关属性进行修改。下面使用点语法设置对象的属性。

(9) 单击“图层 1”中第 25 帧的绿色按钮，在“属性”面板中设置实例名称为 rjx_mc。单击“图层 2”中第 1 帧的按钮，按 F9 键，在弹出的“动作”面板中单击按钮，使脚本窗口返回默认编辑状态。在脚本窗口中输入图 8.19 所示的脚本。

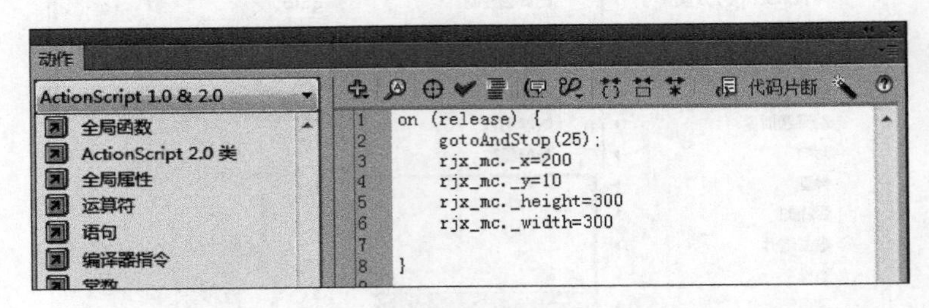

图 8.19　在脚本窗口中输入脚本

8.2.2　小括号

小括号用于定义函数中的相关参数，例如：

```
function Draw(x,y){…}
```

另外，还可以通过使用小括号来改变 ActionScript 语言中运算符的优先级顺序，对一个表达式求值，以及提高脚本程序的可读性。

8.2.3　大括号

ActionScript 语言的程序语句被一对大括号括起，形成一个语句块，例如图 8.19 所示的语句：

```
on (release)
{
    gotoAndStop(25);
    rjx_mc._x=200
    rjx_mc._y=10
```

```
    rjx_mc._height=300
    rjx_mc._width=300
}
```

8.2.4 分号

在 ActionScript 语言中，任何一条语句都是以分号结束的。但是，如果省略了分号，Flash 同样可以成功地编译这个脚本，如图 8.19 和图 8.20 所示。

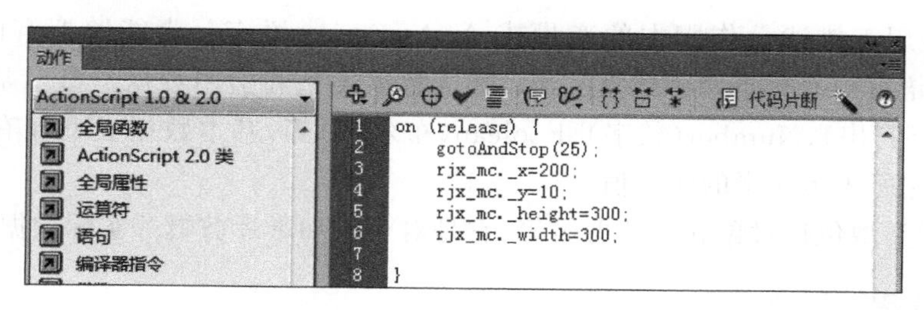

图 8.20 每条语句都以分号结束

8.2.5 注释

可以使用注释语句对程序添加注释信息，这样有助于设计者或程序阅读者理解这些程序代码的意义，在“动作”面板的脚本窗口中，注释以灰色显示，如图 8.21 所示。

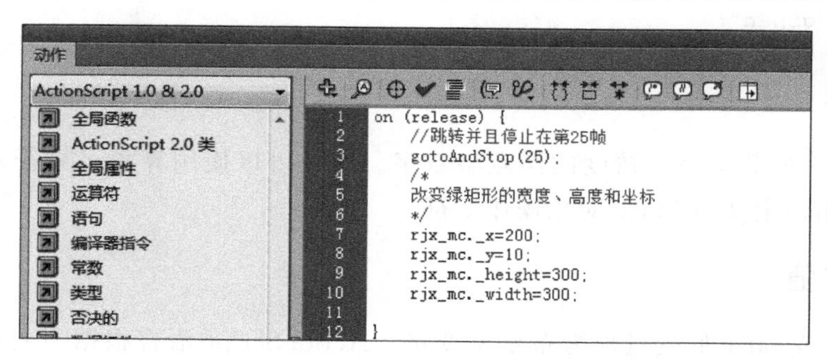

图 8.21 脚本中的注释

8.2.6 字母大小写

在 ActionScript 语言中，只有关键字是区分大小写的，其他的 ActionScript 代码不区分大小写。例如：

```
city="唐山"
CITY="唐山"
City="唐山"
```

都是等效的。

但是，实际使用过程中还是应该固定地使用大写或者小写，这么做最明显的好处是：可以很容易地区分哪些是变量名，哪些是函数名。

8.2.7 关键字

ActionScript 语言中的关键字是指在 ActionScript 语言中有特殊含义的保留字符串，如 for、new、this 等，不能将它们作为函数名、变量名或标号名来使用。

8.3 数据类型

数据类型用于描述动作脚本的变量或 ActionScript 语言元素能够拥有的信息类型。ActionScript 语言中有以下两种数据类型：基本数据类型和引用数据类型。基本数据类型是指 String(字符串)、Number(数字)、Boolean(布尔值)等，基本数据类型拥有固定类型的值，可以保存它所表示元素的实际值。

引用数据类型包括对象和影片剪辑等，它是对对象和影片剪辑等实际数据的引用。

8.3.1 字符串

字符串是由字母、数字、标点符号等组成的字符序列。在 ActionScript 语言中应用字符串时，要将其放在单引号或双引号中。由于字符串以引号作为开始和结束的标记，所以要想在一个字符串中包括一个单引号或双引号，需要在其前面加上一个反斜杠，这称为转义。例如，在下面的语句中，TangShan 是一个字符串：

```
City="TangShan";
```

8.3.2 数字

数据类型中的数字是双精度的浮点型数字。用户可以使用算术运算符对数字进行运算，也可以使用预定义的 Math 对象操作字符。

8.3.3 布尔值

值为 true 或 false 的变量称为布尔型变量。ActionScript 语言根据需要也可以将 true 和 false 转化成 0 和 1。布尔值经常和逻辑运算符一起使用，用于进行比较和控制一个程序脚本的流向。

例如，在下面的例子中，如果变量 Name 和 Pass 的值都为 true，单击按钮后则会跳转到第 30 帧。

```
on(press){
    if ((Name==true)&&(Pass==true)){
        gotoAndStop(30);
    }
}
```

8.3.4 对象

对象是指所有使用动作脚本创建的基于对象的代码。一个对象是多个属性的组合，每个属性都有相应的名字和值，一个属性的值可以是任何一种数据类型，甚至可以是对象数据类型。用户还可以使用 ActionScript 语言预定义的对象来访问和操作特定类型的信息，通过点(.)运算符可以引用对象中的属性。例如，可以通过 Math 对象的方法对传递给它的数字进行数学运算。

例如，下面的语句使用 Math 对象的 max 方法得出 10 和 20 中的大值，并将运算的结果赋给变量 a。

```
a=Math.max(10,20)
```

8.3.5 影片剪辑

影片剪辑是能够在 Flash 中播放动画的元件。在 ActionScript 语言中，影片剪辑是唯一一种可以引用图形元素的数据类型。这种数据类型允许使用影片剪辑对象的方法来控制影片剪辑元件。同样，也可以使用点运算符调用这些方法。

8.4 运算符

在 ActionScript 语言中，运算符是可以对数值、字符串、布尔值进行运算的关系符号，运算符包括算术运算符、比较运算符、逻辑运算符等。“动作”面板动作工具箱中的“索引”文件夹中包含了 ActionScript 语言的各种运算符，如图 8.22 所示。

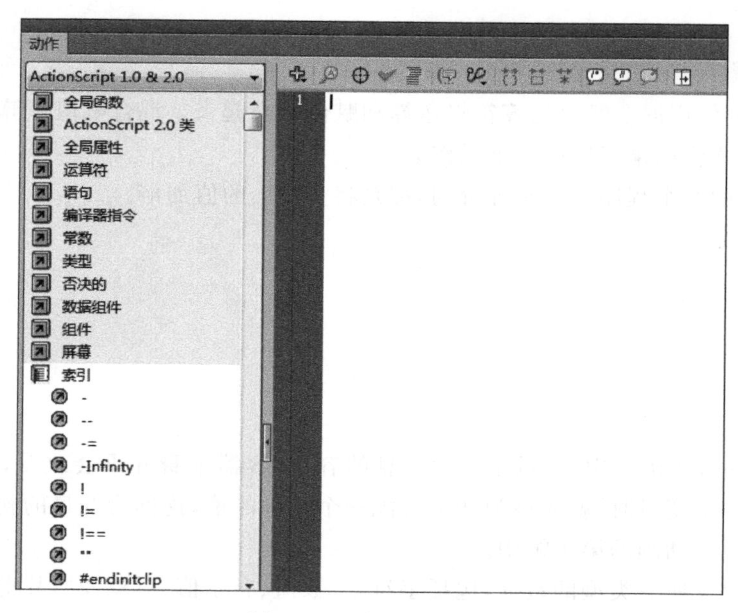

图 8.22 “索引”文件夹

1. 算术运算符

算术运算符用于在程序中进行算术运算。在 Flash 中可以使用如下算术运算符进行计算：

- ＋、－、＊、/：执行加、减、乘、除运算。

• %、++、--：执行求余、自加、自减运算。

2. 比较运算符

比较运算符用于比较表达式的值并返回一个布尔值，这些运算符常用于判断循环是否结束或用于条件语句中。在 Flash 中可以使用<、>、<=、>=比较其前面的数值是否小于、大于、小于或等于、大于或等于后面的数值。

3. 逻辑运算符

逻辑运算符用于对布尔值(true 或 false)进行逻辑运算，在 Flash 中可以使用 &&、||、! 这 3 个逻辑运算符进行逻辑与、逻辑或、逻辑非运算。

4. 相等运算符

使用相等运算符(==)可以确定两个操作数的值是否相等，这种比较的结果是一个布尔值(true 或 false)。如果操作数是字符串、数字或布尔值，则它们将通过值来比较；如果操作数是对象或数组，则它们将通过引用来比较。

5. 赋值运算符

可以以下面的形式利用赋值运算符(=)为变量赋值：

```
city="tangshan";
```

也可以使用赋值运算符在一个表达式中为多个变量赋值。在下面的语句中，city 的值被赋给 a、b、c、d：

```
a=b=c=d=city;
```

还可以通过使用混合赋值运算符将运算和赋值联合起来。混合赋值运算符可对两个操作数进行运算，并将结果赋给第一个操作数。

例如，下面的两个程序语句是等价的，都是将变量 a 的值加倍。

```
a*=2;
a=a*2;
```

8.5 变量

在 ActionScript 语言中，变量是包含信息的容器，容器本身并不会改变，但是内容可以更改。当定义一个变量时，就应该为变量分配一个明确的值，这称为变量的初始化。变量的初始化经常发生在动画的第 1 帧中。

变量可以保存所有类型的数据，包括字符串、数值、布尔值、对象及影片剪辑等。当某个变量在一个脚本中被赋值时，变量的数据类型将影响变量值的改变。

1. 变量的命名规则

在 ActionScript 语言中，为变量命名必须遵循以下规则：

• 变量名在其作用范围内必须保持唯一性。
• 变量名不能是 ActionScript 语言的关键字或者布尔值(true 或 false)。

- 变量名必须以字母或者下画线开始，中间不能包含空格。变量名不区分大小写。

2. 变量的赋值

- 在 ActionScript 语言中，不需要明确地定义一个变量的类型。当变量被赋值时，Flash CS6 会自动转换这个变量的数据类型。

例如，在下面的程序语句中：

```
x="name";
```

变量 x 的数据类型是字符串。以后的赋值可能会改变变量 x 的数据类型。例如，语句 x=12 会使变量 x 的数据类型变成数字。

- 在含有运算符的表达式中，ActionScript 语言会根据需要变换数据类型。例如，当+运算符被用于字符串计算时，ActionScript 语言会自动将另一个操作数的类型转换为字符串(如果它不是字符串)。例如，对于下面的语句：

```
"Tang Shan,number"+1
```

ActionScript 语言会自动将数字 1 转换成字符串"1"，并将其追加到第一个字符串的后面，形成一个更长的字符串："Tang Shan,number1"。

3. 变量的范围

变量的范围是指变量在其中已知并且可以引用的区域。变量根据作用范围不同可以分为 3 种类型：

- 局部变量。这种变量可以在函数体内部使用 var 语句来声明。局部变量的作用域被限定在所处的代码块中，并在代码块结束处终结。未在代码块内部声明的局部变量将在它们的脚本结束处终结。
- 时间轴变量。声明时间轴变量后，应在时间轴的所有帧上初始化这些变量。时间轴变量可用于时间轴上的任意脚本。
- 全局变量。这种变量在整个动画过程中都可以使用。要创建全局变量，应该在变量名称前使用_global 标识符。

注意：在函数内部使用局部变量将会使函数成为可重复使用的独立代码段。

8.6 ActionScript 交互动画

8.6.1 课堂案例：使用 ActionScript 实现简单交互

(1) 新建文档，选择 ActionScript 2.0。右击文档空白处，在弹出的快捷菜单中选择“文档属性”命令，在“属性”面板中将文档背景色设置为黑色，并且导入 1.jpg、2.jpg、3.jpg、4.jpg 这 4 张图片到“库”面板中，如图 8.23 所示。

(2) 选择工具栏上的矩形工具，在舞台中央绘制一个无填充的白色线条矩形。选择矩形，按 F8 键，将其转换为名称为“按钮 1”的按钮元件，如图 8.24 所示。

(3) 双击“按钮 1”元件，进入其编辑状态，在“图层 1”的“指针经过”、“按下”和“点击”状态分别插入关键帧，如图 8.25 所示。

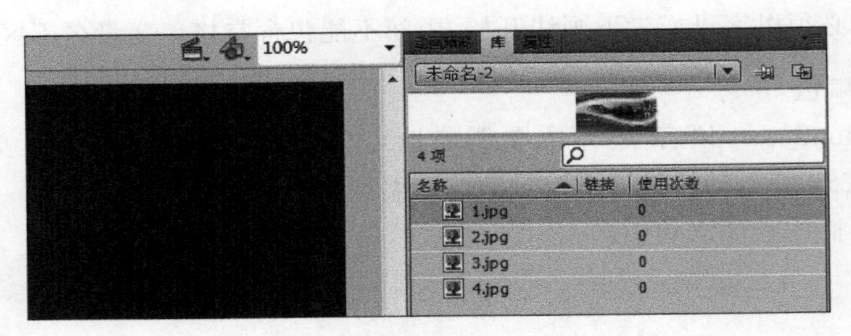

图 8.23　设置文档背景色并导入 4 张图片

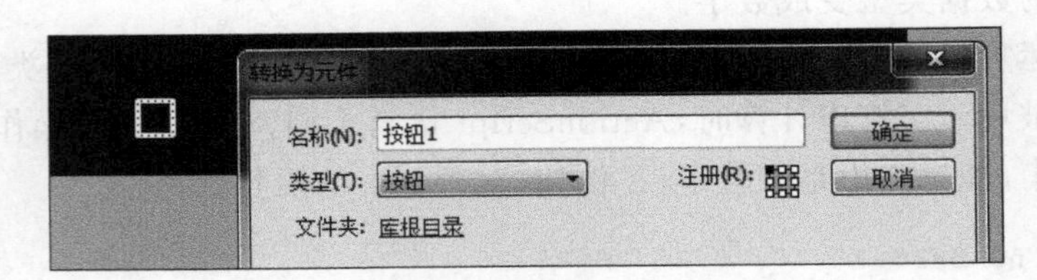

图 8.24　将矩形转换为元件

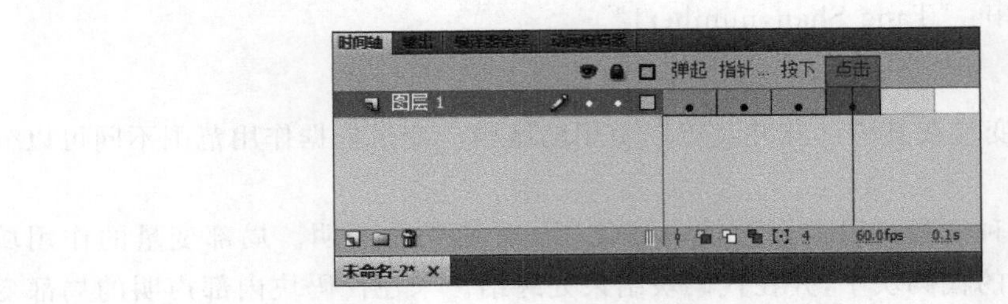

图 8.25　插入关键帧

(4) 新建“图层 2”。在“图层 2”中添加文本“1”，如图 8.26 所示。

(5) 选择“指针经过”、“按下”和“点击”状态的关键帧，为矩形填充蓝色，如图 8.27 所示。

图 8.26　添加文本“1”

图 8.27　为矩形填充蓝色

(6) 单击“场景 1”，返回主场景。按住 Alt 键，用拖动鼠标的方法快速复制出 5 个按钮，如图 8.28 所示。

图 8.28　快速复制出 5 个按钮

(7) 选择从左起第 1 个按钮元件，右击该元件，在快捷菜单中选择“直接复制元件”命令，生成“按钮 1 副本”元件，如图 8.29 所示。

(8) 双击“按钮 1 副本”元件，进入其编辑状态。双击白色外边框线条，并使用任意变形工具对外边框进行横向缩放，并将“图层 2”中的文本改为“上一页”，如图 8.30 所示。

图 8.29　“直接复制元件”对话框

图 8.30　改变矩形框和文本

(9) 选择“指针经过”状态，按 Delete 键删除此帧。选择“弹起”状态的矩形白色边框，按 Ctrl+C 和 Ctrl+Shift+V 组合键，将其粘贴到“指针经过”状态，并为矩形填充蓝色，如图 8.31 所示。

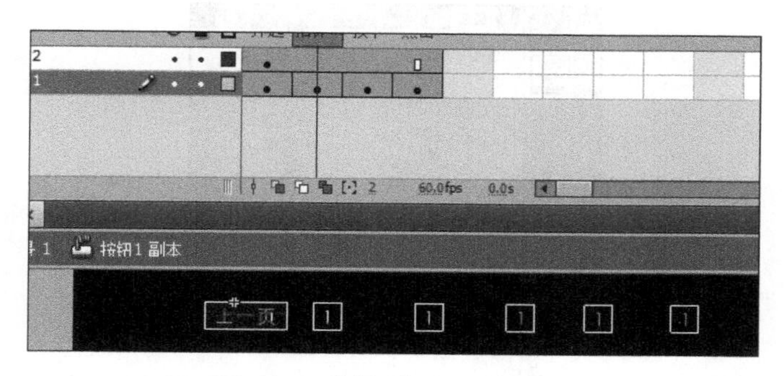

图 8.31　编辑“指针经过”状态

(10) 选择“指针经过”状态，按 Ctrl+C 和 Ctrl+Shift+V 组合键，将其粘贴到“按下”状态和“点击”状态。返回主场景，重复第(7)～(9)步，为其他几个按钮元件设置相同的按钮效果，如图 8.32 所示。

图 8.32　设置按钮元件效果

(11) 框选修改后的所有按钮元件，选择“窗口”→“对齐”命令，使用“对齐”面板对选定的按钮元件进行底边对齐操作，如图 8.33 所示。

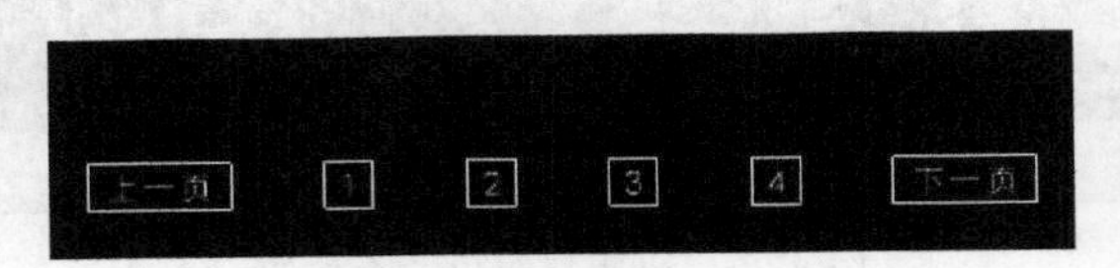

图 8.33 对齐按钮元件的底边

(12) 在主场景中新建“图层 2”，并在“图层 2”中插入 4 个空白关键帧。拖动“库”面板中的 1.jpg 到“图层 2”的第 1 帧，如图 8.34 所示。

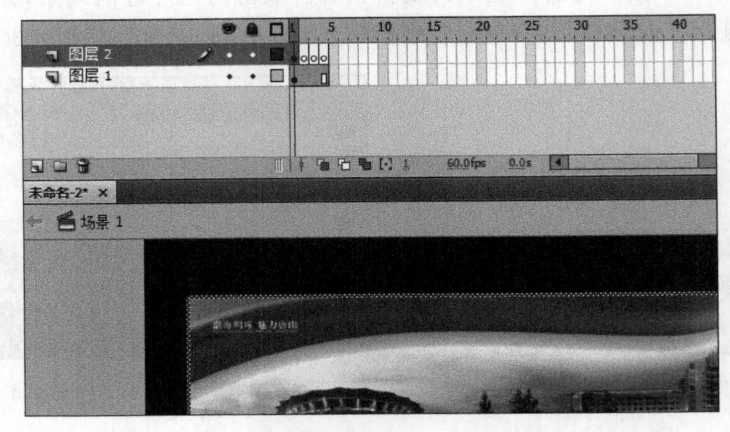

图 8.34 插入 4 个空白关键帧并将 1.jpg 拖动到“图层 2”的第 1 帧

(13) 选择 1.jpg，在“属性”面板中设置该图片的参数，如图 8.35 所示。

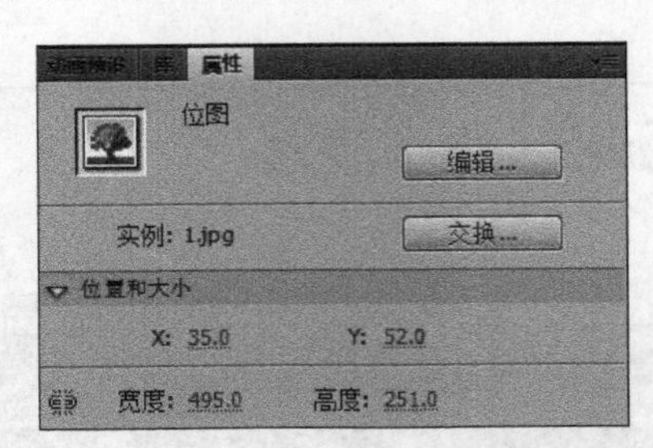

图 8.35 “属性”面板参数设置

(14) 按照同样的方法，将“库”面板中的其他 3 张图片分别拖动到“图层 2”的第 2 帧、第 3 帧和第 4 帧，并且使用图 8.35 所示的“属性”面板对图片进行相同的参数设置，如图 8.36 所示。

(15) 选择第 1 帧，按 F9 键，在弹出的“命令”面板中输入 stop()命令，如图 8.37 所示。注意，对关键帧添加 stop()命令时，一定要确保正确选择了关键帧，这是因为 stop()命令是要加在时间轴上的。

(16) 选择舞台中的“上一页”按钮，按 F9 键，在如图 8.38 所示的“动作”面板中添加命令。初学者对 ActionScript 命令可能不是很熟悉，在第一次使用 ActionScript 命令时，可以

图 8.36　导入 4 张图片

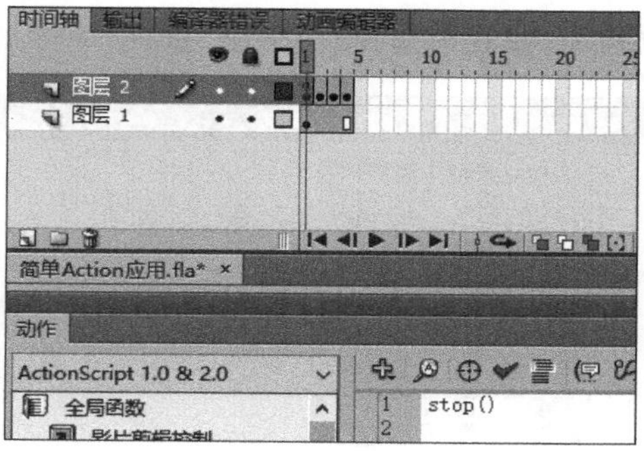

图 8.37　添加 stop()命令

通过单击工具栏中的按钮，切换到脚本窗口的自动添加脚本模式，单击将新项目添加到脚本按钮，在弹出的菜单中选择相关命令选项。

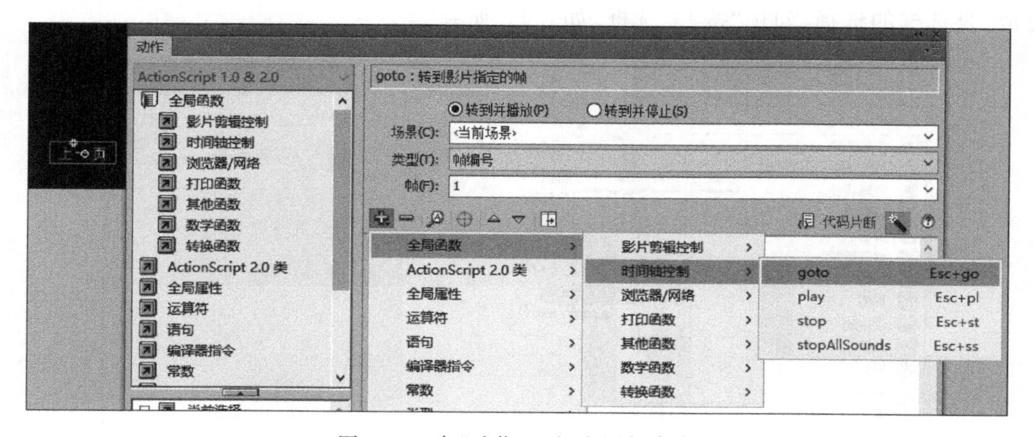

图 8.38　在“动作”面板中添加命令

ActionScript 是面向对象的编程语言。在操作过程中，一定要注意正确选择对象，以免在代码编写中产生交互错误。

（17）选择图 8.38 所示的 goto 命令之后，会在“动作”面板出现图 8.39 所示的窗口，其中提供了按钮触发事件选项。

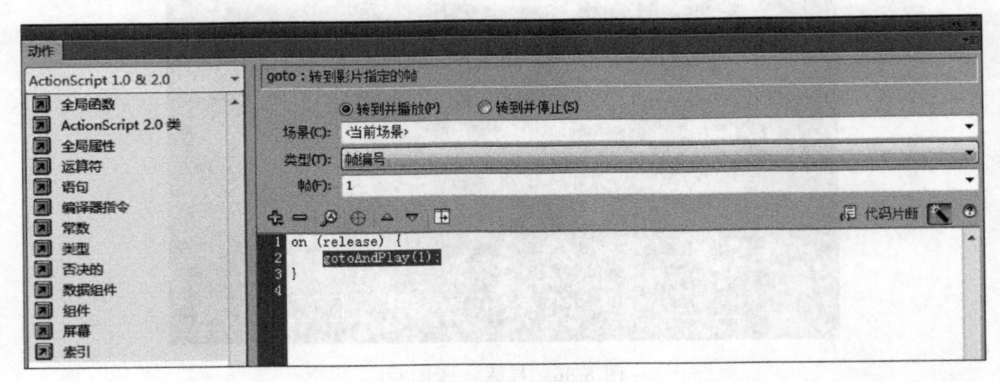

图 8.39　按钮触发事件选项

（18）选择“类型”下拉列表，在其中选择“前一帧”选项，如图 8.40 所示。

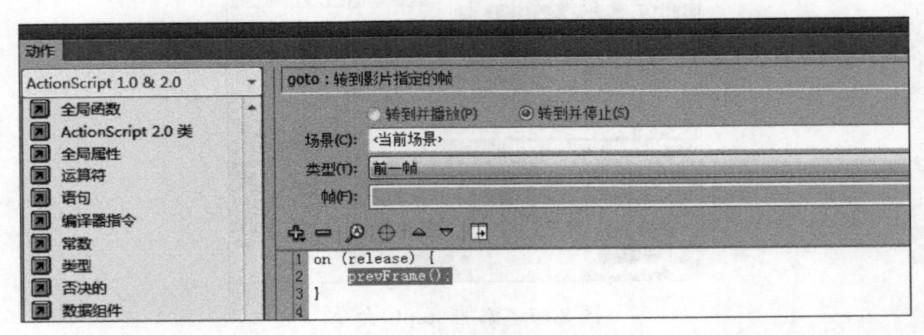

图 8.40　在“类型”下拉列表中选择“前一帧”

（19）在脚本窗口中选择 on(release)行，在出现的“动作”面板中取消“事件”选项组中“释放”复选框的选择，勾选“按”复选框，如 8.41 所示。

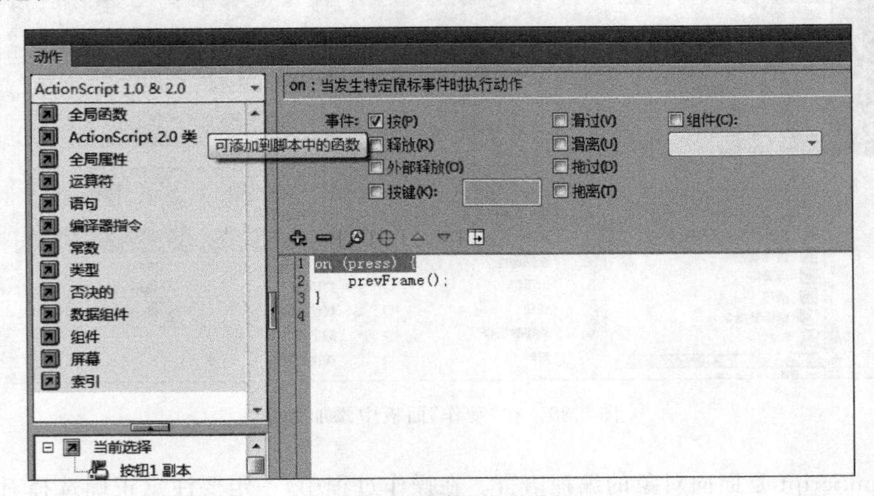

图 8.41　“事件”选项设置

(20) 选择场景中的“下一页”按钮元件，使用脚本窗口为其添加跳转命令，如图 8.42 所示。

动作
ActionScript 1.0 & 2.0
全局函数
ActionScript 2.0 类
全局属性
运算符
语句
编译器指令
常数
类型
否决的
数据组件
组件
屏幕
索引
当前选择
按钮1 副本 2
goto：转到影片指定的帧
转到并播放(P)
转到并停止(S)
场景(C): <当前场景>
类型(T): 下一帧
帧(F):
on (press) {
nextFrame();
}

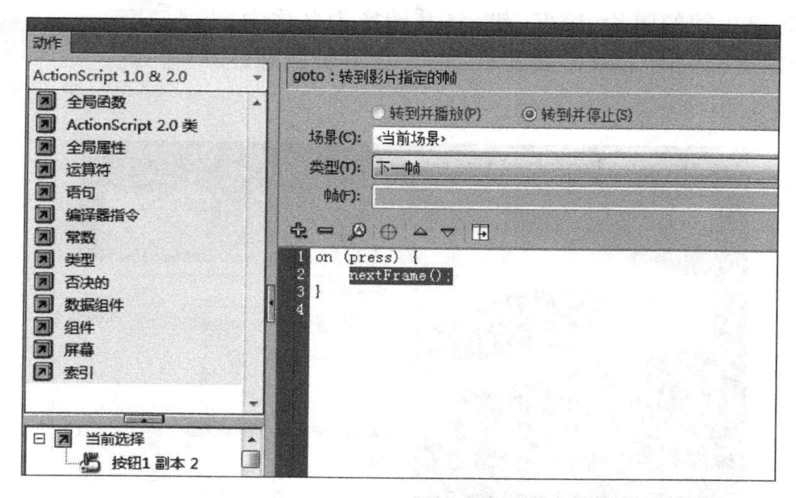

图 8.42　为“下一页”按钮元件添加跳转命令

(21) 选择场景中的按钮“1”，使用脚本窗口添加命令。因为单击按钮“1”后要跳转到第 1 帧，所以命令设置如图 8.43 所示。

goto：转到影片指定的帧
转到并播放(P)
转到并停止(S)
场景(C): <当前场景>
类型(T): 帧编号
帧(F): 1
脚本助手
on (press) {
gotoAndStop(1);
}

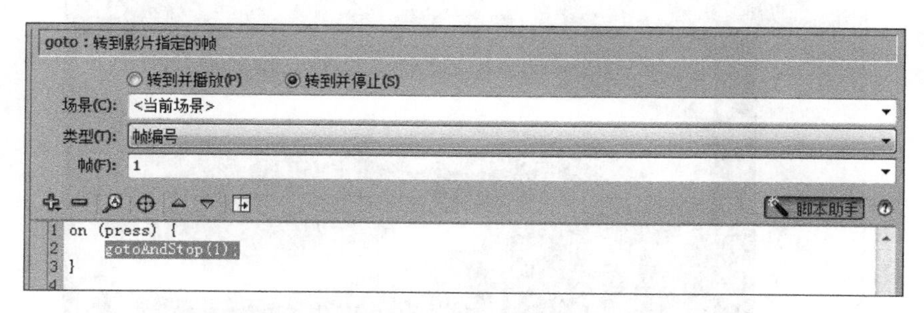

图 8.43　跳转到第 1 帧的命令设置

(22) 选择场景中的按钮“2”“3”“4”，使用脚本窗口添加命令，分别控制其跳转到第 2 帧、第 3 帧、第 4 帧，只要在图 8.44 中将“帧”文本框中的内容分别改为 2、3、4 即可。

goto：转到影片指定的帧
转到并播放(P)
转到并停止(S)
场景(C): <当前场景>
类型(T): 帧编号
帧(F): 2
代码片断
on (press) {
gotoAndStop(2);
}

图 8.44　跳转到第 2 帧的命令设置

（23）选定主场景“图层 2”的第 1 帧，添加 stop()命令，让动画的初始状态停留在第 1 帧，如图 8.45 所示。

图 8.45　添加 stop()命令

（24）选定第 1 帧的图片，按 F8 键，将其转换为名称为“影片 1”的影片剪辑元件。双击该元件，进入其编辑状态，如图 8.46 和图 8.47 所示。

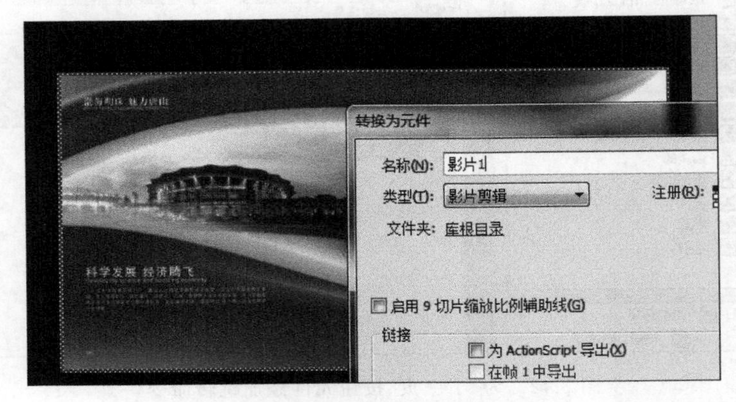

图 8.46　将第 1 帧的图片转换为“影片 1”元件

图 8.47　“影片 1”的编辑状态

（25）在确保图片被选定的情况下，再按 F8 键，将选定的图片转换为名称为“图片 1”的图形元件，如图 8.48 所示。

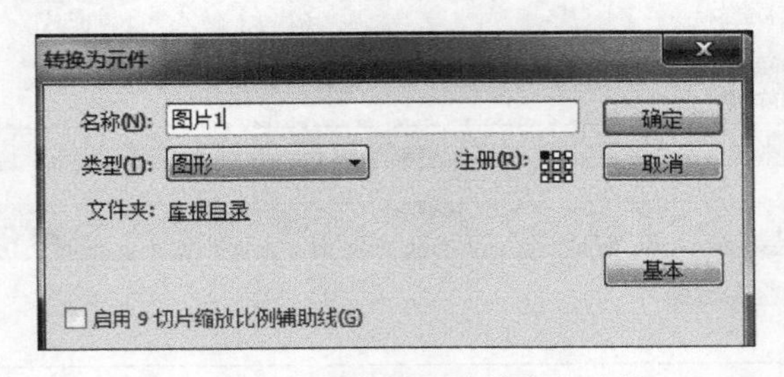

图 8.48　将选定的图片转换为元件

(26) 在时间轴的第 15 帧插入关键帧,创建第 1～15 帧的传统补间动画,如图 8.49 所示。

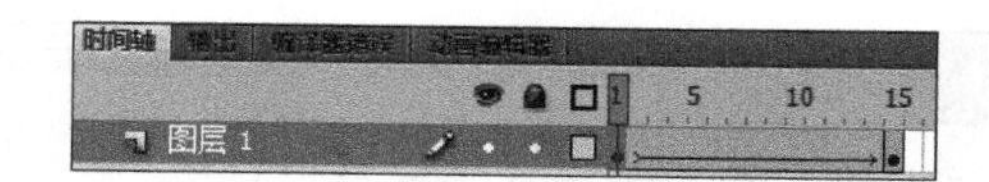

图 8.49 创建传统补间动画

(27) 选择第 1 帧,设置缓动为－100(动画由慢到快)。选择第 1 帧的图形元件,在"属性"面板中设置 Alpha 为 0,如图 8.50 所示。接着选择"图层 1"的第 15 帧,使用"动作"面板添加 stop()命令。

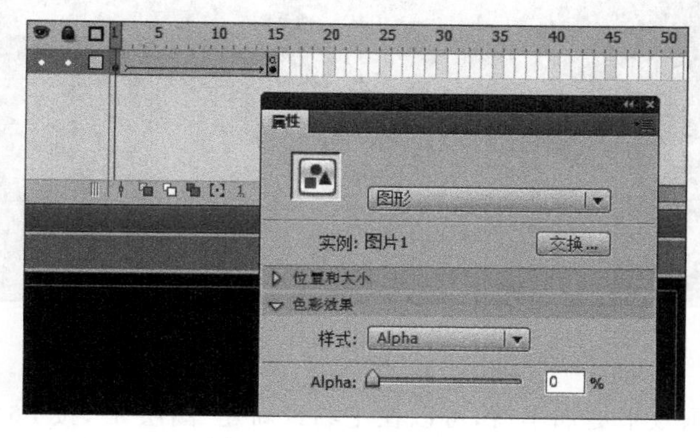

图 8.50 设置 Alpha 为 0

(28) 按照同样的方法制作关于其他图片的影片效果,相应的影片剪辑元件的名称依次为"影片 2""影片 3"和"影片 4"。返回主场景,按 Ctrl＋Enter 组合键测试影片。

(29) 做到这一步,就应该加入声音了。打开"综合应用.fla"文件,选择菜单栏中的"窗口"→"库"命令,按住 Shift 键,在"库"面板中同时选择两个声音文件,右击这两个声音文件,在弹出的快捷菜单中选择"复制"命令,如图 8.51 所示。

(30) 在本文件的"库"面板的空白区域右击,在快捷菜单中选择"粘贴"命令,这样就实现了在不同文档之间复制库元件的操作。双击场景中的"上一页"按钮,进入其编辑状态,将"库"面板中的声音文件 b2 拖到"指针经过"状态,如图 8.52 所示。

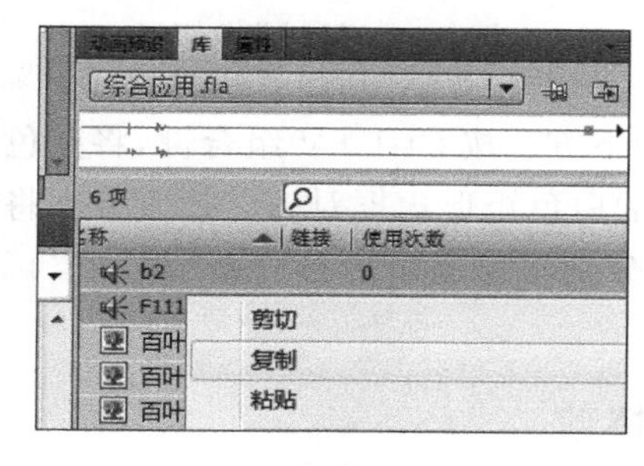

图 8.51 复制声音素材

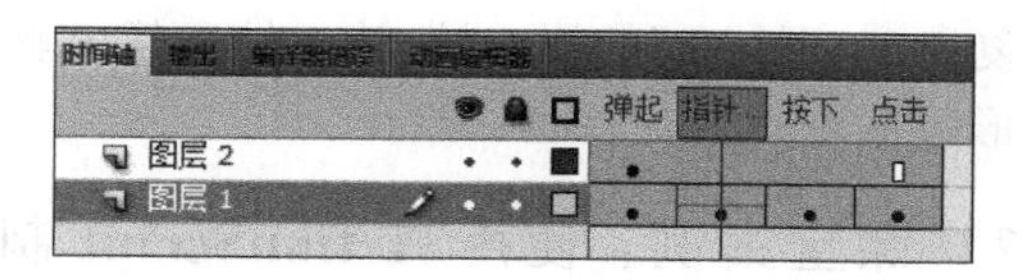

图 8.52 为"指针经过"状态添加声音

(31) 按照同样的方法为其他 5 个按钮元件添加同样的声音效果。双击"图层 2"第 1 帧的"影片 1"元件,进入其编辑状态。新建"图层 2",将库中的 F1111 声音文件拖到"图层 2"中,如图 8.53 和图 8.54 所示。

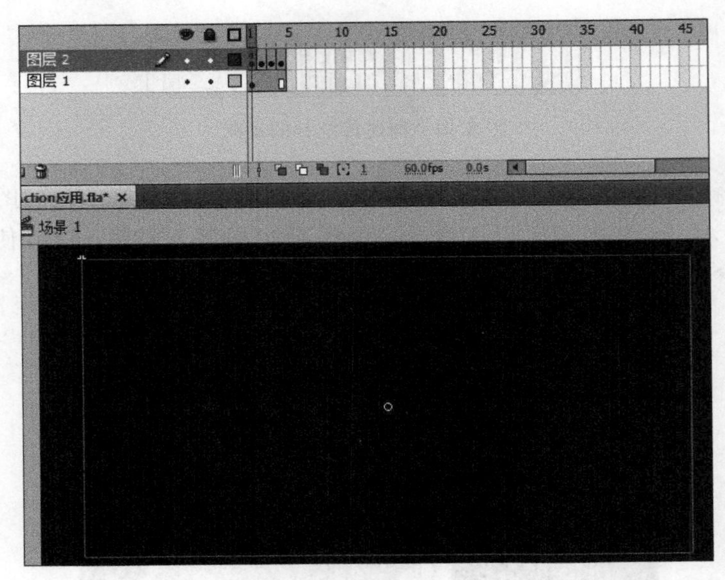

图 8.53 编辑"影片 1"元件

(32) 为了使动画效果更加丰富,可以在主场景新建"图层 3",按 F6 键 4 次,插入 4 个空白关键帧。进入按钮"1"的编辑状态,复制蓝色矩形,如图 8.55 所示。

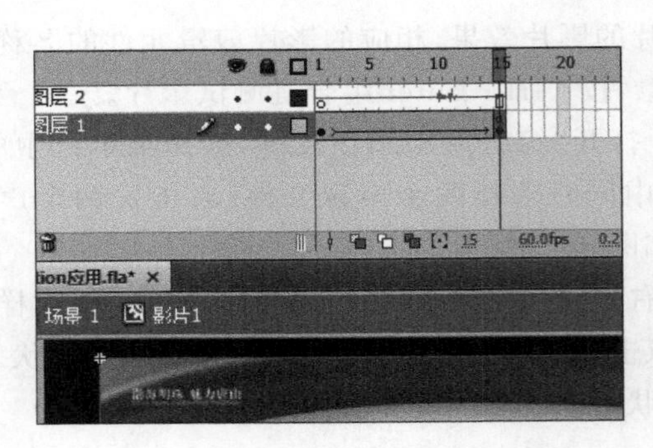

图 8.54 创建"图层 2"并添加声音效果

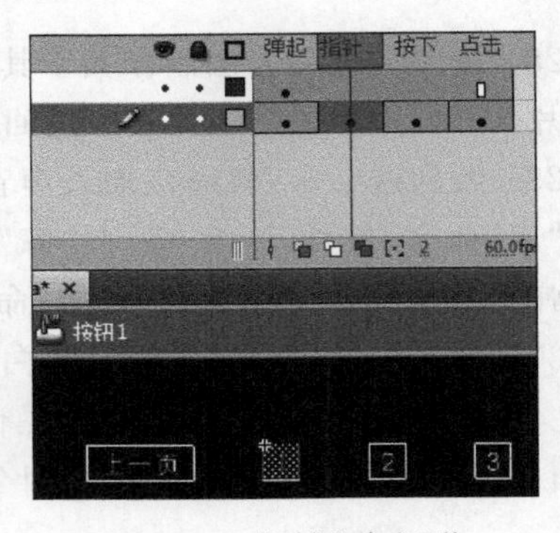

图 8.55 复制蓝色矩形

(33) 返回主场景,将"图层 3"拖动到"图层 1"的下方。按 Ctrl＋V 组合键,将蓝色矩形复制到"图层 3"的第 1 帧,并将蓝色矩形与按钮"1"的白色矩形边框对齐。接着分别将蓝色矩形复制到"图层 3"的第 2 帧、第 3 帧和第 4 帧,并分别将蓝色矩形与按钮"2""3""4"的白色矩形边框对齐,如图 8.56 所示。

8.6.2 课堂案例:使用 ActionScript 制作特效

8.6.1 节的案例只简单介绍了停止和跳转命令。如果要实现更加绚丽的动画特效,单单掌握这些是不够的,还需要了解更多的编程知识和技巧。以后每次打开"动作"面板都会自动设置为手动添加脚本模式(在该模式下可直接输入代码。初学者学下去就会知道,很多代

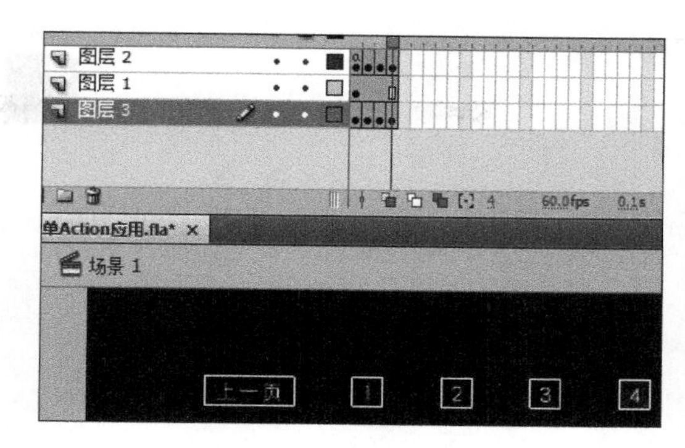

图 8.56 设置关键帧

码无法在自动添加脚本模式下输入)。在制作本节案例的过程中,会详细介绍如何采用手动添加脚本模式编写代码。

(1) 新建文档,选择 ActionScript 2.0。在舞台中绘制红色无边框圆形。选择圆形,按 F8 键,将其转换为名称为 Ball 的影片剪辑元件,如图 8.57 所示。

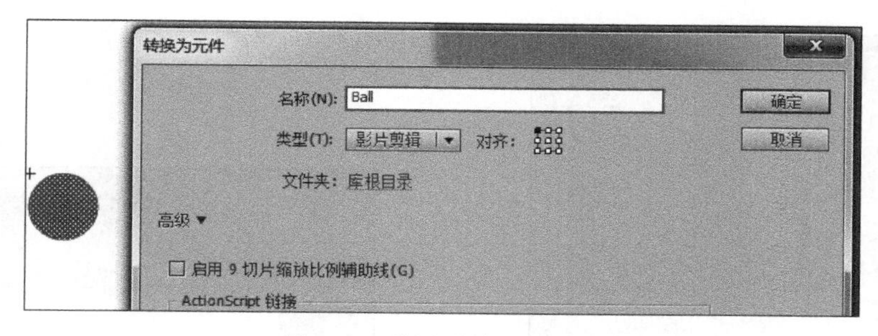

图 8.57 将圆形转换为元件

(2) 双击 Ball 影片剪辑元件,进入其编辑状态。在"图层 1"中添加关键帧,如图 8.58 所示。

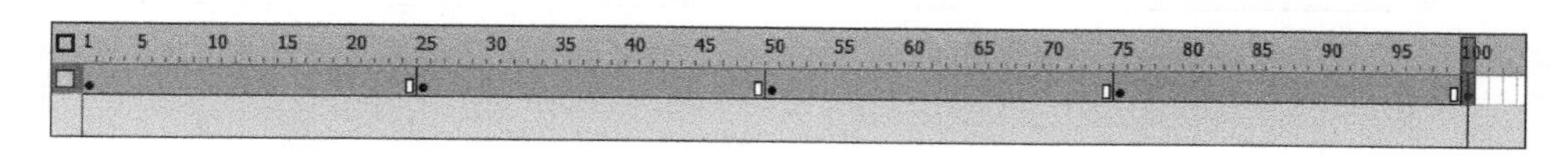

图 8.58 添加关键帧

(3) 单击"图层 1"的第 25 帧,将圆形移动到图 8.59 所示的位置,按 Delete 键删除圆形,并在该位置绘制蓝色矩形。

(4) 将舞台的显示比例缩小到 50%。选择第 50 帧,将矩形移动到图 8.60 所示的位置,按 Delete 键删除矩形,并在该位置绘制五边形。

(5) 选择第 75 帧,将五边形移动到图 8.61 所示的位置,按 Delete 键删除五边形,并在该位置绘制五角星。

(6) 在时间轴上创建形状补间动画,如图 8.62 所示。

(7) 返回主场景,将舞台的显示比例重新设置为 100%。新建"图层 2",并且将其重命名为 action。选择"图层 1"中的影片剪辑元件 Ball,在"属性"面板中设置其参数,如图 8.63 所示。

图 8.59 移动位置并绘制矩形

图 8.60 移动位置并绘制五边形

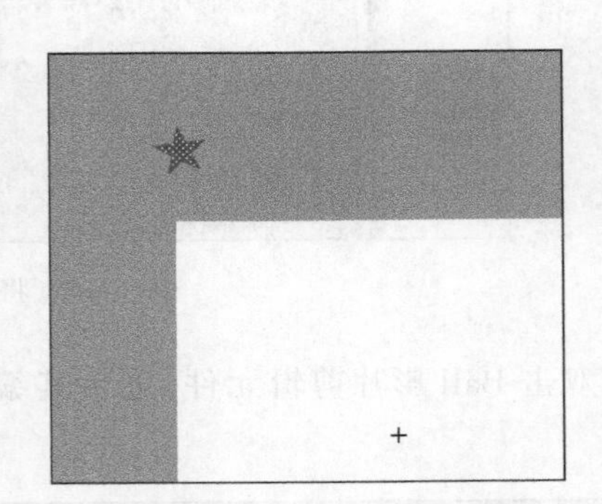

图 8.61 移动位置并绘制五角星

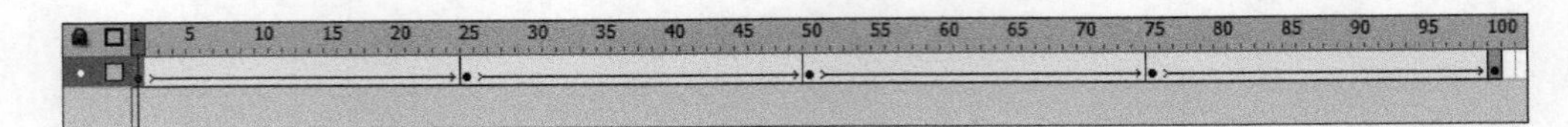

图 8.62 创建形状补间动画

图 8.63 “属性”面板参数设置

选择 action 图层的第 1 帧，按 F9 键，在弹出的“动作”面板中输入图 8.64 所示的命令。在编写代码的过程中一定要注意语法规则，尤其是大小写问题。为了让大家能更详细地了解代码所代表的含义，在每一行的后边用//或者/ * * /对语句进行注释。

```
fscommand("fullscreen", true);    //播放过程中保持影片全屏显示

var i = 0;              //设置变量i,设置初始值为0
_root.qiu._visible = false;   //设置影片剪辑播放过程中不可见
function fuzhi() {              //新建function函数
    _root.qiu.duplicateMovieClip("ball"+i, i);      /*对主场景中的影片进行复制，复制后的
                                                      影片命名为ball1,ball2,ball3,… */


    _root["ball"+i]._x = Math.round(500*Math.random()); /*设置新建元件横向坐标，Math.random()
                                                          为随机函数,数值为0~1，包括0，不包括1
                                                          math.round()代表四舍入五取值函数，整
                                                          个函数代表x坐标在0~500波动 */


    _root["ball"+i]._y = 150+random(100);   //设置新建元件的纵向坐标，在150~250波动
    _root["ball"+i]._yscale = _root["ball"+i]._xscale=Math.round(20*Math.random());
                                            /*新建元件的大小随机波动,_xscale和_yscale代表横向
                                            和纵向比例*/
    _root["ball"+i]._alpha = Math.round(100*Math.random()); /*新建元件的透明度在0~100 随机
                                                              波动*/

    _root["ball"+i]._rotation = 360*Math.random();  /*新建元件的角度在0~360随机波动*/

    i++;  //每执行1次function事件,i都会自动加1
    if (i == 3000) {      //当i达到3000时，i重新变为0
        i = 0;
    }
}
var sj;
sj = setInterval(fuzhi, 1);    /*设置时间间隔，后边的1代表1毫秒，1秒=1000毫秒，fuzhi为声明的
                                函数*/
```

图 8.64　代码及注释

(8) 右击主场景空白处，在弹出的快捷菜单中选择“文档属性”命令，设置文档属性，如图 8.65 所示。

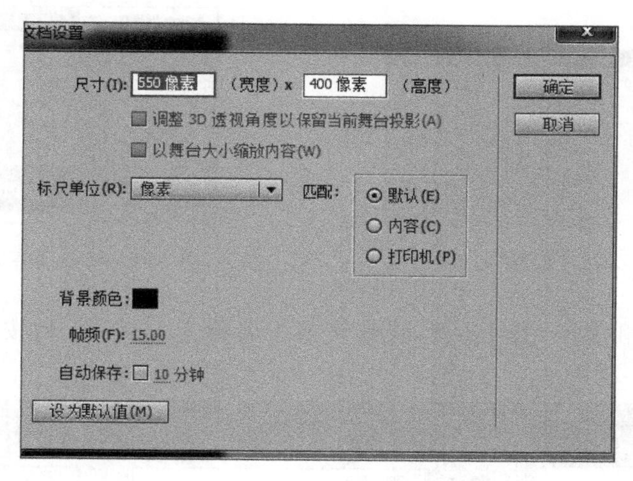

图 8.65　设置文档属性

(9) 按 Ctrl+Enter 组合键测试影片，查看动画效果。

8.7 综合案例：使用ActionScript制作简单导航

Flash高级动画效果中最重要的部分就是导航，它是决定高级动画功能性和美观性的一个重要因素。下面通过一个案例介绍导航的制作方法。

(1) 新建文档，选择ActionScript 2.0。在"图层1"中绘制无边框矩形，选择菜单栏中的"窗口"→"颜色"命令，打开"颜色"面板，设置颜色参数，如图8.66所示。

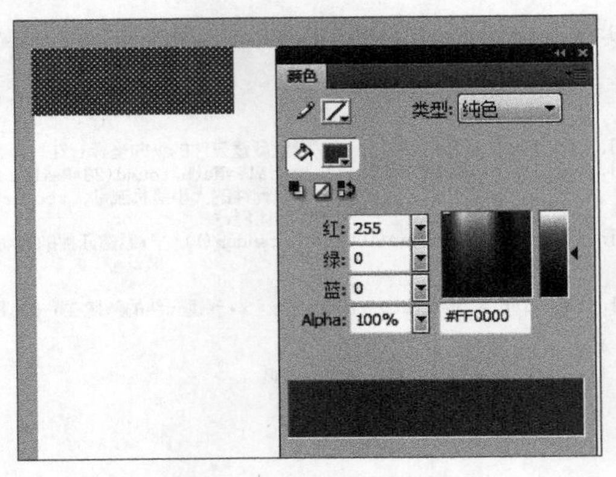

图8.66 "颜色"面板

(2) 选择矩形，选择菜单栏中的"窗口"→"信息"命令，在弹出的"信息"面板中，设置矩形参数，如图8.67所示。

(3) 选择工具栏上的文本工具，在矩形的上方输入文本Button1，如图8.68所示。

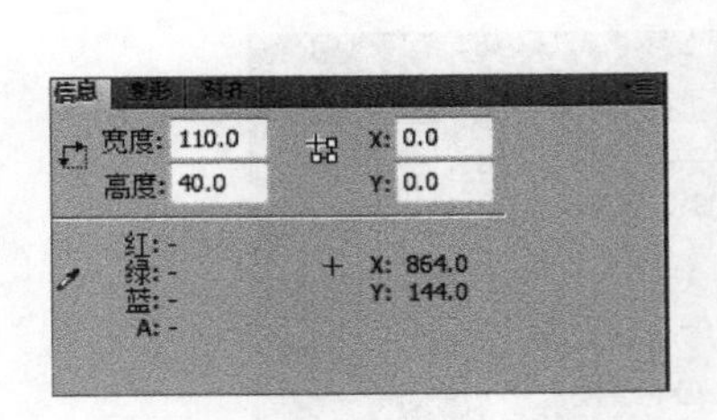

图8.67 "信息"面板

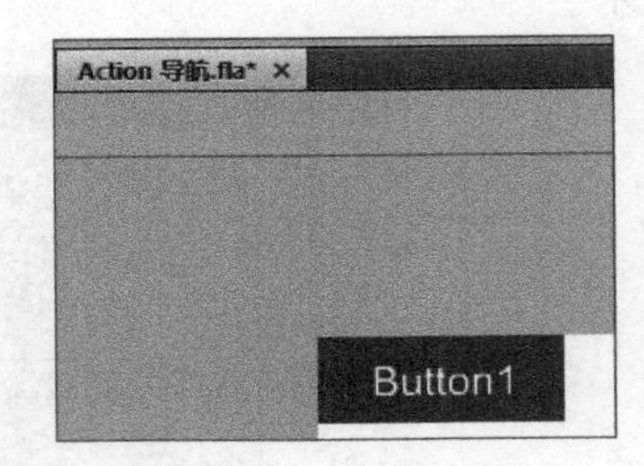

图8.68 输入文本Button1

(4) 框选矩形和文本，按F8键，将其转换为名称为Button1的按钮元件，如图8.69所示。

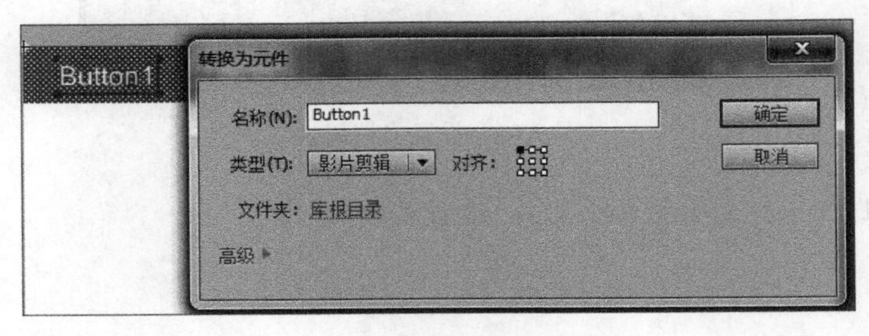

图8.69 将矩形和文本转换为元件

(5) 选择 Button1 按钮元件，按住 Alt 键，快速复制出 4 个元件。选择菜单栏中的“窗口”→“对齐”命令，对舞台中的按钮元件进行对齐操作，如图 8.70 所示。

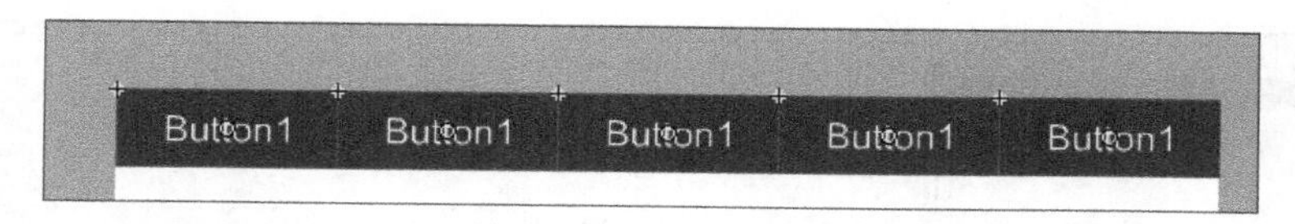

图 8.70 对齐按钮元件

(6) 选择从左起第二个元件，右击该元件，在弹出的快捷菜单中选择“直接复制元件”命令，生成名称为 Button2 的元件，如图 8.71 所示。

图 8.71 “直接复制元件”对话框

(7) 双击 Button2 元件，进入其编辑模式。选择矩形，并使用“颜色”面板设置其颜色参数，如图 8.72 所示。

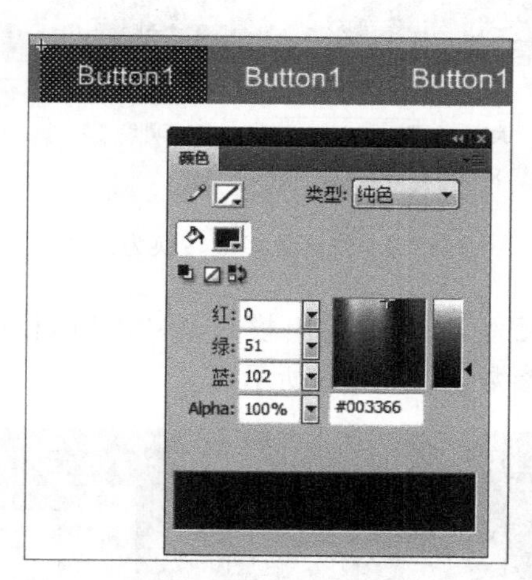

图 8.72 “颜色”面板

(8) 将 Button1 按钮元件的文本改为 Button2。返回“场景 1”，使用快捷菜单中的“直接复制元件”命令生成名称为 Button3、Button4 和 Button5 的 3 个元件，在“颜色”面板中将这 3 个元件的颜色值依次设为 009900、A06001 和 D20280，设置完毕的按钮元件如图 8.73 所示。

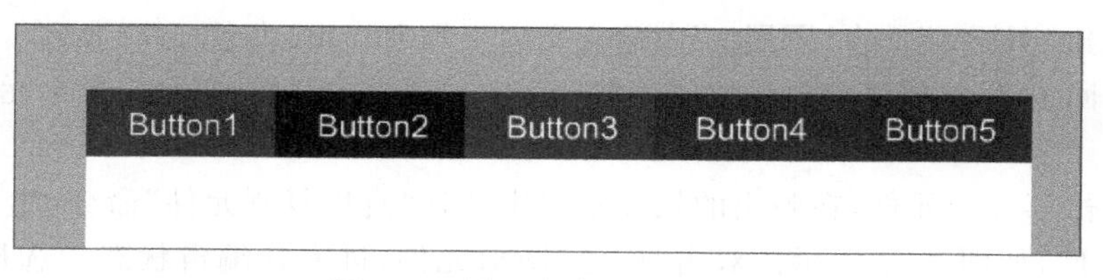

图 8.73 设置完毕的按钮元件

(9) 新建“图层 2”。将“图层 2”拖动到“图层 1”的下方。在按钮下方绘制红色矩形，如图 8.74 所示。

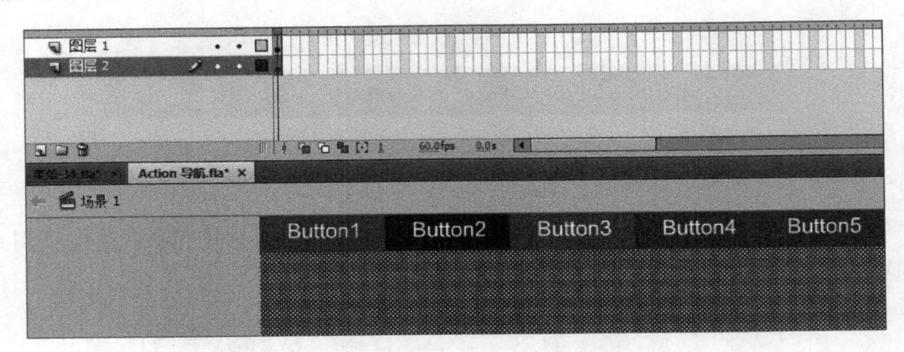

图 8.74 绘制红色矩形

(10) 选择“图层 2”中的红色矩形，按 F8 键，将其转换为名称为“红色”的图形元件，如图 8.75 所示。

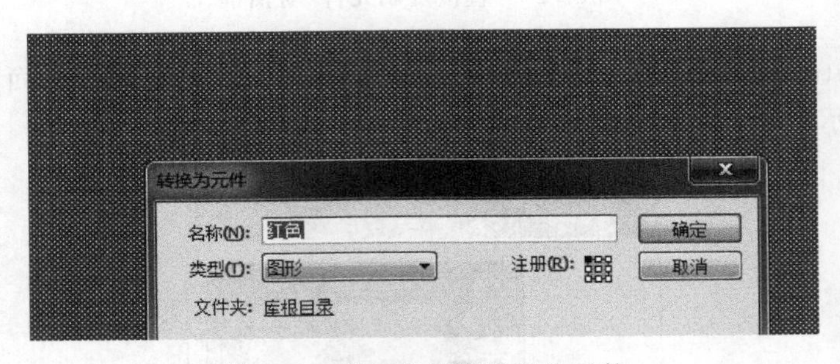

图 8.75 将红色矩形转换为元件

(11) 双击“红色”图形元件，进入其编辑模式，将“库”面板中的“花边 1”拖到“图层 2”中，在“信息”面板中设置其参数，如图 8.76 所示。

图 8.76 “信息”面板参数设置

(12) 新建“图层 3”。在“图层 3”中输入文本 1 和 Button，如图 8.77 所示。

(13) 返回主场景，将舞台显示比例缩小到 25%。按住 Alt 键，复制出 4 个元件，如图 8.78 所示。

(14) 右击第 2 个元件，在弹出的快捷菜单中选择“直接复制元件”命令，生成名称为“蓝色”的图形元件，如图 8.79 所示。双击“蓝色”图形元件，进入其编辑状态。选择“图层 1”中的红色矩形，在“颜色”面板中设置其参数，如图 8.80 所示，将其填充色变为蓝色。

图 8.77 输入文本 1 和 Button

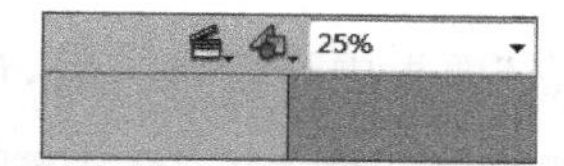

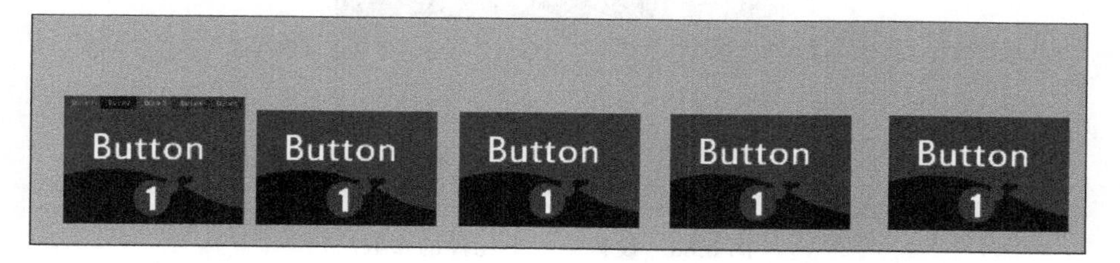

图 8.78 缩小舞台显示比例并快速复制元件

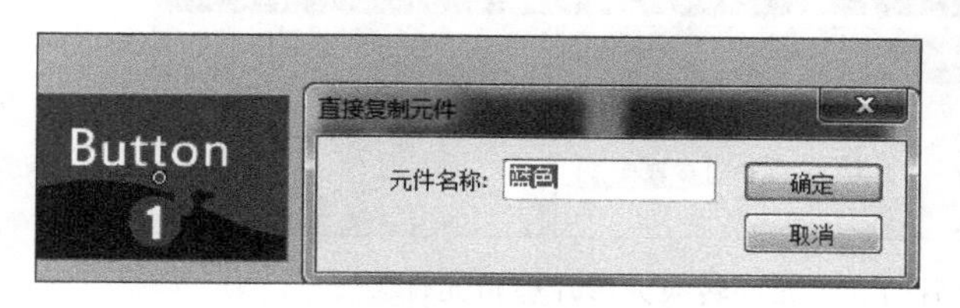

图 8.79 "直接复制元件"对话框

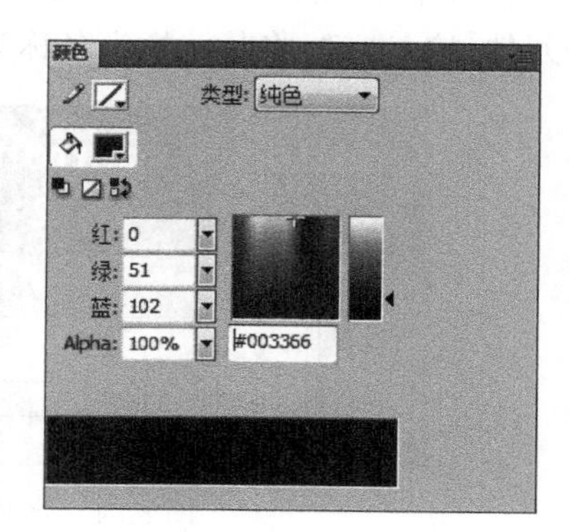

图 8.80 设置蓝色填充

(15) 选择“图层 2”中的“花边 1”,按 Delete 键删除该元件。拖动“库”面板中的“花边 2”到“图层 2”中,在“信息”面板设置其参数,如图 8.81 所示。

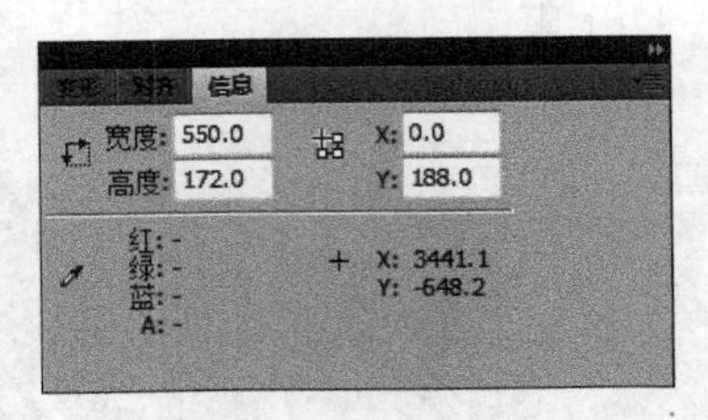

图 8.81 “信息”面板

(16) 选择“图层 3”,设置其文本为 Button 2。返回“场景 1”。按照同样的方法设置其他 3 个元件,名称分别为“绿色”“棕色”和“粉色”,矩形颜色值分别设置为 009900、A06001 和 D20280。设置完毕的矩形如图 8.82 所示。

图 8.82 设置矩形颜色和样式

(17) 选择第 2 个元件,在“信息”面板中设置其参数,如图 8.83 所示。

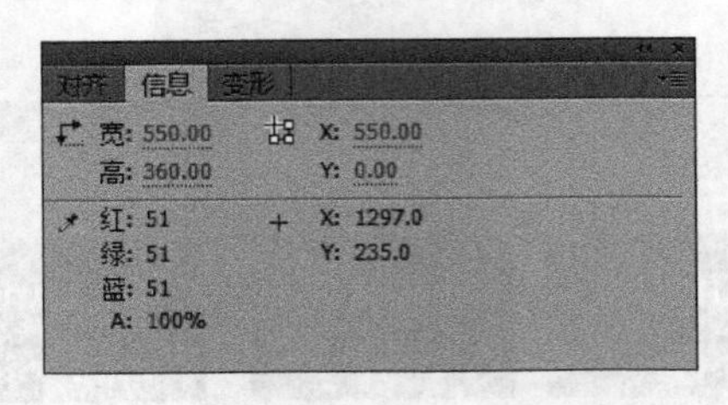

图 8.83 设置第 2 个元件的参数

(18) 同样设置其他 3 个元件,设置 X 坐标分别为 1100、1650、2200。选择对齐后的 5 个元件,按 F8 键,将其转换为名称为 Buttons 的影片剪辑元件,如图 8.84 所示。

图 8.84 将对齐后的 5 个元件转换为影片剪辑元件

(19) 单击 Buttons 影片剪辑元件,在“属性”面板中设置其参数,如图 8.85 所示。

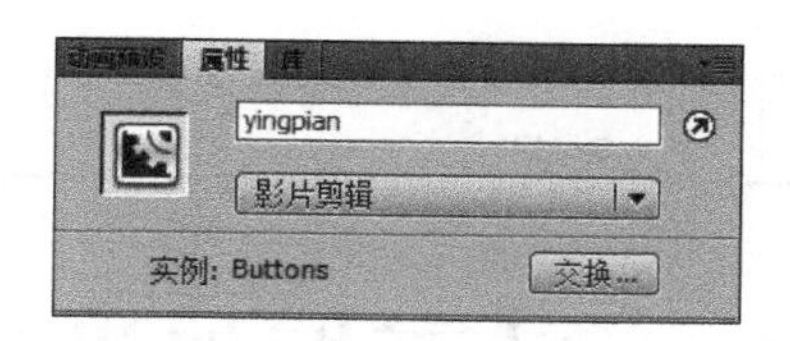

图 8.85 “属性”面板

(20) 将舞台的显示比例恢复到 100%。选择 Buttons 影片剪辑元件，按 F9 键，在弹出的“动作”面板中输入命令，如图 8.86 所示。

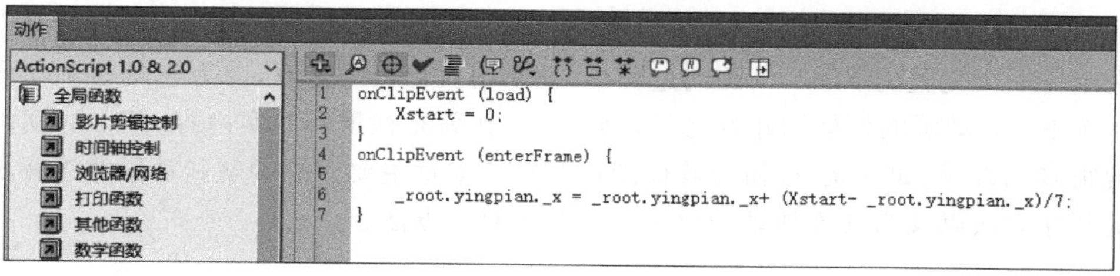

```
onClipEvent (load) {
    Xstart = 0;
}
onClipEvent (enterFrame) {

    _root.yingpian._x = _root.yingpian._x+ (Xstart- _root.yingpian._x)/7;
}
```

图 8.86 在“动作”面板中输入 Buttons 元件的命令

在代码中，onClipEvent(load)代表当第一次加载影片时设置初始值(Xstart＝0)；onClipEvent(enterFrame){ }代表影片在播放过程中其坐标不断发生变化，从而产生影片的缓动效果。

(21) 选择 Button1 元件，按 F9 键，在弹出的“动作”面板中输入命令，如图 8.87 所示。其中的代码代表当单击 Button1 时设置变量 Xstart 为 0，而 0 正好是红色矩形影片的 X 坐标。

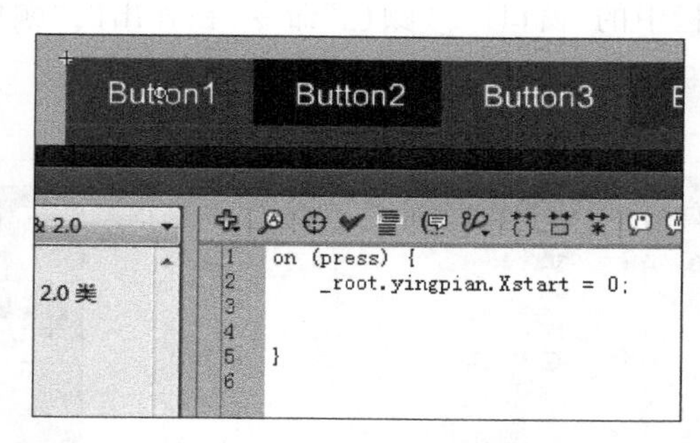

图 8.87 在“动作”面板中输入 Button1 元件的命令

(22) 选择其他 4 个按钮，输入同样的代码，不同之处是变量 Xstart 分别设置为－550、－1100、－1650、－2200。

(23) 按 Ctrl＋Enter 组合键测试影片，查看动画效果。

第 9 章

Chapter 9

Flash 动画框架设计

在制作一个完整的 Flash 动画的过程中，框架的设计极为重要，因为它是整个动画的灵魂。一个 Flash 动画的框架构建好之后，剩下的工作就是往里面充实内容。Flash 动画的框架包含很多元素，例如导航、按钮和其他图形元素。本章主要介绍导航和动画背景音乐控制按钮的制作方法以及为其添加动画效果和交互代码的方法。

9.1 制作导航

在 Flash CS6 中制作动画导航的步骤如下。

(1) 新建文档，选择 ActionScript 2.0。导入图片 tubiao1.png、tubiao2.png、tubiao3.png、tubiao4.png 和 tubiao5.png 到“库”面板中。在文档的空白处右击，在弹出的快捷菜单中选择“文档属性”命令，设置其参数，如图 9.1 所示。

(2) 双击“图层 1”，将其重命名为“背景”。选择工具栏上的矩形工具，在舞台上绘制矩形，颜色任意。选择菜单栏中的“窗口”→“颜色”命令，在弹出的“颜色”面板中设置颜色填充类型为“线性渐变”，如图 9.2 所示。

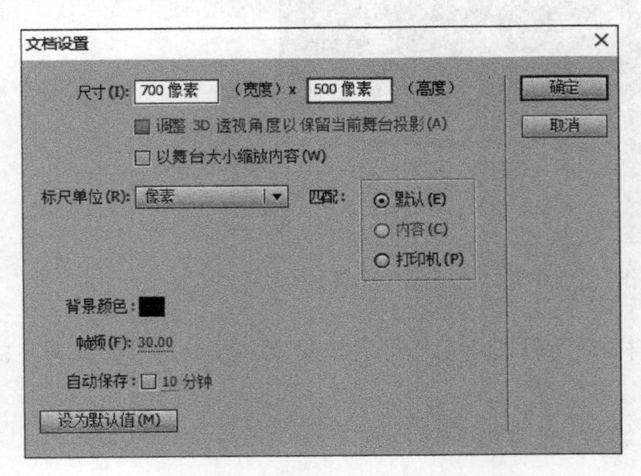

图 9.1 “文档设置”对话框

图 9.2 设置矩形的填充类型

(3) 选择油漆桶工具，按住 Shift 键，用鼠标由上向下拖动，对绘制的矩形进行线性渐变填充，如图 9.3 所示。

(4) 新建“图层 2”，并将其重命名为“按钮”。选择工具栏上的椭圆工具，在舞台中央绘

图 9.3 线性渐变填充

制无边框的正圆，在“颜色”面板中设置颜色填充类型为“线性渐变”，对正圆进行由上向下的线性渐变填充，如图 9.4 所示。

(5) 选择正圆，按 F8 键，将其转换为名称为“按钮 1”的影片剪辑元件。双击“按钮 1”元件，进入影片剪辑的编辑模式。将“图层 1”重命名为“按钮”。新建“图层 2”，并将其重命名为“图标”，如图 9.5 所示。

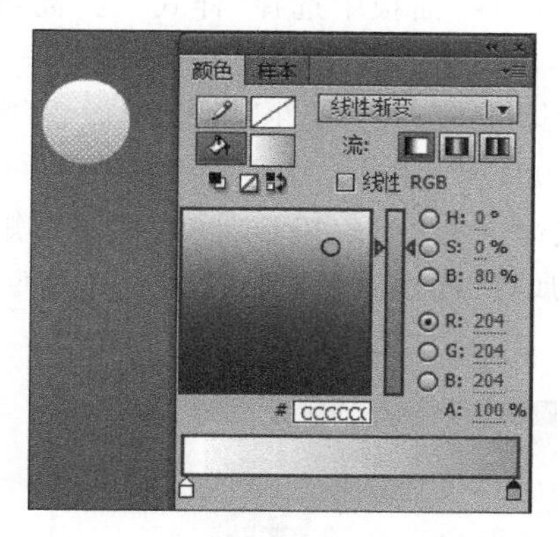

图 9.4 设置正圆的填充类型

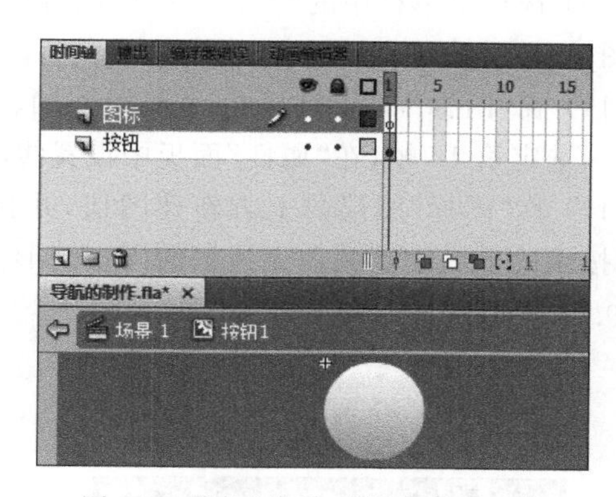

图 9.5 编辑“按钮 1”影片剪辑元件

(6) 将“库”面板中的 tubiao1.png 拖动到“图标”图层。按 Ctrl＋T 组合键，在弹出的“变形”面板中设置参数，如图 9.6 所示。

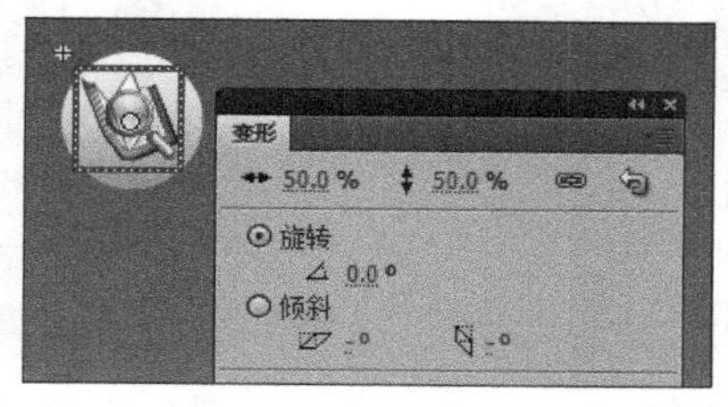

图 9.6 “变形”面板

(7) 选择 tubiao1.png,按 F8 键,将其转换为名称为"图标 1"的图形元件,如图 9.7 所示。

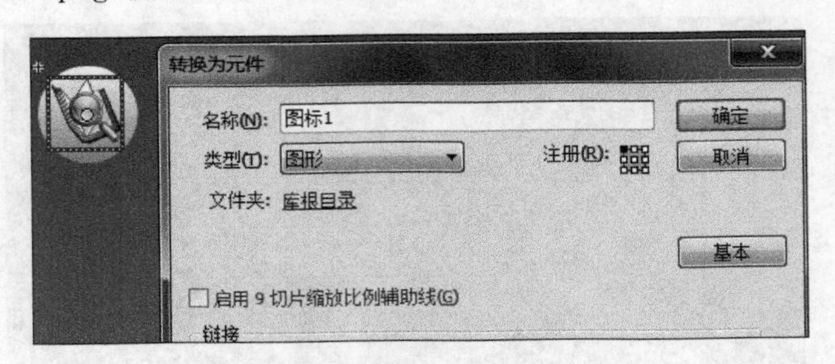

图 9.7 将图形转换为元件

(8) 在"图标"图层的第 1 帧、第 10 帧和第 20 帧插入关键帧,如图 9.8 所示。

(9) 在"图标"图层中选择第 10 帧的"图标 1"图形元件,按 Ctrl+T 组合键,在弹出的"变形"面板中设置参数,将其放大到原来的 110%,如图 9.9 所示。

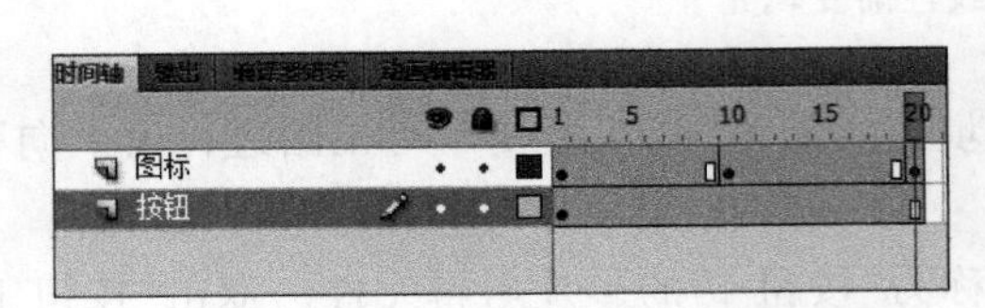

图 9.8 插入关键帧

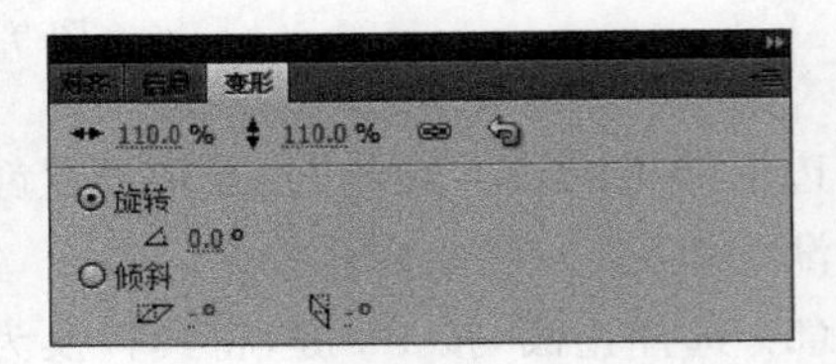

图 9.9 "变形"面板

(10) 选择菜单栏中的"窗口"→"属性"命令,在"属性"面板中选择"样式"为"高级",参数如图 9.10 所示。

(11) 在"图标"图层创建传统补间动画。选择第 1 帧,在"属性"面板中设置缓动为 -100。选定第 10 帧,在"属性"面板中设置缓动为 100。

(12) 在"图标"图层的上方新建图层,并将其重命名为"圆角矩形"。选择基本矩形工具,在按钮的上方绘制白色无边框的圆角矩形。在"属性"面板中设置圆角矩形的属性参数,如图 9.11 所示。

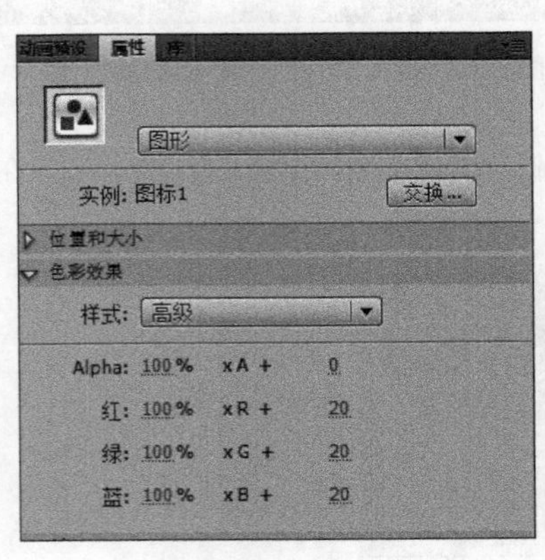

图 9.10 设置色彩效果

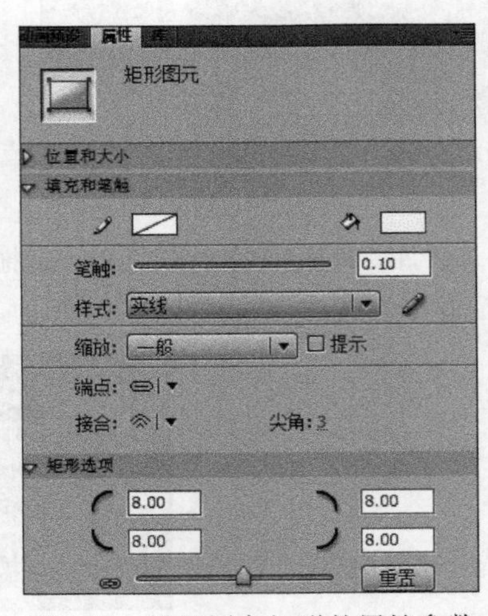

图 9.11 设置圆角矩形的属性参数

（13）选择第1帧，按F8键，将其转换为名称为“圆角矩形”的图形元件。在“图标”图层的第10帧和第20帧插入关键帧。选择第1帧的图形元件，在“变形”面板中设置参数，将其缩小到1%，如图9.12所示。

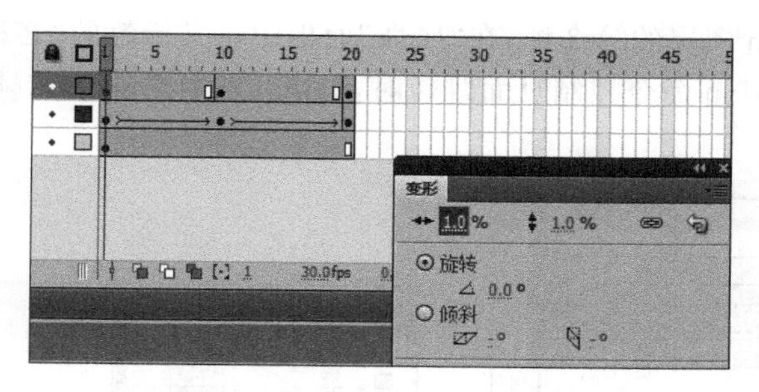

图9.12　设置圆角矩形的变形参数

（14）右击第1帧，在弹出的快捷菜单中选择“复制帧”命令。再右击第20帧，在弹出的快捷菜单中选择“粘贴帧”命令，将第1帧的状态复制到第20帧。

（15）在“圆角矩形”图层的第1帧和第10帧创建传统补间动画，并设置第1帧和第20帧的缓动分别为－100和100。在“圆角矩形”图层的上方新建图层，并将其重命名为“透明按钮”，如图9.13所示。

（16）选择椭圆工具，在“透明按钮”图层中绘制一个无边框的正圆，颜色任意。按F8键，将其转换为名称为“透明按钮”的按钮元件。双击该元件，进入其编辑状态，将关键帧从“弹起”状态拖动到“点击”状态，如图9.14所示。

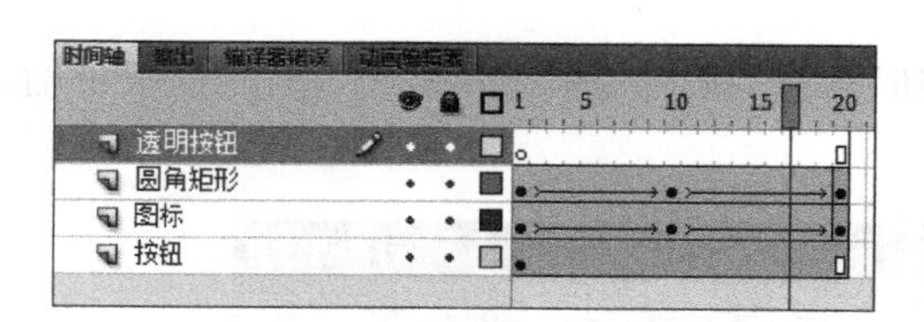

图9.13　创建“透明按钮”图层

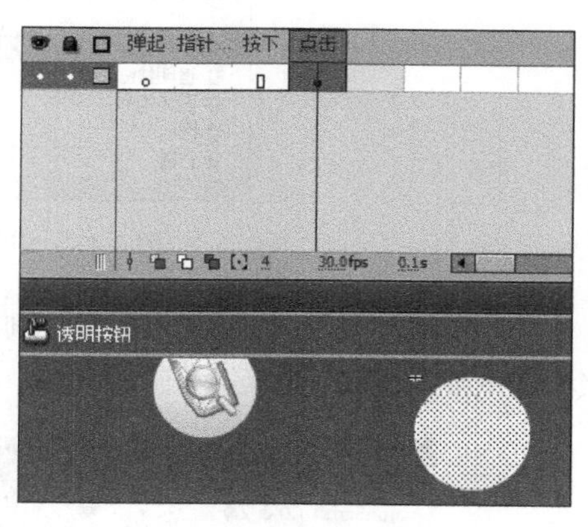

图9.14　编辑“透明按钮”元件

（17）右击“指针经过”状态，在弹出的快捷菜单中选择“插入关键帧”命令，并将“库”面板中的010dj031.mp3拖动到此帧处（在此不提供这个声音素材，大家可根据自己的需求自行搜索），如图9.15所示。

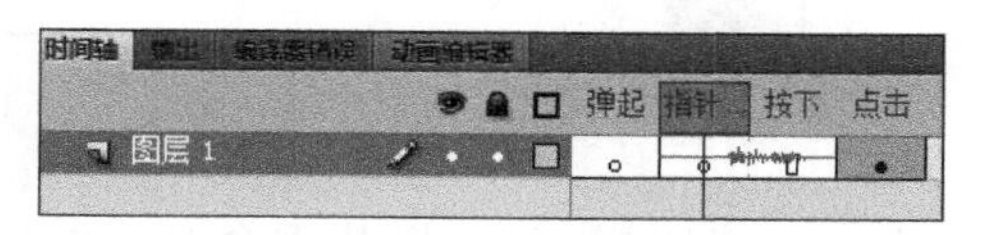

图9.15　为“指针经过”状态添加声音

(18) 单击“按钮 1”，结束“透明按钮”元件的编辑。将“透明按钮”元件与舞台中的图形对齐。新建图层并且重命名为 Action。在 Action 图层的第 2 帧、第 11 帧和第 20 帧插入空白关键帧，如图 9.16 所示。

(19) 选择 Action 图层的第 2 帧，在“属性”面板中定义标签的“名称”为 start，如图 9.17 所示。注意，在用 Action 命令控制页面跳转时，可以用帧标签来表示帧，这样更加方便代码编写。

图 9.16 编辑 Action 图层

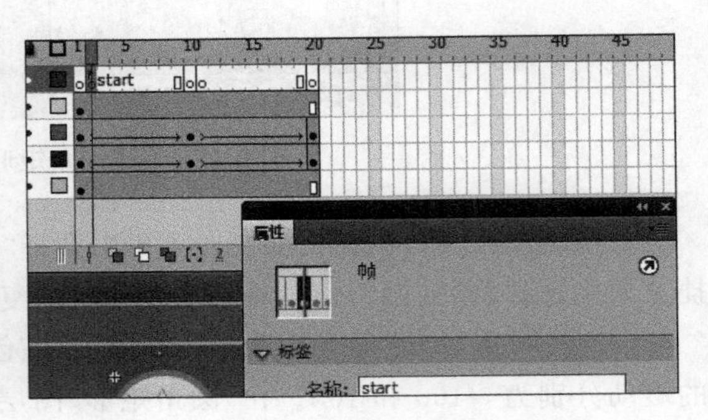

图 9.17 帧标签设置

(20) 用同样的方法为第 11 帧添加名称为 end 的帧标签，并且在第 1 帧、第 10 帧和第 20 帧添加 stop()命令，如图 9.18 所示。

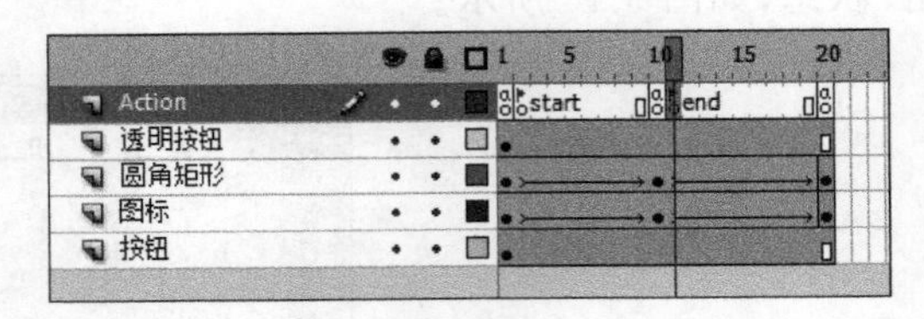

图 9.18 添加帧标签及 stop()命令

(21) 选择“透明按钮”图层中的“透明按钮”元件，按 F9 键，在弹出的“动作”面板中输入命令，如图 9.19 所示。

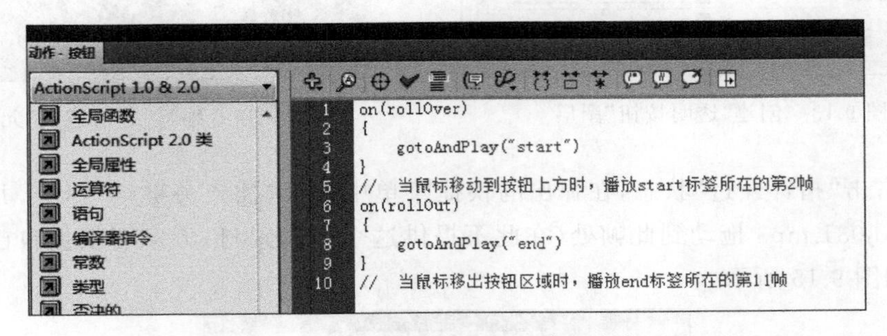

图 9.19 在“动作”面板中输入命令

(22) 在 Action 图层的上方新建图层，并且将其重命名为“文本”。在“文本”图层的第 11 帧、第 12 帧分别插入空白关键帧，并且在第 10 帧添加文本“导入”，如图 9.20 所示。

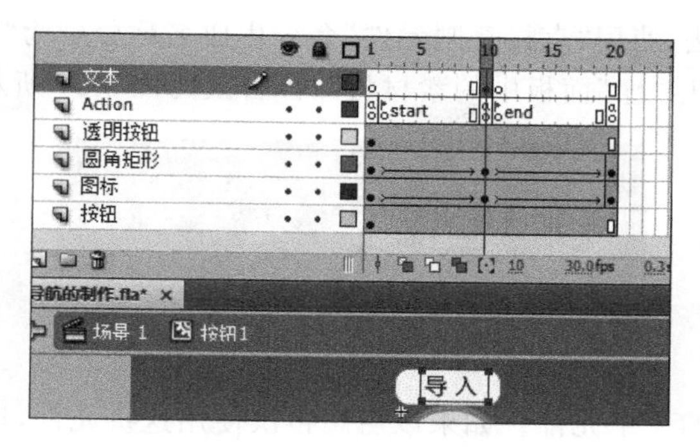

图 9.20 输入文本“导入”

(23) 隐藏“透明按钮”图层。选定“图标”图层第 1 帧的图形元件,按住 Alt 键,快速复制出 4 个元件,如图 9.21 所示。

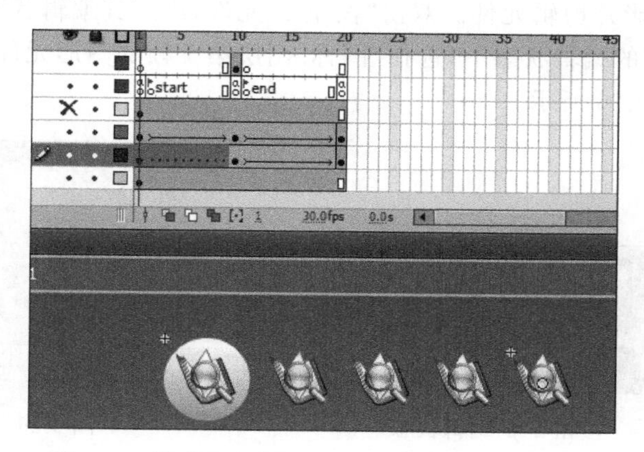

图 9.21 隐藏“透明按钮”图层并复制出 4 个元件

(24) 选择第 2 个图形元件,右击该元件,在弹出的快捷菜单中选择“直接复制元件”命令,如图 9.22 所示,生成名称为“图标 2”的图形元件。

(25) 双击“图标 2”元件,进入其编辑状态。选择“图层 1”的第 1 帧,按 Delete 键删除该帧。将库中的 tubiao2.png 拖到“图层 1”的第 1 帧,使用“信息”面板设置参数,如图 9.23 所示。

图 9.22 “直接复制元件”对话框

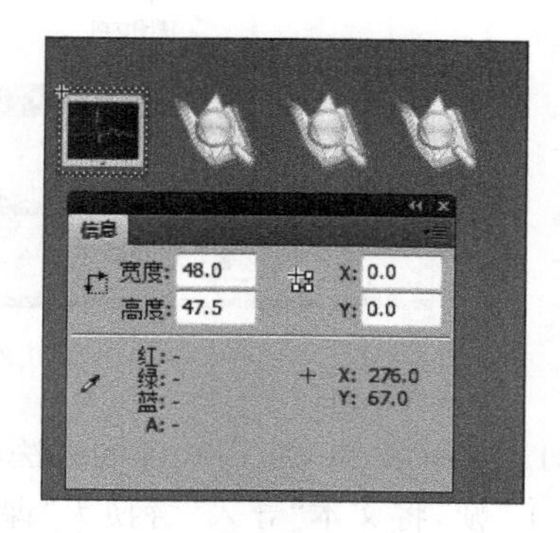

图 9.23 “信息”面板参数设置

(26) 按照上述方法，使用“直接复制元件”命令生成名称分别为“图标 3”“图标 4”和“图标 5”的图形元件，并使用“库”面板中的素材将图标替换为图 9.24 所示的样式。

图 9.24　直接复制 3 个图形元件并替换图标

(27) 删除新生成的 4 个元件。如果以后想再次使用这些元件，还可以从“库”面板中重新调用它们。单击“场景 1”，返回主场景。

(28) 在主场景中选择影片剪辑元件“按钮 1”，按住 Alt 键，用拖动鼠标的方法复制出 4 个元件。选择第 2 个元件，右击该元件，在弹出的快捷菜单中选择“直接复制元件”命令，生成名称为“按钮 2”的影片剪辑元件。双击“按钮 2”元件，进入其编辑状态，如图 9.25 所示。

(29) 在“按钮 2”的编辑状态下，选择“图标”图层第 1 帧的图形元件，在“属性”面板中单击“交换”按钮，如图 9.26 所示。

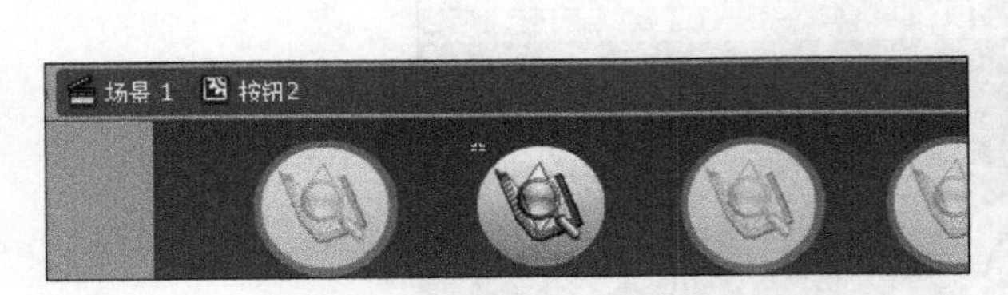

图 9.25　“按钮 2”的编辑状态

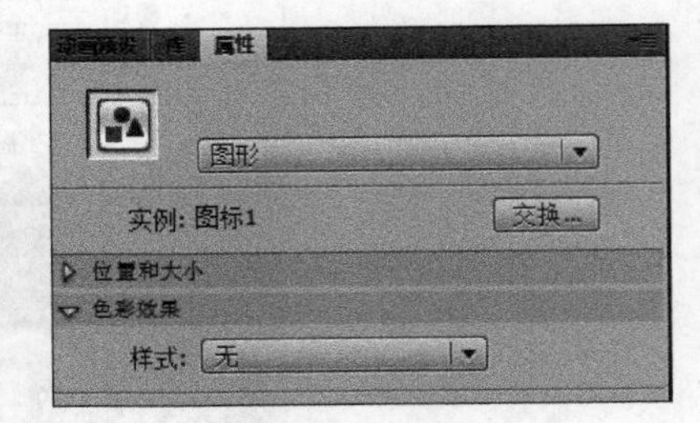

图 9.26　“属性”面板

(30) 在出现的“交换元件”对话框中选择“图标 2”元件，如图 9.27 所示。通过这种方法就实现了元件之间的互换。

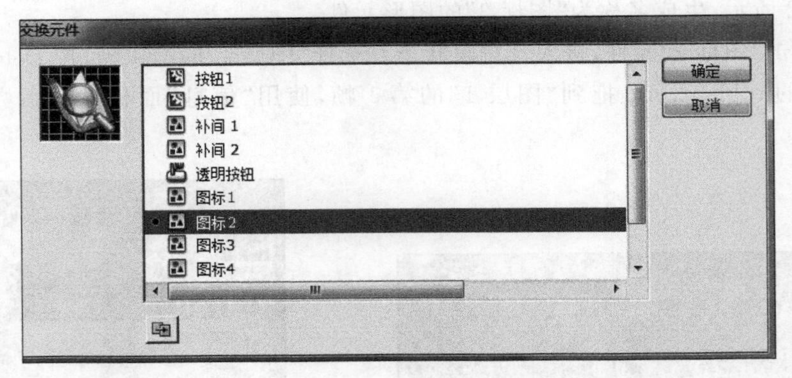

图 9.27　“交换元件”对话框

(31) 选择第 20 帧，用同样的方法将图片元件替换为“图标 2”元件。然后选择“文本”图层的第 10 帧，将文本“导入”替换为“课程”，如图 9.28 所示。

(32) 按照同样的方法，用“直接复制元件”命令复制出 3 个元件，名称分别为“按钮 3”

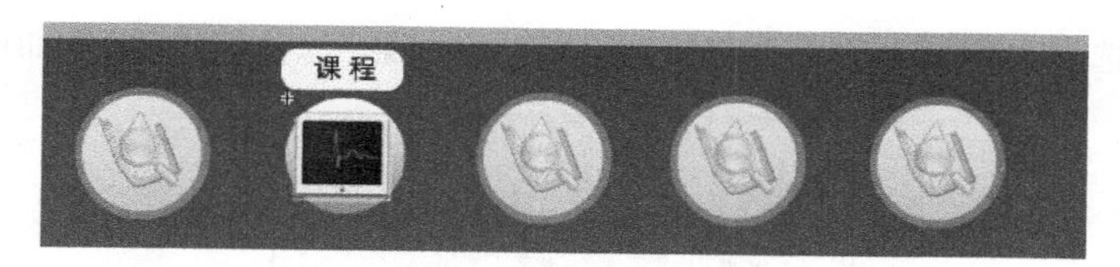

图 9.28 替换元件文本

“按钮 4”和“按钮 5”，将“文本”图层的文本分别设置为“练习”“总结”和“延伸”，将图标元件依次交换为“图标 3”“图标 4”和“图标 5”，如图 9.29 所示。

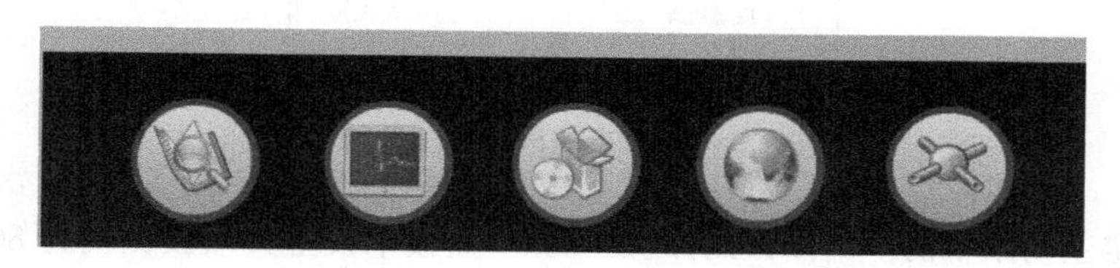

图 9.29 复制并编辑其他元件

（33）至此，导航的基本功能已经实现完毕。新建图层，将其命名为“按钮条”，并将其拖到“按钮”图层的下方，使用基本工具绘制白色圆角矩形，如图 9.30 所示。

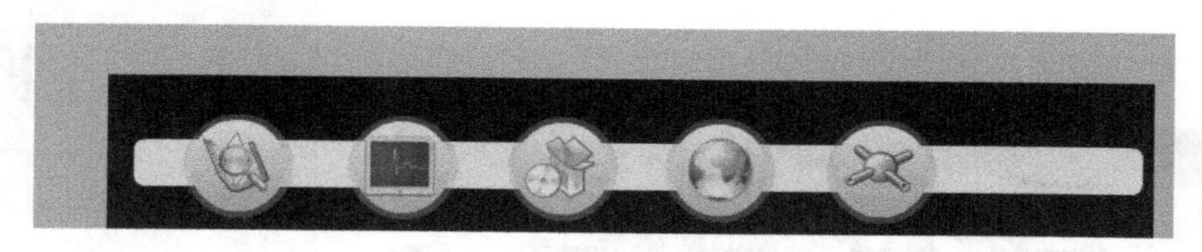

图 9.30 绘制白色圆角矩形

（34）选择圆角矩形，按 F8 键，将圆角矩形转换为名称为“按钮条”的影片剪辑元件。为了增加界面的美观性，选定按钮条，在图 9.31 所示的“属性”面板中添加“投影”滤镜效果。“滤镜”面板中的投影参数设置如图 9.32 所示。

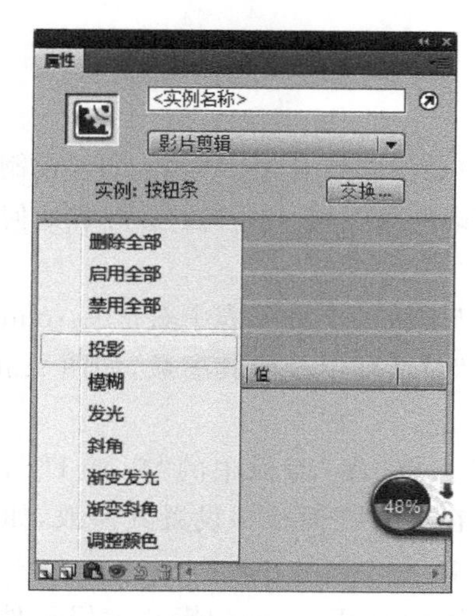

图 9.31 添加“投影”滤镜效果

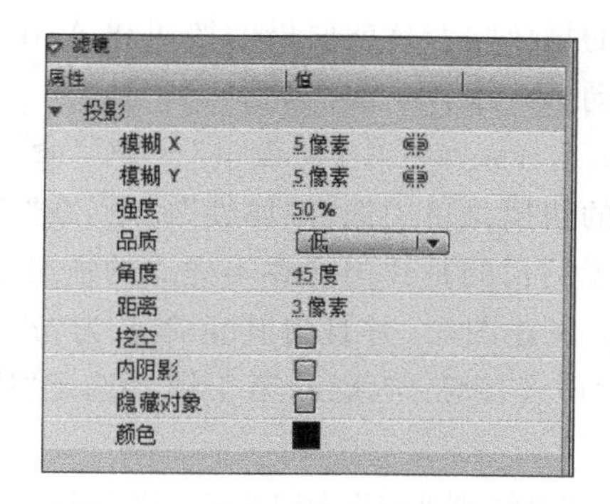

图 9.32 按钮条的投影参数设置

(35) 依次选定主场景中的5个按钮,分别添加"投影"滤镜效果,参数如图9.33所示。

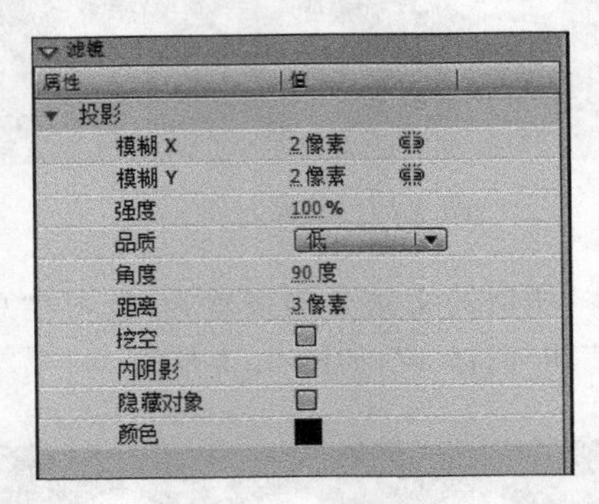

图9.33 5个按钮的投影参数设置

(36) 选定主场景中的5个按钮元件,在"变形"面板中设置其缩放比例为80%,如图9.34所示。

(37) 然后,将按钮元件的位置移动到按钮条的右侧。单击"对齐"面板中的底对齐按钮和水平平均间隔按钮,排列按钮元件,如图9.35所示。

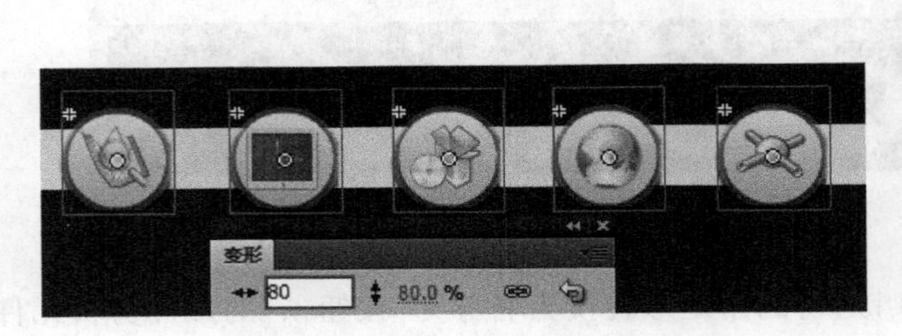

图9.34 缩放按钮元件

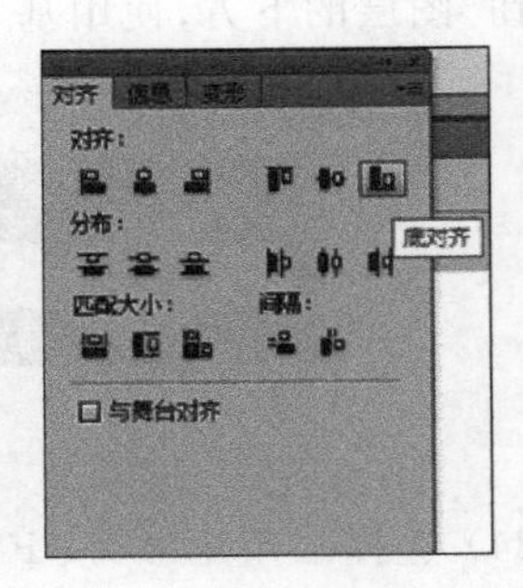

图9.35 "对齐"面板

9.2 制作动画背景音乐控制按钮

在动画的播放过程中,一般都有一段符合动画主题的背景音乐。那么,如何控制动画背景音乐的播放呢?这就要借助按钮和ActionScript语句来实现。本节主要讲解如何用按钮来控制动画背景音乐的播放。

(1) 选择菜单栏中的"窗口"→"库"命令,在"库"面板的文件列表中右击bgsound.mp3,在弹出的快捷菜单中选择"属性"命令,在"声音属性"对话框中设置其参数,如图9.36所示。这样设置的目的是让声音在不失真的情况下播放。

(2) 新建图层,并且将其重命名为"声音按钮"。将"库"面板中的"喇叭1"图形元件拖动到"声音按钮"图层的第1帧。选定"喇叭1",在"属性"面板中设置其参数,如图9.37所示。

(3) 选择"喇叭1",按F8键,将其转换为名称为SoundButton的影片剪辑元件。双击该影片剪辑元件,进入其编辑状态,将"图层1"重命名为"按钮",如图9.38所示。

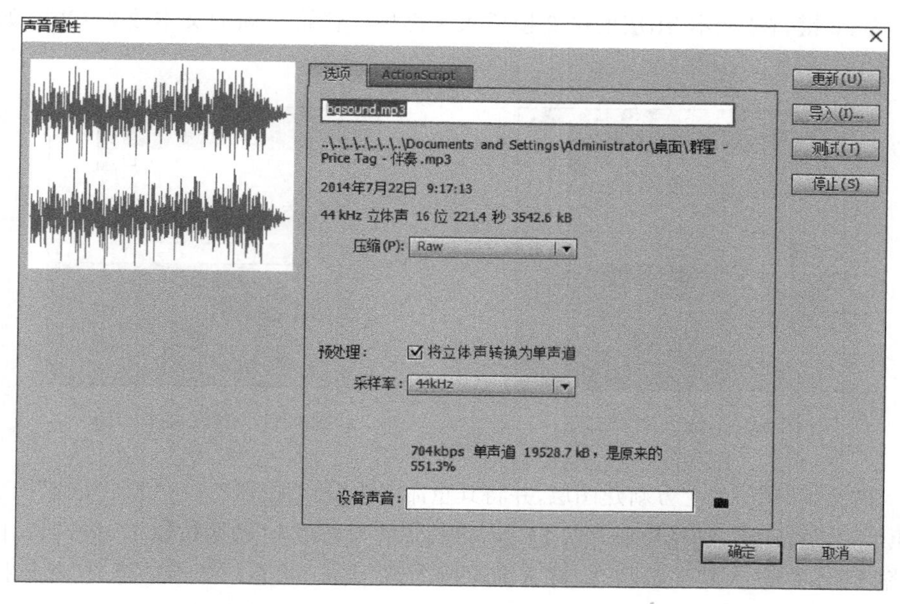

图 9.36 “声音属性”对话框

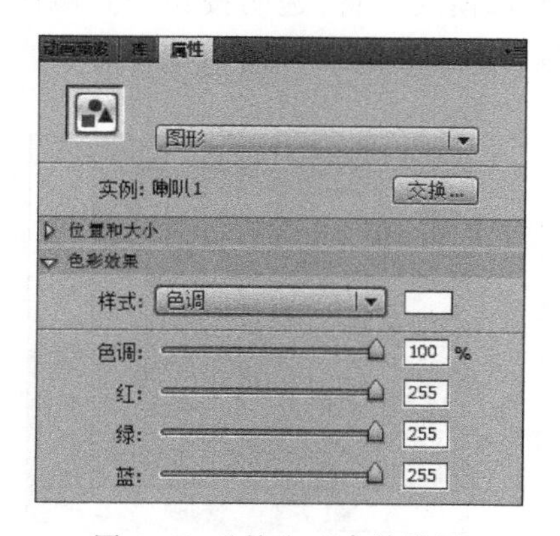

图 9.37 “喇叭 1”参数设置

图 9.38 编辑影片剪辑元件

(4) 在“按钮”图层的第 2 帧插入关键帧。选择第 2 帧的图形元件，在“属性”面板中单击“交换”按钮，将其交换为“喇叭 2”，如图 9.39 所示。

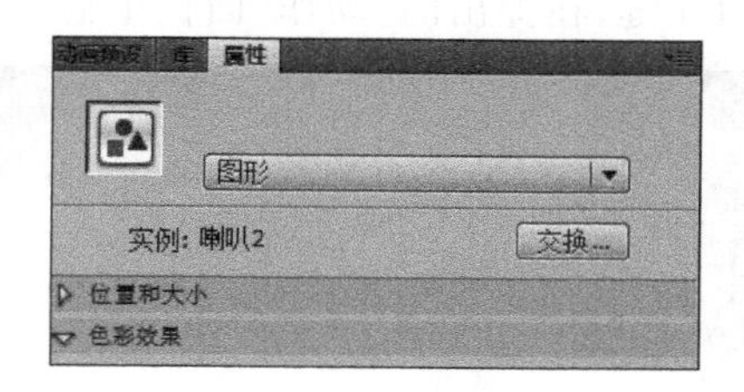

图 9.39 “交换”按钮

(5) 新建图层，并将其重命名为“文本”。在喇叭图标的右侧输入文本 ON，如图 9.40 所示。

(6) 按 F6 键，在“文本”图层的第 2 帧插入关键帧。将第 2 帧的文本改为 OFF，如图 9.41 所示。

图 9.40 输入文本 ON

图 9.41 输入文本 OFF

(7) 在“文本”图层的上方新建图层，并将其重命名为“透明按钮”。在“透明按钮”图层中绘制无边框矩形，颜色任意。选择矩形并按 F8 键，将其转换为名称为“透明按钮 1”的按钮元件。双击“透明按钮 1”元件，进入其编辑状态，将关键帧拖动到“点击”状态，在“指针经过”状态插入关键帧，并将“库”面板中的声音文件 010dj031.mp3 拖动到“指针经过”状态，如图 9.42 所示。

(8) 单击 SoundButton，退出“透明按钮 1”的编辑模式。将“透明按钮”与“喇叭”对齐，并且在 SoundButton 的“透明按钮”图层中按 F6 键，添加关键帧，如图 9.43 所示。

图 9.42 “指针经过”状态编辑

图 9.43 “透明按钮”图层编辑

(9) 选择“透明按钮”图层的第 1 帧，添加 stop()命令。接下来，单击“透明按钮”图层第 1 帧的“透明按钮 1”元件，按 F9 键，在弹出的“动作”面板中输入命令，如图 9.44 所示。

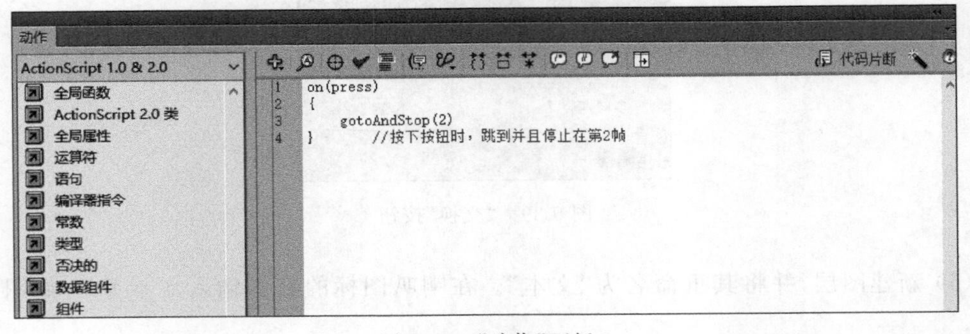

图 9.44 “动作”面板

（10）单击“透明按钮”图层第 2 帧的“透明按钮 1”元件，按 F9 键，在“动作”面板中输入命令，如图 9.45 所示。

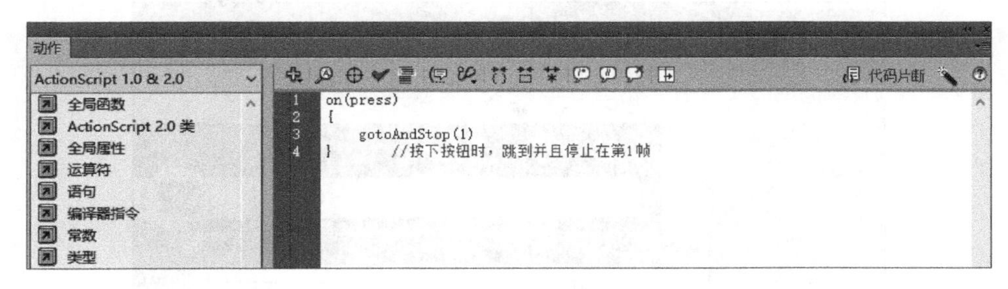

图 9.45 “动作”面板

（11）返回主场景，将按钮元件拖动到屏幕的左下角，并在“属性”面板中添加“投影”滤镜效果，在此不提供具体参数。场景最后效果如图 9.46 所示。

图 9.46 场景最后效果

9.3 添加动画效果和交互代码

框架中的导航和动画背景音乐控制按钮制作完毕后，接下来为其添加动画效果和交互代码。

（1）返回主场景，选定“背景”图层中的蓝色渐变矩形，按 F8 键，将其转换为名称为“背景”的图形元件，如图 9.47 所示。

（2）在“背景”图层中创建第 1～10 帧的传统补间动画。选择第 1 帧的图形元件，在“变形”面板中设置矩形的纵向缩放比例为 1%，如图 9.48 所示。

（3）选择“背景”图层的第 1 帧，在“属性”面板中设置缓动为－100，使矩形由慢到快发生动画形变。再选择“背景”图层的第 50 帧，插入关键帧，并添加 stop()命令，如图 9.49 所示。

图 9.47 将蓝色渐变矩形转换为元件

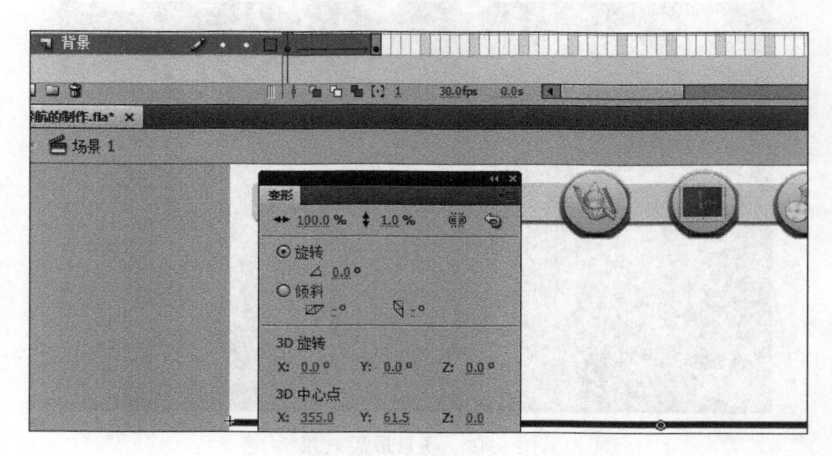

图 9.48 “变形”面板

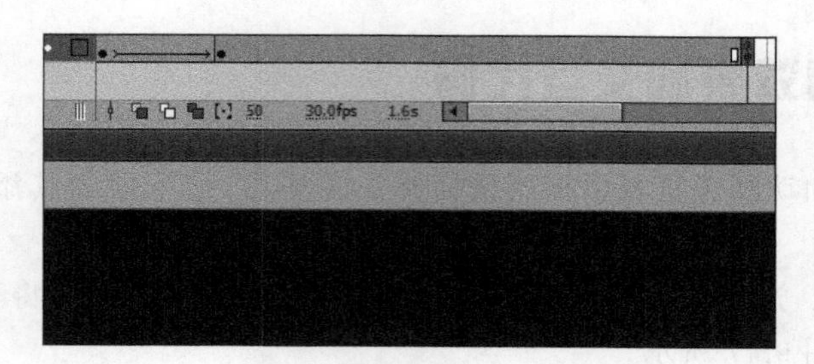

图 9.49 插入关键帧并添加 stop()命令

(4) 选择“按钮条”图层的第 1 帧,将其拖动到第 10 帧,并在第 15 帧插入关键帧,如图 9.50 所示。

(5) 选择“按钮条”图层的第 10 帧,使用任意变形工具将“按钮条”的中心控制点拖动到其左边界处,并且设置第 10 帧的矩形条的横向缩放比例为 1%,如图 9.51 所示。

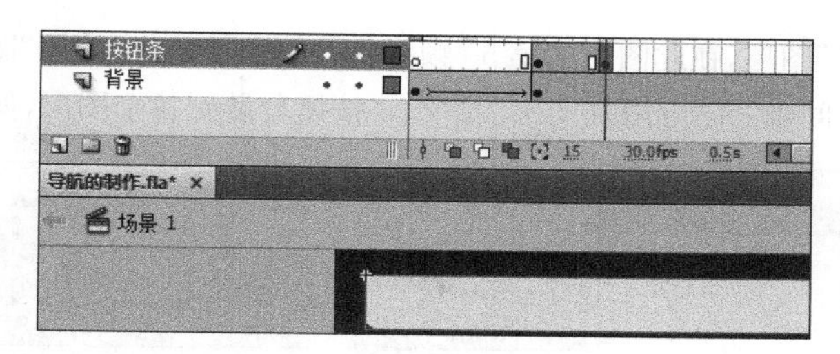

图 9.50 编辑“按钮条”图层

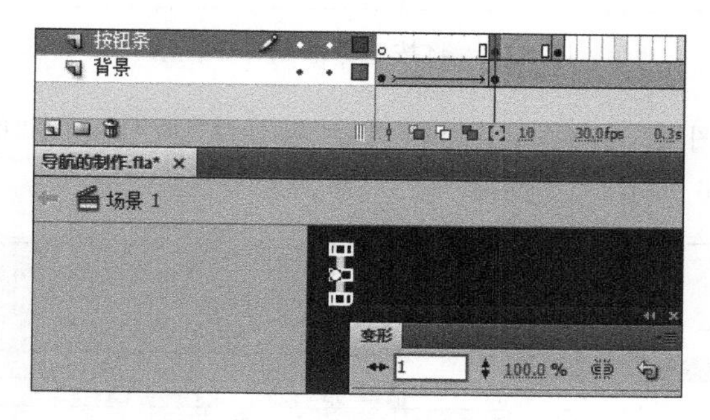

图 9.51 设置横向缩放比例

(6) 单击第 10 帧的矩形条,在“属性”面板中将 Alpha 值(透明度)设置为 0,如图 9.52 所示。

(7) 创建第 10～15 帧的传统补间动画,并设置第 10 帧的缓动为－100,如图 9.53 所示。

图 9.52 设置 Alpha 值为 0

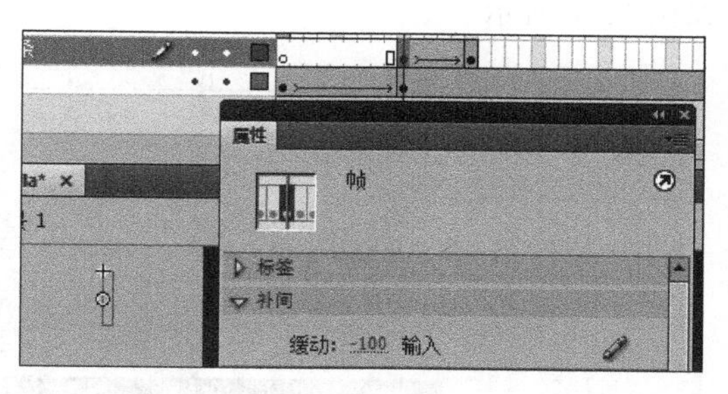

图 9.53 设置“缓动”参数

(8) 在“声音按钮”图层的上方新建图层,并且将其重命名为“声音”。在“声音”图层的第 10 帧、第 15 帧插入空白关键帧,并将“库”面板中的声音素材 shenzhan.mp3 拖到第 10 帧,如图 9.54 所示。

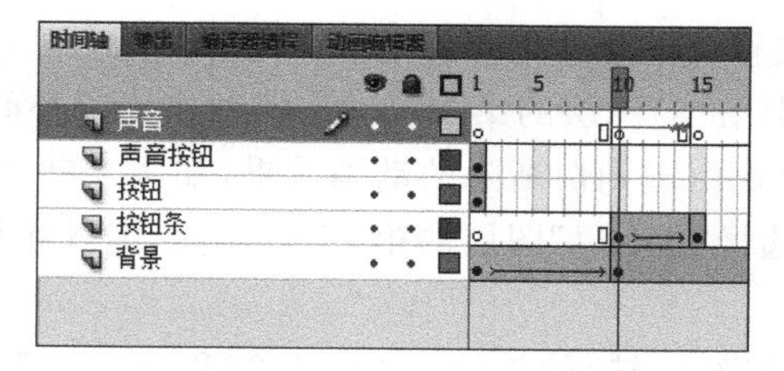

图 9.54 编辑“声音”图层

(9) 选择“按钮条”图层，在此图层的第 50 帧插入普通帧。选择“按钮”图层的第 1 帧，选择菜单栏中的“修改”→“时间轴”→“分散到图层”命令，将按钮分散到各个图层，如图 9.55 所示。

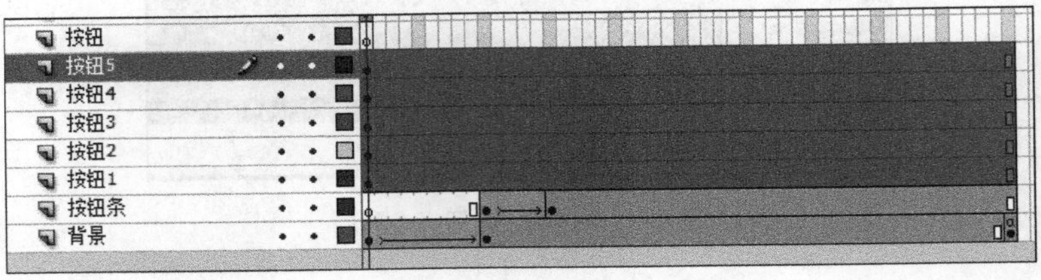

图 9.55　将按钮分散到各个图层

(10) 删除“按钮”图层。按住 Shift 键，选择“按钮 1”到“按钮 5”图层的第 1 帧，将其拖动到第 15 帧，如图 9.56 所示。

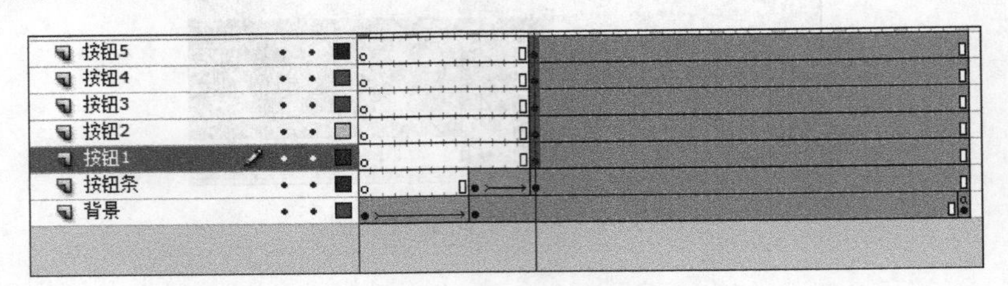

图 9.56　改变关键帧位置

(11) 选择“按钮 1”到“按钮 5”图层的第 25 帧，按住 Shift 键，为这 5 个图层插入关键帧，如图 9.57 所示。

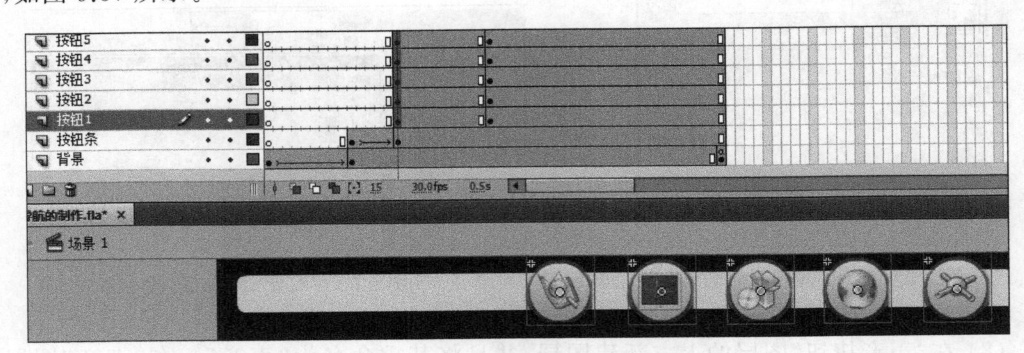

图 9.57　选择多帧并插入关键帧

(12) 同时选择“按钮 1”到“按钮 5”图层的第 1 帧，在“属性”面板中设置这 5 个元件的 Alpha 值为 0，并将其向左移动一定的距离，如图 9.58 所示。

(13) 在“按钮 1”到“按钮 5”图层的第 15～ 25 帧创建传统补间动画，并且设置第 15 帧的缓动为－100，使按钮出现由慢到快渐隐的动画效果，如图 9.59 所示。

(14) 按住 Shift 键，选择“按钮 4”图层的第 15～25 帧，用鼠标将选定的帧向右拖动一段距离，如图 9.60 所示。

(15) 按照第(13)步的做法，选择“按钮 3”“按钮 2”和“按钮 1”所在图层的第 15～25 帧，按下鼠标左键向右拖动，如图 9.61 所示。

图 9.58 设置元件 Alpha 值

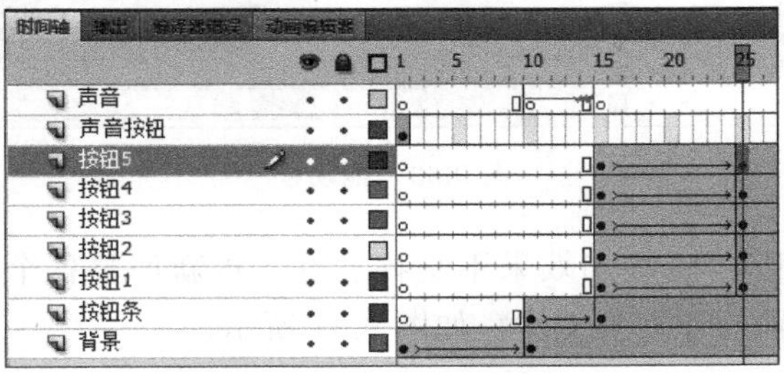

图 9.59 设置渐隐动画效果

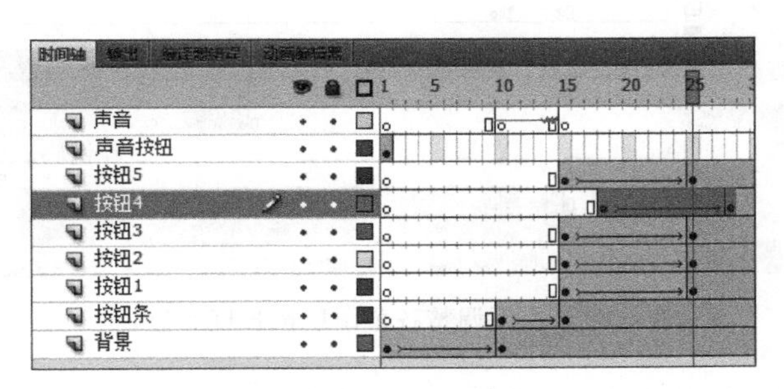

图 9.60 拖动第 15～25 帧

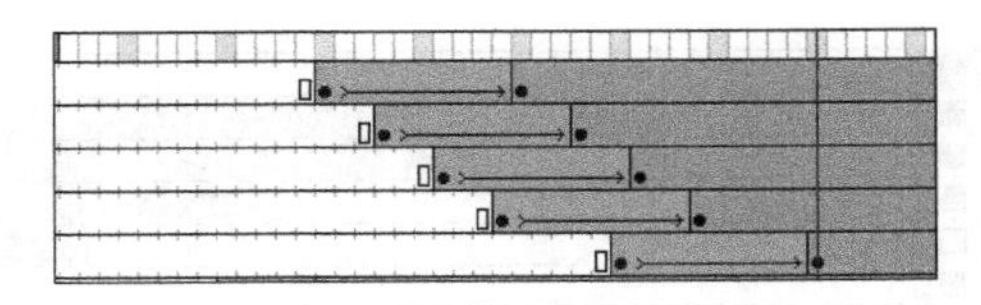

图 9.61 其他图层的动画设置

(16) 声音文件既可以放在图层里边,也可以叠加在补间动画里。拖动“库”面板文件列表中的 010dj002.mp3 到“按钮 1”图层的第 27 帧、“按钮 2”图层的第 24 帧、“按钮 3”图层的第 21 帧、“按钮 4”图层的第 18 帧和“按钮 5”图层的第 15 帧,如图 9.62 所示。

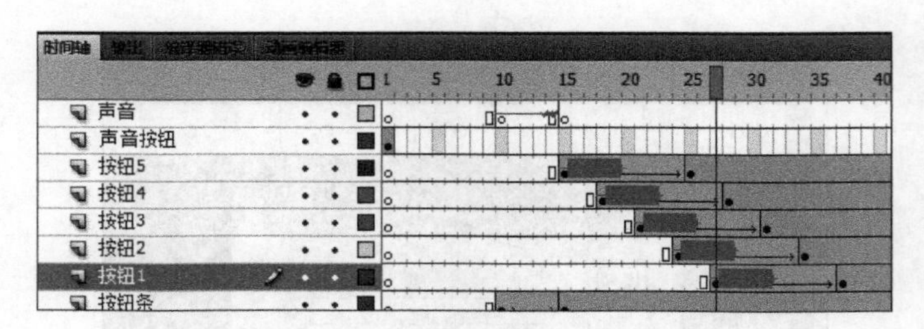

图 9.62　为 5 个图层添加声音

(17) 选择“声音按钮”图层的第 1 帧,将其拖动到该图层的第 50 帧,如图 9.63 所示。

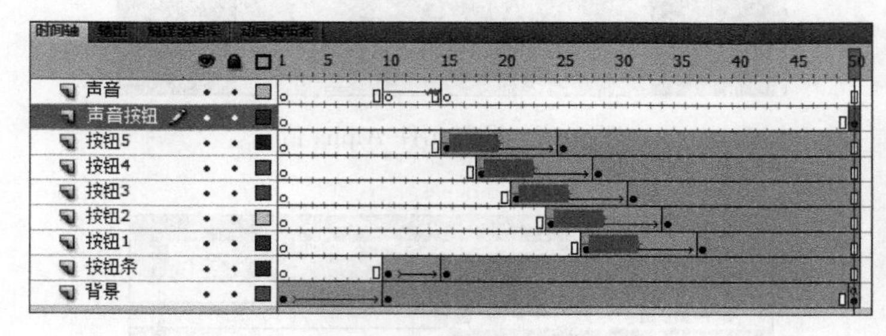

图 9.63　拖动帧

(18) 通过测试发现,声音叠加效果不是特别好。重新调整各个图层的帧长度和位置。调整完毕后,整个时间轴的长度为 65 帧,如图 9.64 所示。

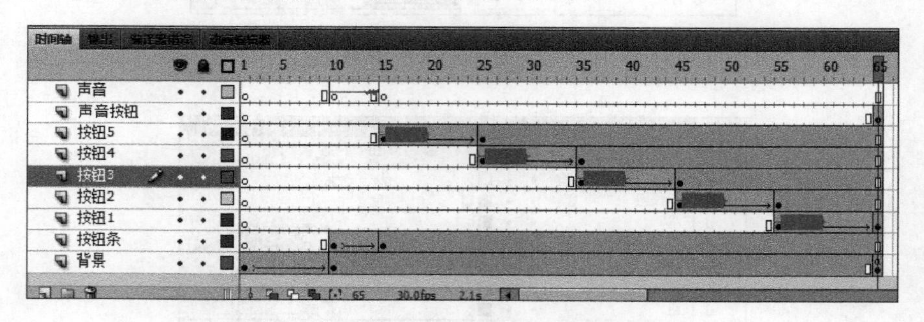

图 9.64　重新调整各个图层帧长度和位置

(19) 在“按钮 5”图层的上方新建图层,并且将其重命名为 logo。在该图层的第 57 帧插入关键帧,并将“库”面板中的 logo 拖到按钮条的最左端,如图 9.65 所示。

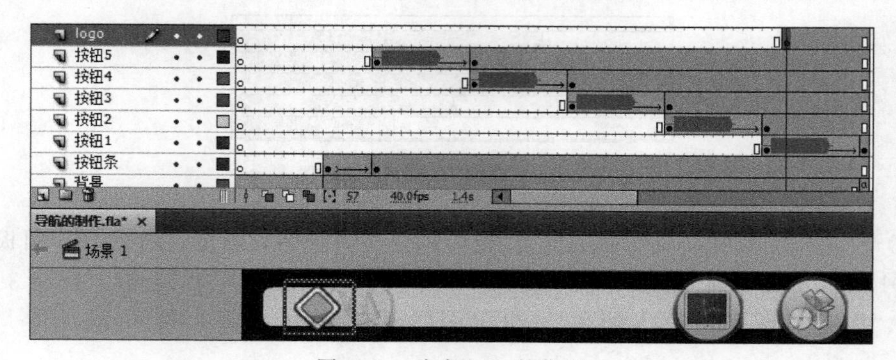

图 9.65　改变 logo 的位置

（20）选择logo图形，按F8键，将其转换为名称为logo1的图形元件（不能将该元件命名为logo，因为会与已经存在的logo元件重名，这是Flash CS6不允许的）。使用“变形”面板将其缩小到70%，如图9.66所示。

（21）在logo图层的第65帧插入关键帧。将logo图层的第57帧的图形拖动到按钮条的中间位置，并在“属性”面板中设置其不透明度（Alpha）为0，如图9.67所示。

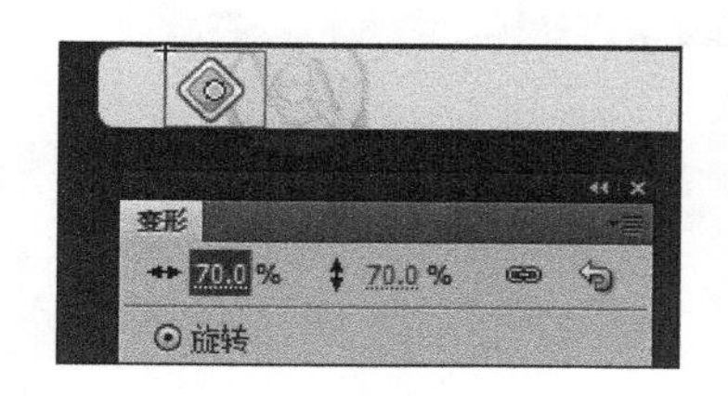

图9.66　“变形”面板缩小logo元件

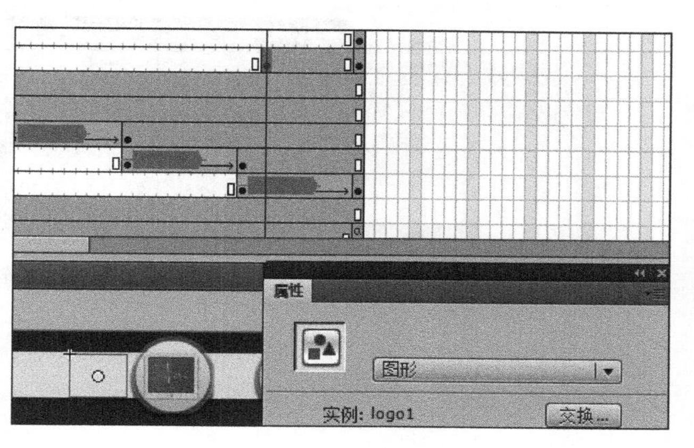

图9.67　设置透明度

（22）在logo图层中创建第57～65帧的传统补间动画。选择第57帧，在“属性”面板中设置其相关参数，使其在动画播放过程中顺时针旋转5次，如图9.68所示。

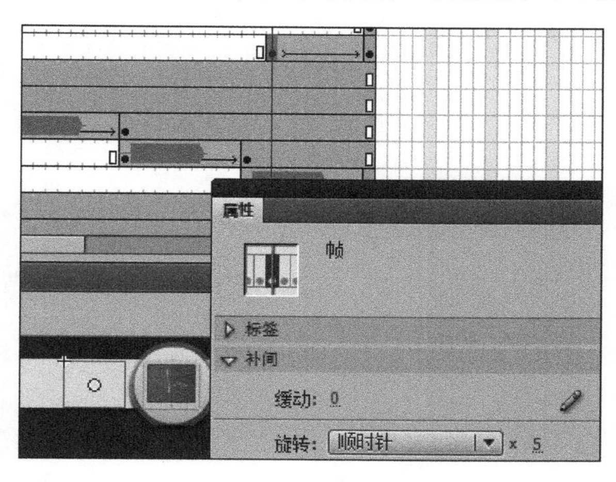

图9.68　设置顺时针旋转5次

（23）选择logo图层第65帧的logo图形元件，按F8键，将其转换为影片剪辑元件，名称为“旋转”。双击“旋转”元件，进入其编辑状态，在第40帧和第90帧插入关键帧，创建第40～90帧的传统补间动画，并在“属性”面板中设置其顺时针旋转3次，如图9.69所示。

（24）至此，基本的操作流程已经介绍完了。按Ctrl+Enter组合键测试影片，查看动画效果。

图 9.69 设置顺时针旋转 3 次

Chapter 10

第10章

Flash动画框架元素的后期处理

Flash动画的框架制作完成后，接下来要对框架中的静态元素进行进一步处理，为其增加动画交互效果。本章主要介绍动画框架元素的后期处理，主要包括三大部分内容：内容动画设计、交互设计和场景设计。在动画制作过程中，读者要熟练使用图形元件、按钮元件和影片剪辑元件和ActionScript语言，这也是读者学习本章的最终目的。

10.1 框架中的内容动画设计

框架中的内容动画设计步骤如下。

（1）打开"导航的制作.fla"文件，在"声音"图层的上方新建图层，并且将其重命名为"内容"。在"内容"图层的第65帧插入关键帧，如图10.1所示。

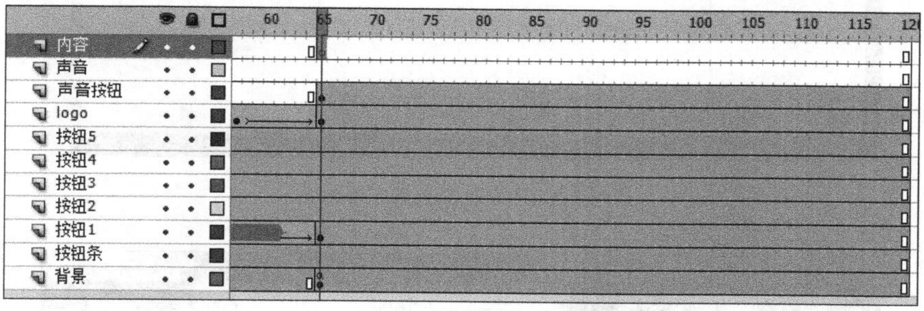

图10.1 新建图层并插入关键帧

（2）选择工具栏上的基本矩形工具，在"内容"图层的第65帧绘制圆角矩形，并在"属性"面板中设置其相关参数，如图10.2所示。

（3）选择圆角矩形，按F8键，在弹出的"转换为元件"对话框中将其转换为名称为"内容1"的影片剪辑元件，如图10.3所示。选择"内容1"影片剪辑元件，在"属性"面板中设置其相关参数，为其添加"投影"滤镜效果，如图10.4所示。

（4）在"内容"图层中添加关键帧。在"内容"图层的上方新建图层，并且将其重命名为"内容声音"，如图10.5所示。

（5）选择"内容"图层第65帧的圆角矩形，将其移到舞台的左边，使矩形的右边界与舞台的左边界对齐，如图10.6所示。

（6）选择矩形，在"属性"面板中为其设置"模糊"滤镜效果，参数设置如图10.7所示。

图 10.2 “属性”面板参数设置

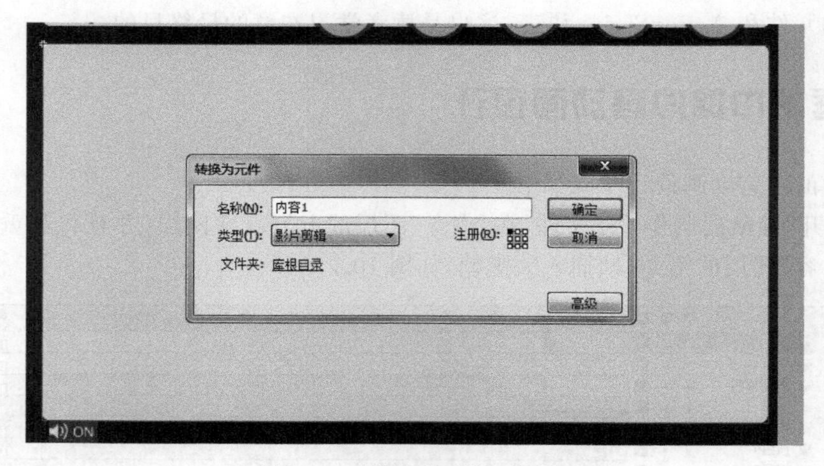

图 10.3 “转换为元件”对话框

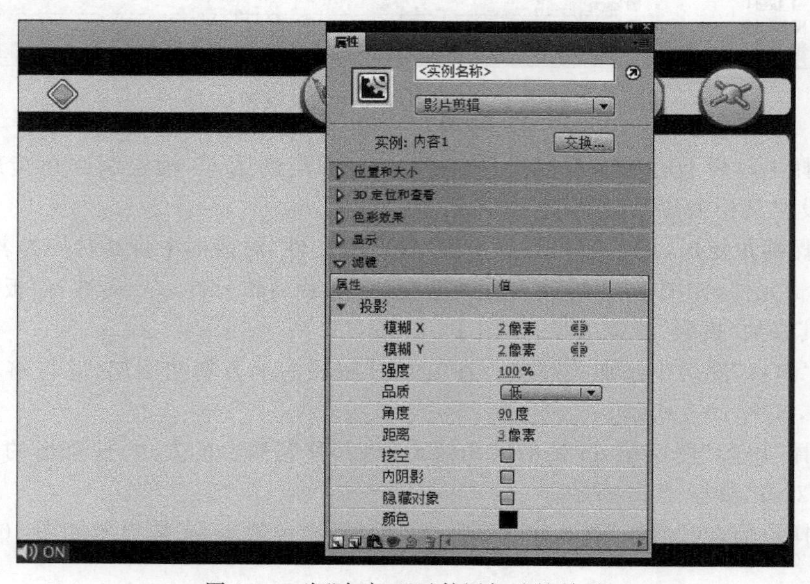

图 10.4 为“内容 1”元件添加滤镜效果

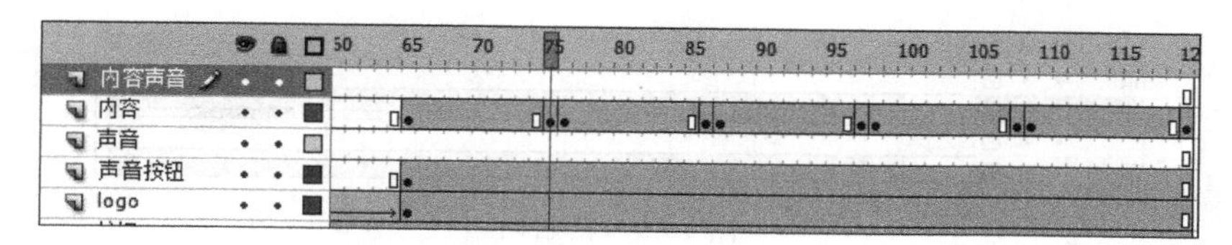

图 10.5 新建“内容声音”图层

图 10.6 移动圆角矩形位置

(7) 右击第 65 帧，在弹出的快捷菜单中选择“传统补间动画”命令，并在“属性”面板中将该帧的“缓动”设置为－100，如图 10.8 所示。

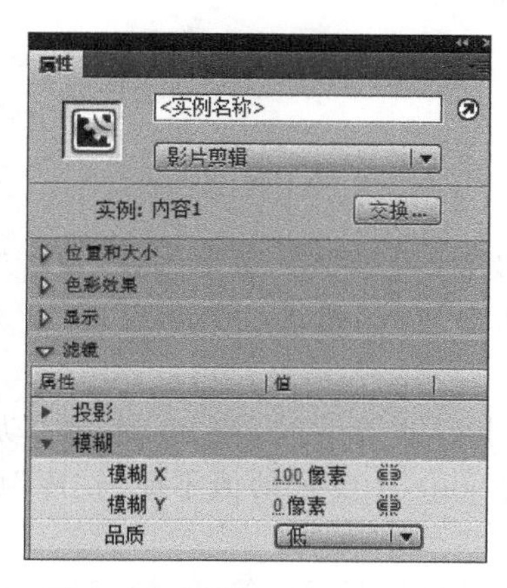

图 10.7 “属性”面板参数设置

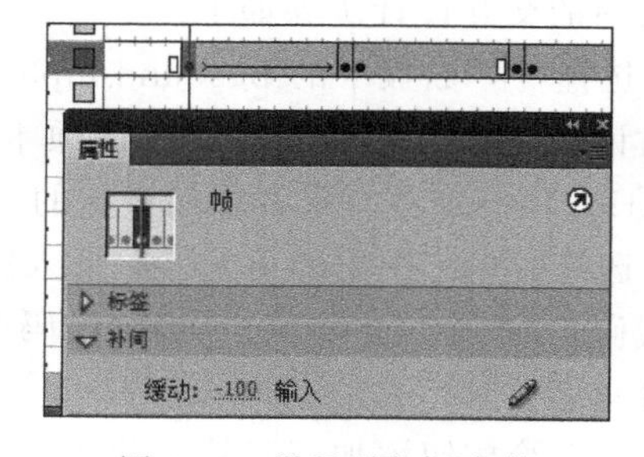

图 10.8 设置“缓动”参数

(8) 右击第 65 帧，在弹出的快捷菜单中选择“复制帧”命令，再使用右键快捷菜单中的“粘贴帧”命令将该帧分别粘贴到第 76 帧、第 87 帧、第 98 帧、第 109 帧，并且创建传统补间动画，如图 10.9 所示。

(9) 分别在第 75 帧、第 86 帧、第 97 帧、第 108 帧和第 120 帧添加 stop()命令。在“内容声

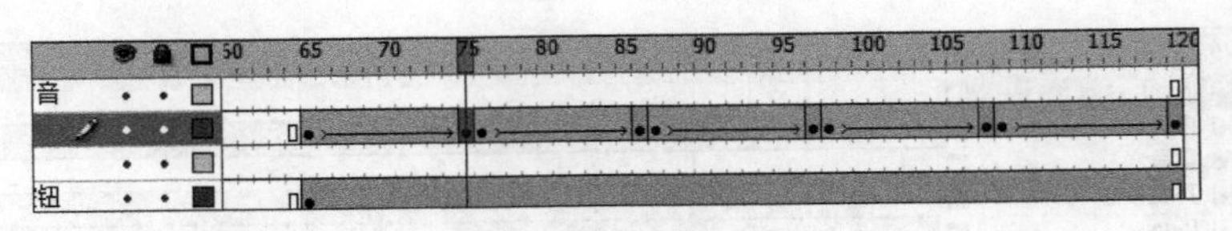

图 10.9　粘贴帧

音”图层的第 65 帧、第 76 帧、第 87 帧、第 98 帧和第 109 帧处插入空白关键帧，如图 10.10 所示。

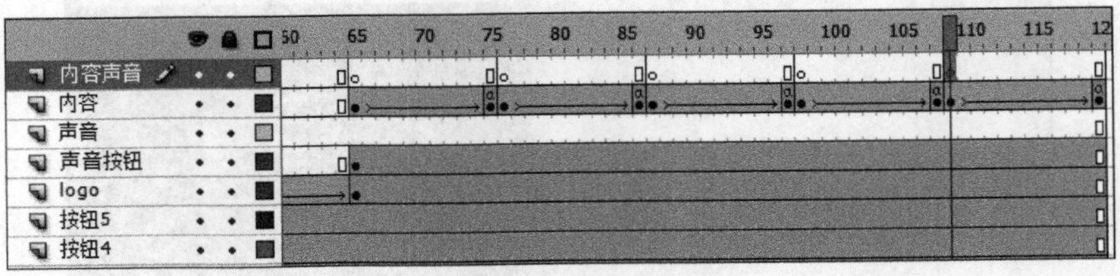

图 10.10　插入空白关键帧

(10) 将“库”面板中的声音素材 F1.mp3 拖动到第 65 帧、第 76 帧、第 87 帧、第 98 帧和第 109 帧，如图 10.11 所示。

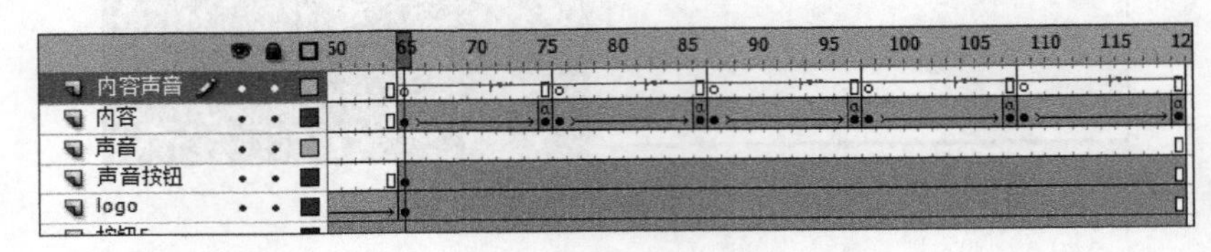

图 10.11　添加声音效果

(11) 选择“背景”图层的第 65 帧，删除 stop()命令。

10.2　框架中的交互设计

框架中的交互设计步骤如下。

(1) 选择“库”面板中的 bgsound.mp3，右击该文件，在快捷菜单中选择“属性”命令，在“属性”对话框中选择 ActionScript 选项卡，设置其参数，如图 10.12 所示，这是为了使用 ActionScript 代码加载背景音乐而设定的。

(2) 选择“声音”图层的第 64 帧，插入空白关键帧。选择此帧，按 F9 键，在“动作”面板中输入代码，如图 10.13 所示。注意，代码中声明的 sound1 变量的值不能与“库”面板中的声音文件重名。

(3) 下面给按钮添加声音控制代码。选择“声音按钮”图层的第 65 帧，双击按钮，进入其编辑状态，如图 10.14 所示。

(4) 选择“透明按钮”元件，按 F9 键，在脚本窗口中输入图 10.15 所示的代码。注意，“透明按钮”元件中的第 1 帧控制声音停止，第 2 帧控制声音重新播放，在代码中通过 play_status 和 begin 这两个参数来控制声音的暂停与播放。代码的具体含义见图 10.15 中的注释。

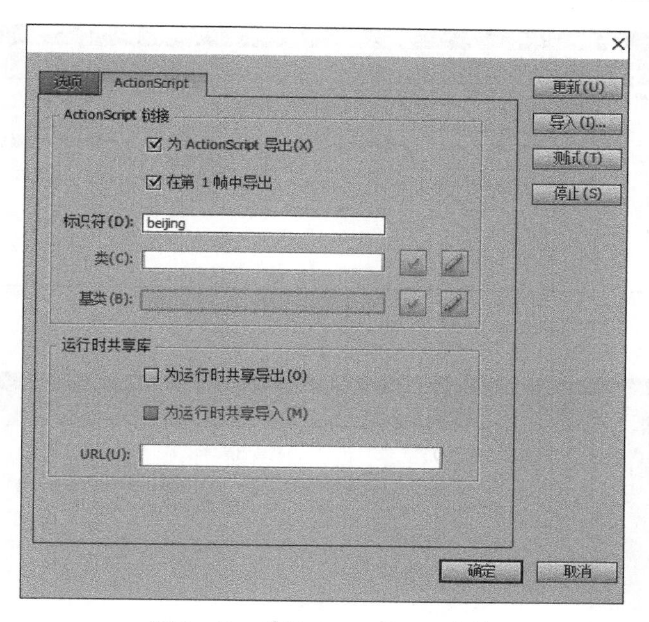

图 10.12 设置 ActionScript 参数

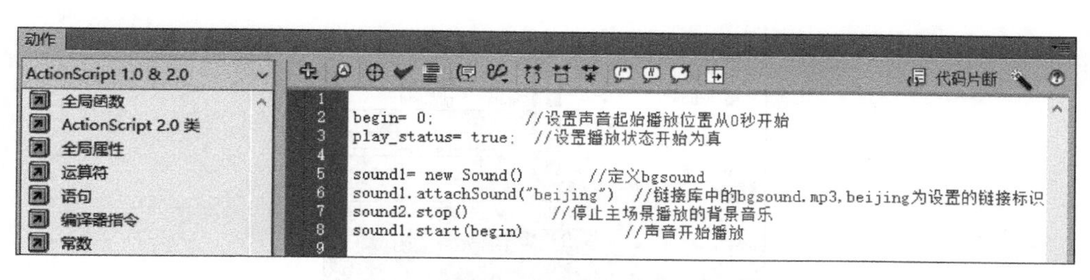

图 10.13 定义声音播放初始状态的代码

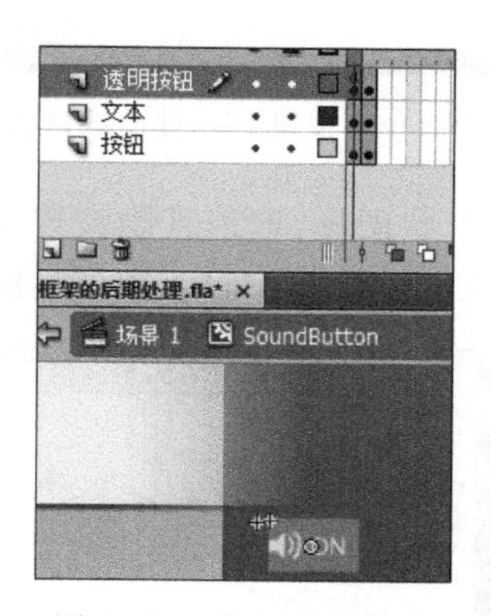

图 10.14 按钮编辑状态

（5）单击第 2 帧的“透明按钮”元件，按 F9 键，在脚本窗口中输入代码，如图 10.16 所示。

（6）声音控制按钮的代码设置完毕，接下来设置舞台上方 5 个图标的交互代码。选择“按钮 1”图层第 65 帧的“按钮 1”影片剪辑元件，双击该元件，进入其编辑状态，如图 10.17 所示。

```
1  on (press) {
2      gotoAndStop(2);                          //跳转到第2帧OFF状态
3      if (_root.play_status) {                       //如果定义的play_status值为真
4          _root.begin = _root.sound1.position/1000;   //使用begin参数保存声音播放的位置
5          _root.sound1.stop();                       //使背景音乐暂停
6          _root.play_status = false;                //改变定义的play_status值为假
7  }
8
9  }
10
11
```

图 10.15　输入第 1 帧代码

```
1  on (press) {
2      gotoAndStop(1);                    //跳转到第1帧
3      if (!_root.play_status) {               //如果play_status值为假
4          _root.sound1.start(_root.begin);   //按照断点模式继续播放声音
5          _root.play_status = true;          //设置play_status为真
6  }
7
8  }
9
10
```

图 10.16　输入第 2 帧代码

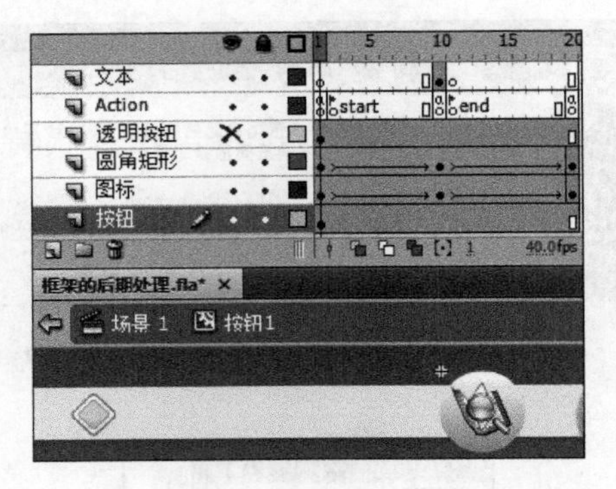

图 10.17　“按钮 1”元件的编辑状态

(7) 单击“透明按钮”图层的叉状图标，取消其隐藏模式，使其重新在舞台中显示出来。单击“透明按钮”元件，按 F9 键，在脚本窗口中输入图 10.18 所示的代码。

ActionScript 1.0 & 2.0
- 全局函数
- ActionScript 2.0 类
- 全局属性
- 运算符
- 语句
- 编译器指令
- 常数
- 类型
- 否决的
- 数据组件
- 组件
- 屏幕
- 索引

```
1  on(rollOver)
2  {
3      gotoAndPlay("start")
4  }
5  //  当鼠标移动到按钮上方时，播放start标签所在的第2帧
6  on(rollOut)
7  {
8      gotoAndPlay("end")
9  }
10 //  当鼠标移出按钮区域时，播放end标签所在的第11帧
11
12 on(press)
13 {
14     _root.gotoAndPlay(65)  //当按下按钮时，跳转到并且播放主场景的第65帧
15
16 }
```

图 10.18　输入跳转命令

（8）按照第（6）步和第（7）步的方法，为其他 4 个按钮分别添加第 76 帧、第 87 帧、第 98 帧和第 109 帧的跳转命令。

10.3　框架中的场景设置

框架交互功能设计完成后，接下来需要制作动画的欢迎界面。为了能在制作过程中更灵活地处理和更方便地维护动画，可以使用“场景”面板建立两个场景，将欢迎界面和框架界面分开。

框架中的场景设置步骤如下。

（1）选择菜单栏中的“窗口”→“其他面板”→“场景”命令，在弹出的“场景”面板中，单击“新建场景”按钮，并将新建立的“场景 2”重命名为“主封面”，如图 10.19 所示。

（2）按照同样的方法将“场景 1”重命名为“主场景”。将“主封面”拖动到“主场景”的上方，这样，在播放影片的时候，就会先播放“主封面”再播放“主场景”，如图 10.20 所示。

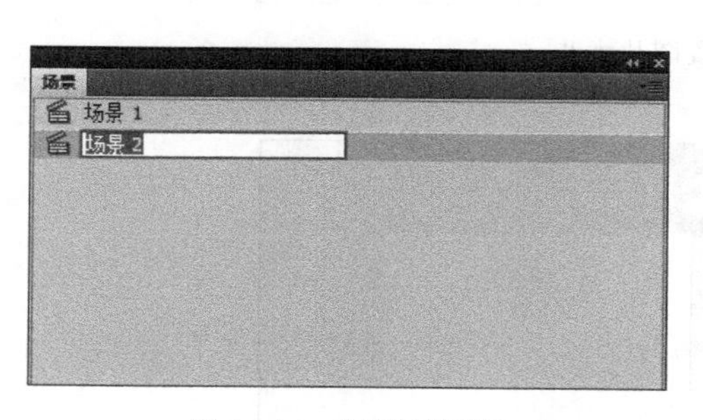

图 10.19　“场景”面板

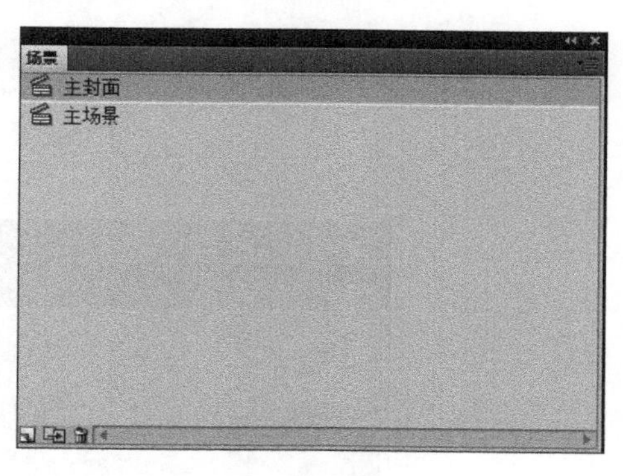

图 10.20　调整场景次序

（3）导入“背景.jpg”到“库”面板中。在本书配套素材中提供了 3 种字体，可以将这 3 种字体复制到“控制面板”→“外观和个性化”→“字体”文件夹下面，这样，新的字体就会自动出现在 Flash CS6 的字体列表中。

（4）选择“场景”下拉列表中的“主封面”，切换到“主封面”场景。将“背景.jpg”拖动到舞台中央，并在“属性”面板中设置其相关参数，将“背景.jpg”的大小设置成与舞台同样大小，如图 10.21 所示。

（5）将“图层 1”重命名为“背景”。在“背景”图层的上方新建图层，并将其重命名为“边框”。在“边框”图层中绘制无边框矩形，将其填充颜色值设为 669966（绿色），如图 10.22 所示。

（6）选择工具栏上的矩形工具，按住 Ctrl 键，在矩形下边界拖动矩形。调整后的矩形形状如图 10.23 所示。为便于叙述，后面将调整形状后的矩形仍称为矩形。

（7）选择矩形，使用 Ctrl+C 和 Ctrl+V 组合键复制出矩形副本。选择菜单栏中的“修改”→“变形”→“垂直翻转”命令和“修改”→“变形”→“水平翻转”命令。翻转后的矩形副本如图 10.24 所示。

图 10.21 设置图片大小

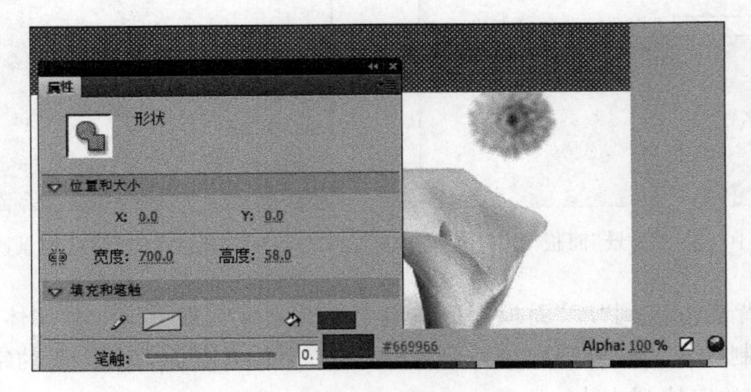

图 10.22 绘制绿色矩形

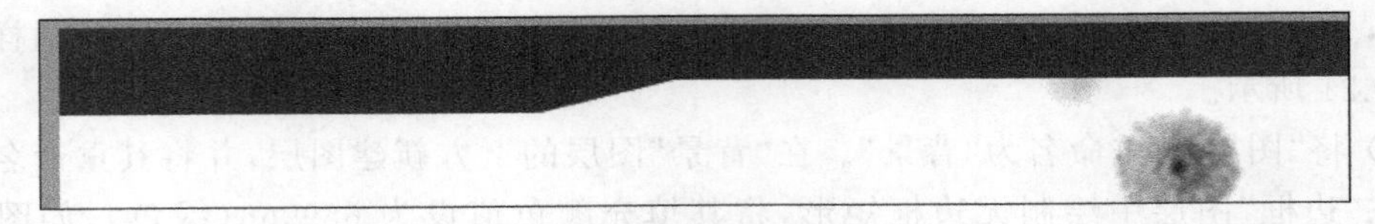

图 10.23 调整绿色矩形的形状

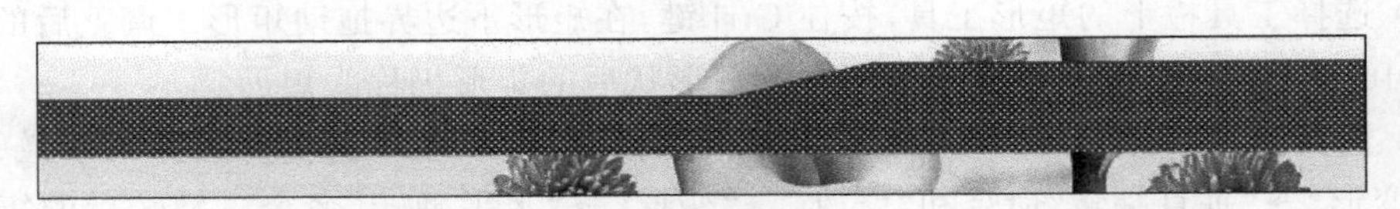

图 10.24 翻转矩形副本

(8) 选择翻转后的矩形,将其拖动到舞台的下边界,并将填充色设置为白色。将其位置调整到如图10.25所示。

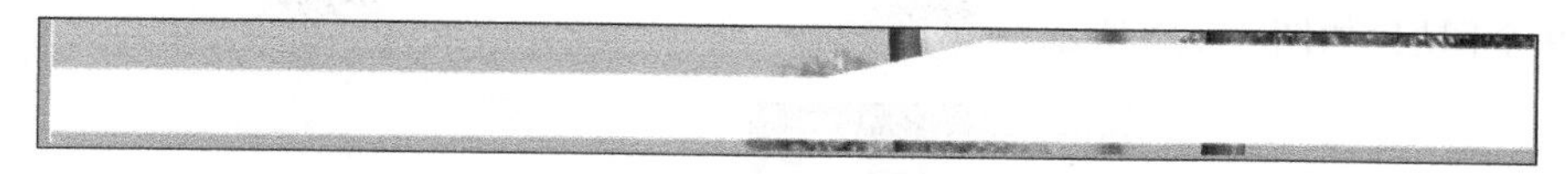

图10.25 移动白色矩形

(9) 对白色矩形再次进行复制,生成副本,并将其颜色设置为绿色。选择绿色矩形副本,使用方向键微调矩形位置,达到图10.26所示的效果。

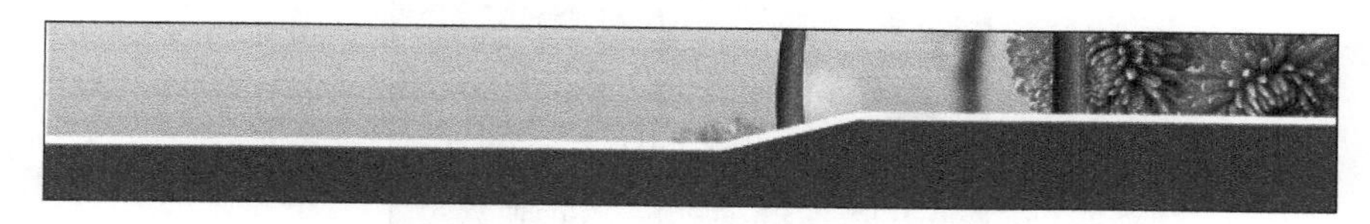

图10.26 矩形立体效果

(10) 新建图层,并且将其重命名为"文本"。使用文本工具在舞台上输入"树形结构——二叉树",并将其转换为名称为"文本动画"的影片剪辑元件。双击该元件,进入其编辑状态,制作逐帧动画(动画样式和制作方法在此不再做具体介绍,大家可以自由发挥),如图10.27所示。

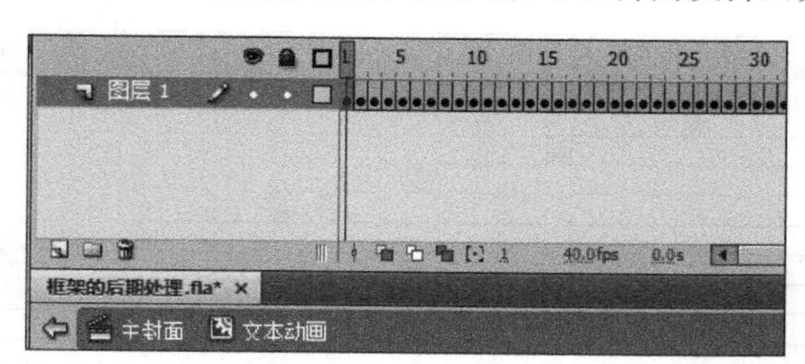

图10.27 制作逐帧动画

(11) 单击"主封面",返回"主封面"场景。选择文本工具,将字体设置为"微软雅黑",在舞台的左下部输入文本"框架的后期处理演示",如图10.28所示。选择文本,按F8键,将其转换为名称为"文本动画1"的影片剪辑元件。双击该元件,进入其编辑状态,如图10.29所示。

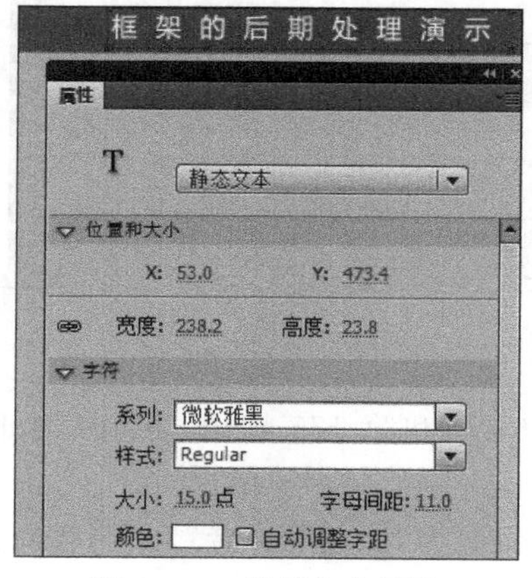

图10.28 设置文本属性

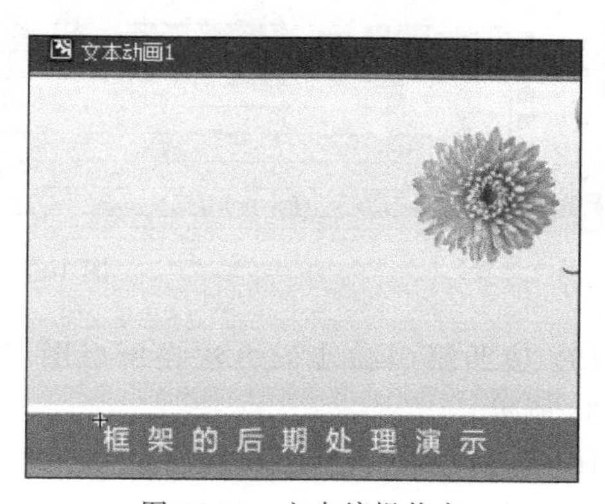

图10.29 文本编辑状态

(12) 选择文本，按 Ctrl+B 组合键对文本进行打散操作，文本被分离成单个文字。框选被打散的所有文字，选择菜单栏中的“修改”→“时间轴”→“分散到图层”命令，创建以文字命名的 9 个图层，如图 10.30 所示。

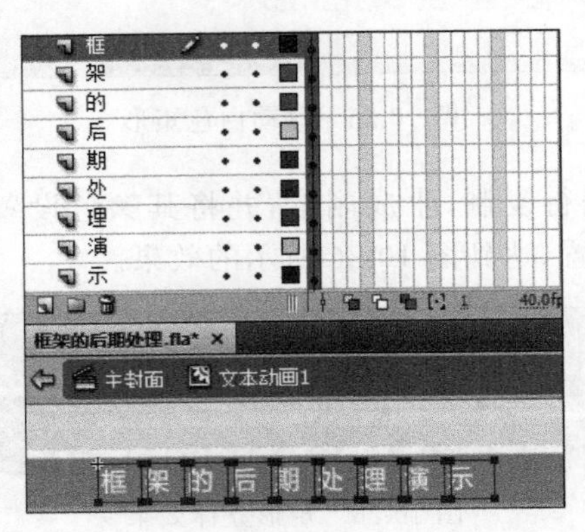

图 10.30 打散文本并分散到图层

(13) 删除“图层 1”。选择“架”图层的第 1 帧，将其拖动到第 10 帧。按照同样的方法拖动其他图层的第 1 帧的位置，如图 10.31 所示。

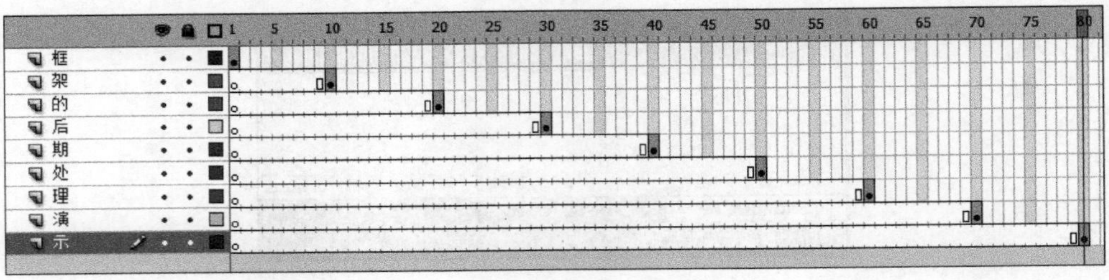

图 10.31 改变各图层第 1 帧的位置

(14) 按住 Shift 键，选择所有图层的第 160 帧，右击选定的帧，在出现的快捷菜单中选择“插入帧”命令，如图 10.32 所示。

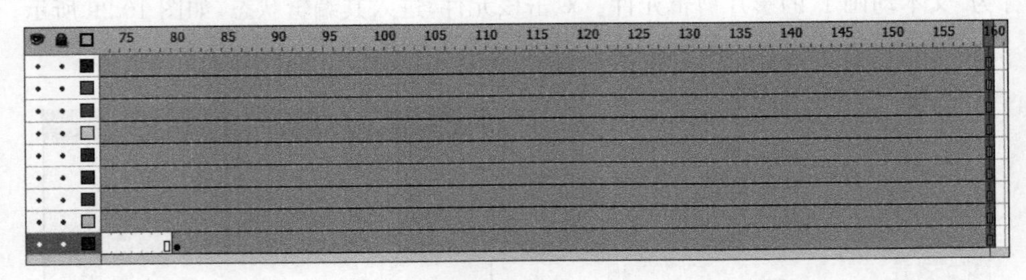

图 10.32 插入帧

(15) 按照第(14)步的方法在所有图层的第 161 帧和第 175 帧插入空白关键帧，如图 10.33 所示。

(16) 返回“主封面”场景，新建 3 个图层，分别重命名为“标题”“作者”和“制作时间”，如图 10.34 所示。

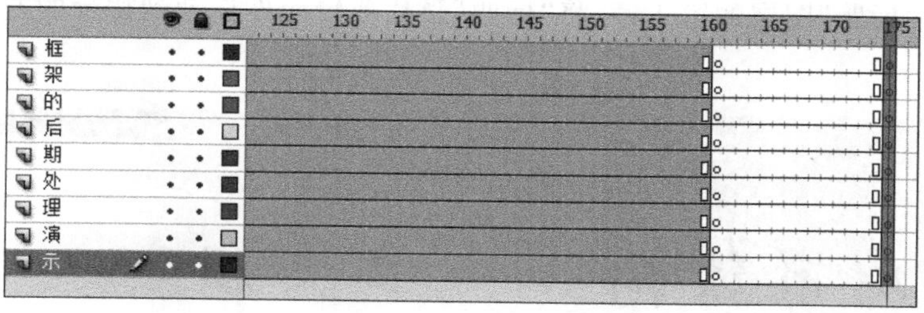

图 10.33　插入空白关键帧

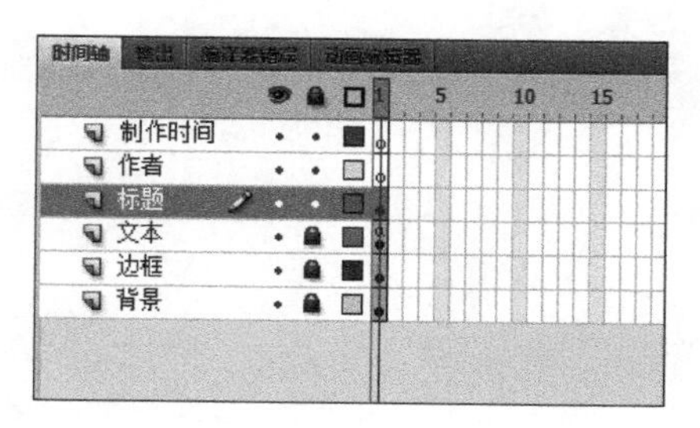

图 10.34　新建图层

(17) 在“标题”“作者”和“制作时间”图层中分别输入相应的文本，如图 10.35 所示。

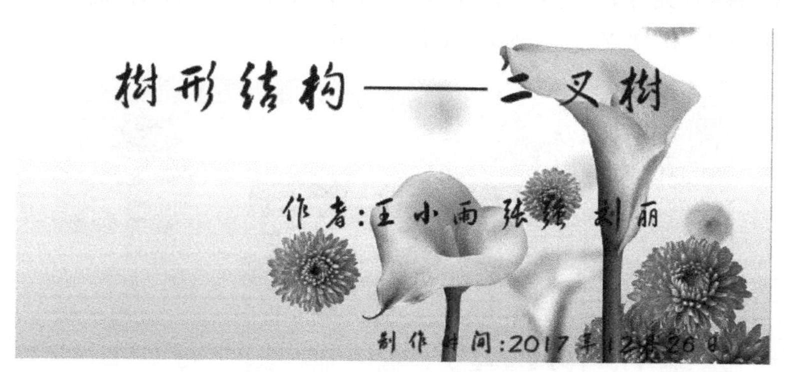

图 10.35　排列文本

(18) 选择“标题”“作者”和“制作时间”图层中的文本，将其分别转换为影片剪辑元件，名称分别为“标题”“作者”和“制作时间”，并且在这 3 个图层的第 10 帧插入关键帧，如图 10.36 所示。

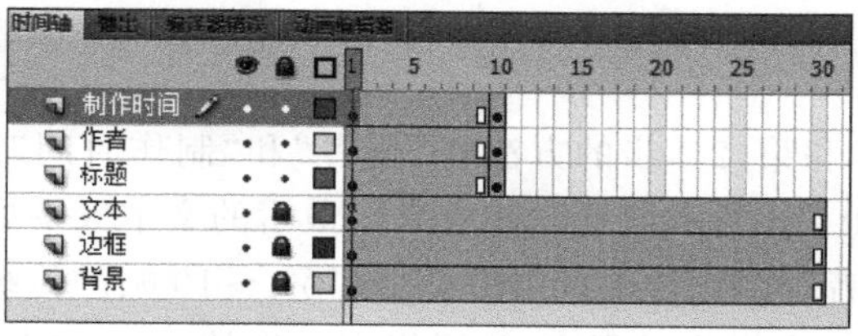

图 10.36　插入关键帧

(19) 选择“标题”图层的第 1 帧，将“标题”影片剪辑元件拖动到舞台的左端，如图 10.37 所示。

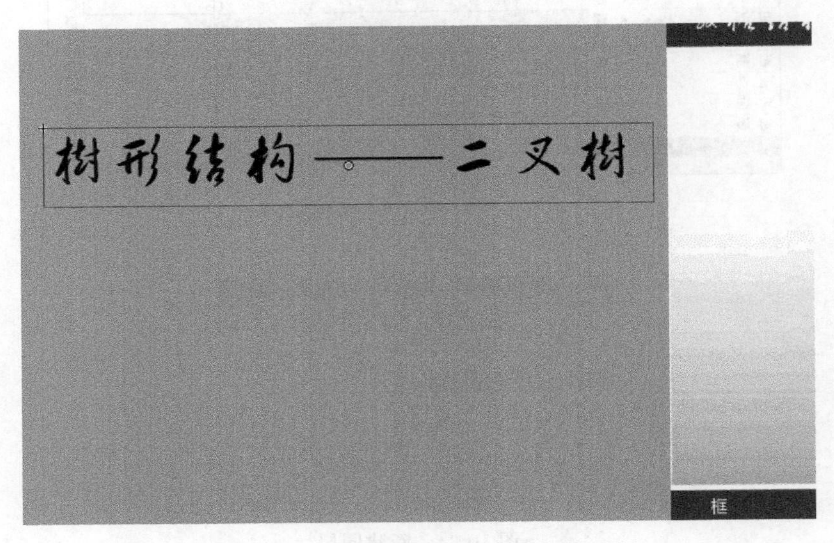

图 10.37　将“标题”元件拖动到舞台左端

(20) 单击“标题”元件，在弹出的“属性”面板中为其添加“模糊”滤镜效果，设置“模糊 X”为 100 像素，设置“模糊 Y”为 0 像素，如图 10.38 所示。

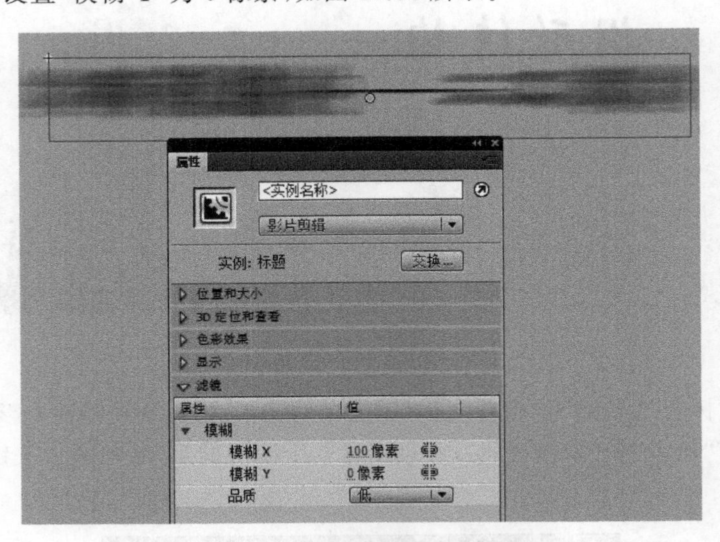

图 10.38　设置“模糊”滤镜效果

(21) 按照第(19)步和第(20)步的方法将“作者”和“制作时间”图层第 1 帧的元件拖动到舞台左端，并且按图 10.38 所示设置滤镜效果。最后的文本效果如图 10.39 所示。

(22) 在“标题”“作者”和“制作时间”图层创建第 1～10 帧的传统补间动画，并且设置第 1 帧的缓动为 100。注意，在操作过程中，为了提高工作效率，节省操作时间，可以按住 Shift 键同时选择 3 个图层的关键帧，为 3 个图层同时设置动画效果，如图 10.40 所示。

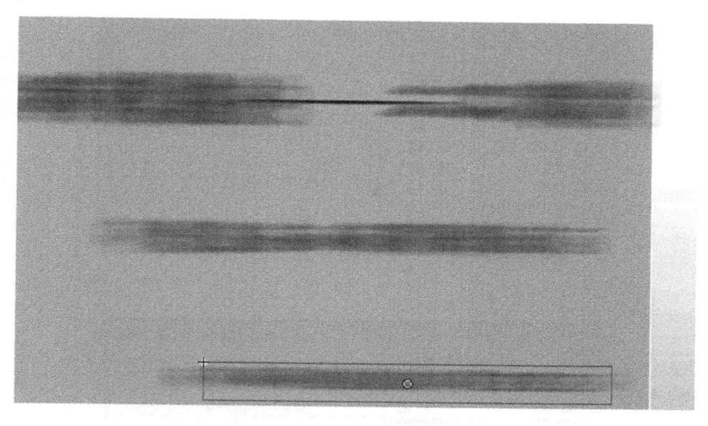

图 10.39 文本的“模糊”滤镜效果

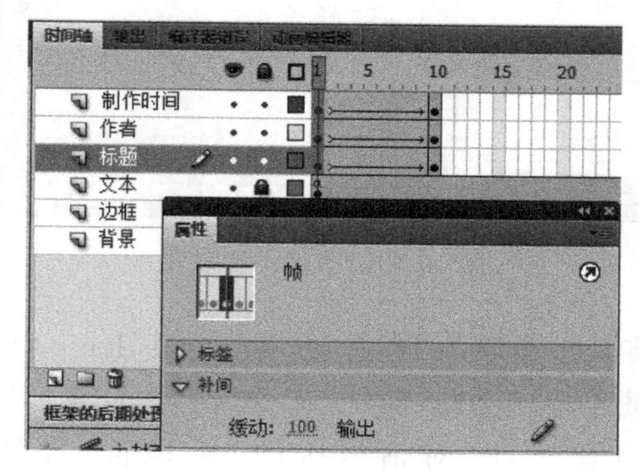

图 10.40 设置 3 个图层的动画效果

(23) 单击“作者”图层，会发现该图层的动画全部被选定。将选定的蓝色区域向右拖动。按照同样的方法对“制作时间”图层的动画也进行拖动操作，如图 10.41 所示。

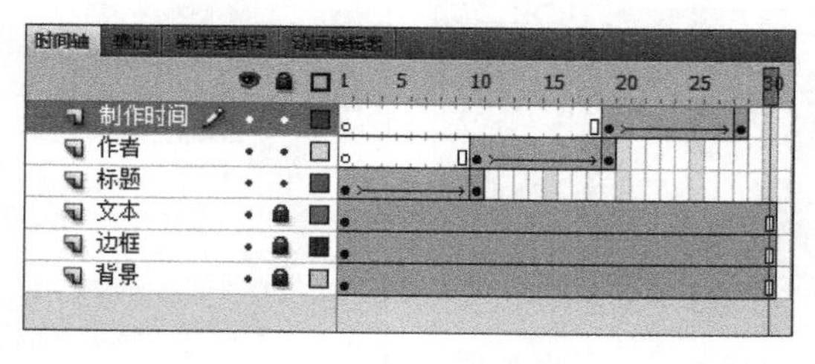

图 10.41 向右拖动动画

(24) 按住 Shift 键，选择“标题”“作者”和“制作时间”图层的第 30 帧，右击选定的帧，在弹出的快捷菜单中选择“插入关键帧”命令，并在“制作时间”图层的第 30 帧添加 stop()命令，如图 10.42 所示。

(25) 选择“库”面板中的 sou.mp3 文件，将其分别拖动到“标题”图层的第 1 帧、“作者”图层的第 10 帧和“制作时间”图层的第 19 帧，如图 10.43 所示。注意，在时间轴中添加声音的另一种方法是：分别选择“标题”图层的第 1 帧、“作者”图层的第 10 帧和“制作时间”图层的第 19 帧，在“属性”面板的“名称”下拉列表中选择声音文件，同样可以达到添加声音的目的。

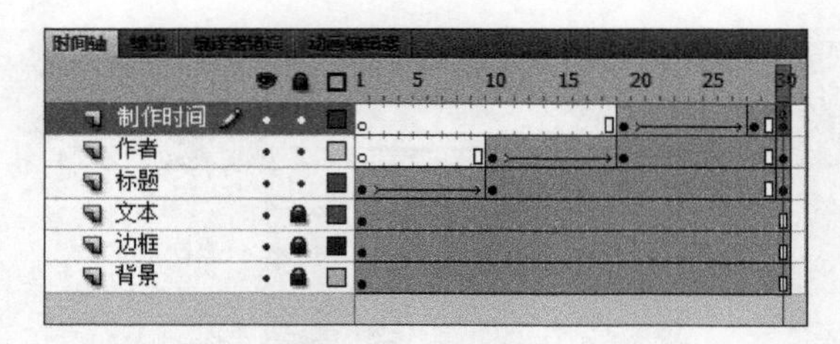

图 10.42　插入关键帧并添加 stop()命令

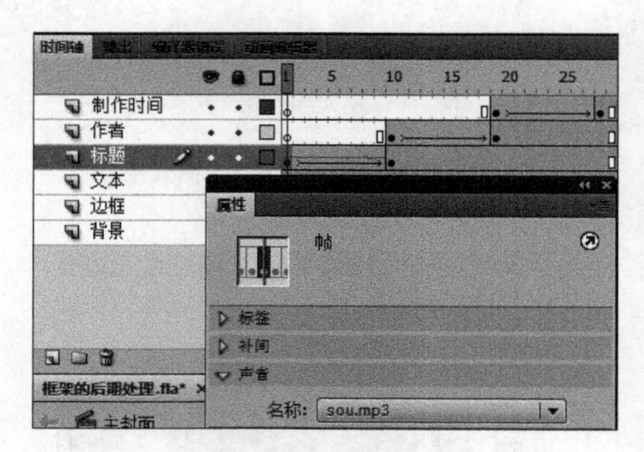

图 10.43　添加声音效果

(26) 新建图层并且将其重命名为“声音”。导入 pal_1.mp3 到“库”面板中。右击导入的声音文件，在弹出的快捷菜单中选择“属性”命令，在“声音属性”对话框中设置其参数，如图 10.44 所示(注意，“声音属性”对话框中的“标识符”设置为 kaichang，是为了在 ActionScript 代码编写中能正确调用声音文件)。

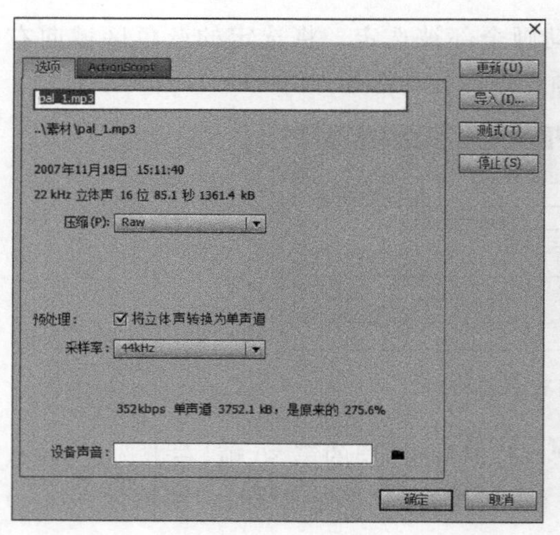

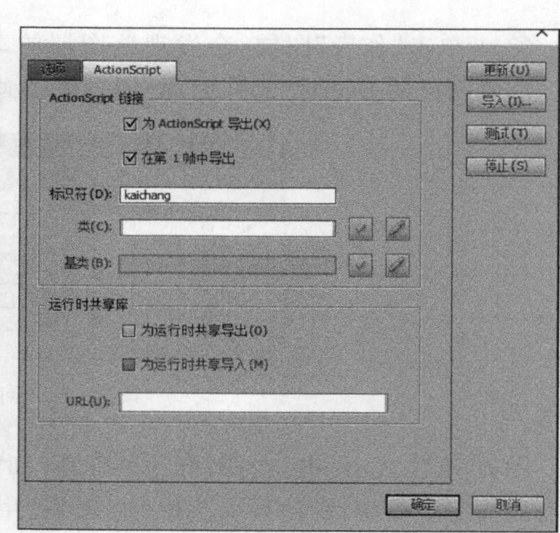

图 10.44　“声音属性”对话框

(27) 现在动画中有两段背景音乐，可以通过 ActionScript 代码来控制背景音乐的播放次序。选择“声音”图层的第 1 帧，按 F9 键，在“动作”面板中输入声音控制代码，如图 10.45 所示。

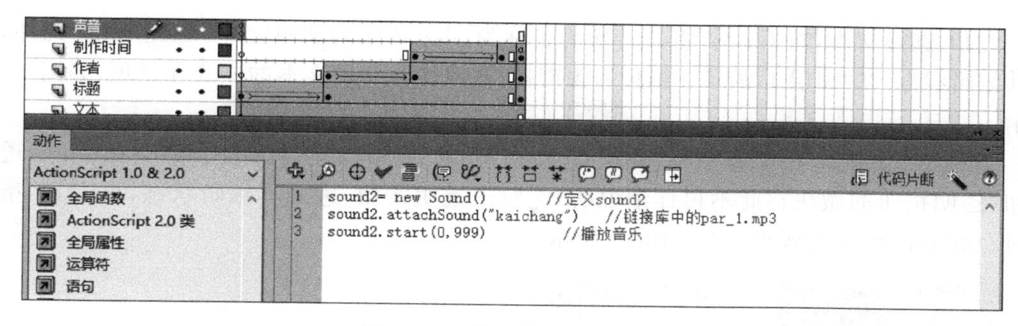

图 10.45　输入声音控制代码

经过测试，就会发现声音只播放一遍就不再播放了(注意，如果要控制播放次数，可以将sound2.start()改为 sound2.start(0,999)，代表声音可以重复播放 999 次)。

(28) 单击编辑场景按钮，在其下拉列表中选择“主场景”，如图 10.46 所示。

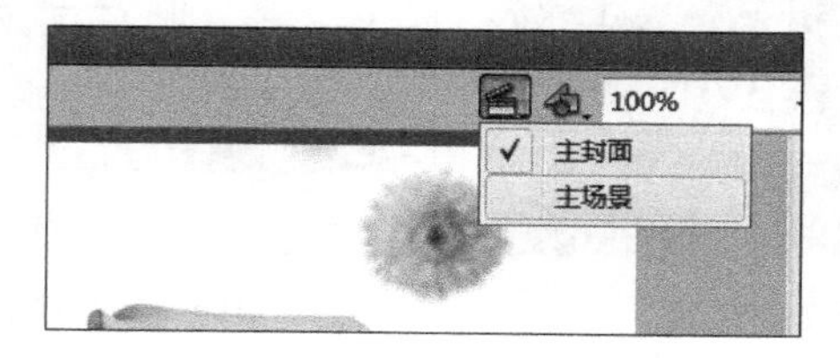

图 10.46　切换到“主场景”

(29) 在“主场景”中，选择“声音”图层的第 64 帧，插入空白关键帧。选择第 64 帧，按 F9 键，在“动作”面板中添加图 10.47 所示的代码。

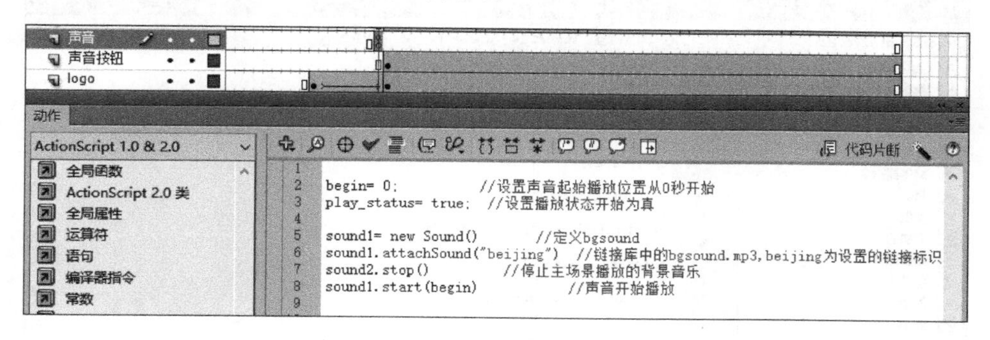

图 10.47　添加声音播放控制代码

(30) 在“主封面”场景中新建图层，并将其重命名为“跳转按钮”。在该图层的第 30 帧输入文本 Play，如图 10.48 所示。

图 10.48　输入文本 Play

(31) 选择文本,按 F8 键,将其转换为名称为 play 的影片剪辑元件。双击 play 元件,进入其编辑状态,在"图层 1"的第 2 帧插入关键帧,并改变第 2 帧文本的样式和颜色,如图 10.49 所示。

(32) 在"图层 1"的上方新建"图层 2"。在"图层 2"中创建名称为 Play_Button 的透明按钮(透明按钮的做法在此不再详细说明)。双击透明按钮,进入其编辑状态,单击其"指针经过"状态,添加声音效果,如图 10.50 所示。

图 10.49 设置文本样式

图 10.50 设置按钮声音效果

(33) 单击 play 元件,结束按钮的编辑状态。选择"图层 2"的第 1 帧,添加 stop()命令。单击舞台中的透明按钮,按 F9 键,在"动作"面板中添加代码,如图 10.51 所示。

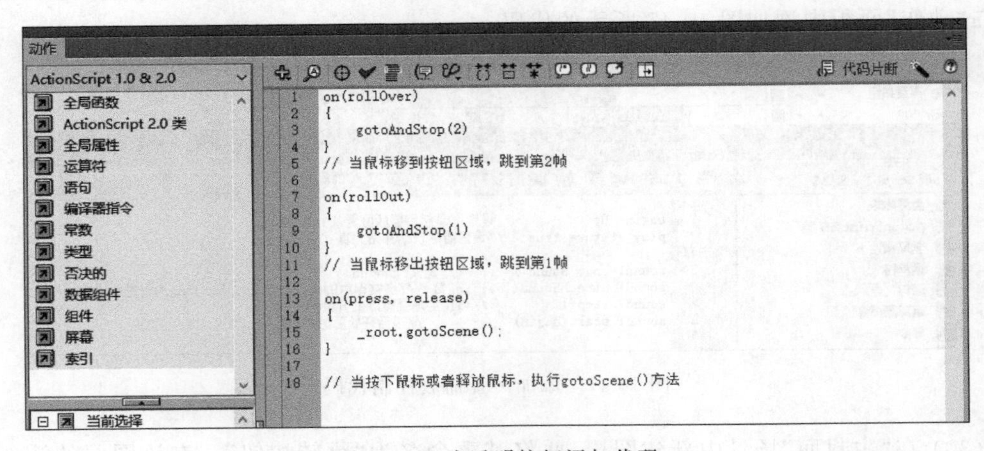

图 10.51 为透明按钮添加代码

(34) 返回"主封面"场景。选择"跳转按钮"图层的第 1 帧,按 F9 键,在"动作"面板中添加跳转代码,如图 10.52 所示。

(35) 在"主封面"场景中右击"跳转按钮"图层的第 30 帧,在弹出的快捷菜单中选择"复制帧"命令,再选择此图层的第 24 帧,选择"粘贴帧"命令,创建第 24～30 帧的传统补间动画,并设置第 24 帧的缓动为 100,如图 10.53 所示。

(36) 选择第 24 帧中的按钮元件,将其向左移动一定距离,并且在"属性"面板中设置按

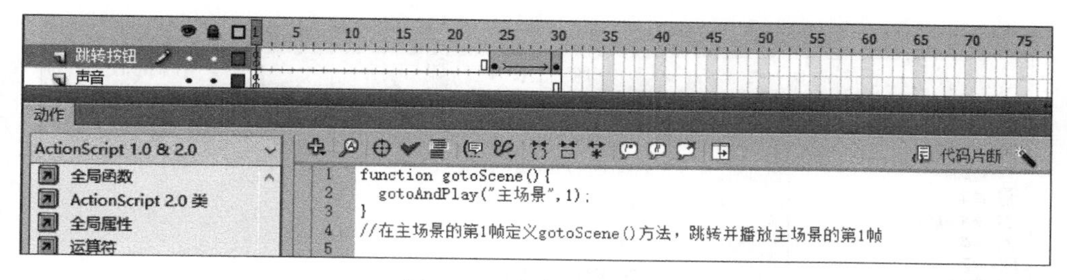

图 10.52　添加跳转代码

钮的透明度为 0，如图 10.54 所示。

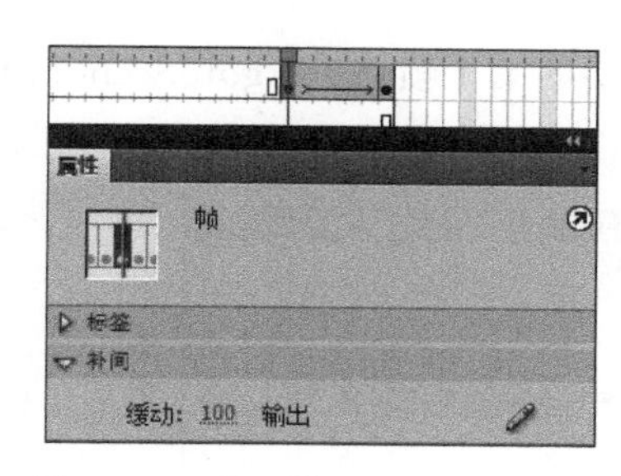

图 10.53　设置传统补间动画参数

图 10.54　设置按钮元件透明度为 0

(37) 选择“主封面”场景“跳转按钮”图层的第 30 帧，选择 Play 按钮进行复制。切换到“主场景”，新建图层并且将其命名为“返回按钮”。在该图层的第 75 帧插入关键帧，如图 10.55 所示。

(38) 按 Ctrl+V 组合键，将按钮粘贴到第 75 帧。右击第 75 帧的按钮，在弹出的快捷菜单中选择“直接复制元件”命令，并将新元件命名为“返回”，如图 10.56 所示。

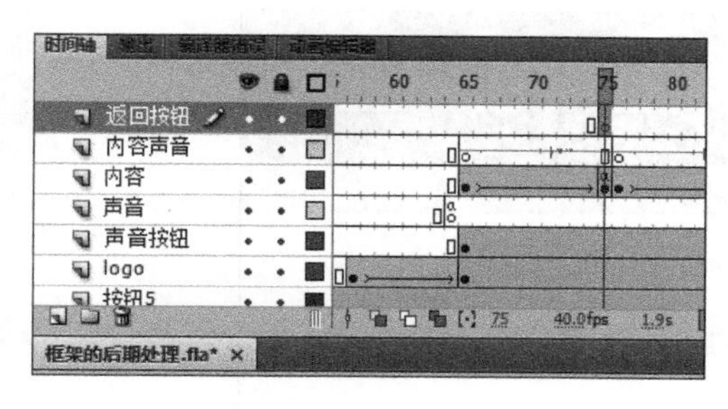

图 10.55　插入关键帧

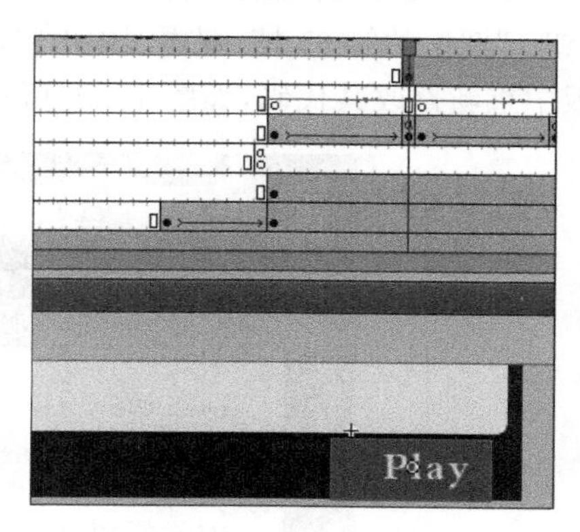

图 10.56　复制按钮元件

(39) 双击按钮，进入其编辑状态，将“图层 1”的第 1 帧和第 2 帧的文本均改为“返回”。再选择图层 2 中的透明按钮，按 F9 键，在出现的“动作”面板中修改按钮代码，如图 10.57 所示。

```
1  on(rollOver)
2  {
3      gotoAndStop(2)
4  }
5  // 当鼠标移到按钮区域，跳到第2帧
6
7  on(rollOut)
8  {
9      gotoAndStop(1)
10 }
11 // 当鼠标移出按钮区域，跳到第1帧
12
13 on(press, release)
14 {
15     _root.sound2.stop()
16     _root.gotoScene1();
17
18 }
```

图 10.57 修改按钮代码

(40) 切换到“主封面”场景，选择“跳转按钮”图层的第 1 帧，定义 gotoScene1()方法，如图 10.58 所示。

```
1 function gotoScene(){
2   gotoAndPlay("主场景",1);
3 }
4 //在主场景的第1帧定义gotoScene()方法，跳转并播放主场景的第1帧
5
6 function gotoScene1(){
7   gotoAndPlay("主封面",1);
8 }
9 //在主场景的第1帧定义gotoScene1()方法，跳转并播放主封面的第1帧
```

图 10.58 定义 gotoScene1()方法

(41) 通过测试发现，单击“主场景”按钮并不能正确跳转到相应的帧，_root.gotoAndPlay(65)会直接跳转到“主封面”的第 65 帧。为了解决这个问题，选定“主场景”中“按钮 1”图层的第 65 帧，双击“按钮 1”，进入其编辑状态，选择透明按钮，按 F9 键，在“动作”面板中重新修改其代码，如图 10.59 所示。

```
1  on(rollOver)
2  {
3      gotoAndPlay("start")
4  }
5  //  当鼠标移动到按钮上方时，播放start标签所在的第2帧
6  on(rollOut)
7  {
8      gotoAndPlay("end")
9  }
10 //  当鼠标移出按钮区域时，播放end标签所在的第11帧
11
12 on(press)
13 {
14   _root.gotoScene2();  //当按下鼠标或者释放鼠标，执行gotoScene2()方法
15
16 }
```

图 10.59 修改“按钮 1”代码

(42) 用同样的方法设置其他 4 个按钮的代码，分别为_root.gotoScene3()、_root.gotoScene4()、_root.gotoScene5()和_root.gotoScene6()，如图 10.60 所示。

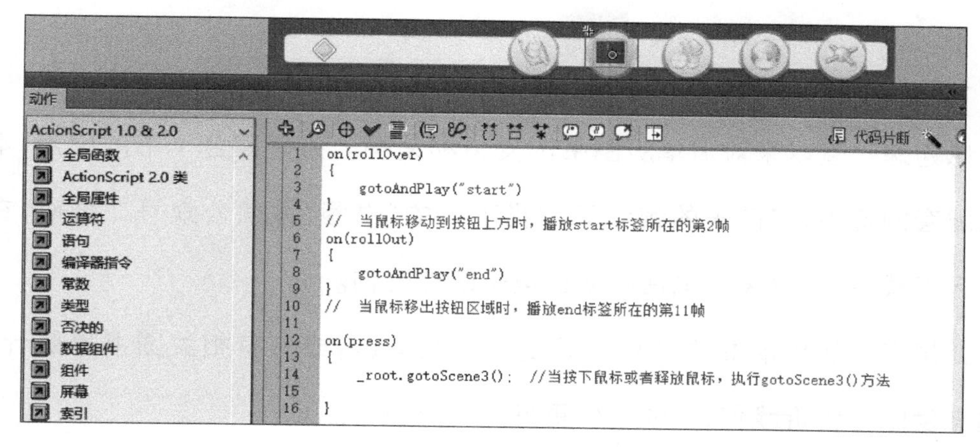

图 10.60　修改其他按钮的代码

(43) 切换到“主封面”场景，选择“跳转按钮”图层的第 1 帧，定义 gotoScene2()、gotoScene3()、gotoScene4()、gotoScene5()和 gotoScene6()方法，如图 10.61 所示。

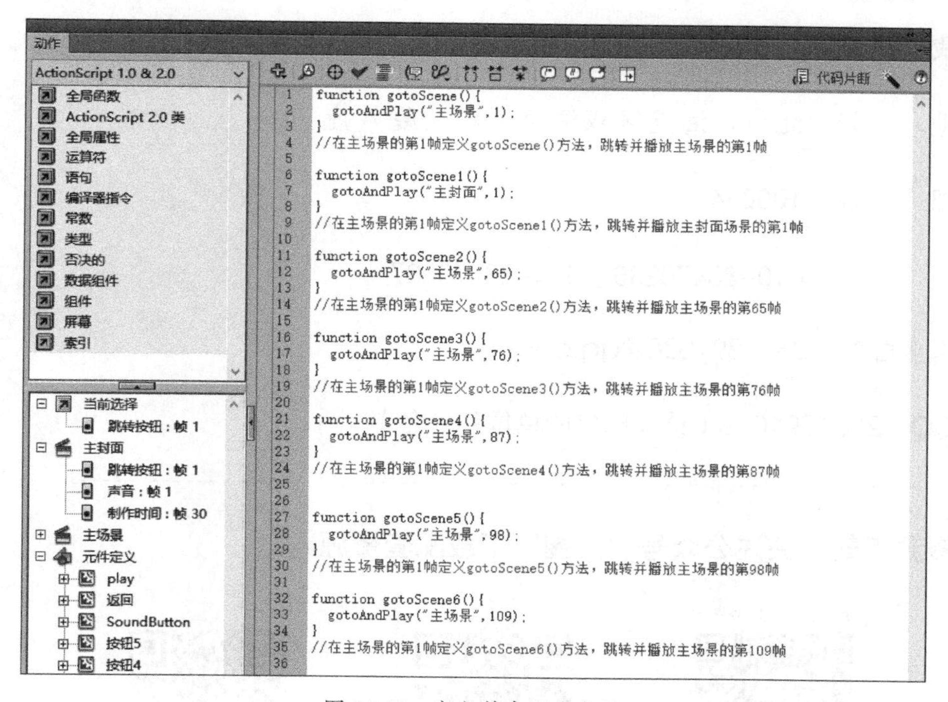

图 10.61　定义其余 5 个方法

(44) 至此，框架的后期处理代码全部编写完毕。接下来只需要往框架中添加内容即可，关于内容的添加在此不做讲解。按 Ctrl+Enter 组合键测试影片，查看动画效果。

图书资源支持

感谢您一直以来对清华版图书的支持和爱护。为了配合本书的使用，本书提供配套的资源，有需求的读者请扫描下方的“书圈”微信公众号二维码，在图书专区下载，也可以拨打电话或发送电子邮件咨询。

如果您在使用本书的过程中遇到了什么问题，或者有相关图书出版计划，也请您发邮件告诉我们，以便我们更好地为您服务。

我们的联系方式：

地　　址：北京市海淀区双清路学研大厦A座714

邮　　编：100084

电　　话：010-83470236　010-83470237

客服邮箱：2301891038@qq.com

QQ：2301891038（请写明您的单位和姓名）

资源下载：关注公众号“书圈”下载配套资源。

资源下载、样书申请

书圈

获取最新书目

观看课程直播